深智數位
deepwisdom.com.tw

深智數位
deepwisdom.com.tw

序一
FOREWORD

常有同學問我，學習技術的原理、機制到底有什麼用？現在已經有很多不同的作業系統和程式語言，我們個人不太可能再去實現作業系統或程式語言！的確如此，如果以學習為目的，我們可以實現作業系統或程式語言的簡陋原型，但在工作中並沒有這樣的需求和機會，而學習原理、機制的目的是增進自己對技術問題的判斷，同時獲得對典型問題和最佳方案的累積，讓自己具備分析複雜技術問題和求解正確的技術方案的能力。

對於程式語言，優秀的程式設計師既能熟練地使用語言的各種特性，快速滿足業務領域開發，又可以掌握語言的設計原理和底層機制。既是別人眼中的快刀手，也是面對難題，一擊必中的高手。工作中在面對不同技術方案時，可以快速做出最合理的選擇。既可以解決當前的問題，又可以讓系統長治久安地演進，將來不會推倒重來，而這些分析判斷都取決於你對技術原理和機制的理解。

最近幾年，Go 語言進展迅速，吸引廣大的程式設計師學習和使用。Go 語言有很多優秀特性，如 goroutine 可以讓大家輕易寫出高併發的服務。語言掌握起來也簡單，往往學習兩三周，就可以實際投入開發，但真正遇到複雜的場景、資源競爭或 GC 敏感時，缺少對 Go 語言機制和處理程序結構的理解，你會很難完成上述挑戰。很可能當你使用 Go 語言多年後，仍然不能寫出穩固的核心業務服務。

本書中，作者封幼林把 Go 語言主要的核心特性從原理到應用，從底層的組合語言程式碼到 Go 語言程式，以庖丁解牛般的剖析讓讀者對 Go 語言豁然開朗，使語言的原理與機制變得清晰和簡單。相信讀者在認真學習後，將使自己對 Go 語言理解與掌握有一個長足的進步。

左文建

奇安信集團副總裁

序二
FOREWORD

Go 語言誕生距今已有十餘年，我最開始使用 Go 語言還是在 2012 年，當時 Go 語言的 1.0 版本剛剛發佈，雖然繼承了 Plan 9 的衣缽，卻有很多讓人詬病的地方。我們當時用 Go 語言實現了一些 HTTP Client 和網路爬蟲業務，雖然撰寫過程十分順暢，但是會遇到 goroutine 和 GC 的性能和其他穩定性的問題，於是就變成了一次淺嘗即止的嘗試。

隨著時間的演進，我再次在業務中使用的 Go 語言已經到了 1.4 版本，它的穩定性問題已獲得了解決。很快，隨著 Go 1.5 版本的發佈，GC 性能問題也不復存在，Go 語言終於成長為一門優秀的開發語言。而隨著最近幾次版本的新特性——泛型的加入，Go 語言在表達能力上獲得更進一步的提升，未來十分可期。

我大部分時間在用 Go 語言寫伺服器端程式，但也用 Go 語言寫過使用者端程式，寫過 PoC，寫過 DSL，寫過 JIT，甚至寫過嵌入式程式的通訊介面，Go 語言現在對我來講已經成為相當稱手的工具。選擇 Go 語言進行開發表示快速、便捷、高性能，甚至它已經成為雲端原生的代名詞。

在我最初接觸 Go 語言的時候，當時唯一一本 Go 語言的書籍就是許式偉老師撰寫的《Go 語言編程》，可以說是大家用中文學習 Go 語言的唯一途徑，而現在則不斷有很棒的中文書籍問世。本書直接從底層開始，為大家介紹需要的組合語言基礎知識，緊接著從指標、函式、goroutine 逐步深入，不斷剖析 Go 語言原理，讓大家獲得最貼近實現原理的知識。撥開執行時期的迷霧，不必猜測撰寫的 Go 語言程式執行時期的行為，真正地讓大家掌握 Go 語言全部的精髓。可以毫不誇張地說，這是一本 Go 語言的 High-End 圖書。

書中作者先用範例程式描述原理和概念，然後輔以圖例說明，最後使用對應生成的組合語言程式碼予以佐證，可以說是學習 Go 語言底層知識的最佳途徑。我閱讀 Go 語言原始程式碼特別喜歡直接在 Go 語言原始程式中進行 Hack，得益於 Go 語言的編譯速度，Hack 完畢後進行編譯，然後測試修改結果也十分迅速，這無疑提升了學習速度。建議大家不要怕原始程式碼，只有在原始程式碼中才能洞悉設計者的真正意圖，才能理解設計所面臨的工程問題和解決方案的精妙之處。

相信大家看完本書後，一定會受益匪淺，水準得到質的提升！

張旭紅

金山辦公 Exline 技術副總監，掘金技術社區前技術總監

序三
FOREWORD

不知從什麼時候起，Go 語言圈子裡突然多了一個看上去很可愛的蛋殼形象，把 Go 語言的底層實現與枯燥的 runtime 知識變成了妙趣橫生的動畫，呈現在程式設計世界裡，贏得了大家的喜愛，讓人有一種「舊時王謝堂前燕，飛入尋常 Gopher 家」的感覺。

一件事情，一門技術，如果能讓大多數人覺得有意思，那再去學習它就不是什麼難事了。

作者輸出的文章和動畫讓我對作者本身也產生了一些興趣，因為我也是一個 Gopher 和技術寫作者，深知把龐雜的底層知識給別人講明白是一件多麼有挑戰的事情。這些透徹的文章，以及看了令人舒心的技術動畫，到底是怎麼製作出來的呢？

在與作者做過簡單的交流之後，得知了作者自身多年的開發經驗，以及底層與 C++ 的研發背景，這些謎團便揭開了。在我的研發生涯中碰到的大多數 C/C++ 工程師，對於底層和高併發知識都能如數家珍，但能夠將這些累積與他人說清道明並不是每個人都能做得到的。既能學會又能講清之人少之又少，作者就是其中之一，會使用 VideoScribe 的工程師也不是那麼多。

現代的軟體工程師，無論是應用工程師，還是基礎設施工程師，都會對底層、高併發知識有濃厚的興趣，這不是沒有理由的，因為這些知識能夠幫助我們定位出大部分日常開發中碰到的性能問題，理解並解決所有線上遇到的高併發環境下才會觸發的 Bug。這些知識也是每個有追求的網際網路公司的工程師所必備的專業素質，多讀書，多寫程式，多累積，最終才能讓我們一步一步成為一個合格的技術專家，這些與公司內的頭銜無關，是真正的技術硬實力。

本書的內容主要是 Go 語言的底層知識，相比其他寫底層的書而言可能沒有覆蓋到「所有」底層細節，但其覆蓋到的內容都是細之又細，相信大家在閱讀本書或閱覽作者製作的 Go 語言系列動畫時一定能夠有所收穫。

曹春暉

《Go 語言高級編程》作者

序四
FOREWORD

得知本書即將出版上市，我感到非常高興，更開心的是作者邀請我為此書寫推薦序。

我和封幼林的相識，是透過幼麟實驗室。幼麟實驗室從 2020 年 5 月開始，持續以圖解的形式講解電腦和 Go 語言的相關知識，至今已經發佈了一系列與 Go 語言相關的視訊。內容涉及 Go 語言的 slice、map、記憶體對齊、函式堆疊幀、閉包、defer 和 panic 等基礎特性，還有反射、goroutine、排程系統、Mutex、channel，以及 GC 等複雜問題，都以簡單易懂的形式呈現出來。對廣大 Gopher 來講，是非常不錯的參考學習資料。

本書是作者在圖解視訊和知乎系列文章的基礎上，更加系統地重新創作而成。我們從本書的副標題「物件模型與 runtime 的原理特性及應用」，就能看出本書的側重點，對於想要深入了解這部分內容的讀者很有參考價值。

本書從反組譯開始，結合圖示講解和原始程式分析，非常系統地探索了 Go 語言的基礎特性、物件模型、排程系統和記憶體管理模組。在講解 Go 語言底層知識的同時，作者的探索方法也很值得學習參考，讓我們知其然也知其所以然。特別是對想要親自動手探索語言底層實現的讀者來講，簡直就是福音。

楊文
Go 夜讀發起人

前言
PREFACE

近幾年來，Go 語言作為一門伺服器端開發語言越來越受歡迎，簡潔易學的語法加上天生的高併發支援，還有日益完整的社區，讓很多網際網路公司開始轉向 Go 語言。隨著 Go 語言生態日趨成熟，各種元件框架如雨後春筍般湧現，市面上相關的書籍也多了起來，但是其中大部分是以應用為主，對於語言特性本身探索一般不太深入。筆者希望能夠有一本講解語言特性及實現原理的書，這也是寫作本書的動機。

筆者當年剛工作的時候，使用的第一門開發語言是 C++。雖然之前在學校用過 C 語言和組合語言，但在接觸到 C++ 的一些物件導向特性時還是困惑了很久。直到有一天發現了《深度探索 C++ 對象模型》，作者 Stanley Lippman 當年在貝爾實驗室工作，是世界上第 1 個 C++ 編譯器——cfront 的實現者，他從一個語言實現者的高度，對一些關鍵特性的實現原理及其背後的思考進行了詳細闡述，使筆者受益匪淺。後來因為工作的原因，筆者開始使用 Go 語言，因為有了 C/C++ 相關的基礎，所以學習起來更加高效。尤其是當年學習 C++ 物件模型，讓筆者意識到語言特性也是透過資料結構和程式實現的，所以就按照自己的方式一邊學習一邊探索。第一次萌生要寫點東西的念頭是在替從 PHP 轉Go 語言的妻子講完介面動態派發的實現原理後，用她的話來講就是有種豁然開朗的感覺，並鼓勵筆者把這些東西整理一下。後來我們就在微信公眾號上以幼麟實驗室的名義發佈了一系列視訊和文章，主要分析語言特性的底層實現。在一年多的時間裡，幼麟實驗室受到了廣大網友的好評與支持，清華大學出版社的趙佳霓編輯也是在此期間聯繫了筆者，希望筆者能夠把自己的探索研究整理成書。因為寫作本書的關係，讓筆者能夠更系統地思考，收穫頗多。希望本書能夠幫助各位讀者，解決大家學習 Go 語言中遇到的一些困惑。

本書主要內容

第 1 章　介紹 x86 組合語言的一些基礎知識，包括通用暫存器、幾條常用的指令，以及記憶體分頁的實現原理等。

第 2 章　介紹指標的實現原理，包括指標組成、相關操作，以及 Go 語言的 unsafe 套件等。

第 3 章　圍繞函式進行一系列探索，包括堆疊幀佈局、呼叫約定、變數逃逸、Function Value、閉包、defer 和 panic 等。

第 4 章　介紹方法的實現原理，包括接收者類型、Method Value 和組合式繼承等。

第 5 章　圍繞介面對 Go 語言的動態特性展開探索，包括裝箱、方法集、動態派發、類型斷言、類型系統和反射等。

第 6 章　介紹 goroutine 的實現，包括 GMP 模型、goroutine 的建立與退出、排程迴圈、先佔式排程、timer、netpoller 和監控執行緒等。

第 7 章　介紹同步的原理及其相關的元件，包括記憶體亂數、原子指令、自旋鎖、Go 語言 runtime 中的互斥鎖和訊號量，以及 sync.Mutex 和 channel 等。

第 8 章　介紹堆積記憶體管理，包括 heapArena、mspan 等幾種主要的資料結構，mallocgc 函式的主要邏輯，以及 GC 的三色抽象、寫入屏障等。

第 9 章　介紹堆疊記憶體管理，包括 goroutine 堆疊的分配、增長、收縮和釋放等。

閱讀建議

本書寫作過程主要使用了 Go 1.16 及之前的幾個版本，為了避免後續版本可能發生的不相容問題，相關範例建議使用 Go 1.13~Go 1.16 編譯運行。

閱讀本書不需要精通組合語言、作業系統，但是需要對處理程序、執行緒這類基本概念有所了解。畢竟 Go 語言可直接建構生成系統原生的可執行檔，如果想要深入理解一些語言特性的實現原理，還是建議學習並實踐一下多執行緒程式設計、IO 多工這類關鍵技術。

第一部分主要包括指標和函式，筆者希望大家能夠透過這部分內容，對執行時期堆疊及函式堆疊幀的相對定址方式有深入的理解，為後續探索打下堅實的基礎。

第二部分想要表達對 Lippman 大師的崇高敬意，至今難忘初次閱讀《深度探索 C++ 對象模型》時那種「初聞大道，喜不自勝」的心情。按照 Lippman 大師的解釋，物件模型應該是編譯器對自訂資料型態的建模，指導了物件記憶體分配及其他一些資料結構和程式的生成。

第三部分從伺服器端程式開發的角度，整理了如何從最初的多處理程序、多執行緒，逐漸發展到現在的程式碼協同。runtime 的排程邏輯還是比較複雜的，但是最核心的思想就是 IO 多工與程式碼協同的結合，讓每個任務有自己獨立的堆疊，而同步的核心就是確立 Happens Before 條件。

第四部分從堆和堆疊兩方面，整理了記憶體管理的實現。記憶體分配方面應特別注意主要的資料結構。至於 GC 方面，應先理解巨集觀層面的整體思想和流程，然後去研究一些細節會更加容易。整個 runtime 實際上是個不可分割的整體，在這裡會看到記憶體管理對類型系統的依賴。

致謝

　　感謝那些喜愛 Go 語言的網友對筆者的支援； 感謝清華大學出版社的趙佳霓編輯； 感謝我的家人，尤其是和我一起討論技術問題並幫忙整理書稿的妻子，給予我莫大的支持。

　　由於時間倉促，並且受限於筆者水準，書中難免有不妥之處，請讀者見諒，並提寶貴意見。

封幼林

目錄
CONTENTS

第 1 章 組合語言基礎 ⚙

第 2 章 指標 ⚙

第 3 章 函式 ⚙

第 4 章 方法 ⚙

第 5 章　介面　⚙

第 6 章 goroutine ⚙

第 7 章 同步 ⚙

第 8 章　堆積 ⚙

第 9 章　堆疊 ⚙

組合語言基礎

　　20 世紀 90 年代，隨著 Microsoft Windows 系統在全球流行，Intel 公司的 x86 架構 CPU 佔據了個人電腦的主要市場。近十年來，開放原始碼的 Linux 系統日漸成熟完善，伴隨著雲端運算的熱潮，各大網際網路巨頭紛紛推出了基於 x86_64 架構的彈性計算服務，x86 架構又佔據了伺服器的主要市場。本章只簡單講解 x86 組合語言的必要基礎知識，其目的是為後續研究 Go 語言的底層特性做好準備。熟悉 x86 架構和 x86 組合語言的讀者，可以跳過本章直接閱讀後續章節。

　　文中所使用的暫存器名稱，以及範例組合語言程式碼都符合 Intel 組合語言風格，與 Go 語言附帶的反組譯工具有一些差異，在本章的最後會進行簡單的對比說明。

1.1　x86 通用暫存器

本節簡單介紹一下 x86 架構的通用暫存器，包括 32 位元的 x86 架構和 64 位元的 x86_64 架構，後者是由 AMD 公司首先推出的，也稱為 amd64 架構。因為 64 位元架構是基於 32 位元擴充而來的，保持了向前相容，所以本節先介紹 32 位元架構，再介紹 64 位元進行了哪些擴充。

1.1.1　32 位元架構

32 位元 x86 架構的 CPU 有 8 個 32 位元的通用暫存器，在組合語言中可以透過名稱直接引用這 8 個暫存器。按照 Intel 指令編碼中的編號和名稱如表 1-1 所示。

▼ 表 1-1　Intel 指令編碼中 8 個通用暫存器的編號和名稱

編號	名稱	編號	名稱
0	EAX	4	ESP
1	ECX	5	EBP
2	EDX	6	ESI
3	EBX	7	EDI

其中編號為 0~3 的 4 個暫存器還可以進一步拆分。如圖 1-1 所示，EAX 的低 16 位元可以單獨使用，引用名稱為 AX，而 AX 又可以進一步拆分成高位元組的 AH 和低位元組的 AL 兩個 8 位元暫存器。

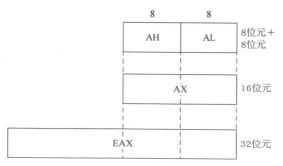

▲ 圖 1-1　EAX 暫存器的結構

EAX、ECX、EDX 和 EBX 暫存器都是按照表 1-2 所示的方式設計的。這種設計讓開發者能夠非常方便地對不同大小的資料操作。

▼ 表 1-2 編號為 0~3 的暫存器的結構設計

32 位元	16 位元	高 8 位元	低 8 位元
EAX	AX	AH	AL
ECX	CX	CH	CL
EDX	DX	DH	DL
EBX	BX	BH	BL

編號為 4~7 的 4 個暫存器，低 16 位元也有獨立的名稱，但是沒有對應的 8 位元暫存器，如表 1-3 所示。可以認為這 4 個 16 位元暫存器是為了向前相容 16 位元的 8086，在 32 位元的程式中很少使用。

▼ 表 1-3 編號為 4~7 的暫存器的結構設計

32 位元	16 位元	32 位元	16 位元
ESP	SP	ESI	SI
EBP	BP	EDI	DI

有些通用暫存器是有特殊用途的：

（1）EAX 暫存器會被乘法和除法指令自動使用，通常稱為擴充累加暫存器。

（2）ECX 被 LOOP 系列指令用作迴圈計數器，但是多數上層語言不會使用 LOOP 指令，一般透過條件跳躍系列指令實現。

（3）ESP 用來定址堆疊上的資料，很少用於普通算數或資料傳輸，通常稱為擴充堆疊指標暫存器。

（4）ESI 和 EDI 被高速記憶體傳輸指令分別用來指向來源位址和目的位址，被稱為擴充來源索引暫存器和擴充目標索引暫存器。

（5）EBP 在高階語言中被用來引用堆疊上的函式參數和區域變數，一般不用於普通算數或資料傳輸，稱為擴充幀指標暫存器。

除了這些通用暫存器之外，還有一個標識暫存器 EFLAGS 比較重要。組合語言中用於比較的 CMP 和 TEST 會修改標識暫存器裡的相關標識，再結合條件跳躍系列指令，就能實現上層語言中的大部分流程控制敘述，此處不進一步展開。

最後還有一個很重要而且很特殊的暫存器，即指令指標暫存器 EIP。指令指標暫存器中儲存的是下一行將要被執行的指令的位址，而且組合語言中不能透過名稱直接引用 EIP，只能透過跳躍、CALL 和 RET 等指令間接地修改 EIP 的值。

1.1.2　64 位元架構

64 位元架構把通用暫存器的個數擴充到 16 個，之前的 8 個通用暫存器也被擴充成了 64 位元，每個暫存器的低 8 位元、16 位元、32 位元都可以單獨使用。暫存器結構設計如表 1-4 所示。

▼ 表 1-4　64 位元架構下 16 個通用暫存器的結構設計

64 位元	32 位元	16 位元	8 位元
RAX	EAX	AX	AL
RCX	ECX	CX	CL
RDX	EDX	DX	DL
RBX	EBX	BX	BL
RSP	ESP	SP	SPL
RBP	EBP	BP	BPL
RSI	ESI	SI	SIL
RDI	EDI	DI	DIL
R8 ~ R15	R8D ~ R15D	R8W ~ R15W	R8B ~ R15B

指令指標 EIP 被擴充為 64 位元的 RIP，但依然不能在程式中直接引用。標識暫存器 EFLAGS 被擴充為 64 位元的 RFLAGS，裡面的標識位元保持向前相容。

記憶體位址也擴充到了 64 位元，實際上目前的硬體只使用了低 48 位元，在 1.3 節介紹記憶體分頁機制時會進行相關說明。

1.2 常用組合語言指令

x86 的組合語言指令一般由一個 opcode（操作碼）和 0 到多個 operand（運算元）組成，大多數指令包含兩個運算元，一個目的運算元和一個來源運算元。為了便於理解上層語言中一些特性的實現，下面簡單介紹幾筆常用的指令。

1.2.1 整數加減指令

x86 組合語言使用 ADD 指令進行整數的加法運算，該指令有兩個運算元，第 1 個運算元也叫作目的運算元，第 2 個運算元也叫作來源運算元。ADD 指令把兩個運算元的值相加，然後把結果存放到目的運算元中。來源運算元可以是暫存器、記憶體或立即數，而目的運算元需要滿足寫入的條件，所以只能是暫存器或記憶體，而且兩個運算元不能同時為記憶體。

以下指令將 EAX 暫存器的值加上 16，並把結果存回 EAX 中，指令如下：

```
ADD EAX, 16
```

整數減法運算透過 SUB 指令來完成，對運算元的要求和 ADD 指令一致，不過是從目的運算元中減去來源運算元，並把結果存回目的運算元中。

以下指令將 ESP 暫存器的值減去 32，並把結果存回 ESP 中，就像高階語言中分配函式堆疊框時所做的那樣，指令如下：

```
SUB ESP, 32
```

包括 ADD 和 SUB 在內的很多組合語言指令能夠接受不同大小的參數，例如透過兩個 8 位元暫存器進行 int8 加法，指令如下：

```
ADD AL, CL
```

透過兩個 16 位元暫存器進行 int16 加法，指令如下：

```
ADD AX, CX
```

x86 是一個複雜指令集架構，很多指令像這樣支援多種運算元組合，雖然程式中使用同一個 opcode 名稱，但是實際編譯後對應的是不同的 opcode。上層語言中的資料型態會指導編譯器，在編譯階段選擇合適的 opcode 和對應的operand。

1.2.2 資料傳輸指令

x86 有多種資料傳輸指令，這裡只簡單介紹最常用的 MOV 指令。MOV 指令主要用來在暫存器之間及暫存器和記憶體之間傳輸資料，也可以用來把一個立即數寫入到暫存器或記憶體中。第 1 個運算元稱為目的運算元，第 2 個運算元是來源運算元，MOV 指令用於把來源運算元的值複製到目的運算元中。

把 ECX 暫存器的值複製到 EAX 暫存器中，指令如下：

```
MOV EAX, ECX
```

把數值 1234 複製到 EDX 暫存器中，指令如下：

```
MOV EDX, 1234
```

因為涉及從記憶體中讀寫資料，所以接下來有必要了解一下 x86 常用的幾種記憶體定址方式，實際上很多指令會涉及記憶體定址，不過跟資料傳輸放在一起講解更容易理解。

指令中可以直接舉出記憶體位址的偏移量，又稱為位移，也可以透過一項或多項資料計算得到一個位址。

（1）Displacement： 位移，是一個 8 位元、16 位元或 32 位元的值。

（2）Base： 基址，存放在某個通用暫存器中。

（3）Index： 索引，存放在某個通用暫存器中，ESP 不可用作索引。

（4）Scale： 比例因數，用來與索引相乘，可以設定值 1、2、4、8。

經過計算得到的位址稱為有效位址，計算公式如式（1-1）所示。

Effective Address=Base+(Index×Scale)+Displacement　　　　　　　　　　(1-1)

Base、Index 和 Displacement 可以隨意組合，任何一個都可以不存在，如果不使用 Index 也就沒有 Scale。Index 和 Scale 主要用來定址陣列和多維陣列，這裡不繼續展開。下面簡單介紹基於 Base 和 Displacement 的定址。

（1）位移（Displacement）： 一個單獨的位移表示距離運算元的直接偏移量。因為位移被編碼在指令中，所以一般用於編譯階段靜態配置的全域變數之類。

（2）基址（Base）： 將記憶體位址儲存在某個通用暫存器中，暫存器的值可以變化，所以一般用於執行時期動態分配的變數、資料結構等。

（3）基址 + 位移（Base + Displacement）： 基址加位移，尤其適合定址執行時期動態分配的資料結構的欄位，以及函式堆疊框上的變數。

以下 3 行組合語言指令分別使用位移、基址和基址 + 位移這 3 種定址方式，指令如下：

```
MOV EAX, [16]
MOV EAX, [ESP]
MOV EAX, [ESP+16]
```

1.2.3 存入堆疊和移出堆疊指令

1.1 節在介紹通用暫存器的時候，提到過 ESP 暫存器有特殊用途，被 CPU 用作堆疊指標。x86 的一些指令雖然不直接以 ESP 為運算元，但是會隱式地修改 ESP 的值，例如存入堆疊和移出堆疊指令。

存入堆疊指令 PUSH 只有一個運算元，即要存入堆疊的來源運算元。PUSH 指令會先將 ESP 向下移動一個位置，然後把來源運算元複製到 ESP 指向的記憶體處，程式如下：

```
PUSH EAX
```

等值於：

```
SUB ESP, 4
MOV [ESP], EAX
```

最後這個 MOV 指令把 ESP 用作基址進行定址。

移出堆疊指令 POP 也只有一個運算元，是用來接收資料的目的運算元。POP 指令會先把 ESP 指向的記憶體處的值複製到目的運算元中，然後把 ESP 向上移動一個位置，程式如下：

```
POP EAX
```

等值於：

```
MOV EAX, [ESP]
ADD ESP, 4
```

1.2.4 分支跳躍指令

x86 的指令指標暫存器 EIP 始終指向下一行將要被執行的指令，但是組合語言程式碼中並不能透過名稱直接引用 EIP，所以無法透過 MOV 之類的指令修改 EIP 的值。有一系列用於進行分支跳躍的指令會隱式地修改 EIP 的值，例如無條件跳躍指令 JMP。

JMP 指令只有一個運算元，可以是一個立即數、通用暫存器或記憶體位置，透過這個運算元舉出了將要跳躍到的目的位址，程式如下：

```
// 跳躍到位址 32 處
JMP 32
// 跳躍目的位址經由 EAX 舉出
JMP EAX
// 跳躍目的位址經由記憶體位置舉出
JMP [EAX+32]
```

跳躍操作與程序呼叫不同，不記錄傳回位址。除了無條件跳躍指令，x86 還提供了一組條件跳躍指令，根據標識暫存器 EFLAGS 中的不同標識位元來決定是否跳躍，此處不一一介紹。

1.2.5 程序呼叫指令

絕大多數的上層語言提供了函式這一語言特性，在組合語言中被稱為過程。x86 的程序呼叫透過 CALL 指令實現，該指令和跳躍指令一樣只有一個運算元，也就是過程的起始位址。可以認為 CALL 在 JMP 的基礎上多了一步記錄傳回位址的操作，傳回位址就是緊隨 CALL 之後的下一行指令的位址。CALL 指令先把傳回位址存入堆疊，然後跳躍到目的位址執行。

目的位址也可以經由一個立即數、通用暫存器或記憶體位置來舉出。假以下一行指令的位址為 32，程式如下：

```
CALL EAX
```

等值於：

```
PUSH 32
JMP EAX
```

子過程執行完成後透過 RET 指令傳回，RET 指令會從堆疊上彈出返回位址，並跳躍到該位址處繼續執行。

RET 指令有兩種格式，一種沒有運算元，只用來完成返回位址彈出和跳躍，另一種有一個立即數參數，在上層語言實現某些呼叫約定時用來調整堆疊指標，程式如下：

```
RET 8
```

等值於：

```
RET
ADD ESP, 8
```

遠呼叫（Call far）和遠傳回在上層語言中基本不會用到，這裡不予介紹。

1.3 記憶體分頁機制

1.3.1 線性位址

在 DOS 時代，應用程式直接存取實體記憶體，程式中的位址都是實際的實體記憶體位址。任何程式都有權讀寫所有的實體記憶體，稍有不慎就會覆蓋掉其他程式的程式或資料，連作業系統核心也無法自保。隨著 80386 晶片的到來，PC 進入了保護模式，並且開啟了記憶體分頁模式，透過特權等級和處理程序位址空間隔離機制，解決了上述問題。如今，主流的作業系統採用分頁的方式管理記憶體。

在分頁模式下，應用程式中使用的位址被稱為線性位址，需要由 MMU（Memory Management Unit）基於分頁表映射轉為物理位址，整個轉換過程對於應用程式是完全透明的。

1.3.2 80386 兩級分頁表

80386 架構的線性位址的寬度為 32 位元，所以可以定址 4GB 大小的空間，與處理程序的位址空間大小相對應。位址匯流排為 32 位元，硬體可以定址 4GB 的實體記憶體。分頁機制將每個實體記憶體分頁的大小設定為 4096 位元組，並按照 4096 對齊。

因為每個分頁的大小為 4096 位元組，並且位址匯流排的寬度為 32 位元，所以每個分頁中正好可儲存 1024 個物理分頁的位址。完整的分頁表結構的第一層是 1 個分頁目錄分頁，其物理位址儲存在 CR3 暫存器中，透過分頁目錄分頁進一步找到第二層的 1024 個分頁表分頁。

32 位元的線性位址被 MMU 按照 10 位元 +10 位元 +12 位元劃分，整個位址轉換過程如圖 1-2 所示。前兩個 10 位元的設定值範圍都是 0~1023，分別用作分頁目錄和分頁表的索引。最後的 12 位元，設定值範圍為 0~4095，用作最終的分頁內偏移。

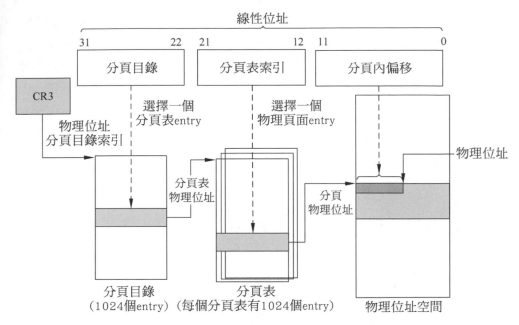

▲ 圖 1-2 80386 線性位址到物理位址的轉換

1.3.3 PAE 三級分頁表

80386 架構的線性位址的寬度為 32 位元，每個處理程序擁有 4GB 的線性位址空間。主流作業系統一般按照 2：2 或 3：1 的方式進一步將處理程序的 4GB 位址空間劃分為使用者空間和核心空間。因為核心只有一份，所以核心佔用的這組物理分頁由所有處理程序共用，而每個處理程序獨享自己 2GB 或 3GB 的使用者空間，即所謂的處理程序位址空間隔離就是透過處理程序獨立的分頁表實現的，然而硬體 32 位元的位址匯流排只能定址 4GB 的實體記憶體，在多處理程序的作業系統上，每個處理程序實際能夠映射到的物理分頁遠遠不足 2GB。在這種情況下，Intel 推出了實體位址擴充技術（Physical Address Extension, PAE）。

PAE 將位址匯流排拓展到 36 位元，從而使硬體能夠定址多達 64GB 的實體記憶體。線性位址的寬度仍然是 32 位元，MMU 的分頁表映射機制需要進行對應調整，以支援從 32 位元線性位址到 36 位元物理位址的映射。

為了支援 36 位元的物理位址，分頁目錄和分頁表中的位址項被調整為 64 位元，一個分頁只能儲存 512 個位址。MMU 將 32 位元的線性位址按照 2 位元 +9 位元 +9 位元 +12 位元劃分，整個位址轉換過程如圖 1-3 所示，在分頁目錄之前又加了一層分頁目錄指標，總共三級分頁表映射。高兩位元用來選擇一個分頁目錄，接下來的 9 位元用來選擇一個分頁表，再用 9 位元來選擇一個物理分頁，加上最後 12 位元的偏移值，最終確定一個物理位址。

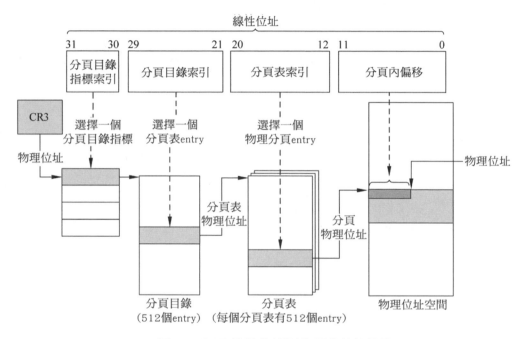

▲ 圖 1-3　PAE 線性位址到物理位址的轉換

1.3.4 x64 四級分頁表

透過 PAE 技術，雖然硬體支援的實體記憶體變大了，但處理程序的位址空間大小並沒有變化。對於某些類型的程式，例如資料庫程式，處理程序 2~3GB 的使用者位址空間成為明顯的瓶頸，而且 32 位元的資料寬度也無法滿足時下的計算需求，所以 64 位元架構應運而生了。

　　Intel 推出的 IA64 架構因為與原來的 x86 架構不相容，所以無法普及，而 AMD 公司透過擴充 x86 推出的 x64 架構，因為良好的向下相容性而被廣泛採用。常見的 x64、x86_64 都是指 amd64 架構，如今的個人電腦基本是基於 amd64 架構的。

　　在 amd64 上，暫存器的寬度變成了 64 位元，而線性位址實際只用到 48 位元，也就是最大可定址 256TB 的記憶體。很少有單台電腦會安裝如此大量的記憶體，所以沒有必要實現 48 位元的位址匯流排，常見的個人電腦的 CPU 的位址匯流排實際還不到 40 位元，例如筆者的電腦的 Core i7 實際只有 36 位元。伺服器的 CPU 的位址匯流排的寬度會更大，例如 Xeon E5 系列能達到 46 位元。

　　amd64 在 PAE 的基礎上進一步把分頁表擴充為四級，每個分頁的大小仍然是 4096 位元組，MMU 將 48 位元的線性位址按照 9 位元 +9 位元 +9 位元 +9 位元 +12 位元劃分，整個位址轉換過程如圖 1-4 所示。高 9 位元選擇一個分頁目錄指標表，再用 9 位元選擇一個分頁目錄，接下來的兩個 9 位元分別用於選擇分頁表和物理分頁，最後的 12 位元依然用作頁內偏移值。

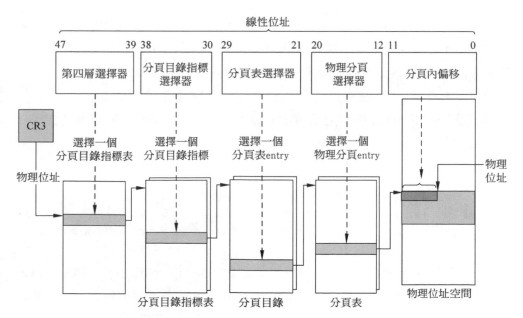

▲ 圖 1-4　amd64 線性位址到物理位址的轉換

1.3.5 虛擬記憶體

乍看起來，完整的分頁表結構會佔用大量的記憶體，例如在 80386 上就會佔用 1+1024=1025 個物理分頁。因為分頁目錄本身也被用作分頁表，所以實際上是 1024 個分頁，總共佔用 4096×1024=4MB 的空間。因為系統空間是所有處理程序共用的，所以對應的分頁表也是共用的，而大多數處理程序並不會申請大量的使用者空間記憶體，用不到的分頁表也不會被分配，所以處理程序的分頁表是稀疏的，並不會佔用太多的記憶體。

處理程序是以分頁為單位向作業系統申請記憶體的，作業系統一般只是對處理程序已申請的區間進行記帳，並不會立刻映射所有分頁。等到處理程序真正去存取某個未映射的分頁時，才會觸發 Page Fault 異常（又稱例外，本書使用異常），作業系統註冊的 Page Fault Handler 會檢查記憶體記帳：如果目標位址已申請，就是合法存取，系統會分配一個物理分頁並完成映射，然後恢復被中斷的程式，程式對這一切都是無感的； 如果目標位址未申請，就是非法存取，系統一般會透過訊號、異常等機制結束目標處理程序。

當實體記憶體不夠用的時候，作業系統可以把一些不常使用的物理分頁寫到磁碟交換分區或交換檔，從而能夠將空出的分頁給有需要的處理程序使用。當被交換到磁碟的分頁再次被存取時，也會觸發 Page Fault，由 Page Fault Handler 負責從交換分區把資料載入回記憶體。程式對這一切都是無感的，並不知道某個記憶體分頁到底是在磁碟上，還是在實體記憶體中，所以稱為處理程序的虛擬記憶體。

1.4 組合語言程式碼風格

Go 語言使用的組合語言程式碼風格跟最常見的 Intel 風格和 AT&T 風格都不太相同，根據官方文件的説法，是基於 Plan 9 組合語言器的風格做了一些調整。本節簡單對比 Go 組合語言和 Intel 組合語言的風格差異。

1. 運算元的寬度

在 Go 組合語言中透過指令的尾碼來判斷運算元的寬度，尾碼 W 代表 16 位元，尾碼 L 代表 32 位元，尾碼 Q 代表 64 位元，不像 Intel 組合語言中有 AX、EAX、RAX 不同的暫存器名稱。例如對於整數自動增加指令，Intel 組合語言風格的程式如下：

```
INC EAX
INC RCX
```

對應的 Go 組合語言風格的程式如下：

```
INCL AX
INCQ CX
```

2. 運算元的順序

對於常見的有兩個運算元的指令，Go 組合語言中運算元的順序與 Intel 組合語言中運算元的順序是相反的，來源運算元在前而目的運算元在後。

例如 Intel 組合語言的程式如下：

```
MOV EAX, ECX
```

轉換成 Go 組合語言的程式如下：

```
MOVL CX, AX
```

3. 位址的表示

有效位址的計算公式如式（1-1）所示，如果要用 ESP 作為基址暫存器，EBX 作為索引暫存器，比例係數取 2，位移為 16，則可以分別舉出兩種風格的程式。

Intel 組合語言的程式如下：

```
[ESP+EBX*2+16]
```

Go 組合語言的程式如下：

```
16(SP)(BX*2)
```

4. 立即數格式

Go 組合語言中的立即數類似於 AT&T 風格的立即數，需要加上 $ 首碼。

Intel 組合語言的程式如下：

```
MOV EAX, 1234
```

Go 組合語言的程式如下：

```
MOVL $1234, AX
```

1.5 本章小結

　　本章簡單介紹了 x86 架構的通用暫存器、記憶體定址方式和比較關鍵的幾組指令。了解了作業系統以分頁為單位的記憶體管理機制，以及分頁模式下線性位址到物理位址的映射過程。還簡要地對比了 Go 組合語言風格與 Intel 組合語言風格的幾點不同。鑑於後續章節中將經常用到反組譯技術來探索 Go 語言的特性，所以本章內容旨在讓讀者掌握必要的組合語言基礎知識。

指標

指標憑藉其靈活強大的記憶體操作能力，在 C 和 C++ 中扮演著非常重要的角色，但也因一些常見的安全問題給人們帶來很多困擾。指標在 Go 語言中被保留了下來，但是影響力似乎大大降低了，出於安全方面的考慮，指標運算等一些重要特性被移除，使指標顯得不再那麼重要。在學習過程中，有很多人對數值型態、指標或參考類型，以及值和位址這些概念感到困惑。本章從指標的組成出發，首先理解指標的本質，然後逐一分析指標的常見操作的實現原理，以及常見的問題和解決方法，最後介紹關於 Go 語言 unsafe 套件的一些思考和實踐。

2.1 指標組成

在 Go 語言中，宣告一個指標變數的範例程式如下：

```
var p *int
```

變數名稱為 p，其中的 *int 為變數的類型。對 *int 進一步拆解，* 表明了 p 是一個指標變數，用來儲存一個位址，而 int 是指標的元素類型，也就是當 p 中存了一個有效位址的時候，該位址處的記憶體會被解釋為 int 類型。

無論指標的元素類型是什麼，指標變數本身的格式都是一致的，即一個無號整數，變數大小能夠容納當前平台的位址。例如在 386 架構上是一個 32 位元無號整數，在 amd64 架構上是一個 64 位元無號整數。

有著不同元素類型的指標被視為不同類型，這是語言設計層面強加的一層安全限制，因為不同的元素類型會使編譯器對同一個記憶體位址進行不同的解釋。

2.1.1 位址

在 Go 語言中，一個有效的位址就是一個無號整數數值，執行階段用來在處理程序的記憶體位址空間中確定一個位置。

在第 1 章中簡單地介紹了 x86 的幾種常用定址方式，指標一般會用到基址 + 位移的定址方式。例如當指標元素的類型為 int 時，透過指標存取 int 元素的程式被編譯成組合語言指令，就是將某個通用暫存器用作基址進行定址。

在 amd64 架構下透過 go build 命令編譯一個範例，程式如下：

```
// 第 2 章 /code_2_1.go
package main

func main() {
    n: = 10
```

```
    println(read( & n))
    }

  //go:noinline
func read(p * int)(v int) {
    v = * p
    return
}
```

使用 Go 附帶的 objdump 工具反編譯 main.read() 函式，得到的組合語言
程式碼如下：

```
$ go tool objdump -S -s 'main.read' gom.exe
TEXT main.read(SB) C:/gopath/src/fengyoulin.com/gom/code_2_1.go
    v = *p
0x488ee0        488b442408        MOVQ 0x8(SP), AX
0x488ee5        488b00            MOVQ 0(AX), AX
    return
0x488ee8        4889442410        MOVQ AX, 0x10(SP)
0x488eed        c3                RET
```

在第一行 MOVQ 指令中，第 1 個運算元 0x8(SP) 表示參數 p 在堆疊上的位
址，關於函式堆疊框佈局，將在第 3 章中詳細介紹，目前只要理解這行指令的
作用是把參數 p 中儲存的位址值複製到 AX 暫存器中即可。

在第二行 MOVQ 指令中，第 1 個運算元使用 AX 作為基址加上位移 0，也
就是用基址 + 位移的方式定址指標 p 指向的資料，所以這行指令的作用就是把
目標位址處的值複製到 AX 中。

在第三行 MOVQ 指令中，第 2 個運算元 0x10(SP) 表示堆疊上傳回值的位
址，所以這行指令的作用就是把 AX 中儲存的值複製到傳回值 v 中。

經過上面三行指令，便可成功地把指標 p 指向的資料複製到函式傳回值
空間。

2.1.2 元素類型

指標本身就是個無號整數，這一點不會因不同的元素類型而有所不同，而元素類型會影響編譯器如何對指標中儲存的位址進行解釋，這一點也可以透過組合語言程式碼進行驗證。

把第 2 章 /code_2_1.go 中 read() 函式修改為 read32() 函式，其主要目的是改變參數和傳回值的類型，程式如下：

```
// 第 2 章 /code_2_2.go
//go:noinline
func read32(p * int32)(v int32) {
    v = * p
    return
}
```

修改後的程式重新進行編譯和反編譯，得到的組合語言程式碼如下：

```
$ go tool objdump -S -s 'main.read32' gom.exe
TEXT main.read32(SB) C:/gopath/src/fengyoulin.com/gom/code_2_2.go
    v = *p
0x488f30            488b442408            MOVQ 0x8(SP), AX
0x488f35            8b00                  MOVL 0(AX), AX
    return
0x488f37            89442410              MOVL AX, 0x10(SP)
0x488f3b            c3                    RET
```

可以看到第一筆用於複製指標儲存的位址的指令沒有發生變化。第二行指令中的記憶體定址單元 0(AX) 也沒有變，而原本後兩行 MOVQ 指令現在變成了 MOVL，表明複製的資料長度發生了變化，從 8 位元組變成了 4 位元組。造成這一變化的原因正是指標元素類型從 int 變成了 int32。

2.2 相關操作

本節分析指標常見操作及其底層實現原理，也會介紹指標所引發的那些廣受詬病的問題，以及在 Go 語言中如何解決這些問題。此外，一些指標特性受限於安全問題，在 Go 語言中不能直接使用，在本節也會探討一些替代方案及背後的思考。

2.2.1 取位址

指標中儲存的是位址，而位址一般透過取位址運算子獲得，或在動態分配記憶體時由 new 之類的函式傳回。在 Go 語言中取位址運算子與 C 語言相比似乎沒什麼變化，編譯器會確保應用取位址運算子的變數類型與指標的元素類型是一致的。下面仍然透過反編譯一個簡單的函式，來看一下取位址運算子到底做了什麼。

在 amd64 架構下透過 go build 命令編譯一個範例，程式如下：

```
// 第 2 章 /code_2_3.go
package main

var n int

func main() {
    println(addr())
}

//go:noinline
func addr()(p * int) {
    return &n
}
```

反編譯 main.addr() 函式得到的程式如下：

```
$ go tool objdump -S -s 'main.addr' gom.exe
TEXT main.addr(SB) C:/gopath/src/fengyoulin.com/gom/code_2_3.go
    return &n
0x488f90            488d05691f0f00          LEAQ main.n(SB), AX
0x488f97            4889442408              MOVQ AX, 0x8(SP)
0x488f9c            c3                      RET
```

其中 LEAQ 指令的作用就是取得 main.n 的位址並載入 AX 暫存器中。後面的 MOVQ 指令則把 AX 的值複製到傳回值 p。

這裡獲取的是一個套件等級變數 n 的位址，等值於 C 語言的全域變數，變數 n 的位址是在編譯階段靜態配置的，所以 LEAQ 指令透過位移定址的方式獲得了 main.n 的位址。LEAQ 同樣也支援基於基址和索引獲取位址，具體可參考第 1 章所介紹的 x86 定址方式。

在 C 語言中，不應該將函式內某個區域變數的位址作為傳回值傳回，雖然編譯器允許這樣的程式編譯成功，但在程式邏輯上卻屬於明顯的 Bug。因為函式一旦傳回，堆疊框隨即銷毀，這部分記憶體會被後續的函式堆疊框覆蓋，所以透過傳回的指標讀寫堆疊上的資料就可能會造成程式異常崩潰，雖然也有可能不會崩潰，但是基於錯誤的資料繼續執行下去，會變得更加難以偵錯和排除。

在 Go 語言中，透過逃逸分析機制避免了這種問題。來看一個範例，程式如下：

```
// 第 2 章 /code_2_4.go
//go:noinline
func newInt()(p * int) {
    var n int
    return &n
}
```

其中變數 n 實際上是在堆積上分配的，因為 n 逃逸到堆積上，所以即使 newInt() 函式傳回，函式堆疊框銷毀，也不會影響後續正常使用 n 的指標。待到第 3 章介紹函式時再進一步介紹逃逸。

2.2.2 解引用

透過指標中的位址去存取原來的變數，就是所謂的指標解引用。在 2.1.1 節已經透過反編譯驗證了指標的解引用過程，就是把位址存入某個通用暫存器，然後用作基址進行定址。接下來就介紹一下 C 語言中與指標解引用相關的幾個常見問題，以及這些問題在 Go 語言中是如何解決的。

1. 空指標異常

所謂空指標，就是位址值為 0 的指標。按照作業系統的記憶體管理設計，處理程序位址空間中位址為 0 的記憶體分頁不會被分配和映射，保留位址 0 在程式碼中用作無效指標判斷，所以對空指標進行解引用操作就會造成程式異常崩潰，程式碼在對指標進行解引用前，始終要確保指標不可為空，因而需要增加必要的判斷邏輯。

所以遭遇空指標異常並非語言設計方面的缺陷，而是程式邏輯上的 Bug。Go 語言中對空指標進行解引用會造成程式 panic（當機）。

2. 野指標問題

野指標問題一般是由於指標變數未初始化造成的。眾所皆知，C 語言中宣告的變數需要顯性地初始化，否則就是記憶體中上次遺留的隨機值。對於未初始化的指標變數而言，如果記憶體中的隨機值非零，就會使指標指向一個隨機的記憶體位址，而且會繞過程式中的空指標判斷邏輯，從而造成記憶體存取錯誤。

為了解決 C 語言變數預設不初始化帶來的各種問題，Go 語言中宣告的變數預設都會初始化為對應類型的零值，指標類型變數都會初始化為 nil，而程式中的空指標判斷邏輯能夠避免空指標異常，從而使問題得到解決。

3. 懸掛指標問題

在 C 語言中，程式設計師需要手動分配和釋放記憶體，而所謂懸掛指標問題，就是指程式過早地釋放了記憶體，而後續程式又對已經釋放的記憶體進行存取，從而造成程式出現錯誤或異常。

Go 語言實現了自動記憶體管理，由 GC 負責釋放堆積記憶體物件。GC 基於標記清除演算法進行物件的存活分析，只有明確不可達的物件才會被釋放，因此懸掛指標問題不復存在。

2.2.3 強制類型轉換

基於指標的強制類型轉換非常高效，因為不會生成任何多餘的指令，也不會額外分配記憶體，只是讓編譯器換了一種方式來解釋記憶體中的資料。出於安全方面的考慮，Go 語言不建議頻繁地進行指標強制類型轉換。兩種不同類型指標間的轉換需要用 unsafe.Pointer 作為中間類型，unsafe.Pointer 可以和任意一種指標類型互相轉換。

在 amd64 架構下反編譯一個函式，程式如下：

```
// 第 2 章 /code_2_5.go
//go:noinline
func convert(p * int) {
    q: = ( * int32)(unsafe.Pointer(p))
    * q = 0
}
```

得到組合語言程式碼如下：

```
$ go tool objdump -S -s 'main.convert' gom.exe
TEXT main.convert(SB) C:/gopath/src/fengyoulin.com/gom/code_2_5.go
      *q = 0
  0x488fa0          488b442408        MOVQ 0x8(SP), AX
  0x488fa5          c70000000000      MOVL $0x0, 0(AX)
}
  0x488fab          c3                RET
```

把指標的類型強轉為 int32 後，原本的 MOVQ 指令變成了 MOVL，沒有產生任何額外指令，所以轉換效率是非常高的。

2.2.4 指標運算

在 C 語言中，指標和不指定長度的陣列，在元素類型相同的情況下是可以等值使用的，指標加上一個整數 n 等值於取陣列中下標為 n 的元素的位址。指標可以進行加減運算，給操作多維陣列帶來了很大方便，但也經常會造成記憶體存取越界問題。

Go 語言中的陣列必須指定長度，並且是數值型態，與指標不再等值，指標運算也不再支持，這些都是出於安全考慮的。陣列的長度在編譯時期能夠確定，編譯器可以生成程式檢測下標越界問題，而指標則不然，編譯器無法確定指標運算的安全邊界，所以無法保證其安全性。

Go 語言的 slice 整合了陣列和指標的優點，既能像指標那樣連結一個可以動態增長的 Buffer，又能像陣列那樣讓編譯器生成下標越界檢測程式，在某些場合可以考慮用 slice 代替指標運算。

如果還想像 C 語言中那樣直接進行指標運算，就需要借助 unsafe.Pointer 進行轉換。2.2.3 節中已經提到 unsafe.Pointer 可以與任何一種指標類型互相轉換，除此之外 unsafe.Pointer 還可以與 uintptr 互相轉換，而後者可以進行整數運算。

假如有一個元素類型為 int 的指標 p，要把 p 移動到下一個 int 的位置，在 C 語言中可以透過指標的自動增加運算實現，程式如下：

```
++p;
```

在 Go 語言中等值的程式如下：

```
p = (*int)(unsafe.Pointer(uintptr(unsafe.Pointer(p))+unsafe.Sizeof(*p)))
```

在 Go 語言中實現此功能就顯得有些繁瑣了，先把 p 轉為 unsafe.Pointer 類型，再進一步轉為 uintptr 類型，然後加上一個 int 的大小，再轉換回 unsafe.Pointer 類型，最終轉為 *int 類型。

2.3 unsafe 套件

本節簡單地介紹 Go 語言的 unsafe 套件，在 2.2 節中已經用到了 unsafe. Pointer 進行指標的強制類型轉換和指標運算，實際上就是人為地干預先編譯器對記憶體位址的解釋方式，這些能力對於研究語言的底層實現來講是不可或缺的。

程式中用好 unsafe，能夠最佳化程式的性能，想必很多人都見過經典的類型轉換，程式如下：

```go
func convert(s []byte) string {
    return *(*string)(unsafe.Pointer(&s))
}
```

Slice Header 結構只是比 String Header 結構多了一個容量欄位，相當於內嵌了一個 String Header，如圖 2-1 所示。

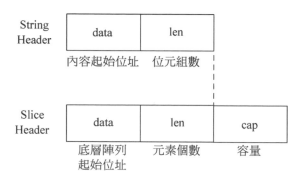

▲ 圖 2-1 String Header 和 Slice Header 的結構

用這種強制類型轉換的方式可以避免額外的記憶體分配，從而減少程式的銷耗，但是也會帶來一些風險。因為按照 Go 語言的設計思想，string 的內容是不可修改的，但是 slice 元素是可以修改的，基於上述方法得到的 string 與原來的 slice 共用底層 Buffer，如果不經意修改了 slice 就可能會造成程式邏輯錯誤。

根據官方文件的説法，unsafe 包包含的操作繞過了 Go 語言的類型安全機制，使用 unsafe 套件會造成程式不可移植，並且不受 Go 1 相容性準則的保護。那麼 unsafe 到底該不該用呢？本節就圍繞這個問題進行一些分析研究。

2.3.1 標準函式庫與 keyword

本節主要分析 unsafe 套件的本質，到底是標準函式庫還是一組 keyword。這個思考源於 2.2.4 節進行指標運算時用到的 unsafe.Sizeof，而 sizeof 在 C 語言中是個關鍵字。先從原始程式入手，整理 unsafe 套件都提供了些什麼，程式如下：

```
// 一個 " 任意類型 " 定義
type ArbitraryType int
// 指標類型定義
type Pointer *ArbitraryType
//3 個工具函式原型 ( 只有原型，沒有實現 )
func Sizeof(x ArbitraryType) uintptr
func Offsetof(x ArbitraryType) uintptr
func Alignof(x ArbitraryType) uintptr
```

根據原始程式中的註釋，ArbitraryType 在這裡只是用於文件目的，實際上並不屬於 unsafe 套件，它可以表示任意的 Go 運算式類型。Sizeof() 函式用來傳回任意類型的大小，Offsetof() 函式用來傳回任意結構類型的某個欄位在結構內的偏移，而 Alignof() 函式用來傳回任意類型的對齊邊界，最重要的是這 3 個函式的傳回值都是常數。

基於上述資訊，已經可以斷定 unsafe 並不是一個真實的套件，unsafe 提供的這些能力不是標準函式庫層面能夠實現的。指標強制類型轉換本來就是在編譯階段實現的，而 Sizeof() 函式、Offsetof() 函式和 Alignof() 函式傳回的是常數值，也就要求傳回值必須在編譯階段確定，所以必須由編譯器直接支持。可以透過實驗進行驗證，程式如下：

```
// 第 2 章 /code_2_6.go
//go:noinline
```

```
func size()(o uintptr) {
    o = unsafe.Sizeof(o)
    return
}
```

在 amd64 平台，反編譯 size() 函式得到組合語言程式碼如下：

```
$ go tool objdump -S -s 'main.size' gom.exe
TEXT main.size(SB) C:/gopath/src/fengyoulin.com/gom/code_2_6.go
    return
0x488fb0          48c744240808000000        MOVQ $0x8, 0x8(SP)
0x488fb9          c3                        RET
```

這筆 MOVQ 指令直接向傳回值 o 中寫入了立即數 8，也就說明 Sizeof() 函式在編譯階段就被轉換成了立即數，與 C 語言中的 sizeof 並無區別。上述測試方法同樣適用於 Offsetof() 函式和 Alignof() 函式。

既然這些都是由編譯器直接支持的，本質上跟 keyword 一樣，為什麼 Go 語言要放到 unsafe 套件中呢？根本原因還是出於安全考慮。直接的任意操作記憶體的能力可以讓程式設計師寫出更高效的程式，但是也因為過於靈活而讓編譯器無法落實安全檢查，從而使程式變得不安全。unsafe 這個名字就旨在提醒程式設計師，記憶體操作有風險，要謹慎！

2.3.2 關於 uintptr

很多人都認為 uintptr 是個指標，其實不然。不要對這個名字感到疑惑，它只不過是個 uint，大小與當前平台的指標寬度一致。因為 unsafe.Pointer 可以跟 uintptr 互相轉換，所以 Go 語言中可以把指標轉為 uintptr 進行數值運算，然後轉換回原類型，以此來模擬 C 語言中的指標運算。

需要注意的是，不要用 uintptr 來儲存堆積上物件的位址。具體原因和 GC 有關，GC 在標記物件的時候會追蹤指標類型，而 uintptr 不屬於指標，所以會被 GC 忽略，造成堆積上的物件被認為不可達，進而被釋放。用 unsafe.Pointer 就不會存在這個問題了，unsafe.Pointer 類似於 C 語言中的 void*，雖然未指定元素類型，但是本身類型就是個指標。

2.3.3 記憶體對齊

　　硬體的實現一般會將記憶體的讀寫對齊到資料匯流排的寬度，這樣既可以降低硬體實現的複雜度，又可以提升傳輸的效率。有些硬體平台允許存取未對齊的位址，但是會帶來額外的銷耗，而有的硬體平台不支援存取未對齊的位址，當遇到未對齊的位址時會直接拋出例外。鑑於這些原因，編譯器在定義資料型態時，還有 runtime 在分配記憶體時，都要進行對齊操作。

　　Go 語言的記憶體對齊規則參考了兩方面因素：一是資料型態自身的大小，複合類型會參考最大成員大小；二是硬體平台機器位元組長度。

　　機器位元組長度是指電腦進行一次整數運算所能處理的二進位資料的位數，在 x86 平台可以理解成資料匯流排的寬度。當資料型態自身大小小於機器位元組長度時，會被對齊到自身大小的整數倍；當自身大小大於機器位元組長度時，會被對齊到機器位元組長度的整數倍。

　　透過 unsafe.Sizeof() 函式和 unsafe.Alignof() 函式可以得到目標資料型態的大小和對齊邊界，表 2-1 舉出了常見內建類型的大小和對齊邊界。

▼ 表 2-1　常見內建類型的大小和對齊邊界

類型	32 位元平台		64 位元平台	
	大小	對齊邊界	大小對齊	邊界
bool	1	1	1	1
int8、uint8	1	1	1	1
int16、uint16	2	2	2	2
int32、uint32、float32	4	4	4	4
int64、uint64、float64	8	4	8	8
int、uint、uintptr	4	4	8	8
complex64	8	4	8	4
complex128	16	4	16	8
string	8	4	16	8
slice	12	4	24	8
map	4	4	8	8

　　complex 類型由實部和虛部兩個 float 組成，complex64 相當於 [2]
float32，complex128 相當於 [2]float64，所以對齊邊界分別與 float32、float64
一致。

　　map 多數情況下會被分配在堆積上，本地只有一個指標指向堆積上的資料
結構，而指標的對齊邊界自然與 uintptr 相同。

　　string 和 slice 的結構定義可參考 reflect.StringHeader 與 reflect.
SliceHeader，程式如下：

```
type StringHeader struct {
    Data uintptr
    Len int
}
type SliceHeader struct {
    Data uintptr
    Len int
    Cap int
}
```

　　它們的對齊邊界與其最大的成員，即類型 uintptr 的對齊邊界相同。值得強
調的是對於 struct 而言，每個成員都會以結構的起始位址為基底位址，按自身
類型的對齊邊界對齊。除此之外，整個 struct 還要按照成員中最大的對齊邊界
進行對齊，所以編譯器會隨選要在結構相鄰成員之間及最後一個成員之後增加
padding，因此需要合理地排列資料成員的順序，從而使整個 struct 的空間佔用
最小化。

　　來看一個範例，程式如下：

```
// 第 2 章 /code_2_7.go
type s1 struct {
    a int8
    b int64
    c int8
    d int32
    e int16
}
```

資料型態 s1 在 amd64 架構上佔用了 32 位元組空間，如圖 2-2 所示，在 a 和 b 之間有 7 位元組的 padding，目的是讓成員 b 對齊到 8。c 和 d 之間有 3 位元組的 padding，為的是讓成員 d 對齊到 4。又因為整個 struct 的成員中最大的對齊邊界為 int64 對應的 8，所以 e 之後還有 6 位元組的 padding，使整個結構對齊到 8，但是這樣總共浪費了 16 位元組空間，空間使用率只有 50%。

▲ 圖 2-2　s1 記憶體分配

接下來透過調整結構成員的位置，儘量避免編譯器增加 padding，調整後的程式如下：

```go
// 第 2 章 /code_2_8.go
type s2 struct {
    a int8
    c int8
    e int16
    d int32
    b int64
}
```

如圖 2-3 所示，資料型態 s2 和之前的 s1 有著相同類型的 5 個資料成員，但是經過人為最佳化成員的順序後，編譯器沒有增加任何 padding，整個 struct 佔用了 16 位元組空間，使用率達到 100%。

▲ 圖 2-3　s2 記憶體分配

2.4 本章小結

　　本章首先從指標的組成開始講解，透過反組譯的方式，展示了編譯器如何使用指標儲存的位址進行記憶體定址，以及元素類型對指令生成的影響。後續又介紹了與指標相關的操作、常見問題和解決方法。最後結合指標強制類型轉換的實例介紹了 unsafe 套件，並透過 unsafe 的實際應用，了解了記憶體對齊的原理。在接下來對 Go 語言特性的探索中，unsafe 也會造成非常重要的作用。

函式

　　函式在主流的程式語言中是一個基礎且重要的特性。透過函式對邏輯單元進行封裝，使程式結構更加清晰，便於實現程式重複使用，基於函式的編譯連結技術讓建構大型應用程式更為方便。也正因為函式過於基礎，所以很多人對於其底層細節並不甚關心，在實際應用中便會遇到一些問題。本章從函式的底層實現開始研究，逐步整理 Go 語言中與函式相關的特性，旨在理解其背後的設計思想。

　　從程式結構來看，層層函式呼叫就是一個後進先出的過程，與資料結構中的存入堆疊移出堆疊操作完全一致，所以非常適合用堆疊來管理函式的區域變數等資料。x86 架構提供了對堆疊的支援，本書第 1 章組合語言基礎部分介紹了堆疊指標暫存器 SP，以及存入堆疊移出堆疊對應的指令。x86 還透過 CALL 指令和 RET 指令實現了對過程的支持（組合語言中的過程等值於 Go 語言中的函式）。下面就先從 CPU 的角度，看一下函式呼叫的過程。

CPU 在執行程式時，IP 暫存器會指向下一行即將被執行的指令，而 SP 暫存器會指向堆疊頂。圖 3-1 為下一行指令即將呼叫函式 f1() 函式的場景。

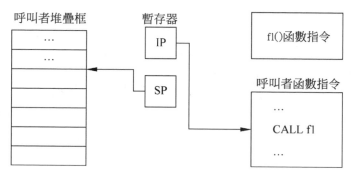

▲ 圖 3-1 函式呼叫發生前

f1() 函式的呼叫由 CALL 指令實現。CALL 指令會先把下一行指令的位址壓存入堆疊中，這就是所謂的返回位址，然後會跳躍到 f1() 函式的位址處執行。當 f1() 函式執行完成後會傳回 CALL 指令壓堆疊的返回位址處繼續執行。由於 CALL 指令引發了存入堆疊操作和指令跳躍，所以 SP 和 IP 暫存器的值都發生了改變，如圖 3-2 所示。

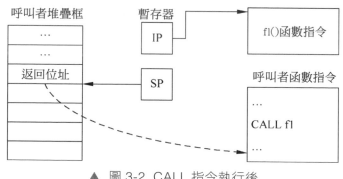

▲ 圖 3-2 CALL 指令執行後

當 f1() 函式執行到最後時會有一行 RET 指令。RET 指令會從堆疊上彈出返回位址，然後跳躍到該位址處繼續執行，如圖 3-3 所示，注意 SP 和 IP 暫存器的改變。

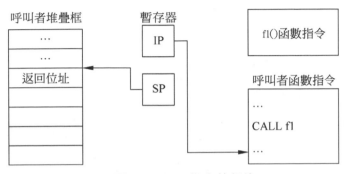

▲ 圖 3-3　RET 指令執行後

這裡只是簡單地演示了一次函式呼叫中指令流的跳躍與傳回，更多細節將在本章後續內容中展開。

3.1　堆疊框

在一個函式的呼叫過程中，堆疊不只被用來存放返回位址，還被用來傳遞參數和傳回值，以及分配函式區域變數等。隨著每一次函式呼叫，都會在堆疊上分配一段記憶體，用來存放這些資訊，這段記憶體就是所謂的函式堆疊框。

3.1.1　堆疊框佈局

實際管理堆疊框的是函式自身的程式，也就是說由編譯器生成的指令負責堆疊框的分配與釋放。堆疊框的佈局也是由編譯器在編譯階段確定的，其依據就是函式程式，所以也可以說函式堆疊框是由編譯器管理的。一個典型的 Go 語言函式堆疊框如圖 3-4 所示。

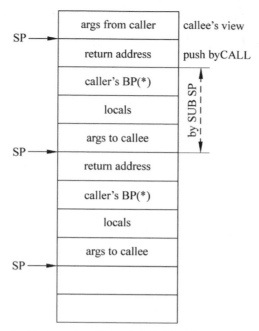

▲ 圖 3-4 Go 語言函式堆疊框佈局示意圖

參照上面的函式堆疊框佈局示意圖，從空間分配的角度來看，函式的堆疊框包含以下幾部分。

（1）return address：函式返回位址，佔用一個指標大小的空間。實際上是在函式被呼叫時由 CALL 指令自動壓堆疊的，並非由被呼叫函式分配。

（2）caller's BP：呼叫者的堆疊框基址，佔用一個指標大小的空間。用來將呼叫路徑上所有的堆疊框連成一個鏈結串列，方便堆疊回溯之類的操作，只在部分平台架構上存在。函式透過將堆疊指標 SP 直接向下移動指定大小，一次性分配 caller's BP、locals 和 args to callee 所佔用的空間，在 x86 架構上就是使用 SUB 指令將 SP 減去指定大小的。

（3）locals：區域變數區間，佔用若干機器字。用來存放函式的區域變數，根據函式的區域變數佔用空間大小來分配，沒有區域變數的函式不分配。

（4）args to callee：呼叫傳遞參數區域，佔用若干機器字。這一區域所佔空間大小，會按照當前函式呼叫的所有函式中傳回值加上參數所佔用的最大空間來分配。當沒有呼叫任何函式時，不需要分配該區間。callee 角度的 args from caller 區間包含在 caller 角度的 args to callee 區間內，佔用空間大小是小於或等於的關係。

綜上所述，只有 return address 是一定會存在的，其他 3 個區間都要根據實際情況進行分析。

按照一般程式的邏輯，函式的堆疊框應該包含傳回值、參數、返回位址和區域變數這 4 部分。從空間分配的角度來看，傳回值和參數是由 caller 負責分配的，CALL 指令將返回位址存入堆疊，然後 callee 透過 SUB 指令在堆疊上分配空間。從空間分配的角度更容易解釋記憶體分配，所以不必糾結於函式堆疊框的定義。

下面實際驗證一下函式的堆疊框佈局，看一下各個區間的分佈與上文所講是否一致，程式如下：

```go
// 第 3 章 /code_3_1.go
package main

func main() {
    var v1, v2 int
    v3, v4: = f1(v1, v2)
    println(&v1, &v2, &v3, &v4)
    f2(v3)
}

//go:noinline
func f1(a1, a2 int)(r1, r2 int) {
    var l1, l2 int
    println(&r2, &r1, &a2, &a1, &l1, &l2)
    return
}

//go:noinline
```

```go
func f2(a1 int) {
    println(&a1)
}
```

注意：在後續的範例程式中都會用 println() 函式來列印偵錯資訊，之所以不使用 fmt.Printf() 之類的函式，是因為前者更底層，也更「簡單」，在 runtime 中專門用作列印偵錯資訊，不會造成變數逃逸等問題，所以不會帶來不必要的干擾。透過偵錯程式來驗證語言特性比較直觀，問題是偵錯程式容易造成干擾，就像物理學中的「測不準原理」，所以要足夠謹慎。最穩妥的辦法還是直接閱讀反編譯後的組合語言程式碼，本書中舉出的偵錯程式都經過反編譯確認，確保沒有造成實質性干擾而得出錯誤結論。

實際上，程式中的 println() 函式會被編譯器轉為多次呼叫 runtime 套件中的 printlock()、printunlock()、printpointer()、printsp()、printnl() 等函式。前兩個函式用來進行併發同步，後 3 個函式用來列印指標、空格和換行。這 5 個函式均無傳回值，只有 printpointer() 函式有一個參數，會在呼叫者的 args to callee 區間佔用一個機器字。

來看一個範例，程式如下：

```go
// 第 3 章 /code_3_2.go
var a, b int
println(&a, &b)
```

這裡的 println() 函式經編譯器轉換後的程式如下：

```
runtime.printlock()            // 獲得鎖
runtime.printpointer(&a)       // 列印指標
runtime.printsp()              // 列印空格
runtime.printpointer(&b)       // 列印指標
runtime.printnl()              // 列印換行
runtime.printunlock()          // 釋放鎖
```

所以這一組函式呼叫只需一個機器字的空間，用來向 printpointer() 函式傳遞參數。在 64 位元 Windows 10 環境下，編譯執行第 3 章 /code_3_1.go 得到的輸出結果如下：

```
$ ./code_3_1.exe
0xc000107f50 0xc000107f48 0xc000107f40 0xc000107f38 0xc000107f20 0xc000107f18
0xc000107f70 0xc000107f68 0xc000107f60 0xc000107f58
0xc000107f38
```

這 3 行輸出依次是由 f1() 函式、main() 函式、f2() 函式中的 println() 函式列印的，所以可以以此為參照，畫移出堆疊框佈局圖。先對 3 個函式堆疊框上各區間的大小進行整理，如表 3-1 所示。

▼ 表 3-13 個函式堆疊框上各區間的大小

函式	caller's BP	locals	args to callee	大小
main()	1 個指標	4 個 int：v1~v4	4 個 int：呼叫 f1	0x48
f1()	1 個指標	2 個 int：l1、l2	1 個 int：呼叫 println	0x20
f2()	1 個指標	無	1 個 int：呼叫 println	0x10

結合偵錯輸出的變數位址和以上表格，繪製堆疊框佈局如圖 3-5 所示。圖 3-5(a) 是呼叫 f1() 函式時的堆疊，圖 3-5(b) 是呼叫 f2() 函式時的堆疊。透過 f1() 函式的呼叫堆疊，可以發現函式的傳回值和參數是按照先傳回值後參數，並且是按照由右至左的順序在堆疊上分配的，與 C 語言時期的參數存入堆疊順序一致。f1() 函式的參數和傳回值佔滿了整個 args to callee 區間。

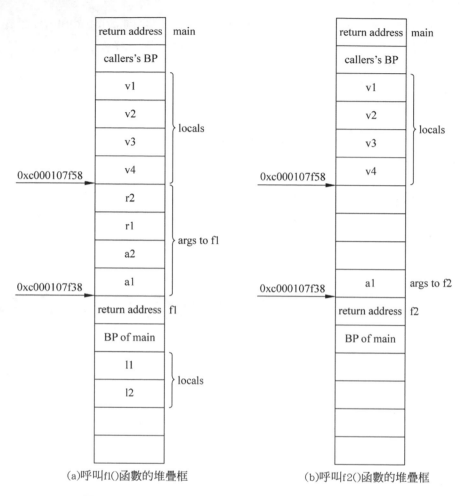

(a)呼叫f1()函數的堆疊框　　　　　　(b)呼叫f2()函數的堆疊框

▲ 圖 3-5　main 呼叫 f1() 函式和 f2() 函式的堆疊框佈局圖

　　值得注意的是，呼叫 f2() 函式時的堆疊，在 a1 和 v4 之間空了 3 個機器字。這是因為 Go 語言的函式是固定堆疊框大小的，args to callee 是按照所需的最大空間來分配的。呼叫函式時，參數和傳回值看起來更像是按照先參數後傳回值，從左到右的順序分配在 args to callee 區間中，並且從低位址開始使用的。這點與我們對傳統堆疊的理解有些不同，更符合傳統堆疊原理的一些編譯器，如 32 位元的 VC++ 編譯器，它使用 PUSH 指令動態存入堆疊，args to callee 區間的大小不是固定的。Go 這種固定堆疊框大小的分配方式使偵錯、執行時期堆疊掃描等更易於實現。

3.1.2 定址方式

從堆疊空間分配的角度來分析 Go 語言函式堆疊框的結構還有另一個好處，即與實際的堆疊框定址一致。函式的 prolog 透過 SUB 指令向下移動堆疊指標暫存器 SP 來分配整個堆疊框，此時 SP 指向 args to callee 區間的起始位址，如圖 3-6 所示。

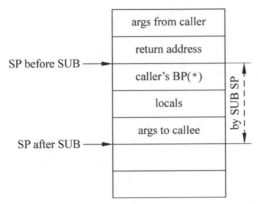

▲ 圖 3-6 SUB 指令分配整個堆疊框

如果把圖 3-6 中整個函式堆疊框視為一個 struct，SP 儲存著這個 struct 的起始位址，然後就可以透過基址 + 位移的方式來定址 struct 的各個欄位，也就是堆疊框上的區域變數、參數和傳回值。

下面實際反編譯一個函式，看一下組合語言程式碼中實際的定址方式。為了盡可能包含函式堆疊框的各部分，而又避免組合語言程式碼太過複雜，準備了一個範例，程式如下：

```go
// 第 3 章 /code_3_3.go
package main

func main() {
    fa(0)
}

//go:noinline
func fa(n int)(r int) {
    r = fb(n)
```

```
    return
}

//go:noinline
func fb(n int) int {
    return n
}
```

在 64 位元 Windows 10 下編譯上述程式，然後反編譯 fa() 函式得到的組合語言程式碼如下：

```
$ go tool objdump -S -s 'main.fa' gom.exe                              //1
TEXT main.fa(SB) C:/gopath/src/fengyoulin.com/gom/code_3_3.go          //2
func fa(n int) (r int) {                                               //3
0x488e60        65488b0c2528000000      MOVQ GS:0x28, CX              //4
0x488e69        488b8900000000          MOVQ 0(CX), CX               //5
0x488e70        483b6110                CMPQ 0x10(CX), SP            //6
0x488e74        7630                    JBE 0x488ea6                //7
0x488e76        4883ec18                SUBQ $0x18, SP              //8
0x488e7a        48896c2410MOVQ          BP, 0x10(SP)                //9
0x488e7f        488d6c2410LEAQ          0x10(SP), BP                //10
    r = fb(n)                                                         //11
0x488e84        488b442420              MOVQ 0x20(SP), AX           //12
0x488e89        48890424                MOVQ AX, 0(SP)              //13
0x488e8d        e81e000000              CALL main.fb(SB)            //14
0x488e92        488b442408              MOVQ 0x8(SP), AX            //15
    return                                                            //16
0x488e97        4889442428              MOVQ AX, 0x28(SP)           //17
0x488e9c        488b6c2410              MOVQ 0x10(SP), BP           //18
0x488ea1        4883c418                ADDQ $0x18, SP              //19
0x488ea5        c3                      RET                         //20
func fa(n int) (r int) {                                               //21
0x488ea6        e89520fdffCALL          runtime.morestack_noctxt(SB) //22
0x488eab        ebb3                    JMP main.fa(SB)             //23
```

不熟悉 x86 組合語言的讀者先不要被這段程式嚇到，只要閱讀過本書第 1 章的組合語言基礎，看懂這段程式是不成問題的。結合圖 3-7 所示 fa() 函式的堆疊框佈局，這段組合語言程式碼的結構還是很清晰的。

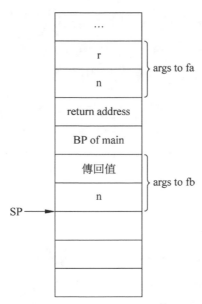

▲ 圖 3-7　函式 fa 的堆疊框佈局

（1）4~7 行和最後兩行組合語言程式碼主要用來檢測和執行動態堆疊增長，與函式堆疊框結構相關性不大，留到第 9 章堆疊記憶體管理部分再講解。

（2）倒數第 4 行的 RET 指令用於在函式執行完成後跳躍回返回位址。

（3）第 8 行的 SUBQ 指令向下移動堆疊指標 SP，完成當前函式堆疊框的分配。倒數第 5 行的 ADDQ 指令在函式傳回前向上移動堆疊指標 SP，釋放當前函式的堆疊框。釋放與分配時的大小一致，均為 0x18，即 24 位元組，其中 BP of main 佔用了 8 位元組，args to fb 佔用了 16 位元組。

（4）第 9 行程式把 BP 暫存器的值存到堆疊框上的 BP of main 中，第 10 行把當前堆疊框上 BP of main 的位址存入 BP 暫存器中。倒數第 6 行指令在當前堆疊框釋放前用 BP of main 的值還原 BP 暫存器。

（5）第 12 行和第 13 行程式，透過 AX 暫存器中轉，把參數 n 的值從 args to fa 區間複製到 args to fb 區間，也就是在 fa 中把 main() 函式傳遞過來的參數 n，複製到呼叫 fb() 函式的參數區間。

（6）第 14 行程式透過 CALL 指令呼叫 fb() 函式。

（7）第 15~17 行程式，還是透過 AX 暫存器中轉，把 fb() 函式的傳回值從 args to fb 區間複製到傳回值 r 中。

Go 語言中函式的傳回值可以是匿名的，也可以是命名的。對於匿名傳回值而言，只能透過 return 敘述為傳回值給予值。對於命名傳回值，可以在程式中透過其名稱直接操作，與參數和區域變數類似。無論傳回值命名與否，都不會影響函式的堆疊框佈局。

3.1.3 又見記憶體對齊

在 C 語言函式呼叫中，透過堆疊傳遞的參數需要對齊到平台的位元寬。假如透過堆疊傳遞 4 個 char 類型的參數，GCC 生成的 32 位元程式需要 16 位元組堆疊空間，64 位元程式需要 32 位元組堆疊空間。如果傳遞大量參數，則這種對齊方式會存在很大的堆疊空間浪費。

Go 語言函式堆疊框中傳回值和參數的對齊方式與 struct 類似，對於有傳回值和參數的函式，可以把所有傳回值和所有參數等值成兩個 struct，一個傳回值 struct 和一個參數 struct。因為記憶體對齊方式更加緊湊，所以在支持大量參數和傳回值時能夠做到較高的堆疊空間使用率。

透過以下範例可以驗證函式參數和傳回值的對齊方式與 struct 成員的對齊方式是一致的，程式如下：

```
// 第 3 章 /code_3_4.go
package main

type args struct {
    a int8
    b int64
    c int32
    d int16
}

//go:noinline
func f1(a args)(r args) {
```

```
        println(&r.d, &r.c, &r.b, &r.a, &a.d, &a.c, &a.b, &a.a)
        return
}

//go:noinline
func f2(aa int8, ab int64, ac int32, ad int16)(ra int8, rb int64, rc int32, rd int16) {
        println(&rd, &rc, &rb, &ra, &ad, &ac, &ab, &aa)
        return
}

func main() {
        f1(args {})
        f2(0, 0, 0, 0)
}
```

在 64 位元 Windows 10 上執行上述程式，得到的輸出結果如下：

```
$ ./code_3_4.exe
0xc000039f74 0xc000039f70 0xc000039f68 0xc000039f60 0xc000039f5c 0xc000039f58
0xc000039f50 0xc000039f48
0xc000039f74 0xc000039f70 0xc000039f68 0xc000039f60 0xc000039f5c 0xc000039f58
0xc000039f50 0xc000039f48
```

第一行是用 struct 作為參數和傳回值時的輸出，第二行是按照和 struct 成員一致的順序直接宣告參數和傳回值時的輸出，可以看到兩者的佈局完全一致。

現在又有了一個問題：堆疊框上的參數和傳回值到底是分開後作為兩個 struct，還是按照一個 struct 來對齊的？可以透過以下範例進一步驗證，程式如下：

```
// 第 3 章 /code_3_5.go
package main

//go:noinline
func f1(a int8)(b int8) {
        println(&b, &a)
        return
}

func main() {
        f1(0)
}
```

f1() 函式有一個傳回值和一個參數，而且都是 int8 類型，如果傳回值和參數作為同一個 struct 進行記憶體對齊，則 a 和 b 應該是緊鄰的，中間不會插入 padding。在 64 位元 Windows 10 上的實際執行結果如下：

```
$ ./code_3_5.exe
0xc000039f70 0xc000039f68
```

可以看到參數 a 和傳回值 b 並沒有緊鄰，而是分別按照 8 位元組的邊界進行對齊的，也就説明傳回值和參數是分別對齊的，不是合併在一起作為單一 struct。

上面探索過了參數和傳回值的對齊方式，接下來再看一下區域變數是如何對齊的，是不是跟參數和傳回值一樣，按照宣告的順序等值於一個 struct 呢？這個問題也可以透過一個範例直接驗證，程式如下：

```go
// 第 3 章 /code_3_6.go
//go:noinline
func fn() {
    var a int8
    var b int64
    var c int32
    var d int16
    var e int8
    println(&a, &b, &c, &d, &e)
}
```

在 64 位元 Windows 10 上執行後得到的輸出結果如下：

```
$ ./code_3_6.exe
0xc0000c9f59 0xc0000c9f60 0xc0000c9f5c 0xc0000c9f5a 0xc0000c9f58
```

可以看到編譯器對這 5 個區域變數在堆疊框上的佈局進行了調整，與宣告順序並不一致，可以將區域變數區間等值成一個 struct，程式如下：

```
struct {
    e int8
    a int8
    d int16
```

```
    c int32
    b int64
}
```

經過這樣調整後，變數佈局更加緊湊，編譯器沒有插入任何 padding，空間使用率更高。

這裡可以再問一個問題：為什麼編譯器會對堆疊框上區域變數的順序進行調整以最佳化記憶體使用率，但是並不會調整參數和傳回值呢？這其實很好解釋，因為函式本身就是對程式單元的封裝，參數和傳回值屬於對外曝露的介面，編譯器必須按照函式原型來呈現，而區域變數屬於封裝在內部的資料，不會對外曝露，所以編譯器隨選調整區域變數佈局不會對函式以外造成影響。

3.1.4 呼叫約定

在進行函式呼叫的時候，呼叫者需要把參數傳遞給被呼叫者，而被呼叫者也要把傳回值回傳給呼叫者。呼叫約定就是用來規範參數和傳回值的傳遞問題的。如果基於堆疊傳遞，還會規定堆疊空間由誰負責分配、釋放。有了呼叫約定的規範，在建構應用程式的時候，只要知道目標函式的原型就能生成正確的呼叫程式，而不需要關心函式的具體實現，這也是編譯連結技術的一項必要基礎。

截至目前的探索研究，可以對 Go 語言普通函式的呼叫約定進行以下複習：

（1）傳回值和參數都透過堆疊傳遞，對應的堆疊空間由呼叫者負責分配和釋放。

（2）傳回值和參數在堆疊上的佈局等值於兩個 struct，struct 的起始位址按照平台機器位元組長度對齊。

要想真正理解呼叫約定的意義，還是要了解編譯、連結這兩個階段。在 C 語言中，編譯器一般是以原始程式檔案為單位，編譯成功生成一個個對應的目的檔案，目的檔案中就已經是機器指令了。對於不是在當前原始程式檔案中定義的函式，CALL 指令處會把函式位址留空，到了連結階段再由連結器負責在這些預留的位置填上實際的函式位址。給函式傳遞參數和讀取傳回值的指令需要由編譯器在編譯階段生成，那如何保證呼叫者和真正的函式實現能夠達成一致呢？那就是呼叫約定的作用，表現在 C 語言的函式原型上。函式原型可以透過宣告舉出，不必同時定義函式本體的實現，編譯器就是參照函式原型來生成傳遞參數相關指令的。

在 Go 語言中不常見到單獨舉出的函式宣告，基本上連同函式本體一起舉出，編譯器在函式內聯最佳化方面也比 C 語言更激進。函式的宣告和實現總在一起，如何驗證編譯器能夠參照函式宣告來生成傳遞參數相關指令呢？可以不使用 go build 命令，而是直接使用 go tool compile 命令，即只編譯不連結。

建立一個 add.go 檔案並寫入範例內容，程式如下：

```
// 第 3 章 /code_3_7.go
package main

import _ "unsafe"

func main() {
    Add(1, 2)
}

func Add(a, b int) int
```

需要注意，Add() 函式只有宣告而沒有實現。下面對其進行編譯，命令如下：

```
go tool compile -trimpath="'pwd'=>" -p main -o add.o code_3_7.go
```

然後反編譯 add.o 檔案中的 main() 函式，命令如下：

```
go tool objdump -S -s main.main add.o
```

與 Add() 函式呼叫相關的幾行組合語言程式碼如下：

```
Add(1, 2)
0x2c8    48c7042401000000      MOVQ $0x1, 0(SP)
0x2d0    48c744240802000000    MOVQ $0x2, 0x8(SP)
0x2d9    e800000000            CALL 0x2de        [1:5]R_CALL:main.Add
```

可以看到兩行 MOVQ 指令分別複製了參數 1 和 2，證明編譯階段參照函式宣告生成了正確的傳遞參數指令，也就是呼叫約定在發揮作用。CALL 指令處，十六進位編碼 e800000000 預留了 32 位元的偏移量空間，在連結階段會被連結器填寫為實際的偏移值。

3.1.5 Go 1.17 的變化

在本書臨近截稿時，Go 1.17 版本正式發佈了，其中對函式的傳遞參數進行了最佳化。在 1.16 版及以前的版本中都是透過堆疊來傳遞參數的，這樣實現簡單且能支持巨量的參數傳遞，缺點就是與暫存器傳遞參數相比性能方面會差一些。在 1.17 版本中就實現了基於暫存器的參數傳遞，當然只是在部分硬體架構上實現了。某些暫存器比較匱乏的平台，如 32 位元的 x86，可用的暫存器太少，實際傳遞參數時總是有一部分參數要透過堆疊傳遞，所以改進的意義不大。即使有 16 個通用暫存器的 amd64 架構，可用於傳遞參數的暫存器也是有上限的，參數太多時還是要有一部分透過堆疊傳遞。

下面我們就用專門設計的程式，結合 Go 附帶的反編譯工具，在組合語言程式碼層面看一下 1.17 版本的函式呼叫是如何透過暫存器傳遞參數的。

1. 函式導入參數的傳遞方式

首先看一下導入參數是如何傳遞的，準備一個範例，程式如下：

```go
// 第 3 章 /code_3_8.go
package main

func main() {
    in12(1, 2, 3, 4, 5, 6, 7, 8, 9, 10, 11, 12)
}

    //go:noinline
func in12(a, b, c, d, e, f, g, h, i, j, k, l int8) int8 {
    return a + b + c + d + e + f + g + h + i + j + k + l
}
```

這個 in12() 函式有 12 個輸導入參數數，我們禁止編譯器把它內聯最佳化，這樣才能透過反編譯看到函式呼叫傳遞參數的組合語言程式碼。反編譯命令及得到的組合語言程式碼如下：

```
$ go tool objdump -S -s '^main.main$' gom.exe
TEXT main.main(SB) C:/gopath/src/fengyoulin.com/gom/code_3_8.go
func main() {
0x45aae0        493b6610                    CMPQ 0x10(R14), SP
0x45aae4        7659                        JBE 0x45ab3f
0x45aae6        4883ec20                    SUBQ $0x20, SP
0x45aaea        48896c2418                  MOVQ BP, 0x18(SP)
0x45aaef        488d6c2418                  LEAQ 0x18(SP), BP
        in12(1, 2, 3, 4, 5, 6, 7, 8, 9, 10, 11, 12)
0x45aaf4        66c704240a0b                MOVW $0xb0a, 0(SP)
0x45aafa        c64424020c                  MOVB $0xc, 0x2(SP)
0x45aaff        b801000000                  MOVL $0x1, AX
0x45ab04        bb02000000                  MOVL $0x2, BX
0x45ab09        b903000000                  MOVL $0x3, CX
0x45ab0e        bf04000000                  MOVL $0x4, DI
0x45ab13        be05000000                  MOVL $0x5, SI
0x45ab18        41b806000000                MOVL $0x6, R8
0x45ab1e        41b907000000                MOVL $0x7, R9
0x45ab24        41ba08000000                MOVL $0x8, R10
0x45ab2a        41bb09000000                MOVL $0x9, R11
0x45ab30        e82b000000                  CALL main.in12(SB)
}
0x45ab35        488b6c2418                  MOVQ 0x18(SP), BP
0x45ab3a        4883c420                    ADDQ $0x20, SP
0x45ab3e        c3                          RET
func main() {
0x45ab3f        90                          NOPL
0x45ab40        e8bb86ffff                  CALL runtime.morestack_noctxt.abi0(SB)
0x45ab45        eb99                        JMP main.main(SB)
```

上述命令反編譯了 main() 函式，我們關注的是它呼叫 in12() 函式時是如何傳遞參數的。透過這一系列 MOVL 命令我們可以知道，第 1~9 個參數是依次用 AX、BX、CX、DI、SI、R8、R9、R10 和 R11 這 9 個通用暫存器來傳遞的，從第 10 個參數開始使用堆疊來傳遞，如圖 3-8 所示。透過函式頭部的堆疊增長程式,我們還可以發現 R14 暫存器被用來存放當前程式碼協同的 g 指標了,不過這就是題外話了。

2. 函式傳回值的傳遞方式

　　探索了函式導入參數是如何傳遞的,接下來再用另一個例子來探索一下函式的傳回值的傳遞方式,程式如下:

```go
// 第 3 章 /code_3_9.go
package main

func main() {
    out12()
}


//go:noinline
func out12()(a, b, c, d, e, f, g, h, i, j, k, l int8) {
    return 1, 2, 3, 4, 5, 6, 7, 8, 9, 10, 11, 12
}
```

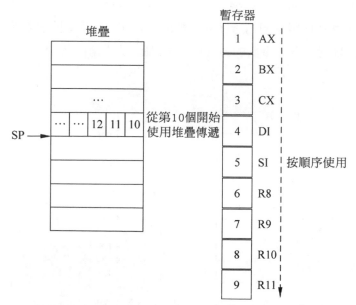

▲ 圖 3-8 Go 1.17 中 in12() 函式導入參數的傳遞方式

out12() 函式會傳回 12 個傳回值，我們還是得禁止編譯器將其內聯最佳化。
這次我們要反編譯 out12() 函式，程式如下：

```
$ go tool objdump -S -s '^main.out12$' gom.exe
TEXT main.out12(SB) C:/gopath/src/fengyoulin.com/gom/code_3_9.go
    return 1, 2, 3, 4, 5, 6, 7, 8, 9, 10, 11, 12
0x45ab20        c64424080a        MOVB $0xa, 0x8(SP)
0x45ab25        c64424090b        MOVB $0xb, 0x9(SP)
0x45ab2a        c644240a0c        MOVB $0xc, 0xa(SP)
0x45ab2f        b801000000        MOVL $0x1, AX
0x45ab34        bb02000000        MOVL $0x2, BX
0x45ab39        b903000000        MOVL $0x3, CX
0x45ab3e        bf04000000        MOVL $0x4, DI
0x45ab43        be05000000        MOVL $0x5, SI
0x45ab48        41b806000000      MOVL $0x6, R8
0x45ab4e        41b907000000      MOVL $0x7, R9
0x45ab54        41ba08000000      MOVL $0x8, R10
0x45ab5a        41bb09000000      MOVL $0x9, R11
0x45ab60        c3                RET
```

如圖 3-9 所示，可以看到與導入參數相同，前 9 個傳回值使用了同一組暫
存器傳遞，並且是按照相同的順序來使用的。從第 10 個傳回值開始，要透過堆
疊來傳遞，而堆疊上傳遞參數的方式與 1.16 版本及以前一樣。

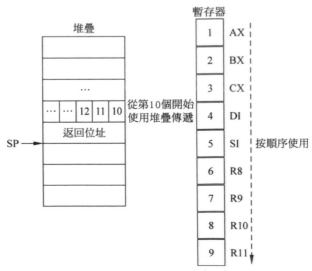

▲ 圖 3-9 Go 1.17 中 out12() 函式傳回值的傳遞方式

整體來講，使用 9 個通用暫存器對傳遞參數進行最佳化，最多只能傳遞 9 個機器字大小，而非 9 個參數。像 string 會佔用 2 個機器字，而切片會佔用 3 個。即使如此，對於大部分函式來講都已經夠用了，所以整體最佳化還是很可觀的。筆者在這裡就不進行性能測試了，有興趣的讀者可以自行設計使用案例，使用附帶的 Benchmark 來測評一下。

 ## 3.2　逃逸分析

3.2.1　什麼是逃逸分析

在解釋逃逸分析之前，先來思考一個場景，如果一個函式把自己堆疊框上某個區域變數的位址作為傳回值傳回，會有什麼問題？範例程式如下：

```go
// 第 3 章 /code_3_10.go
package main

func main() {
    println( * newInt())
}

//go:noinline
func newInt() * int {
    var a int
    return &a
}
```

按照 3.1 節對函式堆疊框佈局的講解，newInt() 函式的區域變數 a 應該分配在函式堆疊框的 locals 區間。在 newInt() 函式傳回後，它的堆疊框隨即銷毀，傳回的變數 a 的位址就會變成一個懸掛指標，caller 中對該位址進行的所有讀寫都是不合法的，會造成程式邏輯錯誤甚至崩潰。

事實是這樣的嗎？上述分析有個前提條件，即變數 a 被分配在堆疊上。假如編譯器能夠檢測到這種模式，而自動把變數 a 改為堆積分配，就不存在上述問題了。反編譯 newInt() 函式，看一下結果，程式如下：

```
$ go tool objdump -S -s 'main.newInt$' gom
TEXT main.newInt(SB) /home/fengyoulin/go/src/fengyoulin.com/gom/code_3_10.go
func newInt() *int {
  0x458710        64488b0c25f8ffffff          MOVQ FS:0xfffffff8, CX
  0x458719        483b6110                    CMPQ 0x10(CX), SP
  0x45871d        7632                        JBE 0x458751
  0x45871f        4883ec18                    SUBQ $0x18, SP
  0x458723        48896c2410                  MOVQ BP, 0x10(SP)
  0x458728        488d6c2410                  LEAQ 0x10(SP), BP
        var a int
  0x45872d        488d054c980000              LEAQ 0x984c(IP), AX
  0x458734        48890424                    MOVQ AX, 0(SP)
  0x458738        e8831efbff                  CALL runtime.newobject(SB)
  0x45873d        488b442408                  MOVQ 0x8(SP), AX
        return &a
  0x458742        4889442420                  MOVQ AX, 0x20(SP)
  0x458747        488b6c2410                  MOVQ 0x10(SP), BP
  0x45874c        4883c418                    ADDQ $0x18, SP
  0x458750        c3                          RET
func newInt() *int {
  0x458751        e85a97ffff                  CALL runtime.morestack_noctxt(SB)
  0x458756        ebb8                        JMP main.newInt(SB)
```

特別注意上述組合語言程式碼中 runtime.newobject() 函式呼叫,該函式是
Go 語言內建函式 new() 的具體實現,用來在執行階段分配單一物件。CALL 指
令之後的兩行 MOVQ 指令透過 AX 暫存器中轉,把 runtime.newobject() 函式的
傳回值複製給了 newInt() 函式的傳回值,這個傳回值就是動態分配的 int 型變數
的位址。

如果把第 3 章 /code_3_10.go 中 newInt() 函式中的取位址運算改成使用內
建函式 new(),則效果也是一樣的,程式如下:

```
//go:noinline
func newInt() * int {
    return new(int)
}
```

根據上述研究，現階段可以把逃逸分析描述為當函式區域變數的生命週期超過函式堆疊框的生命週期時，編譯器把該區域變數由堆疊分配改為堆積分配，即變數從堆疊上逃逸到堆積上。

3.2.2 不逃逸分析

3.2.1 節演示了逃逸分析，程式範例中將函式的某個區域變數的位址作為傳回值傳回，或透過內建函式 new() 動態分配變數並傳回其位址。其中內建函式 new() 有著非常明顯的堆積分配的含義，是不是只要使用了 new() 函式就會造成堆分配呢？進一步猜想，如果對區域變數進行取位址操作會被轉為 new() 函式呼叫，那就不用進行所謂的逃逸分析了。

先驗證 new() 函式與堆積分配是否有必然關係，程式如下：

```
// 第 3 章 /code_3_11.go
//go:noinline
func New() int {
    p: = new(int)
    return *p
}
```

反編譯 New() 函式，得到的組合語言程式碼如下：

```
$ go tool objdump -S -s '^main.New$' gom
TEXT main.New(SB) /home/fengyoulin/go/src/fengyoulin.com/gom/code_3_11.go
    return *p
0x458710        48c744240800000000        MOVQ $0x0, 0x8(SP)
0x458719        c3                        RET
```

MOVQ 指令直接把傳回值給予值為 0，其他的邏輯全都被最佳化掉了，所以即使是程式中使用了 new() 函式，只要變數的生命週期沒有超過當前函式堆疊框的生命週期，編譯器就不會進行堆積分配。事實上，只要程式邏輯允許，編譯器總是傾向於把變數分配在堆疊上，因為比分配在堆積上更高效。這也就是本節所謂的不逃逸分析，或說未逃逸分析，這種說法並不嚴謹，主要是為了突出編譯器傾向於讓變數不逃逸。

3.2.3 不逃逸判斷

　　本節主要探索編譯器進行逃逸分析時追蹤的範圍，以及在什麼情況下就認為變數逃逸了或確定變數沒有逃逸。3.2.1 節研究變數逃逸所用的方法，主要透過讓函式傳回區域變數的位址，使區域變數的生命週期超過對應函式堆疊框的生命週期。按照這個規則來猜想，如果把區域變數的位址給予值給套件等級的指標變數，應該也會造成變數逃逸。準備一個範例，程式如下：

```
// 第 3 章 /code_3_12.go
var pt * int

//go:noinline
func setNew() {
    var a int
    pt = &a
}
```

　　反編譯 setNew() 函式，在得到的組合語言程式碼中節選關鍵的幾行，程式如下：

```
    var a int
0x488eb4        488d0525db0000          LEAQ runtime.types+51680(SB), AX
0x488ebb        48890424                MOVQ AX, 0(SP)
0x488ebf        e8cc34f8ff              CALL runtime.newobject(SB)
0x488ec4        488b442408              MOVQ 0x8(SP), AX
```

　　透過 runtime.newobject() 函式呼叫就能確定，變數 a 逃逸到了堆積上，驗證了上述猜想。進一步還可以驗證逃逸分析的依賴傳遞性，準備範例程式如下：

```
// 第 3 章 /code_3_13.go
var pp * * int

//go:noinline
func dep() {
    var a int
    var p * int
    p = &a
```

```
    pp = &p
}
```

反編譯 dep() 函式，節選部分組合語言：從節選的部分程式可以發現，變數 p 和 a 都逃逸了。p 的位址被給予值給套件等級的指標變數 pp，而 a 的位址又被給予值給了 p，因為 p 逃逸造成 a 也逃逸了，程式如下：

```
$ go tool objdump -S -s '^main.dep$' gom.exe
TEXT main.dep(SB) C:/gopath/src/fengyoulin.com/gom/code_3_13.go
func dep() {
    // 省略部分程式
        var a int
0x493ec4        488d0575a70000      LEAQ tuntime.rodata+42560(SB), AX
0x493ecb        48890424            MOVQ AX, 0(SP)
0x493ecf        e84c97f7ff          CALL runtime.newobject(SB)
0x493ed4        488b442408          MOVQ 0x8(SP), AX
0x493ed9        4889442410          MOVQ AX, 0x10(SP)
        var p *int
0x493ede        488d0d7b670000      LEAQ runtime.rodata+26208(SB), CX
0x493ee5        48890c24            MOVQ CX, 0(SP)
0x493ee9        e83297f7ff          CALL runtime.newobject(SB)
0x493eee        488b7c2408          MOVQ 0x8(SP), DI
```

假如某個函式有一個參數和一個傳回值，類型都是整數指標，函式只是簡單地把參數作為傳回值傳回，就像下面的 inner.RetArg() 函式，程式如下：

```
// 第 3 章 /code_3_14.go
package inner

//go:noinline
func RetArg(p * int) * int {
    return p
}
```

在另一個套件中 arg() 函式呼叫了 inner.RetArg() 函式，將區域變數 a 的位址作為參數，並傳回了一個 int 類型的傳回值，程式如下：

```
// 第 3 章 /code_3_15.go
package main

//go:noinline
func arg() int {
    var a int
    return *inner.RetArg( &a)
}
```

在 arg() 函式中並沒有把變數 a 的位址作為傳回值，也不存在到某個套件等級指標變數的依賴鏈路，所以變數 a 是否會逃逸的關鍵就在於 inner.RetArg() 函式。inner.RetArg() 函式只是把傳過去的指標又傳了回來，而且作為被呼叫者來講，它的生命週期是完全包含在 arg() 函式的生命週期以內的，所以不應該造成變數 a 逃逸。

事實到底如何呢？還要透過反編譯驗證，節選部分關鍵組合語言程式碼如下：

```
        var a int
0x489034        48c744241000000000        MOVQ $0x0, 0x10(SP)
        return *inner.RetArg(&a)
0x48903d        488d442410                LEAQ 0x10(SP), AX
0x489042        48890424                  MOVQ AX, 0(SP)
0x489046        e845b1fdff                CALL funny/inner.RetArg(SB)
0x48904b        488b442408                MOVQ 0x8(SP), AX
0x489050        488b00                    MOVQ 0(AX), AX
0x489053        4889442428                MOVQ AX, 0x28(SP)
```

沒錯，變數 a 確實是在堆疊上分配的，也就說明編譯器參考了 inner.RetArg() 函式的具體實現，基於程式邏輯判定變數 a 沒有逃逸。雖然程式中透過 noinline 阻止了內聯最佳化，但是無法阻止編譯器參考函式實現。假如透過某種方式能夠阻止編譯器參考函式實現，又會有什麼樣的結果呢？

可以使用 linkname 機制，連同修改後的 arg() 函式的程式如下：

```
// 第 3 章 /code_3_16.go
//go:linkname retArg funny/inner.RetArg
```

```
func retArg(p * int) * int

//go:noinline
func arg() int {
    var a int
    var b int
    return *inner.RetArg(&a) + * retArg(&b)
}
```

再次反編譯 arg() 函式，節選變數 a 和 b 分配相關的組合語言程式碼如下：

```
        var a int
0x489034        48c744241000000000          MOVQ $0x0, 0x10(SP)
        var b int
0x48903d        488d059cd90000              LEAQ runtime.types+51680(SB), AX
0x489044        48890424                    MOVQ AX, 0(SP)
0x489048        e84333f8ff                  CALL runtime.newobject(SB)
0x48904d        488b442408                  MOVQ 0x8(SP), AX
0x489052        4889442420                  MOVQ AX, 0x20(SP)
```

變數 a 依舊是堆疊分配，變數 b 已經逃逸了。在上述程式中的 retArg() 函式只是個函式宣告，沒有舉出具體實現，透過 linkname 機制讓連結器在連結階段連結到 inner.RetArg() 函式。retArg() 函式只有宣告沒有實現，而且編譯器不會追蹤 linkname，所以無法根據程式邏輯判定變數 b 到底有沒有逃逸。

把邏輯上沒有逃逸的變數分配到堆積上不會造成錯誤，只是效率低一些，但是把邏輯上逃逸了的變數分配到堆疊上就會造成懸掛指標等問題，因此編譯器只有在能夠確定變數沒有逃逸的情況下，才會將其分配到堆疊上，在能夠確定變數已經逃逸或無法確定到底有沒有逃逸的情況下，都要按照已經逃逸來處理。這也就解釋了為什麼在上述程式中的變數 b 邏輯上沒有逃逸，卻被分配在了堆積上。

3.3 Function Value

函式在 Go 語言中屬於一類值（First Class Value），該類型的值可以作為函式的參數和傳回值，也可以賦給變數。當把一個函式給予值給某個變數後，這個變數就被稱為 Function Value。宣告一個 Function Value 變數的範例程式如下：

```
var fn func(a, b int) int
```

其中 fn 就是個 Function Value 變數，它的類型是 func(int, int) int。Function Value 可以像一般函式那樣被呼叫，在使用體驗上非常類似於 C 語言中的函式指標。那麼 Function Value 本質上是不是函式指標呢？

本節會分析 Function Value 和函式指標的實現原理，還有閉包的實現原理，以及 Function Value 是如何支持閉包的。

3.3.1 函式指標

熟悉 C 語言的讀者應該有過使用函式指標的經驗，函式指標跟本書第 2 章中所講的指標類似，儲存的都是位址，只不過不是指向某種類型的資料，而是指向程式碼部分中某個函式的第一行指令，如圖 3-10 所示。

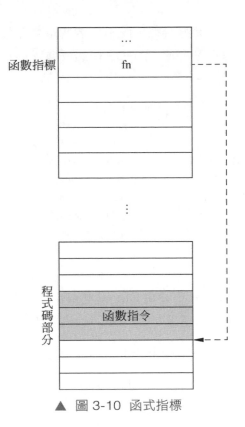

▲ 圖 3-10 函式指標

準備一個簡單的 C 語言函式指標應用範例，程式如下：

```
// 第 3 章 /code_3_17.c
int helper(int( * fn)(int, int), int a, int b) {
    return fn(a, b);
}

int main() {
    return helper(0, 0, 0);
}
```

上述 helper() 函式有 3 個參數，fn 是個函式指標。在 Linux+amd64 環境下，用 GCC 編譯上述程式，命令如下：

```
$gcc -O1 -o main code_3_17.c
```

編譯最佳化等級 O1 剛好合適，既不會內聯最佳化掉 helper() 函式，又能生成簡潔易讀的組合語言程式碼。用 GDB 偵錯反編譯 helper() 函式，程式如下：

```
(gdb) disass
Dump of assembler code for function helper:
=> 0x00005555555545fa <+0>:          sub     $0x8,%rsp
   0x00005555555545fe <+4>:          mov     %rdi,%rax
   0x0000555555554601 <+7>:          mov     %esi,%edi
   0x0000555555554603 <+9>:          mov     %edx,%esi
   0x0000555555554605 <+11>:         callq   *%rax
   0x0000555555554607 <+13>:         add     $0x8,%rsp
   0x000055555555460b <+17>:         retq
End of assembler dump.
```

透過上述程式可見，GCC 使用 DI、SI 和 DX 暫存器按順序傳遞了 helper() 函式的 3 個參數。透過函式指標 fn 進行呼叫的具體邏輯如下：

（1）mov %rdi,%rax 把函式指標 fn 中儲存的位址從 rdi 複製到 rax 暫存器。

（2）mov %esi,%edi 把 esi 複製到 edi，也就是把 helper() 函式的第 2 個參數作為 fn 的第 1 個參數。

（3）mov %edx,%esi 把 edx 複製到 esi，也就是把 helper() 函式的第 3 個參數作為 fn 的第 2 個參數。

（4）callq *%rax 呼叫 rax 暫存器中儲存的位址處的函式。

透過查閱反編譯後的組合語言程式碼，可以確定 C 語言中的函式指標就是個函式位址。函式指標的類型類似於函式宣告，編譯器參考這種類型資訊並依據呼叫約定來生成傳遞參數等組合語言指令。

3.3.2 Function Value 分析

有了對 C 函式指標的了解，再看到 Go 語言中的 Function Value 時，第一感覺就是函式指標，不過換了個名字。實際是不是這樣呢？還得透過實踐來驗證。

準備一個 go 檔案並寫入，範例程式如下：

```go
// 第 3 章 /code_3_18.go
package main

func main() {
    println(helper(nil, 0, 0))
}


//go:noinline
func helper(fn func(int, int) int, a, b int) int {
    return fn(a, b)
}
```

依然把 Function Value 的呼叫隔離在一個函式中，以便於分析。反編譯程
式如下：

```
$ go tool objdump -S -s '^main.helper$' gom.exe
TEXT main.helper(SB) C:/gopath/src/fengyoulin.com/gom/code_3_18.go
func helper(fn func(int, int) int, a, h int) int {
    0x488e90    65488b0c2528000000      MOVQ GS:0x28, CX
    0x488e99    488b8900000000          MOVQ 0(CX), CX
    0x488ea0    483b6110                CMPQ 0x10(CX), SP
    0x488ea4    763f                    JBE 0x488ee5
    0x488ea6    4883ec20                SUBQ $0x20, SP
    0x488eaa    48896c2418              MOVQ BP, 0x18(SP)
    0x488eaf    488d6c2418              LEAQ 0x18(SP), BP
        return fn(a, b)
    0x488eb4    488b442430              MOVQ 0x30(SP), AX
    0x488eb9    48890424                MOVQ AX, 0(SP)
    0x488ebd    488b442438              MOVQ 0x38(SP), AX
    0x488ec2    4889442408              MOVQ AX, 0x8(SP)
    0x488ec7    488b542428              MOVQ 0x28(SP), DX
    0x488ecc    488b02                  MOVQ 0(DX), AX
    0x488ecf    ffd0                    CALL AX
    0x488ed1    488b442410              MOVQ 0x10(SP), AX
    0x488ed6    4889442440              MOVQ AX, 0x40(SP)
    0x488edb    488b6c2418              MOVQ 0x18(SP), BP
    0x488ee0    4883c420                ADDQ $0x20, SP
```

```
  0x488ee4    c3                        RET
func helper(fn func(int, int) int, a, b int) int {
  0x488ee5    e85620fdff                CALL runtime.morestack_noctxt(SB)
  0x488eea    eba4                      JMP main.helper(SB)
```

下面整體整理一下這段程式：

（1）4~7 行和最後兩行用於堆疊增長，暫不需要關心。

（2）第 8~10 行分配堆疊框並給予值 caller's BP，RET 之前的兩行還原
BP 暫存器並釋放堆疊框。

（3）CALL 後面的兩行用來複製傳回值。

（4）CALL 連同之前的 6 行 MOVQ 指令，實現了 Function Value 的傳遞
參數和程序呼叫。

只有第 4 步才是需要關心的地方，進一步拆解：

（1）MOVQ 0x30(SP), AX 和 MOVQ AX, 0(SP) 用於把 helper() 函式的第
2 個參數 a 的值複製給 fn() 函式的第 1 個參數。

（2）MOVQ 0x38(SP), AX 和 MOVQ AX, 0x8(SP) 同理，把 helper() 函式
第 3 個參數 b 的值複製給 fn() 函式的第 2 個參數。

（3）MOVQ 0x28(SP), DX 把 helper() 函式第 1 個參數 fn 的值複製到 DX
暫存器，MOVQ 0(DX), AX 把 DX 用作基址，加上位移 0，也就是從
DX 儲存的位址處讀取出一個 64 位元的值，存入了 AX 暫存器中。

（4）CALL AX 説明，上一步中 AX 暫存器最終儲存的是實際函式的位址。

透過上述邏輯，可以確定 Function Value 確實是個指標，而且是個兩級指
標。如圖 3-11 所示，Function Value 不直接指向目標函式，而是一個目標函式
的指標。為什麼要透過一個兩級指標實現呢？目前還真不好解釋，先繼續向後
研究，等到 3.3.3 節再回過頭來解釋這個問題。

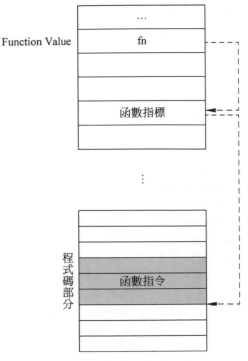

▲ 圖 3-11 Function Value

3.3.3 閉包

　　説到 Go 語言的閉包，比較直觀的感受就是個有狀態的 Function Value。在 Go 語言中比較典型的閉包場景就是在某個函式內定義了另一個函式，內層函式使用了外層函式的區域變數，並且內層函式最終被外層函式作為傳回值傳回，程式如下：

```go
// 第 3 章 /code_3_19.go
func mc(n int) func() int {
    return func() int {
        return n
    }
}
```

　　每次呼叫 mc() 函式都會傳回一個新的閉包，閉包記住了參數 n 的值，所以是有狀態的。基於目前對函式堆疊框的了解，函式堆疊框隨著函式傳回而銷毀，不能用來儲存狀態，研究函式指標和 Function Value 的時候也沒有發現哪裡用來儲存狀態，所以這裡就有個問題：閉包的狀態儲存在哪裡呢？

1. 閉包物件

為了搞清楚這個問題，先來嘗試一下反編譯，從組合語言程式碼中找答案，反編譯程式如下：

```
$ go tool objdump -S -s '^main.mc$' gom.exe
TEXT main.mc(SB) C:/gopath/src/fengyoulin.com/gom/code_3_19.go
func mc(n int) func() int {
    0x488ec0    65488b0c2528000000          MOVQ GS:0x28, CX
    0x488ec9    488b8900000000              MOVQ 0(CX), CX
    0x488ed0    483b6110                    CMPQ 0x10(CX), SP
    0x488ed4    7645                        JBE 0x488f1b
    0x488ed6    4883ec18                    SUBQ $0x18, SP
    0x488eda    48896c2410                  MOVQ BP, 0x10(SP)
    0x488edf    488d6c2410                  LEAQ 0x10(SP), BP
        return func() int {
    0x488ee4    488d0595640100              LEAQ runtime.types+91008(SB), AX   //1
    0x488eeb    48890424                    MOVQ AX, 0(SP)                      //2
    0x488eef    e89c34f8ff                  CALL runtime.newobject(SB)         //3
    0x488ef4    488b442408                  MOVQ 0x8(SP), AX                   //4
    0x488ef9    488d0d30000000              LEAQ main.mc.func1(SB), CX         //5
    0x488f00    488908                      MOVQ CX, 0(AX)                     //6
    0x488f03    488b4c2420                  MOVQ 0x20(SP), CX                  //7
    0x488f08    48894808                    MOVQ CX, 0x8(AX)                   //8
    0x488f0c    4889442428                  MOVQ AX, 0x28(SP)                  //9
    0x488f11    488b6c2410                  MOVQ 0x10(SP), BP
    0x488f16    4883c418                    ADDQ $0x18, SP
    0x488f1a    c3                          RET
func mc(n int) func() int {
    0x488f1b    e82020fdff                  CALL runtime.morestack_noctxt(SB)
    0x488f20    eb9e                        JMP main.mc(SB)
```

程式中負責堆疊增長、堆疊框分配和操作 BP 的部分在 3.3.2 節已經介紹過，此處不再贅述。特別注意 return 下面註釋編號的 9 行組合語言程式碼就可以了，逐行整理一下這部分邏輯：

（1）第 1~4 行程式使用 runtime.types+91008 作為參數呼叫了 runtime. newobject() 函式，並把傳回值儲存在 AX 暫存器中，這個值是個位址，指向分配在堆積上的物件。

（2）第 5 行和第 6 行把 main.mc.func1() 函式的位址複製到了 AX 所指向物件的頭部，0(AX) 表示用 AX 作為基址且位移為 0。

（3）第 7 行和第 8 行把 mc() 函式的參數 n 的值複製到了 AX 所指向物件的第 2 個欄位，0x8(AX) 表示用 AX 作為基址且位移為 8。

（4）第 9 行把 AX 的值複製到 mc() 函式堆疊框上的傳回值處，也就是最終傳回的 Function Value。

根據第 2 步和第 3 步的程式邏輯，可以推斷出第 1 步動態分配的物件的類型。應該是個 struct 類型，第 1 個欄位是個函式位址，第 2 個欄位是 int 類型，程式如下：

```
struct {
    F uintptr
    n int
}
```

說明編譯器辨識出了閉包這種程式模式，並且自動定義了這個 struct 類型進行支援，出於物件導向程式設計中把資料稱為物件的習慣，後文中就把這種 struct 稱為閉包物件。

閉包物件的成員可以進一步劃分，第 1 個欄位 F 用來儲存目標函式的位址，這在所有的閉包物件中都是一致的，後文中將這個目標函式稱為閉包函式。從第 2 個欄位開始，後續的欄位稱為閉包的捕捉清單，也就是內層函式中用到的所有定義在外層函式中的變數。編譯器認為這些變數被閉包捕捉了，會把它們追加到閉包物件的 struct 定義中。上例中只捕捉了一個變數 n，如果捕捉的變數增多，struct 的捕捉清單也會加長。一個捕捉兩個變數的閉包範例程式如下：

```
// 第 3 章 /code_3_20.go
func mc2(a, b int) func() (int, int) {
    return func() (int, int) {
```

```
        return a, b
    }
}
```

上述程式對應的閉包物件定義程式如下：

```
struct {
    F uintptr
    a int
    b int
}
```

2. 看到閉包

透過反編譯來逆向推斷閉包物件的結構還是比較繁瑣的，如果能有一種方法，能夠直觀地看到閉包物件的結構定義，那真是再好不過了。下面介紹一種方法，將閉包逮個正著。

根據之前的探索，已經知道 Go 程式在執行階段會透過 runtime.newobject() 函式動態分配閉包物件。Go 原始程式中 newobject() 函式的原型如下：

```
func newobject(typ *_type) unsafe.Pointer
```

函式的傳回值是個指標，也就是新分配的物件的位址，參數是個 _type 類型的指標。透過原始程式可以得知這個 _type 是個 struct，在 Go 語言的 runtime 中被用來描述一個資料型態，透過它可以找到目標資料型態的大小、對齊邊界、類型名稱等。筆者習慣將這些用來描述資料型態的資料稱為類型中繼資料，它們是由編譯器生成的，Go 語言的反射機制依賴的就是這些類型中繼資料。

假如能夠獲得傳遞給 runtime.newobject() 函式的類型中繼資料指標 typ，再透過反射進行解析，就能列印出閉包物件的結構定義了。那如何才能獲得這個 typ 參數呢？

在 C 語言中有種常用的函式 Hook 技術，就是在執行階段將目標函式頭部的程式替換為一行跳躍指令，跳躍到一個新的函式。在 x86 平台上就是在處理程序位址空間中找到要 Hook 的函式，將其頭部替換為一行 JMP 指令，同時指定 JMP 指令要跳躍到的新函式的位址。這項技術在 Go 程式中依然適用，可以用一個自己實現的函式替換掉 runtime.newobject() 函式，在這個函式中就能獲得 typ 參數並進行解析了。

還有一個問題是 runtime.newobject() 函式屬於未匯出的函式，在 runtime 套件外無法存取。這一點可以透過 linkname 機制來繞過，在當前套件中宣告一個類似的函式，讓連結器將其連結到 runtime.newobject() 函式即可。

本書使用開放原始碼模組 github.com/fengyoulin/hookingo 實現執行階段函式替換，列印閉包物件結構的完整程式如下：

```go
// 第 3 章 /code_3_21.go
package main

import (
    "github.com/fengyoulin/hookingo"
    "reflect"
    "unsafe"
)

var hno hookingo.Hook

//go:linkname newobject runtime.newobject
func newobject(typ unsafe.Pointer) unsafe.Pointer

func fno(typ unsafe.Pointer) unsafe.Pointer {
    t: = reflect.TypeOf(0)
    ( * ( * [2] unsafe.Pointer)(unsafe.Pointer( & t)))[1] = typ // 相當於反射了閉包物件
類型
    println(t.String())
    if fn,ok: = hno.Origin().(func(typ unsafe.Pointer) unsafe.Pointer);ok {
        return fn(typ) // 呼叫原 runtime.newobject
    }
    return nil
}

// 建立一個閉包，make closure
```

```
func mc(start int) func() int {
    return func() int {
        start++
        return start
    }
}

func main() {
    var err error
    hno, err = hookingo.Apply(newobject, fno) // 應用鉤子，替換函式
    if err != nil {
        panic(err)
    }
    f: = mc(10)
    println(f())
}
```

在 64 位元 Windows 10 下執行命令及執行結果如下：

```
$ ./code_3_21.exe
int
struct { F uintptr; start *int }
11
```

執行結果第 2 行的 int 和第 3 行的 struct 定義都是被 fno() 函式中的 println() 函式列印出來的，最後一行的 11 是被 main() 函式中的 println() 函式列印出來的。第 3 行的 struct 就是閉包物件的結構定義，閉包捕捉清單中的 start 是個 int 指標，那是因為 start 變數逃逸了，第 2 行列印的 int 就是透過 runtime. newobject() 函式動態分配造成的。如果把閉包函式中的 start++ 一行刪除，閉包捕捉的 start 就是個值而非指標，本節的最後將解釋閉包捕捉與變數逃逸的關係。某些讀者可能會對 fno() 函式中的反射程式感到困惑，讀完本書第 5 章與介面相關的內容就能夠理解了。

此時再回過頭去看 Function Value 的兩級指標結構，結合閉包物件的結構定義就很好理解了。如果忽略掉閉包物件中的捕捉清單部分，剩下的就是一個兩級指標結構了，如圖 3-12 所示。

　　Go 語言在設計上用這種兩級指標結構將函式指標和閉包統一為 Function Value，執行階段呼叫者不需要關心呼叫的函式是個普通的函式還是個閉包函式，一致對待就可以了。

　　如果每次把一個普通函式給予值給一個 Function Value 的時候都要在堆積上分配一個指標，那就有些浪費了。因為普通函式不組成閉包也沒有捕捉清單，沒必要動態分配。事實上編譯器早就考慮到了這一點，對於不組成閉包的 Function Value，第二層的這個指標是編譯階段靜態配置的，只分配一個就夠了。

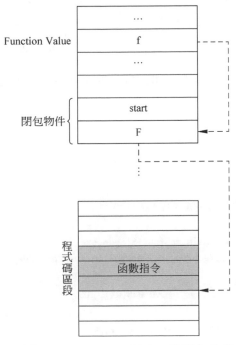

▲ 圖 3-12 Function Value 和閉包物件

3. 呼叫閉包

　　細心的讀者可能還會有個疑問：閉包函式在被呼叫的時候，必須得到當前閉包物件的位址才能存取其中的捕捉清單，這個位址是如何傳遞的呢？

　　這個問題確實值得深入研究。呼叫者在呼叫 Function Value 的時候，只是像呼叫一個普通函式那樣傳遞了宣告的參數，如果 Function Value 背後是個閉包函式，則無法透過堆疊上的參數得到閉包物件位址。除非編譯器傳遞了一個隱含的參數，這個參數如果透過堆疊傳遞，那就改變了函式的原型，這樣就會造成不一致，是行不通的。

還是透過反組譯來看一下閉包函式是從哪裡得到的這個位址，先來建構閉包，程式如下：

```
// 第 3 章 /code_3_22.go
func mc(n int) func() int {
    return func() int {
        return n
    }
}
```

根據本節第 2 部分的探索，可以確定閉包物件的結構定義程式如下：

```
struct {
    F uintptr
    n int
}
```

反編譯閉包函式得到的組合語言程式碼如下：

```
$ go tool objdump -S -s '^main.mc.func1$' gom.exe
TEXT main.mc.func1(SB) C:/gopath/src/fengyoulin.com/gom/code_3_22.go
    return func() int {
0x4b6970        488b4208            MOVQ 0x8(DX), AX
            return n
0x4b6974        4889442408          MOVQ AX, 0x8(SP)
0x4b6979        c3                  RET
```

只有 3 行組合語言程式碼，邏輯如下：

（1）將 DX 暫存器用作基址，再加上位移 8，把該位址處的值複製到 AX 暫存器中。

（2）把 AX 暫存器的值複製給閉包函式的傳回值。

（3）閉包函式傳回。

　　顯然，DX 暫存器儲存的就是閉包物件的位址，呼叫者負責在呼叫之前把閉包物件的位址儲存到 DX 暫存器中，跟 C++ 中的 thiscall 非常類似。之前有很多讀者在反編譯 Function Value 呼叫程式時，總會看到為 DX 暫存器給予值，並為此感到疑惑，這就是原因。呼叫者不必區分是不是閉包、有沒有捕捉清單，實際上也區分不了，只能統一作為閉包來處理，所以總要透過 DX 傳遞位址。如果 Function Value 背後不是閉包，這個位址就不會被用到，也不會造成什麼影響。

4. 閉包與變數逃逸

　　本節第 3 部分列印閉包物件結構定義的時候發現跟變數逃逸還有些關係。事實上變數逃逸跟閉包之間的關係很密切，因為 Function Value 本身就是個指標，編譯器也可以按照同樣的方式來分析 Function Value 有沒有逃逸。如果 Function Value 沒有逃逸，那就可以不用在堆積上分配閉包物件了，分配在堆疊上即可。使用一個範例進行驗證，程式如下：

```
// 第 3 章 /code_3_23.go
func sc(n int) int {
    f: = func() int {
        return n
    }
    return f()
}
```

　　程式邏輯過於簡單，為了避免閉包函式被編譯器最佳化掉，編譯時需要禁用內聯最佳化，命令如下：

```
$ go build -gcflags='-l'
```

　　再來反編譯 sc() 函式，反編譯命令及輸出結果如下：

```
$ go tool objdump -S -s '^main.sc$' gom.exe
TEXT main.sc(SB) C:/gopath/src/fengyoulin.com/gom/code_3_23.go
func sc(n int) int {
    0x4b68f0    65488b0c2528000000        MOVQ GS:0x28, CX
    0x4b68f9    488b8900000000            MOVQ 0(CX), CX
```

```
0x4b6900     483b6110                    CMPQ 0x10(CX), SP
0x4b6904     764b                        JBE 0x4b6951
0x4b6906     4883ec20                    SUBQ $0x20, SP
0x4b690a     48896c2418                  MOVQ BP, 0x18(SP)
0x4b690f     488d6c2418                  LEAQ 0x18(SP), BP
    f := func() int {
0x4b6914     0f57c0                      XORPS X0, X0
0x4b6917     0f11442408                  MOVUPS X0, 0x8(SP)
0x4b691c     488d053d000000              LEAQ main.sc.func1(SB), AX
0x4b6923     4889442408                  MOVQ AX, 0x8(SP)
0x4b6928     488b442428                  MOVQ 0x28(SP), AX
0x4b692d     4889442410                  MOVQ AX, 0x10(SP)
    return f()                                                    // 這一行
0x4b6932     488b442408                  MOVQ 0x8(SP), AX
0x4b6937     488d542408                  LEAQ 0x8(SP), DX
0x4b693c     ffd0                        CALL AX
0x4b693e     488b0424                    MOVQ 0(SP), AX
0x4b6942     4889442430                  MOVQ AX, 0x30(SP)
0x4b6947     488b6c2418                  MOVQ 0x18(SP), BP
0x4b694c     4883c420                    ADDQ $0x20, SP
0x4b6950     c3                          RET
func sc(n int) int {
0x4b6951     e88a56faff                  CALL runtime.morestack_noctxt(SB)
0x4b6956     eb98                        JMP main.sc(SB)
```

首先整理一下 return f() 之前的 6 行組合語言程式碼:

(1) XORPS 和 MOVUPS 這兩行利用 128 位元的暫存器 X0,把堆疊框上
從位移 8 位元組開始的 16 位元組清零,這段區間就是 sc() 函式的區
域變數區,正好符合捕捉了一個 int 變數的閉包物件大小。

(2) LEAQ 和 MOVQ 把閉包函式的位址複製到堆疊框上位移 8 位元組處,
正是閉包物件中的函式指標。

(3) 接下來的兩個 MOVQ 把 sc() 函式的參數 n 的值複製到堆疊框上位移
16 位元組處,也就是閉包捕捉清單中的 int 變數。

這段程式在堆疊上建構出所需的閉包物件,如圖 3-13 所示。

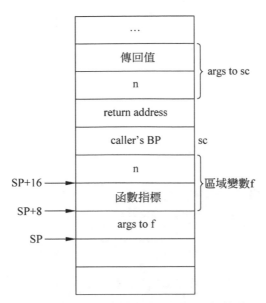

▲ 圖 3-13　sc() 函式中建構的閉包物件 f

再整理一下 return 之後的 5 行組合語言程式碼：

（1）MOVQ 把閉包函式的位址複製到 AX 暫存器中，LEAQ 把閉包物件的
　　　位址儲存到 DX 暫存器中。

（2）CALL 指令呼叫閉包函式，接下來的兩筆 MOVQ 把閉包函式的傳回值
　　　複製到 sc() 函式的傳回值。

　　所以，這段程式實際呼叫了閉包函式，如圖 3-14 所示，閉包函式執行時直
接把閉包物件捕捉的 n 複製到 f() 函式的傳回值空間，然後 f 的傳回值會複製到
sc() 函式的傳回值空間。

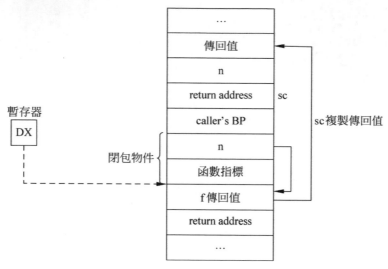

▲ 圖 3-14 呼叫閉包函式 f()

整體來看，上述程式邏輯除了閉包物件分配在堆疊上之外，並沒有其他的不同，不過還是能夠說明逃逸分析在起作用。

還有一個需要探索的問題，就是關於閉包物件的捕捉清單，捕捉的是變數的值還是位址？這實際上也跟逃逸分析有著密切關係。下面先從語義的角度來看一下，什麼時候捕捉值和什麼時候捕捉位址。

根據之前的經驗，只要在閉包函式中改動一下捕捉的變數，就會變成捕捉位址。在第 3 章 /code_3_23 範例程式的基礎上加一行自動增加敘述，程式如下：

```go
// 第 3 章 /code_3_24.go
func sc(n int) int {
    f: = func() int {
        n++
        return n
    }
    return f()
}
```

　　建構時還是要禁用內聯最佳化，再透過反編譯檢查閉包捕捉的類型，發現確實捕捉了變數 n 的位址。在上一範例程式中，沒有修改 n 的時候，捕捉的是值，所以可以這樣推斷：編譯器總是傾向於捕捉變數的值，除非有必要捕捉位址。

　　從語義角度來講，閉包捕捉變數並不是要複製一個副本，變數無論被捕捉與否都應該是唯一的，所謂捕捉只是編譯器為閉包函式存取外部環境中的變數架設了一個橋樑。這個橋樑可以複製變數的值，也可以儲存變數的位址。只有在變數的值不會再改變的前提下，才可以複製變數的值，否則就會出現不一致錯誤。

　　準備一個範例，程式如下：

```
// 第 3 章 /code_3_25.go
func sc(n int) int {
    n++
    f: = func() int {
        return n
    }
    return f()
}
```

　　經過反編譯驗證，其中的閉包會捕捉值，因為變數自動增加發生在閉包捕捉之前，在閉包捕捉之後變數的值不會再改變。

　　準備另一個範例，程式如下：

```
// 第 3 章 /code_3_26.go
func sc(n int) int {
    f: = func() int {
        return n
    }
    n++
    return f()
}
```

　　這裡的閉包會捕捉位址，因為自動增加敘述使變數的值發生了改變，而這個改變又在閉包捕捉變數之後。

事實上，對於上述這種閉包物件未逃逸的場景，如果沒有禁用內聯最佳化，編譯器大機率會把閉包函式最佳化掉。上述探索的意義主要在於明確編譯器在捕捉值上的傾向，也就是只要邏輯允許捕捉值，就不會捕捉位址。如果都捕捉位址，更符合語義層面的變數唯一性約束，那麼編譯器為什麼要盡最大可能性捕捉值呢？

結合變數逃逸的依賴傳遞性來思考就比較容易理解了。如果閉包物件逃逸了，則所有被捕捉位址的變數都要跟隨著一起逃逸，而捕捉值就沒有逃逸的問題了，可以減少不必要的堆積分配，進而最佳化程式性能。

3.4　defer

Go 語言的 defer 是個很有意思的特性，可通俗地翻譯為延遲呼叫。簡單描述就是，跟在 defer 後面的函式呼叫不會立刻執行，而像是被註冊到了當前函式中，等到當前函式傳回之前，會按照 FILO (First In Last Out) 的順序呼叫所有註冊的函式。

需要注意的是，假如跟在 defer 後面的敘述中包含多次函式呼叫，那麼只有最後的那個會被延遲呼叫，而其他的都會立刻執行。準備範例程式如下：

```go
// 第 3 章 /code_3_27.go
func fn() func() {
    return func() {
        println("defer")
    }
}
```

fn() 函式會傳回一個 Function Value，那麼 defer fn()() 會立刻呼叫 fn() 函式，實際被延遲呼叫的是 fn() 函式傳回的 Function Value。

被延遲呼叫的函式的參數也會立刻求值，如果依賴某個函式的傳回值，則對應函式也會立刻被呼叫，範例程式如下：

```go
defer close(getChan())
```

在上述程式中的close()函式被延遲呼叫，而getChan()函式則立刻被呼叫。那麼延遲執行到底是如何實現的呢？這個就是本節將要探索的內容，接下來的3.4.1~3.4.3 節分別就 Go 語言 1.12、1.13 和 1.14 版本進行研究，因為 defer 的實現在這幾個版本之間發生了較大的變化。

為了統一稱謂，後文中將透過 defer 呼叫的函式稱為 defer 函式，將使用 defer 關鍵字調用某函式的函式稱為當前函式，將當前函式透過 defer 關鍵字來延遲呼叫某 defer 函式這一動作稱為註冊。

3.4.1 最初的鏈結串列

使用 1.12 版本的 SDK 建構一個範例，程式如下：

```
// 第 3 章 /code_3_28.go
package main

func main() {
    println(df(10))
}

func df(n int) int {
    defer func(i * int) {
        * i *= 2
    }( & n)
    return n
}
```

反編譯得到可執行檔中的 df() 函式，節選比較關鍵的組合語言程式碼如下：

```
0x452fc6        4883ec20                    SUBQ $0x20, SP
0x452fca        48896c2418                  MOVQ BP, 0x18(SP)
0x452fcf        488d6c2418                  LEAQ 0x18(SP), BP
0x452fd4        48c744243000000000          MOVQ $0x0, 0x30(SP)
    defer func() {
0x452fdd        c7042408000000              MOVL $0x8, 0(SP)
0x452fe4        488d05453d0200              LEAQ go.func.*+58(SB), AX
0x452feb        4889442408                  MOVQ AX, 0x8(SP)
0x452ff0        488d442428                  LEAQ 0x28(SP), AX
0x452ff5        4889442410                  MOVQ AX, 0x10(SP)
```

```
0x452ffa          e8c124fdff C                ALL runtime.deferproc(SB)
0x452fff          85c0                        TESTL AX, AX
0x453001          751a                        JNE 0x45301d
   return n
0x453003          488b442428                  MOVQ 0x28(SP), AX
0x453008          4889442430                  MOVQ AX, 0x30(SP)
0x45300d          90                          NOPL
0x45300e          e88d2dfdff                  CALL runtime.deferreturn(SB)
0x453013          488b6c2418                  MOVQ 0x18(SP), BP
0x453018          4883c420                    ADDQ $0x20, SP
0x45301c          c3                          RET
   defer func() {
0x45301d          90                          NOPL
0x45301e          e87d2dfdff                  CALL runtime.deferreturn(SB)
0x453023          488b6c2418                  MOVQ 0x18(SP), BP
0x453028          4883c420                    ADDQ $0x20, SP
0x45302c          c3                          RET
```

組合語言程式碼中呼叫了兩個新的 runtime 函式，分別是 runtime. deferproc() 函式和 runtime.deferreturn() 函式。一直到 Go 1.12 版本，defer 的實現都沒有太大變化，程式中的 defer 都會被編譯器轉化為對 runtime. deferproc() 函式的呼叫。

1. deferproc

Go 語言中，每個 goroutine 都有自己的 defer 鏈結串列，而 runtime. deferproc() 函式做的事情就是把 defer 函式及其參數增加到鏈結串列中，即本節所謂的註冊。編譯器還會在當前函式結尾處插入呼叫 runtime.deferreturn() 函式的程式，該函式會按照 FILO 的順序呼叫當前函式註冊的所有 defer 函式。如果當前 goroutine 發生了 panic(當機)，或呼叫了 runtime.Goexit() 函式，runtime 的 panic 處理邏輯會按照 FILO 的順序遍歷當前 goroutine 的整個 defer 鏈結串列，並逐一呼叫 defer 函式，直到某個 defer 函式執行了 recover，或所有 defer 函式執行完畢後程式結束執行。

runtime.deferproc() 函式的原型如下：

```
func deferproc(siz int32, fn *funcval)
```

參數 fn 指向一個 runtime.funcval 結構，該結構被 runtime 用來支援 Function Value，其中只定義了一個 uintptr 類型的成員，儲存的是目標函式的位址。透過 3.3 節對 Function Value 的探索，已知 Go 語言用兩級指標結構統一了函式指標和閉包，這個 funcval 結構就是用來支援兩級指標的。如圖 3-15 所示，deferproc() 函式的參數 fn 是第一級指標，funcval 中的 uintptr 成員是第二級指標。

參數 siz 表示 defer 函式的參數佔用空間的大小，這部分參數也是透過堆疊傳遞的，雖然沒有出現在 deferproc() 函式的參數清單裡，但實際上會被編譯器追加到 fn 的後面，範例程式中 df() 函式呼叫 deferproc() 函式時的函式堆疊框如圖 3-16 所示。注意 defer 函式的參數在堆疊上的 fn 後面，而非在 funcval 結構的後面。這點不符合正常的 Go 語言函式呼叫約定，屬於編譯器的特殊處理。

基於第 3 章 /code_3_28.go 反編譯得到的組合語言程式碼，整理出等值的虛擬程式碼如下：

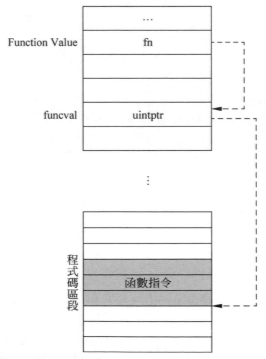

▲ 圖 3-15　funcval 對 Function Value 兩級指標的支持

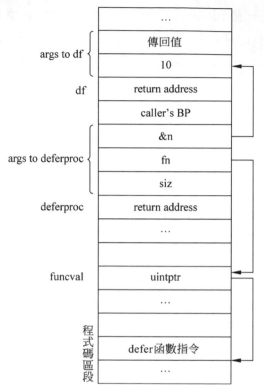

▲ 圖 3-16 df() 函式呼叫 deferproc 時的堆疊框

```
func df(n int)(v int) {
    r: = runtime.deferproc(8, df.func1, & n)
    if r > 0 {
        goto ret
    }
    v = n
    runtime.deferreturn()
    return
ret:
    runtime.deferreturn()
    return
}

func df.func1(i * int)
    { * i *= 2
}
```

deferproc() 函式的傳回值為 0 或非 0 時代表不同的含義，0 代表正常流程，也就是已經把需要延遲執行的函式註冊到了鏈結串列中，這種情況下程式可正常執行後續邏輯。傳回值為 1 則表示發生了 panic，並且當前 defer 函式執行了 recover，這種情況會跳過當前函式後續的程式，直接執行傳回邏輯。

還有一點需要特別注意一下，從函式原型來看，deferproc() 函式沒有傳回值，但實際上 deferproc() 函式的傳回值是透過 AX 暫存器傳回的，這一點與一般的 Go 語言函式不同，卻跟 C 語言的函式比較類似，等到 3.5 節講解 panic 的時候再具體分析這麼做的原因。

接下來看一下 deferproc() 函式的具體實現，摘錄自 runtime 套件的 panic.go，程式如下：

```
//go:nosplit
func deferproc(siz int32, fn * funcval) { //arguments of fn follow fn
    if getg().m.curg != getg() {
        throw ("defer on system stack")
    }

    sp: = getcallersp()
    argp: = uintptr(unsafe.Pointer( & fn)) + unsafe.Sizeof(fn)
    callerpc: = getcallerpc()

    d: = newdefer(siz)
    if d._panic != nil {
        throw ("deferproc: d.panic != nil after newdefer")
    }
    d.fn = fn
    d.pc = callerpc
    d.sp = sp
    switch siz {
    case 0:
        //Do nothing.
    case sys.PtrSize:
        * ( * uintptr)(deferArgs(d)) = * ( * uintptr)(unsafe.Pointer(argp))
    default:
        memmove(deferArgs(d), unsafe.Pointer(argp), uintptr(siz))
    }
```

```
    return0()
}
```

透過 getcallersp() 函式獲取呼叫者的 SP，也就是呼叫 deferproc() 函式之前 SP 暫存器的值。這個值有兩個用途，一是在 deferreturn() 函式執行 defer 函式時用來判斷該 defer 是不是被當前函式註冊的，二是在執行 recover 的時候用來還原堆疊指標。

基於 unsafe 指標運算得到編譯器追加在 fn 之後的參數列表的起始位址，儲存在 argp 中。

透過 getcallerpc() 函式獲取呼叫者指令指標的位置，在 amd64 上實際就是 deferproc() 函式的返回位址，從呼叫者 df() 函式的角度來看就是 CALL runtime.deferproc 後面的那行指令的位址。這個位址主要用來在執行 recover 的時候還原指令指標。

呼叫 newdefer() 函式分配一個 runtime._defer 結構，newdefer() 函式內部使用了兩級緩衝集區來避免頻繁的堆積分配，並且會自動把新分配的 _defer 結構增加到鏈結串列的頭部。

建立好 _defer 結構，接下來就是給予值操作了，不過在那之前，我們先來看一下 runtime._defer 的定義，程式如下：

```
type _defer struct {
    siz        int32
    started    bool
    sp         uintptr //sp at time of defer
    pc         uintptr
    fn         * funcval
    _panic     * _panic //panic that is running defer
    link       * _defer
}
```

（1）siz 表示 defer 參數佔用的空間大小，與 deferproc() 函式的第 1 個參數一樣。

（2）started 表示有個 panic 或 runtime.Goexit() 函式已經開始執行該 defer 函式。

（3）sp、pc 和 fn 已經解釋過，此處不再贅述。

（4）_panic 的值是在當前 goroutine 發生 panic 後，runtime 在執行 defer 函式時，將該指標指向當前的 _panic 結構。

（5）link 指標用來指向下一個 _defer 結構，從而形成鏈結串列。

現在的問題是 _defer 中沒有發現用來儲存 defer 函式參數的空間，參數應該被儲存到哪裡？

實際上 runtime.newdefer() 函式用了和編譯器一樣的手段，在分配 _defer 結構的時候，後面額外追加了 siz 大小的空間，如圖 3-17 所示，所以 deferproc() 函式接下來會將 fn、callerpc、sp 都複製到 _defer 結構中對應的欄位，然後根據 siz 大小來複製參數，最後透過 return0() 函式來把傳回值 0 寫入 AX 暫存器中。

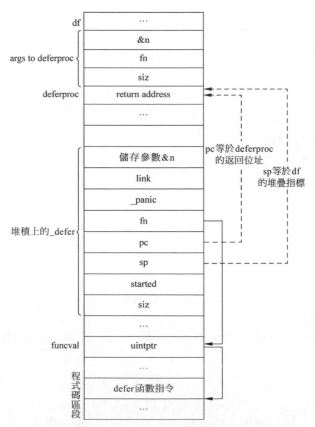

▲ 圖 3-17 deferproc 執行中為 _defer 給予值

deferproc() 函式的大致邏輯就是這樣,它把 defer 函式的相關資料儲存在 runtime._defer 這個結構中並增加到了當前 goroutine 的 defer 鏈結串列頭部。

透過 deferproc() 函式註冊完一個 defer 函式後,deferproc() 函式的傳回值是 0。後面如果發生了 panic,又透過該 defer 函式成功 recover,那麼指令指標和堆疊指標就會恢復到這裡設定的 pc、sp 處,看起來就像剛從 runtime.deferproc() 函式傳回,只不過傳回值為 1,編譯器插入的 if 敘述繼而會跳過函式本體,僅執行尾端的 deferreturn() 函式。

2. deferreturn

在正常情況下,註冊過的 defer 函式是由 runtime.deferreturn() 函式負責執行的,正常情況指的就是沒有 panic 或 runtime.Goexit() 函式,即當前函式完成執行並正常傳回時。deferreturn() 函式的程式如下:

```
//go:nosplit
func deferreturn(arg0 uintptr) {
    gp: = getg()
    d: = gp._defer
    if d == nil {
        return
    }
    sp: = getcallersp()
    if d.sp != sp {
        return
    }

    switch d.siz {
        case 0:
            //Do nothing.
        case sys.PtrSize:
            * ( * uintptr)(unsafe.Pointer(&arg0)) = * ( * uintptr)(deferArgs(d))
        default:
            memmove(unsafe.Pointer(&arg0), deferArgs(d), uintptr(d.siz))
    }
    fn: = d.fn
    d.fn = nil
    gp._defer = d.link
```

```
    freedefer(d)
    jmpdefer(fn, uintptr(unsafe.Pointer(&arg0)))
}
```

值得注意的是參數 arg0 的值沒有任何含義，實際上編譯器並不會傳遞這個參數，deferreturn() 函式內部透過它獲取呼叫者堆疊框上 args to callee 區間的起始位址，從而可以將 defer 函式所需參數複製到該區間。defer 函式的參數個數要比編譯器傳給 deferproc() 函式的參數還少兩個，所以呼叫者的 args to callee 區間大小肯定足夠，不必擔心複製參數會覆蓋掉堆疊框上的其他資料。

deferreturn() 函式的主要邏輯如下：

（1）若 defer 鏈結串列為空，則直接傳回，否則獲得第 1 個 _defer 的指標 d，但並不從鏈結串列中移除。

（2）判斷 d.sp 是否等於呼叫者的 SP，即判斷 d 是否由當前函式註冊，如果不是，則直接傳回。

（3）如果 defer 函式有參數，d.siz 會大於 0，就將參數複製到堆疊上 &arg0 處。

（4）將 d 從 defer 鏈結串列移除，鏈結串列頭指向 d.link，透過 runtime. freedefer() 函式釋放 d。和 runtime.newdefer() 函式對應，runtime. freedefer() 函式會把 d 放回緩衝集區中，緩衝集區內部按照 defer 函式參數佔用空間的多少分成了 5 個列表，對於參數太多且佔用空間太大的 d，超出了緩衝集區的處理範圍則不會被快取，後續會被 GC 回收。

（5）透過 runtime.jmpdefer() 函式跳躍到 defer 函式去執行。

runtime.jmpdefer() 函式是用組合語言實現的，amd64 平台下的實現程式如下：

```
TEXT runtime·jmpdefer(SB), NOSPLIT, $0-16
    MOVQ        fv+0(FP), DX       //fn
    MOVQa       rgp+8(FP), BX      //caller sp
    LEAQ        -8(BX), SP         //caller sp after CALL
```

```
MOVQ        -8(SP), BP        //restore BP as if deferreturn returned
SUBQ        $5, (SP)          //return to CALL again
MOVQ        0(DX), BX
JMP         BX                //but first run the deferred function
```

第 2 行把 fn 給予值給 DX 暫存器，3.3 節中已經講過 Function Value 呼叫時用 DX 暫存器傳遞閉包物件位址。接下來的 3 行程式透過設定 SP 和 BP 來還原 deferreturn() 函式的堆疊框，結合最後一行指令是跳躍到 defer 函式而非透過 CALL 指令來呼叫，這樣從呼叫堆疊來看就像是 deferreturn() 函式的呼叫者直接呼叫了 defer 函式。

還有一點需要特別注意，jmpdefer() 函式會調整返回位址，在 amd64 平台下會將返回位址減 5，即一行 CALL 指令的大小，然後才會跳躍到 defer 函式去執行。這樣一來，等到 defer 函式執行完畢傳回的時候，剛好會傳回編譯器插入的 runtime.deferreturn() 函式呼叫之前，從而實現無迴圈、無遞迴地重複呼叫 deferreturn() 函式。直到當前函式的所有 defer 都執行完畢，deferreturn() 函式會在第 1、第 2 步判斷時傳回，不經過 jmpdefer() 函式調整堆疊框和返回位址，從而結束重複呼叫。

使用 deferproc() 函式實現 defer 的好處是通用性比較強，能夠適應各種不同的程式邏輯。例如 if 敘述區塊中的 defer 和迴圈中的 defer，範例程式如下：

```go
// 第 3 章 /code_3_29.go
func fn(n int)(r int) {
    if n & 1 != 0 {
        defer func() {
            r <<= 1
        }()
    }
    for i: = 0;i < n;i++{
        defer func() {
            r <<= 1
        }()
    }
    return n
}
```

因為 defer 函式的註冊是執行階段才進行的,可以跟程式邏輯極佳地整合在一起,所以像 if 這種條件分支不用完成額外工作就能支援。由於每個 runtime._defer 結構都是基於緩衝集區和堆積動態分配的,所以即使不定次數的迴圈也不用額外處理,多次註冊互不干擾。

但是鏈結串列與堆積分配組合的最大缺點就是慢,即使用了兩級緩衝集區來最佳化 runtime._defer 結構的分配,性能方面依然不太樂觀,所以在後續的版本中就開始了對 defer 的最佳化之旅。

3.4.2 堆疊上分配

在 1.13 版本中對 defer 做了一點小的最佳化,即把 runtime._defer 結構分配到當前函式的堆疊框上。很明顯這不適用於迴圈中的 defer,迴圈中的 defer 仍然需要透過 deferproc() 函式實現,這種最佳化只適用於只會執行一次的 defer。

編譯器透過 runtime.deferprocStack() 函式來執行這類 defer 的註冊,相比於 runtime.deferproc() 函式,少了透過緩衝集區或堆積分配 _defer 結構的步驟,性能方面還是稍有提升的。deferprocStack() 函式的程式如下:

```go
//go:nosplit
func deferprocStack(d * _defer) {
    gp: = getg()
    if gp.m.curg != gp {
        //go code on the system stack can't defer
        throw ("defer on system stack")
    }
    //siz and fn are already set.
    d.started = false
    d.heap = false
    d.sp = getcallersp()
    d.pc = getcallerpc()

    * ( * uintptr)(unsafe.Pointer( & d._panic)) = 0
    * ( * uintptr)(unsafe.Pointer( & d.link)) = uintptr(unsafe.Pointer(gp._defer))
    * ( * uintptr)(unsafe.Pointer( & gp._defer)) = uintptr(unsafe.Pointer(d))
```

```
        return0()
}
```

runtime._defer 結構中新增了一個 bool 型的欄位 heap 來表示是否為堆積上分配,對於這種堆疊上分配的 _defer 結構,deferreturn() 函式就不會用 freedefer() 函式進行釋放了。因為編譯器在堆疊框上已經把 _defer 結構的某些欄位包括後面追加的 fn 的參數都準備所以 deferprocStack() 函式這裡只需為剩餘的幾個欄位給予值,與 deferproc() 函式的邏輯基本一致。最後幾行中透過 unsafe.Pointer 做類型轉換再給予值,原始程式註釋中解釋為避免寫入屏障,暫時理解成為提升性能就行了,這個寫入屏障到第 8 章再詳細介紹。

同樣使用第 3 章 /code_3_28.go,經過 Go 1.13 編譯器轉換後的虛擬程式碼如下:

```
func df(n int)(v int) {
    var d struct {
        runtime._defer
        n * int
    }
    d.siz = 8
    d.fn = df.func1
    d.n = &n
    r: = runtime.deferprocStack(&d)
    if r > 0 {
        goto ret
    }
    v = n
    runtime.deferreturn()
    return
ret:
    runtime.deferreturn()
    return
}

func df.func1(i * int) {
    * i *= 2
}
```

值得注意的是，如圖 3-18 所示，編譯器需要根據 defer 函式的參數和傳回值佔用的空間，來為 df() 函式堆疊框的 args to callee 區間分配足夠的大小，以使 deferreturn() 函式向堆疊框上複製 defer 函式參數時不會覆蓋其他區間的資料。

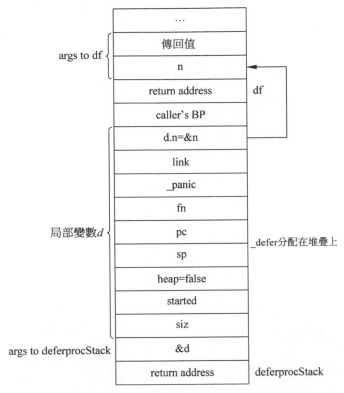

▲ 圖 3-18 df() 函式呼叫 deferprocStack() 時的堆疊框

堆疊上分配 _defer 這種最佳化只是節省了 _defer 結構的分配、釋放時間，仍然需要將 defer 函式增加到鏈結串列中，在呼叫的時候也還要複製堆疊上的參數，整體提升比較有限。經過筆者的 Benchmark 測試，1.13 版本比 1.12 版本大約有 25% 的性能提升。

3.4.3 高效的 open coded defer

經過 Go 1.13 版本對 defer 的最佳化，雖然性能上獲得了提升，但是遠沒有達到開發者的預期。因為在併發場景下，defer 經常被用來釋放資源，例如函式傳回時解鎖 Mutex 等，相比之下 defer 自身的銷耗就有些大了。

因此在 Go 1.14 版本中又進行了一次最佳化，這次最佳化也是針對那些只會執行一次的 defer。編譯器不再基於鏈結串列實現這類 defer，而是將這類 defer 直接展開為程式中的函式呼叫，按照倒序放在函式傳回前去執行，這就是所謂的 open coded defer。

依然使用第 3 章 /code_3_28.go，在 1.14 版本中經編譯器轉換後的虛擬程式碼如下：

```
func df(n int)(v int) {
    v = n
    func(i * int) {
        * i *= 2
    }(&n)
    return
}
```

這裡會有兩個問題：

（1）如何支持巢狀結構在 if 敘述區塊中的 defer ？

（2）當發生 panic 時，如何保證這些 defer 得以執行呢？

第 1 個問題其實並不難解決，可以在堆疊框上分配一個變數，用每個二進位位元來記錄一個對應的 defer 函式是否需要被呼叫。Go 語言實際上用了一位元組作為標識，可以最多支持 8 個 defer，為什麼不支持更多呢？筆者是這樣理解的，open coded defer 本來就是為了提高性能而設計的，一個函式中寫太多 defer，應該是不太在意這種層面上的性能了。

還需要考慮的問題是，deferproc() 函式在註冊的時候會儲存 defer 函式的參數副本，defer 函式的參數經常是當前函式的區域變數，即使它們後來被修改了，deferproc() 函式儲存的副本也是不會變的，副本是註冊那一時刻的狀態，所以在 open coded defer 中編譯器需要在當前函式堆疊框上分配額外的空間來儲存 defer 函式的參數。

綜上所述,一個範例程式如下:

```
// 第 3 章 /code_3_30.go
func fn(n int)(r int) {
    if n > 0 {
        defer func(i int) {
            r <<= i
        }(n)
    }
    n++
    return n
}
```

經編譯器轉換後的等值程式如下:

```
func fn(n int)(r int) {
    var f byte
    var i int
    if n > 0 {
        f |= 1
        i = n
    }
    n++
    r = n
    if f&1 > 0 {
        func(i int) {
            r <<= i
        }(i)
    }
    return
}
```

其中區域變數 f 就是專門用來支援 if 這類條件邏輯的標識位元,區域變數 i 用作 n 在 defer 註冊那一刻的副本,函式傳回前根據標識位元判斷是否呼叫 defer 函式。範例中 fn() 函式呼叫 defer() 函式時堆疊框如圖 3-19 所示。

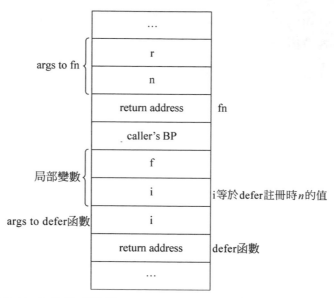

▲ 圖 3-19　fn() 函式透過 open coded defer 的方式呼叫 defer 函式

根據筆者的測試，open coded defer 的性能比 Go 1.12 版本幾乎提升了一個數量級，當然這是在程式沒有發生 panic 的情況下。關於 open coded defer 如何保證在發生 panic 時能夠被呼叫，也就是上面的第 2 個問題，將在 3.5 節中進行探索和介紹。

3.5　panic

panic() 和 recover() 這對內建函式，實現了 Go 特有的異常處理流程。如果把 panic() 函式視為其他語言中的 throw 敘述，則帶有 recover() 函式的 defer 函式就有著 catch 敘述的作用。只有在 defer 函式中呼叫 recover() 函式才有效，因為發生 panic 之後只有 defer 函式能夠得到執行。Go 語言在設計上保證所有的 defer 函式都能夠得到呼叫，所以適合用 defer 來釋放資源，即使發生 panic 也不會造成資源洩露。

本節結合 Go 語言 runtime 的部分原始程式，探索 panic 和 recover 的實現原理。

3.5.1 gopanic() 函式

內建 panic() 函式是透過 runtime 中的 gopanic() 函式實現的，程式中呼叫 panic() 函式會被編譯器轉為對 gopanic() 函式的呼叫。在版本 1.13 和 1.14 中隨著 deferprocStack() 函式和 open coded defer 的引入，gopanic() 函式的實現也變得愈加複雜，但是核心邏輯並沒有發生太大變化，所以本節還是從 1.12 版本的 gopanic() 函式的原始程式開始進行講解。

鑑於原始程式篇幅較長，本著先整體後局部的原則，把 gopanic() 函式的原始程式按照邏輯劃分成幾部分，首先從宏觀上看一下整個函式，程式如下：

```
func gopanic(e interface {}) {
    gp: = getg()

    // 一些驗證

    var p _panic
    p.arg = e
    p.link = gp._panic
    gp._panic = ( * _panic)(noescape(unsafe.Pointer(&p)))

    atomic.Xadd( & runningPanicDefers, 1)

    //for 迴圈

    preprintpanics(gp._panic)

    fatalpanic(gp._panic)
    * ( * int)(nil) = 0
}
```

從函式原型來看，與內建函式 panic() 完全一致，有一個 interface{} 類型的參數，這使 gopanic() 函式可以接受任意類型的參數。函式首先透過 getg() 函式得到當前 goroutine 的 g 物件指標 gp，然後會進行一些驗證工作，主要目的是確保處在系統堆疊、記憶體分配過程中、禁止先佔或持有鎖的情況下不允許發生 panic。接下來 gopanic() 函式在堆疊上分配了一個 _panic 類型的物件 p，把參數 e 給予值給 p 的 arg 欄位，並把 p 安放到當前 goroutine 的 _panic

鏈結串列的頭部，特意使用 noescape() 函式來避免 p 逃逸，因為 panic 本身就是與堆疊的狀態強相關的。

runtime._panic 結構的定義程式如下：

```
//go:notinheap
type _panic struct {
    argp        unsafe.Pointer
    arg         interface {}
    link        * _panic
    recovered   bool
    aborted     bool
}
```

（1）argp 欄位用來在 defer 函式執行時指向其 args from caller 區間的起始位址，到 3.5.2 節中再進一步分析 argp 欄位更深層的意義。

（2）arg 欄位儲存的就是傳遞給 gopanic() 函式的參數。

（3）link 欄位用來指向鏈結串列中的下一個 _panic 結構。

（4）recovered 欄位表示當前 panic 已經被某個 defer 函式透過 recover 恢復。

（5）aborted 欄位表示發生了巢狀結構的 panic，舊的 panic 被新的 panic 流程標記為 aborted。

gopanic() 函式的原始程式中最關鍵的就是接下來的 for 迴圈了，在這個迴圈中一個一個呼叫鏈結串列中的 defer 函式，並檢測 recover 的狀態。如果所有的 defer 函式都執行完後還是沒有 recover，則迴圈就會結束，最後的 fatalpanic() 函式就會結束當前處理程序。for 迴圈的主要程式如下：

```
for {
    d: = gp._defer
    if d == nil {
        break
    }

    if d.started {
```

```
        if d._panic != nil {
            d._panic.aborted = true
        }
        d._panic = nil
        d.fn = nil
        gp._defer = d.link
        freedefer(d)
        continue
    }

    //1) 呼叫 defer 函式
    //2) 釋放 _defer 結構
    //3) 檢測 recover
}
```

每次迴圈開始都會從 gp 的 _defer 鏈結串列頭部取一項給予值給 d，直到鏈結串列為空時結束迴圈。接下來判斷若 d.started 為真則表明當前是一個巢狀結構的 panic，也就是在原有 panic 或 Goexit() 函式執行 defer 函式的時候又觸發了 panic，因為觸發 panic 的 defer 函式還沒有執行完，所以還沒有從鏈結串列中移除。這裡會把 d 連結的舊的 _panic 設定為 aborted，然後把 d 從鏈結串列中移除，並透過 freedefer() 函式釋放。

後續的 3 大區塊邏輯就是：呼叫 defer 函式、釋放 _defer 結構和檢測 recover。

1. 呼叫 defer 函式

呼叫 defer 函式的程式如下：

```
d.started = true
d._panic = (*_panic)(noescape(unsafe.Pointer(&p)))
p.argp = unsafe.Pointer(getargp(0))
reflectcall(nil, unsafe.Pointer(d.fn), deferArgs(d), uint32(d.siz), uint32(d.siz))
p.argp = nil
```

首先將 d.started 設定為 true，這樣如果 defer 函式又觸發了 panic，新的 panic 遍歷 defer 鏈結串列時，就能透過 started 的值確定該 defer 函式已經被呼叫過了，避免重複呼叫。

然後為 d._panic 給予值,將 d 連結到當前 panic 物件 p,並使用 noescape()函式避免 p 逃逸,這一步是為了後續巢狀結構的 panic 能夠透過 d._panic 找到上一個 panic。

接下來,p.argp 被設定為當前 gopanic() 函式堆疊框上 args to callee 區間的起始位址,recover() 函式透過這個值來判斷自身是否直接被 defer 函式呼叫,這個在 3.5.2 節中再詳細講解。

最關鍵的就是接下來的 reflectcall() 函式呼叫了,它的函式宣告程式如下:

```
func reflectcall(argtype *_type, fn, arg unsafe.Pointer, argsize uint32, retoffset
uint32)
```

reflectcall() 函式的主要邏輯是根據 argsize 的大小在堆疊上分配足夠的空間,然後把 arg 處的參數複製到堆疊上,複製的大小為 argsize 位元組,然後呼叫 fn() 函式,再把傳回值複製回 arg+retoffset 處,複製的大小為 argsize-retoffset 位元組,如果 argtype 不為 nil,則根據 argtype 來應用寫入屏障。

在編譯階段,編譯器無法知道 gopanic() 函式在執行階段會呼叫哪些 defer 函式,所以也無法預分配足夠大的 args to callee 區間,只能透過 reflectcall()函式在執行階段進行堆疊增長。defer 函式的傳回值雖然也會被複製回呼用者的堆疊框上,但是 Go 語言會將其忽略,所以這裡不必應用寫入屏障。

2. 釋放 _defer 結構

釋放 _defer 結構的程式如下:

```
if gp._defer != d {
    throw ("bad defer entry in panic")
}
d._panic = nil
d.fn = nil
gp._defer = d.link

pc: = d.pc
sp: = unsafe.Pointer(d.sp)
freedefer(d)
```

呼叫完 d.fn() 函式後，不應該出現 gp._defer 不等於 d 這種情況。假如在 d.fn() 函式執行的過程中沒有造成新的 panic，那麼所有新註冊的 defer 都應該在 d.fn() 函式傳回的時候被 deferreturn() 函式移出鏈結串列。假如 d.fn() 函式執行過程中造成了新的 panic，若沒有 recover，則不會再回到這裡，若經 recover 之後再回到這裡，則所有在 d.fn() 函式執行過程中註冊的 defer 也都應該在 d.fn() 函式傳回之前被移出鏈結串列。

其他幾行程式就是把 d 的 _panic 和 fn 欄位置為 nil，然後從 gp._defer 鏈結串列中移除，把 d 的 pc 和 sp 欄位儲存在區域變數中，供接下來檢測執行 recover 時使用，然後透過 freedefer() 函式把 d 釋放。此處的 sp 類型必須是指標，因為後續如果堆疊被移動，只有指標類型會得到更新。

3. 檢測 recover

檢測 recover 的程式如下：

```
if p.recovered {
    atomic.Xadd( & runningPanicDefers, -1)

    gp._panic = p.link
    for gp._panic != nil && gp._panic.aborted {
        gp._panic = gp._panic.link
    }
    if gp._panic == nil {
        gp.sig = 0
    }
    gp.sigcode0 = uintptr(sp)
    gp.sigcode1 = pc
    mcall(recovery)
    throw ("recovery failed")
}
```

如果 d.fn() 函式成功地執行了 recover，當前 _panic 物件 p 的 recovered 欄位就會被設定為 true，此處透過檢測後就會執行 recover 邏輯。

首先把 p 從 gp 的 _panic 鏈結串列中移除，然後迴圈移除鏈結串列頭部所有已經標為 aborted 的 _panic 物件。如果沒有發生巢狀結構的 panic，則此時 gp._panic 應該是 nil，不為 nil 就表明發生了巢狀結構的 panic，而且只是內層的 panic 被 recover。程式的最後把區域變數 sp 和 pc 給予值給 gp 的 sigcode0 和 sigcode1 欄位，然後透過 mcall() 函式執行 recovery() 函式。mcall() 函式會切換到系統堆疊，然後把 gp 作為參數來呼叫 recovery() 函式。

recovery() 函式負責用儲存在 sigcode0 和 sigcode1 中的 sp 和 pc 恢復 gp 的執行狀態。recovery() 函式的主要邏輯程式如下：

```
func recovery(gp * g) {
    sp: = gp.sigcode0
    pc: = gp.sigcode1

    if sp != 0 && (sp < gp.stack.lo || gp.stack.hi < sp) {
        // 省略列印錯誤資訊的程式
        throw ("bad recovery")
    }

    gp.sched.sp = sp
    gp.sched.pc = pc
    gp.sched.lr = 0
    gp.sched.ret = 1
    gogo(&gp.sched)
}
```

首先確保堆疊指標 sp 的值不能為 0，並且還要在 gp 堆疊空間的上界與下界之間，然後把 sp 和 pc 給予值給 gp.sched 中對應的欄位，並且把傳回值設定為 1。

呼叫 gogo() 函式之後，gp 的堆疊指標和指令指標就會被恢復到 sp 和 pc 的位置，而這個位置是 deferproc() 函式透過 getcallersp() 函式和 getcallerpc() 函式獲得的，即 deferproc() 函式正常傳回後的位置，所以經過某個 defer 函式執行 recover() 函式後，當前 goroutine 的堆疊指標和指令指標會被恢復到 deferproc() 函式剛剛註冊完該 defer 函式後傳回的位置，只不過傳回值是 1 而非 0。編譯器插入的程式會檢測 deferproc() 函式的傳回值，這些在 3.4.1 節中已經介紹過了。

這裡需要分析一下「為什麼 deferproc() 函式的傳回值是透過 AX 暫存器而非透過堆疊傳遞的」這個問題了。現在已經知道 deferproc() 函式有兩種可能的傳回：第一種是正常執行，註冊完 defer 函式後傳回，這種情況下編譯器是可以基於堆疊傳遞傳回值的； 第二種是 panic 後再經過 recover 傳回，在 gogo() 函式執行前，SP 還沒有恢復到呼叫 deferproc() 函式時的位置，由於編譯器會把 defer 函式的參數追加在 deferproc() 函式的參數後面，所以傳回值在堆疊上的位置還需要動態計算，實現起來有些複雜，所以還是透過暫存器傳遞傳回值更加簡單高效。

3.5.2 gorecover() 函式

3.5.1 節中整理了 gopanic() 函式的主要邏輯，其中 for 迴圈每呼叫完一個 defer 函式都會檢測 p.recovered 欄位，如果值為 true 就執行 recover 邏輯。也就是說真正的 recover 邏輯是在 gopanic() 函式中實現的，defer 函式中呼叫了內建函式 recover()，實際上只會設定 _panic 的一種狀態。內建函式 recover() 對應 runtime 中的 gorecover() 函式，程式如下：

```
//go:nosplit
func gorecover(argp uintptr) interface {} {
    gp: = getg()
    p: = gp._panic
    if p != nil && !p.recovered && argp == uintptr(p.argp) {
        p.recovered = true
        return p.arg
    }
    return nil
}
```

內建函式 recover() 是沒有參數的，但是 gorecover() 函式卻有一個參數 argp，這也是編譯器做的手腳。編譯器會把呼叫者的 args from caller 區間的起始位址作為參數傳遞給 gorecover() 函式。範例程式如下：

```
// 第 3 章 /code_3_31.go
func fn() {
    defer func(a int) {
```

```
        recover()
        println(a)
    }(0)
}
```

經編譯器轉換後的等值程式如下：

```
func fn() {
    defer func(a int) {
        gorecover(uintptr(unsafe.Pointer(&a)))
        println(a)
    }(0)
}
```

為什麼要傳遞這個 argp 參數呢？從程式邏輯來看，gorecover() 函式會把它跟當前 _panic 物件 p 的 argp 欄位比較，只有相等時才會把 p.recovered 設定為 true。如圖 3-20 所示，p.argp 的值是在 gopanic() 函式的 for 迴圈中設定的，透過 getargp() 函式獲得的 gopanic() 函式堆疊框 args to callee 區間的起始位址。接下來才會透過 reflectcall() 函式呼叫 defer 函式，所以在發生 recover 時，傳遞給 gorecover() 函式的參數 argp 是 defer 函式堆疊框上 args from caller 區間的起始位址，也就是 reflectcall() 函式的 args to callee 區間的起始位址。

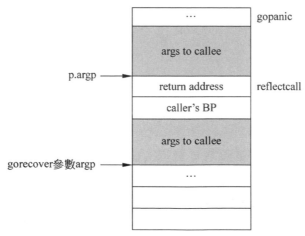

▲ 圖 3-20　p.argp 和 gorecover() 函式參數 argp 的關係

reflectcall() 函式是由 gopanic() 函式呼叫的，那兩者的 args to callee 區間的起始位址怎麼可能相等呢？這個問題著實讓筆者困惑不已。反覆查看 gopanic() 函式、gorecover() 函式的程式，以及 reflectcall() 函式的組合語言程式碼，加上反編譯 defer 函式，都沒有找到答案。最終還是忍不住反編譯了 reflectcall() 函式和它所依賴的一系列 callXXX() 函式，這裡 XXX 代表的就是函式堆疊框上 args to callee 區間的大小。

reflectcall() 函式在原始程式中的程式如下：

```
TEXT ·reflectcall(SB), NOSPLIT, $0-32
    MOVLQZX argsize+24(FP), CX
    DISPATCH(runtime·call32, 32)
    DISPATCH(runtime·call64, 64)
    DISPATCH(runtime·call128, 128)
    // 省略部分程式以節省篇幅
    DISPATCH(runtime·call268435456, 268435456)
    DISPATCH(runtime·call536870912, 536870912)
    DISPATCH(runtime·call1073741824, 1073741824)
    MOVQ        $runtime·badreflectcall(SB), AX
    JMP     AX
```

reflectcall() 函式會根據 argsize 的大小跳躍到合適的 callXXX() 函式去執行，看起來與 p.argp 的問題無關，透過反組譯來檢驗也沒有發現什麼特殊邏輯。再從原始程式中查看這組 callXXX() 函式的實現，發現是透過巨集定義實現的，巨集定義的程式如下：

```
#define CALLFN(NAME,MAXSIZE) \
TEXT NAME(SB), WRAPPER, $MAXSIZE-32; \
    NO_LOCAL_POINTERS; \
    /* copy     arguments to stack */ \
    MOVQ        argptr+16(FP), SI; \
    MOVLQZX     argsize+24(FP), CX; \
    MOVQ        SP, DI; \
    REP;MOVSB; \
    /* call function */ \
    MOVQ        f+8(FP), DX; \
    PCDATA      $PCDATA_StackMapIndex, $0; \
```

```
CALL          (DX); \
/* copy return values back */ \
MOVQ          argtype+0(FP), DX; \
MOVQ          argptr+16(FP), DI; \
MOVLQZX       argsize+24(FP), CX; \
MOVLQZX       retoffset+28(FP), BX; \
MOVQ          SP, SI; \
ADDQ          BX, DI; \
ADDQ          BX, SI; \
SUBQ          BX, CX; \
CALL          callRet<>(SB); \
RET
```

從程式邏輯來看，這一系列 callXXX() 函式才是實際完成 reflectcall() 函式
功能的地方。callXXX() 函式中完成了參數的複製、目標函式的呼叫及傳回值的
複製，但是看起來與 p.argp 也沒有什麼關係。為了避免編譯器有什麼背後的隱
含邏輯，還是反編譯一個 call32() 函式看一下，程式如下：

```
$ go tool objdump -S -s '^runtime.call32$' gom.exe
TEXT runtime.call32(SB) C:/go/1.12.17/go/src/runtime/asm_amd64.s
0x4489a0       65488b0c2528000000       MOVQ GS:0x28, CX
0x4489a9       488b8900000000           MOVQ 0(CX), CX
0x4489b0       483b6110                 CMPQ 0x10(CX), SP
0x4489b4       7659 JBE                 0x448a0f
0x4489b6       4883ec28                 SUBQ $0x28, SP
0x4489ba       48896c2420               MOVQ BP, 0x20(SP)
0x4489bf       488d6c2420               LEAQ 0x20(SP), BP
0x4489c4       488b5920                 MOVQ 0x20(CX), BX        //10
0x4489c8       4885db                   TESTQ BX, BX             //11
0x4489cb       7549 JNE                 0x448a16                 //12
0x4489cd       488b742440               MOVQ 0x40(SP), SI
0x4489d2       8b4c2448                 MOVL 0x48(SP), CX
0x4489d6       4889e7                   MOVQ SP, DI
0x4489d9       f3a4 REP;                MOVSB DS:0(SI), ES:0(DI)
0x4489db       488b542438               MOVQ 0x38(SP), DX
0x4489e0       ff12                     CALL 0(DX)
0x4489e2       488b542430               MOVQ 0x30(SP), DX
0x4489e7       488b7c2440               MOVQ 0x40(SP), DI
0x4489ec       8b4c2448                 MOVL 0x48(SP), CX
```

```
0x4489f0      8b5c244c          MOVL 0x4c(SP), BX
0x4489f4      4889e6            MOVQ SP, SI
0x4489f7      4801df            ADDQ BX, DI
0x4489fa      4801de            ADDQ BX, SI
0x4489fd      4829d9            SUBQ BX, CX
0x448a00      e86bfffff         CALL callRet(SB)
0x448a05      488b6c2420        MOVQ 0x20(SP), BP
0x448a0a      4883c428          ADDQ $0x28, SP
0x448a0e      c3                RET
0x448a0f      e86cfdffff        CALL runtime.morestack_noctxt(SB)
0x448a14      eb8a JMP          runtime.call32(SB)
0x448a16      488d7c2430        LEAQ 0x30(SP), DI            //33
0x448a1b      48393b            CMPQ DI, 0(BX)              //34
0x448a1e      75ad JNE          0x4489cd //35
0x448a20      488923            MOVQ SP, 0(BX)             //36
0x448a23      eba8              JMP 0x4489cd                //37
```

　　除去 prolog、epilog 和與上述巨集定義對應的程式，可以看到第 10~12 行和第 33~37 行是被編譯器額外插入的。這幾行程式的邏輯就是：如果 gp._panic 不為 nil 且 gp._panic.argp 的值等於當前函式堆疊框 args from caller 區間的起始位址，就把它的值改成當前函式堆疊框 args to callee 區間的起始位址。因為 reflectcall() 函式沒有移動堆疊指標，而且是透過 JMP 指令跳躍到 call32() 函式的，所以當前函式堆疊框的 args from caller 區間就是 reflectcall() 函式的 args from caller 區間。也就是説，透過在 callXXX 系列函式中對 gp._panic.argp 進行修正，使 gorecover() 函式中的相等比較得以成立。與編譯器插入的這些指令等值的 Go 程式如下：

```
gp: = getg()
if gp._panic != nil {
    if gp._panic.argp == uintptr(unsafe.Pointer(&argtype)) {
        gp._panic.argp = getargp(0)
    }
}
```

　　費這麼大的勁，gorecover() 函式中這個相等比較的意義是什麼呢？其實，是為了實現 Go 語言對 recover 強加的一筆限制：必須在 defer 函式中直接呼叫

recover() 函式才有用，不可巢狀結構在其他函式中。recover() 函式呼叫有效的
範例程式如下：

```
// 第3章 /code_3_32.go
func fn() {
    defer func() {
        recover()
    }()
}
```

recover() 函式呼叫無效的範例程式如下：

```
// 第3章 /code_3_33.go
func fn() {
    defer func() {
        r()
    }()
}

func r() {
    recover()
}
```

筆者認為這種限制是必要的，Go 語言的 recover 與其他語言的 try 和
catch 有明顯的不同，即不像 catch 敘述那樣能夠限定異常的類型。如果沒有對
recover 的這種限制，就會使程式行為變得不可控，panic 可能經常會被某個深
度巢狀結構的 recover 恢復，這並不是開發者想要的。

3.5.3 巢狀結構的 panic

Go 語言的 panic 是支援巢狀結構的，第 1 個 panic 在執行 defer 函式的時
候可能會註冊新的 defer 函式，也可能會觸發新的 panic。如果新的 panic 被
新註冊的 defer 函式中的 recover 恢復，則舊的 panic 就會繼續執行，否則新
的 panic 就會把舊的 panic 置為 aborted。理解巢狀結構 panic 的關鍵就是關
注 defer 鏈結串列和 panic 鏈結串列的變化，本節用兩個簡單的例子來加深一下
理解。

先看一個簡單的 panic 巢狀結構的例子，程式如下：

```go
// 第 3 章 /code_3_34.go
func fn() {
    defer func() {
        panic("2")
    }()
    panic("1")
}
```

fn() 函式首先將一個 defer 函式註冊到當前 goroutine 的 defer 鏈結串列頭部，記為 defer1，然後當 panic("1") 執行時，會在當前 goroutine 的 _panic 鏈結串列中新增一個 _panic 結構，記為 panic1，panic1 觸發 defer 執行，defer1 中 started 欄位會被標記為 true，_panic 欄位會指向 panic1，如圖 3-21 所示。

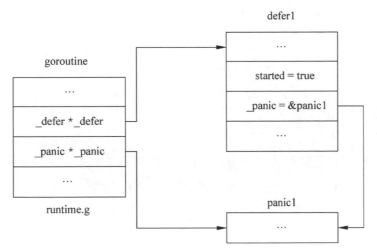

▲ 圖 3-21　panic2 執行前的 _defer 鏈結串列和 _panic 鏈結串列

然後執行到 panic("2") 這裡，也會在當前 goroutine 的 _panic 鏈結串列中新增一項，記為 panic2。如圖 3-22 所示，panic2 同樣會去執行 defer 鏈結串列，透過 defer1 記錄的 _panic 欄位找到 panic1，並將其標記為 aborted，然後移除 defer1，處理 defer 鏈結串列中的後續節點。

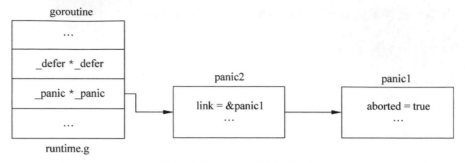

▲ 圖 3-22　panic2 執行後的 _defer 鏈結串列和 _panic 鏈結串列

接下來，在第 3 章 /code_3_34.go 的 defer 函式中巢狀結構一個帶有 recover 的 defer 函式，程式如下：

```go
// 第 3 章 /code_3_35.go
func fn() {
    defer func() {
        defer func() {
            recover()
        }
        panic("2")
    }()
    panic("1")
}
```

依然把 fn() 函式首先註冊的 defer 函式記為 defer1，把接下來執行的 panic 記為 panic1，此時 goroutine 的 _defer 鏈結串列和 _panic 鏈結串列與圖 3-21 中的鏈結串列並無不同。只不過當 panic1 觸發 defer1 執行時，會再次註冊一個 defer 函式，記為 defer2，然後才會執行到 panic("2")，這裡觸發第二次 panic，在 _panic 鏈結串列中新增一項，記為 panic2。在 panic2 執行 defer 鏈結串列之前，_defer 鏈結串列和 _panic 鏈結串列的情況如圖 3-23 所示。

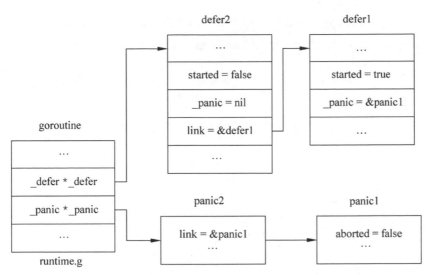

▲ 圖 3-23 defer2 執行前的 _defer 鏈結串列和 _panic 鏈結串列

然後 panic2 去執行 _defer 鏈結串列,首先執行 defer2,將其 started 欄位置為 true,_panic 欄位指向 panic2。待到 defer2 執行 recover() 函式時,只會把 panic2 的 recovered 欄位置為 true,defer2 結束後,從 _defer 鏈結串列中移除,如圖 3-24 所示。

接下來,panic 處理邏輯檢測到 panic2 已經被剛剛執行的 defer2 恢復了,所以會把 panic2 從 _panic 鏈結串列中移除,如圖 3-25 所示,然後進入 recovery() 函式的邏輯中。

結合 3.5.1 節中的 recovery() 函式的介紹,panic2 被 recover 後,當前程式碼協同會恢復到 defer1 中註冊完 defer2 剛剛傳回時的狀態,只不過傳回值被置為 1,直接跳躍到最後的 deferreturn() 函式處,而此時 defer 鏈結串列中已經沒有 defer1 註冊的 defer 函式了,所以 defer1 結束傳回,傳回 panic1 執行 defer 鏈結串列的邏輯中繼續執行。

從 _panic 鏈結串列和 _defer 鏈結串列的角度來看,位於 _panic 鏈結串列頭部的始終是當前正在執行的 panic,如果它在遍歷 _defer 鏈結串列的過程中透過 _defer 結構的 started 欄位和 _panic 欄位發現了上一個 panic,就會將其設為 aborted。如果在兩次 panic 之間,_defer 鏈結串列中加入了新的帶有

recover 的 defer 函式，則這些 defer 函式就能夠在上一個 panic 被發現前結束
當前 panic 流程，上一個 panic 也就不會被 aborted，繼而恢復執行。

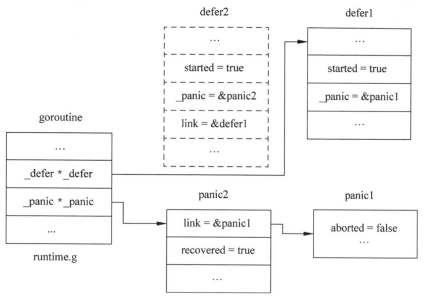

▲ 圖 3-24 defer2 結束後的 _defer 鏈結串列和 _panic 鏈結串列

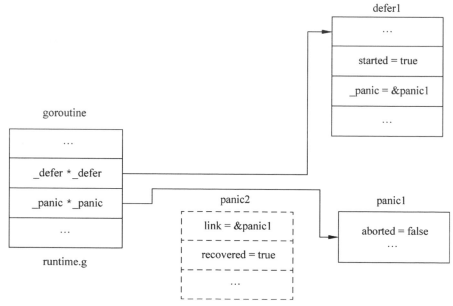

▲ 圖 3-25 panic2 恢復後的 _defer 鏈結串列和 _panic 鏈結串列

3.5.4 支持 open coded defer

3.4.3 節講到 open coded defer 是以直接呼叫的方式實現的，並不會被註冊到當前 goroutine 的 _defer 鏈結串列中，那麼在發生 panic 的時候如何找到這些 open coded defer 函式並執行呢？先來看一下 1.14 版本中 runtime._defer 結構的定義，程式如下：

```
type _defer struct {
    siz         int32
    started     bool
    heap        bool
    openDefer   bool
    sp          uintptr
    pc          uintptr
    fn          * funcval
    _panic      * _panic
    link        * _defer
    fd          unsafe.Pointer
    varp        uintptr
    framepc     uintptr
}
```

其中的 heap 欄位是在 Go 1.13 版本中隨 deferprocStack 一起引入的，用來區分 _defer 結構是堆積分配還是堆疊分配。openDefer、fd、varp 和 framepc 欄位都是 Go 1.14 版本中為了支持 open coded defer 而引入的，也就是說 open coded defer 還是可能會被增加到 _defer 鏈結串列中的。什麼時候會被增加到鏈結串列中呢？就是在 panic 的時候。

Go 1.14 版本中的 panic 為了支持 open coded defer 實現了兩個重要的函式，即 addOneOpenDeferFrame() 函式和 runOpenDeferFrame() 函式。前者從呼叫堆疊的堆疊頂開始做回溯掃描，直到找到一個帶有 open coded defer 的堆疊框，為該堆疊框分配一個 _defer 結構，為各欄位給予值後增加到 _defer 鏈結串列中合適的位置。不管目標堆疊框上有幾個 open coded defer 函式，只分配一個 _defer 結構，因為後續透過 runOpenDeferFrame() 函式來執行的時候，會一併執行堆疊框上所有的 open coded defer 函式。增加到 _defer 鏈結串列中的位置是根據目標堆疊框在呼叫堆疊中的位置計算的，而非增加到頭部。runOpenDeferFrame() 函式迴圈執行指定堆疊框上所有的 open coded defer 函式，傳回值表示堆疊框上所有的 open coded defer 函式是否都執行完畢，如果因為某個 defer 函式執行了 recover 而造成迴圈中止，則傳回值為 false。以上兩個函式依賴於符號表中目標堆疊框的 OpenCodedDeferInfo。

gopanic() 函式中幾個關鍵的步驟也都為 open coded defer 做了對應的修改：

（1）在 for 迴圈開始之前，先透過 addOneOpenDeferFrame() 函式將最近的 open coded defer 堆疊框增加到 _defer 鏈結串列中。

（2）在呼叫 defer 函式的時候，如果 openDefer 為 true，則使用 runOpenDeferFrame() 函式來執行，透過傳回值來判斷目標堆疊框上的 open coded defer 已完全執行，並且沒有 recover，就再次呼叫 addOneOpenDeferFrame() 函式把下一個 open coded defer 堆疊框增加到 _defer 鏈結串列中。

（3）根據 runOpenDeferFrame() 函式的傳回值來判斷，只有完全執行的節點才能從 _defer 鏈結串列中移除。事實上只有 openDefer 節點才有可能出現不完全執行的情況，因為一個堆疊框上可能有多個 open coded defer 函式，假如其中某一個呼叫了 recover() 函式，後續的就不會再被呼叫了，所以該節點不能從 _defer 鏈結串列中移除，recover 之後的邏輯負責呼叫這些剩餘的 open coded defer。

（4）檢測到當前 panic 的 recovered 為 true 後，需要把 _defer 鏈結串列中尚未開始執行的 openDefer 節點移除，因為 recover 之後這些 open coded defer 會被正常呼叫。

那麼，包含多個 open coded defer 函式的堆疊框出現不完全執行的情況時，也就是中間的某個 defer 函式呼叫了 recover() 函式時，剩餘的 defer 函式是在哪裡呼叫的呢？其實是被 deferreturn() 函式呼叫的。編譯器在每個包含 open coded defer 的函式的最後都會插入一行呼叫 runtime.deferreturn() 函式的指令，這行指令處在一個特殊的分支上，正常流程不會執行到它，而 addOneOpenDeferFrame() 函式在為 _defer 結構的 pc 欄位給予值的時候，使用的就是這行指令的位址，也就是説當某個 open coded defer 呼叫 recover 之後，指令指標會恢復到這行指令處，進而呼叫 runtime.deferreturn() 函式。1.14 版的 deferreturn() 函式中對於 openDefer 為 true 的節點會使用 runOpenDeferFrame() 函式來處理，從而使堆疊框上剩餘的 open coded defer 得到執行。也不用擔心重複呼叫問題，因為 runOpenDeferFrame() 函式會把已經呼叫過的 defer 函式的對應標識位元清 0。

3.6 本章小結

在 Go 語言中，函式是非常基礎也是非常重要的特性。3.1 節探索了函式的堆疊框佈局及堆疊框上的記憶體對齊，意識到傳回值、參數和區域變數就像是 3 個 struct。3.2 節探索了編譯器是如何判斷變數是否逃逸的，了解了編譯器總是會儘量嘗試在堆疊上分配區域變數。3.3 節透過反組譯和使用函式鉤子等方法，分析了 Function Value 的實現原理，理解了函式指標和閉包在實現層面的統一。3.4 節介紹了 defer 在最近幾個版本中的演變，以及最新的 open coded defer。3.5 節整理了 panic 和 recover 的實現邏輯。

本章的內容比較重要，希望各位讀者能夠結合實踐深入理解，以便後續能更加高效率地學習和探索。

第 **4** 章

方法

　　Go 語言支援物件導向思想，提供了 type 關鍵字，可以用來自定義類型，並且可以為自訂類型實現方法。下面定義一個 Point 類型，程式如下：

```go
// 第 4 章 /code_4_1.go
package gom

type Point struct {
    x float64
}

func(p Point) X() float64 {
    return p.x
```

```
}

func(p * Point) SetX(x float64) {
    p.x = x
}
```

Point 表示一維座標系內的點，並且按照 Go 語言的風格為其實現了一個 Getter 方法和一個 Setter 方法。本章後續內容將以 Point 類型為研究物件，展開與方法相關的問題的探索。

從語法角度來看，Go 語言的方法並不像 C++、Java 中 class 的方法那樣包含在 type 定義的敘述區塊內，而是像普通函式一樣直接定義在 package 層，只不過多了一個接收者。以 Point 類型的兩種方法為例，處在 func 關鍵字和方法名稱之間的，就是方法的接收者，它看起來就像一個額外的參數。

4.1 接收者類型

在第 3 章中已經探索過普通函式的呼叫約定，了解了參數和傳回值是透過堆疊傳遞的，這裡就會比較好奇方法接收者的傳遞方式：到底是像一般參數那樣透過堆疊傳遞，還是像 C++ 的 thiscall 那樣使用某個指定的暫存器？

透過反編譯很容易驗證。為了排除編譯器內聯最佳化造成的干擾，下面採用只編譯不連結的方式來得到 OBJ 檔案，然後對編譯得到的 OBJ 檔案進行反編譯分析，編譯命令如下：

```
$ go tool compile -trimpath="'pwd'=>" -l -p gom point.go
```

上述命令禁用了內聯最佳化，編譯完成後會在當前工作目錄生成一個 point.o 檔案，這就是我們想要的 OBJ 檔案。透過 go tool nm 可以查看該檔案中實現了哪些函式，nm 會輸出 OBJ 檔案中定義或使用到的符號資訊，透過 grep 命令過濾程式碼部分符號對應的 T 標識，即可查看檔案中實現的函式，執行命令如下：

```
$ go tool nm point.o | grep T
    1562 T gom.(*Point).SetX
    1899 T gom.(*Point).X
    1555 T gom.Point.X
```

可以看到 point.o 中一共實現了 3 個方法，它們都定義在 Point 類型所在的 gom 套件中。第 1 個是 Point 的 SetX() 方法，它的接收者類型是 *Point，第 3 個是 Point 的 X() 方法，它的接收者類型是 Point，這些都與原始程式碼一致。比較奇怪的是第二個方法，這是一個接收者類型為 *Point 的 X() 方法，原始程式碼中並沒有這個方法，它是怎麼來的呢？只能是由編譯器生成的。那麼編譯器為什麼要生成它呢？這就需要循序漸進地進行探索了。

為了方便描述，我們將接收者類型為數值型態的方法稱為值接收者方法，將接收者類型為指標類型的方法稱為指標接收者方法。接下來先透過反編譯的方式看一下，這兩種接收者參數都是如何傳遞的。

4.1.1 數值型態

先來看一下 Point 類型中的值接收者方法 X()，反編譯後得到的組合語言程式碼如下：

```
$ go tool objdump -S -s '^gom.Point.X$' point.o
TEXT gom.Point.X(SB) gofile..point.go
        return p.x
    0x1555      f20f10442408        MOVSD_XMM 0x8(SP), X0
    0x155b      f20f11442410        MOVSD_XMM X0, 0x10(SP)
    0x1561      c3                  RET
```

因為函式過於簡單，對堆疊空間也沒有太大消耗，所以編譯器沒有插入與堆疊增長相關的程式，也沒有透過 SUB 指令移動 SP 來為方法 X() 分配堆疊框，所以 SP 指向的是 CALL 指令壓存入堆疊中的返回位址。

第 4 行程式用 SP 作為基址並加上 8 位元組偏移，把該位址處的 float64 複製到 X0 暫存器中。

第 5 行程式用 SP 作為基址並加上 16 位元組偏移，把 X0 中的 float64 複製到該位址處。

第 6 行程式就是普通的傳回指令。

按照上述組合語言程式碼邏輯，堆疊上的佈局如圖 4-1 所示。

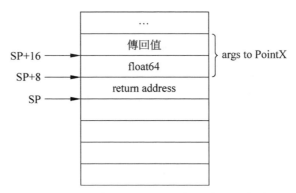

▲ 圖 4-1　呼叫 Point.X() 方法後的堆疊框佈局

結合方法 X() 的原始程式碼，堆疊指標 SP 加 16 位元組偏移處，應該就是函式的傳回值。SP 加 8 位元組偏移處，應該就是函式第 1 個參數的位置。從程式邏輯來看，這個參數儲存的就是 p.x 的值，而 Point 類型只有 x 這一個成員，所以第 1 個參數是 p 的值。這就說明數值型態的接收者實際上是作為第 1 個參數透過堆疊來傳遞的，與普通的函式呼叫並沒有什麼不同。

Go 語言允許透過方法的完全限定名稱 (Full Qualified Name) 把方法當成一個普通函式那樣呼叫，只不過需要把接收者作為第 1 個參數顯性地傳遞，範例程式如下：

```
p := Point{x: 10}
Point.X(p)
```

可以認為 p.X() 這種寫法只是編譯器提供的語法糖，本質上會被轉為 Point.X(p) 這種普通的函式呼叫，而接收者就是隱含的第 1 個參數。

4.1.2 指標類型

　　4.1.1 節分析了值接收者參數的傳遞方式，本節再來看一下指標類型接收者的參數傳遞方式。還是透過反編譯的方式，這次要反編譯 SetX() 方法，反編譯後得到的組合語言程式碼如下：

```
$ go tool objdump -S -s '^gom.\(\*Point\).SetX$' point.o
TEXT gom.(*Point).SetX(SB) gofile..point.go
     p.x = x
    0x1562    f20f10442410    MOVSD_XMM 0x10(SP), X0
    0x1568    488b442408      MOVQ 0x8(SP), AX
    0x156d    f20f1100        MOVSD_XMM X0, 0(AX)
}
    0x1571    c3              RET
```

　　跟之前一樣，因為函式很簡單，所以既沒有插入與堆疊增長相關的程式，也沒有移動 SP 來分配堆疊框，SP 指向堆疊上的返回位址。

　　第 4 行程式用 SP 作為基址加上 16 位元組偏移，把該位址處的 float64 複製到 X0 暫存器中。

　　第 5 行程式用 SP 作為基址加上 8 位元組偏移，把該位址處的 64 位數值複製到 AX 暫存器中。

　　第 6 行程式用 AX 作為基址，把 X0 暫存器中的 float64 複製到該位址處。

　　第 8 行是傳回指令。

　　按照上述組合語言程式碼邏輯，畫移出堆疊上的佈局如圖 4-2 所示。

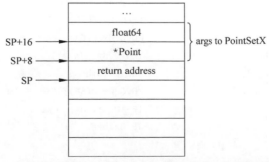

▲ 圖 4-2　呼叫 Point.SetX() 方法後的堆疊框佈局

結合 SetX() 方法的原始程式可以推斷出，堆疊指標 SP 加 16 位元組偏移處儲存的浮點數數值，就是 SetX() 方法的參數 x。SP 加 8 位元組偏移處儲存的 64 位數值就是接收者 p 的位址，所以跟數值型態接收者類似，指標類型的接收者也是作為第 1 個參數來傳遞的，只不過傳遞的是一個位址。

同值接收者方法一樣，也可以透過完全限定名稱把指標接收者方法作為一個普通函式那樣呼叫，只是語法上稍有不同，程式如下：

```
p := &Point{}
(*Point).SetX(p, 10)
```

4.1.3 包裝方法

本節開頭透過 nm 查看 OBJ 檔案中的符號的時候，發現 OBJ 檔案中多了一個原始程式中沒有的方法。原始程式中 X() 方法的接收者是數值型態，而 OBJ 檔案中多了一個擁有指標類型接收者的 X() 方法。猜測這種方法應該是編譯器根據原始程式碼中原本的 X() 方法自動生成的包裝方法，透過接收者的位址可以得到接收者的值，所以反編譯來看一下程式邏輯，反編譯得到的組合語言程式碼如下：

```
$ go tool objdump -S -s '^gom.\(\*Point\).X$' point.o
TEXT gom.(*Point).X(SB) gofile..<autogenerated>

    0x1b8e    65488b0c2528000000        MOVQ GS:0x28, CX
    0x1b97    488b8900000000            MOVQ 0(CX), CX[3:7]R_TLS_LE
    0x1b9e    483b6110                  CMPQ 0x10(CX), SP
    0x1ba2    7650                      JBE 0x1bf4
    0x1ba4    4883ec18                  SUBQ $0x18, SP
    0x1ba8    48896c2410                MOVQ BP, 0x10(SP)
    0x1bad    488d6c2410                LEAQ 0x10(SP), BP
    0x1bb2    488b5920                  MOVQ 0x20(CX), BX
    0x1bb6    4885db                    TESTQ BX, BX
    0x1bb9    7540                      JNE 0x1bfb
    0x1bbb    488b442420                MOVQ 0x20(SP), AX
    0x1bc0    4885c0                    TESTQ AX, AX
    0x1bc3    7429                      JE 0x1bee
```

```
0x1bc5    f20f1000          MOVSD_XMM 0(AX), X0
0x1bc9    f20f110424        MOVSD_XMM X0, 0(SP)
0x1bce    e800000000        CALL 0x1bd3[1:5]R_CALL:gom.Point.X
0x1bd3    f20f10442408      MOVSD_XMM 0x8(SP), X0
0x1bd9    f20f11442428      MOVSD_XMM X0, 0x28(SP)
0x1bdf    488b6c2410        MOVQ 0x10(SP), BP
0x1be4    4883c418          ADDQ $0x18, SP
0x1be8    c3                RET
0x1be9    0f1f440000        NOPL 0(AX)(AX*1)
0x1bee    e800000000        CALL 0x1bf3[1:5]R_CALL:runtime.panicwrap
0x1bf3    90                NOPL
0x1bf4    e800000000        CALL 0x1bf9[1:5]R_CALL:runtime.morestack_noctxt
0x1bf9    eb93              JMP gom.(*Point).X(SB)
0x1bfb    488d7c2420        LEAQ 0x20(SP), DI
0x1c00    48393b            CMPQ DI, 0(BX)
0x1c03    75b6              JNE 0x1bbb
0x1c05    488923            MOVQ SP, 0(BX)
0x1c08    ebb1              JMP 0x1bbb
```

透過 gofile 對應的 autogenerated 可以確定該方法確實是由編譯器自動生成的。反編譯得到的組合語言程式碼還是有些複雜，為了便於理解，在保證邏輯一致的前提下，轉換後的虛擬程式碼如下：

```
func(p * Point) X() float64 {
entry:
    gp: = getg()
    if SP <= gp.stackguard0 {
        goto morestack
    }
    if gp._panic != nil {
        if unsafe.Pointer( & p) == gp._panic.argp {
            gp._panic.argp = unsafe.Pointer(getargp(0))
        }
    }
    if p == nil {
        runtime.panicwrap()
    }
    return Point.X( * p)
morestack:
```

```
    runtime.morestack_noctxt()
    goto entry
}
```

第 1 個 if 敘述區塊透過比較堆疊指標 SP 和 gp.stackguard0 來判斷是否需要堆疊增長。

第 2 個 if 用於檢測是否正處於 panic 流程中，這種情況下當前方法應該是被某個 defer 直接或間接地呼叫了，要隨選修改 gp._panic.argp 的值，因為當前方法是編譯器自動包裝的，透過修改 argp 來跳過包裝方法的堆疊框，使後面呼叫的原始方法中的 recover 能夠生效。

第 3 個 if 用於檢測 p 是否為 nil，因為包裝方法需要根據 p 的位址得到 *p 的值，如果位址為 nil 就呼叫 runtime.panicwrap。

最後一步才是呼叫原始的 Point.X() 方法並傳遞 *p 的值作為參數。

如果不禁用內聯最佳化，則生成的程式會稍微有些不同，但是大致邏輯還是一樣的。編譯器會為程式中定義的值接收者方法生成指標接收者的包裝方法，這在語義上是可行的，但反過來卻不可以，因為透過傳遞的值是無法得到原始變數的位址的。

雖然知道了包裝方法的大致邏輯，但還是沒有搞清楚編譯器生成包裝方法的原因。如果是為了支持透過指標直接呼叫值接收者方法，則直接在呼叫端進行指標解引用就可以了，總不至於為此生成包裝方法吧？為了驗證這個問題，再次準備一個函式用來反編譯，函式的程式如下：

```
func PointX(p *Point) float64 {
    return p.X()
}
```

大致想法就是透過指標來呼叫值接收者方法，再透過反編譯看一下實際呼叫的是不是包裝方法。反編譯得到的組合語言程式碼如下：

```
$ go tool objdump -S -s '^gom.PointX$' point.o
TEXT gom.PointX(SB) gofile..point.go
```

```
func PointX(p *Point) float64 {
    0x1a17      65488b0c2528000000        MOVQ GS:0x28, CX
    0x1a20      488b8900000000            MOVQ 0(CX), CX    [3:7]R_TLS_LE
    0x1a27      483b6110                  CMPQ 0x10(CX), SP
    0x1a2b      7637                      JBE 0x1a64
    0x1a2d      4883ec18                  SUBQ $0x18, SP
    0x1a31      48896c2410                MOVQ BP, 0x10(SP)
    0x1a36      488d6c2410                LEAQ 0x10(SP), BP
        return p.X()
    0x1a3b      488b442420                MOVQ 0x20(SP), AX
    0x1a40      f20f1000                  MOVSD_XMM 0(AX), X0
    0x1a44      f20f110424                MOVSD_XMM X0, 0(SP)
    0x1a49      e800000000                CALL 0x1a4e       [1:5]R_CALL:gom.Point.X
    0x1a4e      f20f10442408              MOVSD_XMM 0x8(SP), X0
    0x1a54      f20f11442428              MOVSD_XMM X0, 0x28(SP)
    0x1a5a      488b6c2410                MOVQ 0x10(SP), BP
    0x1a5f      4883c418                  ADDQ $0x18, SP
    0x1a63      c3                        RET
func PointX(p  *Point) float64 {
    0x1a64      e800000000                CALL 0x1a69       [1:5]R_CALL:runtime.morestack_noctxt
    0x1a69      ebac                      JMP gom.PointX(SB)
```

可以看到 p.X() 實際上會在呼叫端對指標解引用，然後呼叫值接收者方法，並沒有呼叫編譯器生成的包裝方法。那這個包裝方法有什麼用途呢？現在還不能解釋，到第 5 章介紹介面時再來回答這個問題。

4.2 Method Value

第 3 章中探索了 Function Value 底層的資料結構，實質上可能是個兩級指標，也可能是個閉包物件，要結合具體的上下文才能確定。簡單來講，把一個函式儲存在一個變數中，這個變數就是一個 Function Value。對應地，把一個方法儲存在一個變數中，這個變數就是個 Method Value。那麼 Method Value 又有著怎樣的底層實現呢？與 Function Value 有什麼異同？本節就圍繞這些問題展開探索。

4.2.1 基於類型

可以透過方法的完全限定名稱把自訂類型的某個方法給予值給一個變數，這樣就會得到一個基於類型的 Method Value，也就是所謂的 Method Expression。還是以 Point 類型為例，定義一個基於類型的 Method Value，範例程式如下：

```
x := Point.X
```

4.1 節已經驗證了方法其實就是個普通的函式，接收者是隱含的第 1 個參數，所以這裡可以推斷，基於類型的 Method Value 就是個普通的 Function Value，本質上是個兩級指標，而且第二級的指標是在編譯階段靜態配置的。

透過範例程式很容易驗證上述推斷，程式如下：

```
func GetX() func(Point) float64 {
    return Point.X
}
```

上述程式可以成功編譯，說明 Point.X() 函式可以被給予值給 func(Point) float64 類型的 Function Value。接下來反編譯 GetX() 函式，得到的組合語言程式碼如下：

```
$ go tool objdump -S -s 'gom.GetX' point.o
TEXT gom.GetX(SB) gofile..point.go
        return Point.X
    0x17b4    488d0500000000      LEAQ 0(IP), AX          [3:7]R_PCREL:gom.Point.X·f
    0x17bb    4889442408          MOVQ AX, 0x8(SP)
    0x17c0    c3                  RET
```

第 4 行程式用 IP 作為基址加上一個偏移 0 來得到一個位址，這個 0 只作為預留的 32 位元整數，等到連結階段，連結器會填寫上實際的偏移值。第 4 行程式得到的位址被用作傳回值，也就是最終的 Function Value，而該位址處就是第二級指標，從而驗證了上述推斷。

4.2.2 基於物件

可以把一個物件的某個方法給予值給一個變數，這樣就會得到一個基於物件的 Method Value，範例程式如下：

```
p := Point{x: 10}
x := p.X
```

從語義角度來看，與基於類型的 Method Value 不同，基於物件的 Method Value 隱式地包含了物件的資料，所以在上述程式中呼叫 x 時不需要再顯性地傳遞接收者參數。第 3 章中已經了解了閉包的實現原理，所以這裡推斷 x 是個指向閉包物件的指標，透過閉包的捕捉清單捕捉了物件 p。

為了驗證這種推斷，實現一個範例函式，程式如下：

```
func X(p Point) func() float64 {
    return p.X
}
```

反編譯上面的函式，得到的組合語言程式碼如下：

```
$ go tool objdump -S -s '^gom.X$' point.o
TEXT gom.X(SB) gofile..point.go
func X(p Point) func() float64 {
    0x213c      65488b0c2528000000      MOVQ GS:0x28, CX
    0x2145      488b8900000000          MOVQ 0(CX), CX    [3:7]R_TLS_LE
    0x214c      483b6110                CMPQ 0x10(CX), SP
    0x2150      764a                    JBE 0x219c
    0x2152      4883ec18                SUBQ $0x18, SP
    0x2156      48896c2410              MOVQ BP, 0x10(SP)
    0x215b      488d6c2410              LEAQ 0x10(SP), BP
        return p.X
    0x2160      488d0500000000          LEAQ 0(IP), AX
[3:7]R_PCREL:type.noalg.struct { F uintptr; R gom.Point }
    0x2167      48890424                MOVQ AX, 0(SP)
    0x216b      e80000000               0CALL 0x2170       [1:5]R_CALL:runtime.newobject
    0x2170      488b442408              MOVQ 0x8(SP), AX
    0x2175      488d0d00000000          LEAQ 0(IP), CX    [3:7]R_PCREL:gom.Point.X-fm
    0x217c      488908                  MOVQ CX, 0(AX)
```

```
    0x217f      f20f10442420          MOVSD_XMM 0x20(SP), X0
    0x2185      f20f114008            MOVSD_XMM X0, 0x8(AX)
    0x218a      4889442428            MOVQ AX, 0x28(SP)
    0x218f      488b6c2410            MOVQ 0x10(SP), BP
    0x2194      4883c418              ADDQ $0x18, SP
    0x2198      c3                    RET
func X(p Point) func() float64 {
    0x2199      0f1f00                NOPL 0(AX)
    0x219c      e800000000            CALL 0x21a1        [1:5]R_CALL:runtime.morestack_noctxt
    0x21a1      eb99                  JMP gom.X(SB)
```

為了便於理解，改寫成邏輯等值的虛擬程式碼如下：

```
func X(p Point) func() float64 {
entry:
    gp: = getg()
    if SP <= gp.stackguard0 {
        goto morestack
    }
    o: = new(struct {F uintptr;R gom.Point})
    o.F = gom.Point.X - fm
    o.R = p
    return o
morestack:
    runtime.morestack_noctxt()
    goto entry
}
```

編譯器為傳回值自動定義了一個 struct，第 1 個成員是一個函式指標，第 2 個成員是一個 Point 物件。對應到閉包物件的結構，捕捉清單中是 Point 類型的物件，閉包函式是 gom.Point.X-fm() 函式，也是由編譯器自動生成的。下面反編譯一下這個閉包函式，得到的組合語言程式碼如下：

```
$ go tool objdump -S -s '^gom.Point.X-fm$' point.o
TEXT gom.Point.X-fm(SB) gofile..point.go
func (p Point) X() float64 {
    0x2b1b      65488b0c2528000000    MOVQ GS:0x28, CX
    0x2b24      488b8900000000        MOVQ 0(CX), CX    [3:7]R_TLS_LE
    0x2b2b      483b6110              CMPQ 0x10(CX), SP
```

```
0x2b2f        7633                JBE 0x2b64
0x2b31        4883ec18            SUBQ $0x18, SP
0x2b35        48896c2410          MOVQ BP, 0x10(SP)
0x2b3a        488d6c2410          LEAQ 0x10(SP), BP
0x2b3ff       20f104208           MOVSD_XMM 0x8(DX), X0
0x2b44        f20f110424          MOVSD_XMM X0, 0(SP)
0x2b49        e800000000          CALL 0x2b4e        [1:5]R_CALL:gom.Point.X
0x2b4e        f20f10442408        MOVSD_XMM 0x8(SP), X0
0x2b54        f20f11442420        MOVSD_XMM X0, 0x20(SP)
0x2b5a        488b6c2410          MOVQ 0x10(SP), BP
0x2b5f        4883c418            ADDQ $0x18, SP
0x2b63        c3                  RET
0x2b64        e800000000          CALL 0x2b69        [1:5]R_CALL:runtime.morestack
0x2b69        ebb0                JMP gom.Point.X-fm(SB)
```

等值的虛擬程式碼如下：

```
func Point.X - fm() float64 {
entry:
    gp: = getg()
    if SP <= gp.stackguard0 {
        goto morestack
    }
    p: = ( * struct {F uintptr;R gom.Point})(unsafe.Pointer(DX))
    return Point.X(p.R)
morestack:
    runtime.morestack_noctxt()
    goto entry
}
```

主要邏輯就是透過 DX 暫存器得到閉包物件的位址，再以捕捉清單裡的 Point 物件的值作為參數呼叫 Point.X() 方法，並把 Point.X() 方法的傳回值作為自己的傳回值。

進一步探索會發現，閉包是捕捉物件的值還是捕捉位址，跟 Method Value 對應的方法接收者類型一致。上述範例中 Point.X() 方法的接收者為數值型態，所以閉包捕捉的也是數值型態，如果換成接收者為指標類型的 *Point.SetX() 方法，閉包捕捉清單中就會對應地變成指標類型。

至此可以進行一下複習，基於類型的 Method Value 和基於物件的 Method Value 本質上都是 Function Value，只不過前者是簡單的兩級指標，而後者通常是個閉包（考慮編譯器最佳化）。

4.3 組合式繼承

Go 語言中提供了一種組合式的繼承方式，在語法和思想上都與 C++、Java 等語言中的繼承有些不同。本節要探索一下編譯器是如何支援這種繼承方式的。

繼續使用 Point 類型，定義一個 Point2d 類型來表示二維座標系內的點，採用組合式繼承的方式繼承 Point 類型，程式如下：

```go
// 第 4 章 /code_4_2.go
type Point2d struct {
    Point
    y float64
}

func(p Point2d) Y() float64 {
    return p.y
}

func(p * Point2d) SetY(y float64) {
    p.y = y
}
```

接下來的探索將用到這兩個類別，為了敘述方便，後續內容將繼續採用傳統的物件導向術語，把 Point 稱為基礎類別，而 Point2d 就是 Point 的子類別。

4.3.1 嵌入值

在 Point2d 的類型定義中，Point 類型以嵌入值的形式嵌入 Point2d 中，Point 就是 Point2d 的欄位，Point2d 類型的記憶體分配如圖 4-3 所示。

▲ 圖 4-3 Point2d 記憶體分配示意圖

　　組合式繼承也是繼承，所以 Point2d 應該會繼承 Point 的所有方法，可以再次用 nm 命令查看一下 OBJ 檔案中為 Point2d 類型實現了哪些函式和方法，命令如下：

```
$ go tool nm point.o | grep ' T ' | grep Point2d
    5896 T gom.(*Point2d).SetX
    47d2 T gom.(*Point2d).SetY
    58a7 T gom.(*Point2d).X
    591d T gom.(*Point2d).Y
    599f T gom.Point2d.X
    47c5 T gom.Point2d.Y
    585d T type..eq.gom.Point2d
```

　　最後一個函式是由編譯器自動生成的，用於判斷兩個 Point2d 物件是否相等，現階段不用關心這個函式。剩下的就是 Point2d 類型的 6 個方法，其中有 3 個和 X 相關，另外 3 個和 Y 相關。和 Y 相關的這 3 個方法沒有什麼特殊的，即 Point2d 類型的方法。和 X 相關的這 3 個方法，應該就是從 Point 類型繼承過來的，接下來一個一個看一下這 3 個方法的邏輯。

　　首先反編譯一下 Point2d.X() 方法，為了節省篇幅，這裡不再列出組合語言程式碼，還是用筆者根據組合語言程式碼整理的等值虛擬程式碼來代替，程式如下：

```
func(p Point2d) X() float64 {
entry:
    gp: = getg()
    if SP <= gp.stackguard0 {
        goto morestack
    }
    if gp._panic != nil {
        if unsafe.Pointer( & p) == gp._panic.argp {
            gp._panic.argp = unsafe.Pointer(getargp(0))
```

```
        }
    }
    return Point.X(p.Point)
morestack:
    runtime.morestack_noctxt()
    goto entry
}
```

忽略其中編譯器插入的堆疊增長和隨選修改 gp._panic.argp 的程式，這樣就只剩下以 p.Point 為參數來呼叫 Point.X() 方法的程式，也就說明這是個包裝方法，因此可以推測，編譯器對於繼承來的方法都是透過生成對應的包裝方法來呼叫原始方法的方式實現的。接下來就透過分析 Point2d 繼承的其他兩個方法來驗證。

反編譯 (*Point2d).SetX() 方法得到的組合語言程式碼如下：

```
$ go tool objdump -S -s '^gom.\(\*Point2d\).SetX$' point.o
TEXT gom.(*Point2d).SetX(SB) gofile..<autogenerated>

    0x7d27    488b442408        MOVQ 0x8(SP), AX              // 第 1 行指令
    0x7d2c    8400              TESTB AL, 0(AX)              // 第 2 行指令
    0x7d2e    4889442408        MOVQ AX, 0x8(SP)             // 第 3 行指令
    0x7d33    e900000000        JMP gom.(*Point).SetX(SB)    // 第 4 行指令
[1:5]R_CALL:gom.(*Point).SetX
```

編譯器沒有為這個 SetX() 方法生成複雜的包裝邏輯，只是實現了一個空指標校驗和跳躍指令。

第 1 行指令把接收者的值複製到 AX 暫存器中。

第 2 行指令嘗試存取 AX 儲存的位址處的資料，如果接收者為空指標就會觸發空指標異常。

第 3 行指令把 AX 的值複製到堆疊上接收者參數的位置，這一行其實可以最佳化掉。

第 4 行指令用於跳躍到 (*Point).SetX() 方法的起始位址。

為什麼可以直接跳躍呢？從傳遞參數的角度來看就比較好理解了。Point 是 Point2d 的第 1 個欄位，所以 Point2d 的位址也就等於內嵌的 Point 的位址，所以可以認為 (*Point2d).SetX() 方法和 (*Point).SetX() 方法的參數和傳回值無論是記憶體分配還是邏輯含義都一樣，所以直接跳躍是沒有問題的。可以認為這是編譯器對指標接收者包裝方法進行了最佳化，對於值接收者包裝方法則不會進行這種最佳化，因為子類別一般會對基礎類別進行擴充，在作為值傳遞的時候記憶體分配無法保證一致。

最後反編譯一下 (*Point2d).X() 方法，對照組合語言整理出的虛擬程式碼如下：

```
func(p * Point2d) X() float64 {
entry:
    gp: = getg()
    if SP <= gp.stackguard0 {
        goto morestack
    }
    if gp._panic != nil {
        if unsafe.Pointer(&p) == gp._panic.argp {
            gp._panic.argp = unsafe.Pointer(getargp(0))
        }
    }
    return Point.X(p.Point)
morestack:
    runtime.morestack_noctxt()
    goto entry
}
```

可以看到除了接收者為指標類型外，程式邏輯與 Point2d.X() 方法基本一致，所以嵌入值實現的組合式繼承並沒有什麼特別的地方，編譯器會為繼承的方法生成包裝方法。實際上，Point 和 Point2d 的這些方法都很簡單，正常情況下都會被編譯器內聯最佳化掉。這裡先記住編譯器是如何生成這些包裝方法的，在後續的章節中會逐漸發現它們的真正用途。

4.3.2 嵌入指標

　　將 Point2d 類型定義修改為嵌入 *Point 類型，即可實現嵌入指標的組合式繼承，程式如下：

```go
// 第 4 章 /code_4_3.go
type Point2d struct {
    *Point
    y float64
}
```

　　對應地，Point2d 中不再直接包含 Point 的值，而是包含 Point 物件的位址。兩者在記憶體中的佈局關係也變得與之前不同，如圖 4-4 所示。

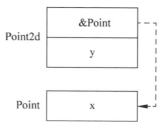

▲ 圖 4-4　Point2d 與 Point 的記憶體分配關係

　　再用 nm 命令查看一下 OBJ 檔案中為 Point2d 類型實現了哪些函式和方法，命令如下：

```
$ go tool nm point.o | grep ' T ' | grep Point2d
    94e2 T gom.(*Point2d).SetX
    77f0 T gom.(*Point2d).SetY
    94f4 T gom.(*Point2d).X
    956a T gom.(*Point2d).Y
    95ec T gom.Point2d.SetX
    9656 T gom.Point2d.X
    77e3 T gom.Point2d.Y
    94b1 T type..eq.gom.Point2d
```

　　這裡值得注意的是 Point2d.SetX() 方法，它的存在表示雖然接收者 Point2d 是透過值的形式傳遞的，但是透過 Point2d 的值可以得到原始 Point 物件的位址，所以依然可以對原始 Point 物件進行修改。

至於其他幾個繼承的方法，這裡就不再一一進行反編譯了，只是看一下在嵌入指標的情況下 (*Point2d).SetX() 方法還會不會被最佳化處理，程式如下：

```
$ go tool objdump -S -s '^gom.\(\*Point2d\).SetX$' point.o
TEXT gom.(*Point2d).SetX(SB) gofile..<autogenerated>
0x94e2488b442408MOVQ 0x8(SP), AX                          // 第1行指令
0x94e7488b00  MOVQ 0(AX), AX                              // 第2行指令
0x94ea4889442408MOVQ AX, 0x8(SP)                          // 第3行指令
0x94efe900000000JMP gom.(*Point).SetX(SB)                // 第4行指令
[1:5]R_CALL:gom.(*Point).SetX
```

編譯器還進行了最佳化處理，第 1 行指令把堆疊上的接收者參數複製到 AX 暫存器中，其實也就是 Point2d 物件的位址。第 2 行指令把 Point2d 的第 1 個欄位的值複製到 AX 暫存器中，也就是 Point 物件的位址。第 3 行指令把 AX 的值複製回堆疊上的接收者參數處。第 4 行指令用於跳躍到 (*Point).SetX() 方法的起始位址。

至於其他 3 種方法，編譯器都會生成對應的包裝方法，這裡不再贅述，直接列出對應的虛擬程式碼。為了使程式更加簡潔，這裡省略了堆疊增長和處理 gp._panic.argp 的相關邏輯，精簡後的程式如下：

```
func (p Point2d) X() float64 {
    return Point.X(*p.Point)
}

func (p *Point2d) X() float64 {
    return Point.X(*(*p).Point)
}

func (p Point2d) SetX() {
    (*Point).SetX(p.Point)
}
```

透過本節的探索可以發現，因為在嵌入指標的情況下總是能夠得到基礎類別物件的位址，所以子類別中的值接收者方法可以呼叫基礎類別中的指標接收者方法，編譯器會盡可能把符合邏輯的包裝方法都生成出來。

4.3.3 多重繼承

組合式繼承之下的多重繼承，實際上就是在子類別的定義中嵌入多個基礎類別。嵌入的多個基礎類別可以隨選嵌入值或嵌入指標，記憶體分配方面前兩節已經分別舉出對應的圖示，這裡不再贅述。本節主要探索一下多重繼承對編譯器生成包裝方法會有哪些影響。

首先定義兩種類型 A 和 B，分別為它們實現一組相同的方法 Value() 和 Set()，程式如下：

```go
// 第 4 章 /code_4_4.go
package gom

type A struct {
    a int
}

type B struct {
    b int
}

func(a A) Value() int {
    return a.a
}

func(a * A) Set(v int) {
    a.a = v
}

func(b B) Value() int {
    return b.b
}

func(b * B) Set(v int) {
    b.b = v
}
```

然後定義一種類型 C，將 A 和 B 以值的形式嵌入，程式如下：

```
// 第 4 章 /code_4_5.go
type C struct {
    A
    B
}
```

透過 nm 命令查看編譯生成的 OBJ 檔案中都實現了哪些方法，命令如下：

```
$ go tool nm multi.o | grep ' T '
    24a6 T gom.(*A).Set
    2be3 T gom.(*A).Value
    24bf T gom.(*B).Set
    2c59 T gom.(*B).Value
    249b T gom.A.Value
    24b4 T gom.B.Value
```

發現只有 A 和 B 的方法，編譯器沒有為 C 生成任何方法。結合 Go 語言官方文件的說明，因為同時嵌入 A 和 B 而且巢狀結構的層次相同，所以編譯器不知道應該讓包裝方法繼承自誰，這種情況只能由程式設計師手工實現。

下面再來看一下巢狀結構層次不同的情況。定義一種類型 D，把 A 以嵌入值的形式嵌入 D 中，然後把 C 中的 A 改成 D，程式如下：

```
// 第 4 章 /code_4_6.go
type C struct {
    D
    B
}

type D struct {
    A
}
```

再次透過 nm 命令查看，命令如下：

```
$ go tool nm multi.o | grep 'T'
    3a7c T gom.(*A).Set
```

```
4603 T gom.(*A).Value
3a95 T gom.(*B).Set
4679 T gom.(*B).Value
47d4 T gom.(*C).Set
47e9 T gom.(*C).Value
46ef T gom.(*D).Set
4700 T gom.(*D).Value
3a71 T gom.A.Value
3a8a T gom.B.Value
4853 T gom.C.Value
476a T gom.D.Value
```

這次類型 C 成功地繼承了這一組方法，對這些方法進行反編譯就能確定是繼承自類型 B，因為 B 的巢狀結構層次比 A 要淺，編譯器優先選擇短路徑。

4.4 本章小結

本章首先探索了方法接收者的傳遞方式，發現接收者實際上就是編譯器隱式傳遞的第 1 個參數，也是透過堆疊傳遞的，所以方法呼叫本質上與普通的函式呼叫是一樣的。同時，還發現了編譯器會為值接收者方法生成指標接收者的包裝方法，暫時還沒有弄清楚這樣做的意義，然後又探索了 Method Value 的實現原理，發現其本質上依然是 Function Value，不過編譯器會自動為基於物件的 Method Value 生成閉包函式，閉包捕捉的類型與方法接收者的類型一致。最後還探索了組合式繼承之下編譯器是如何為繼承的方法生成包裝方法的。

透過了解底層的具體實現，對方法有了更深入的理解，接下來的第 5 章我們將走進 Go 語言的動態語言特性。

介面

　　介面在 Go 語言中扮演著非常重要的角色，它是多形、反射和類型斷言等一眾動態語言特性的基礎。本章將透過反編譯、runtime 原始程式分析等手段，逐步整理清楚介面的底層實現。

5.1　空介面

　　這裡所謂的空介面並不是 nil，而是指不包含任何方法的介面，也就是 interface{}。在物件導向程式設計中，介面用來對行為進行抽象，也就是定義物

件需要支援的操作，這組操作對應的就是介面中列出的方法。不包含任何方法的介面可以認為不要求物件支持任何操作，因此能夠接受任意類型的給予值，所以 Go 語言的 interface{} 什麼都能裝。

5.1.1 一個更好的 void*

如果用 unsafe.Sizeof() 函式獲取一個 interface{} 類型變數的大小，在 64 位元平台上是 16 位元組，在 32 位元平台上是 8 位元組。interface{} 類型本質上是個 struct，由兩個指標類型的成員組成，在 runtime 中可以找到對應的 struct 定義，程式如下：

```
type eface struct {
    _type *_type
    data  unsafe.Pointer
}
```

還有一個專門的類型轉換函式 efaceOf()，該函式接受的參數是一個 interface{} 類型的指標，傳回值是一個 eface 類型的指標，內部實際只進行了一下指標類型的轉換，也就說明 interface{} 類型在記憶體分配層面與 eface 類型完全等值。efaceOf() 函式的程式如下：

```
func efaceOf(ep *interface{}) *eface {
    return (*eface)(unsafe.Pointer(ep))
}
```

接下來看一下 eface 的兩個指標成員，data 欄位比較好理解，它是一個 unsafe.Pointer 類型的指標，用來儲存實際資料的位址。unsafe.Pointer 在含義上和 C 語言中的 void* 有些類似，只用來表明這是一個指標，並不限定指向的目標資料的類型，可以接受任意類型的位址。至於 _type 類型，之前在探索變數逃逸和閉包的時候曾經見到過，當時是作為 runtime.newobject() 函式的參數出現的，它在 Go 語言的 runtime 中被用來描述資料型態，筆者習慣稱之為類型中繼資料。eface 的這個 _type 欄位用來描述 data 的類型中繼資料，也就是說它舉出了 data 的資料型態。

　　舉例來說，把一個 int 類型變數 n 的位址給予值給一個 interface{} 類型的變數 e，程式如下：

```
// 第 5 章 /code_5_1.go
var n int
var e interface{} = &n
```

　　如圖 5-1 所示，變數 e 的 data 欄位儲存的是變數 n 的位址，而變數 e 的 _type 欄位儲存的是 *int 類型的類型中繼資料的位址。

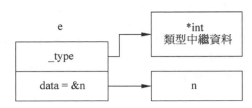

▲ 圖 5-1　空介面變數 e 與給予值變數 n 的關係

　　與 void* 相比，interface{} 透過多出來的這個 _type 欄位舉出了資料的類型資訊，程式在執行階段可以基於這種類型資訊對資料進行特定操作，因此 interface{} 就相當於一個增強版的 void*。

　　就變數 n 本身而言，它的類型資訊只會被編譯器使用，編譯階段參考這種類型資訊來分配儲存空間、生成機器指令，但是並不會把這種類型資訊寫入最終生成的可執行檔中。從記憶體分配的角度來講，變數 n 在 64 位元和 32 位元平台分別佔用 8 位元組和 4 位元組，佔用的這些空間全部用來存放整數的值，沒有任何空間被用來存放整數類型資訊。

　　把變數 n 的位址給予值給 interface{} 類型的變數 e 的這個操作，表示編譯器要把 *int 的類型中繼資料生成出來，並把其位址賦給變數 e 的 _type 欄位，這些類型中繼資料會被寫入最終的可執行檔，程式在執行階段即取即用。這個簡單的給予值操作實際上完成了類型資訊的萃取。

　　為了能夠方便地透過反編譯進行驗證，將第 5 章 /code_5_1.go 稍微修改一下，程式如下：

```
// 第 5 章 /code_5_2.go
func p2e(p *int) (e interface{}) {
    e = p
    return
}
```

然後進行編譯和反編譯,得到對應的組合語言程式碼如下:

```
$ go tool compile -trimpath="'pwd'=>" -l -p gom eface.go
$ go tool objdump -S -s '^gom.p2e$' eface.o
TEXT gom.p2e(SB) gofile..eface.go
        return
    0x7b0 488d0500000000LEAQ 0(IP), AX              [3:7]R_PCREL:type.*int
    0x7b7 4889442410    MOVQ AX, 0x10(SP)
    0x7bc 488b442408    MOVQ 0x8(SP), AX
    0x7c1 4889442418    MOVQ AX, 0x18(SP)
    0x7c6 c3RET
```

雖然看起來很簡單,還是把它轉為等值的虛擬程式碼,這樣更加直觀,程式如下:

```
func p2e(n *int) (e eface) {
    e._type = &type.*int
    e.data = unsafe.Pointer(n)
    return
}
```

其中的 type.*int 就是需要的類型中繼資料,編譯器在生成的指令中為它的位址預留了位置,等到連結階段生成可執行檔時連結器會填寫上實際的位址。

提到變數的類型,一般指的是宣告類型,例如變數 n 的宣告類型是 int。在 Go 這種強類型語言中,變數的宣告類型是不能改變的,即使透過類型轉換得到一個新的變數,原變數的類型還是不會改變。對於 interface{} 類型的變數 e,它的宣告類型是 interface{},這一點也是不能改變的。變數 e 就像是一個容器,可以加載任意類型的資料,並透過 _type 欄位記錄資料的類型,無論加載什麼類型的資料,容器本身的類型不會改變。因為 _type 會隨著變數 e 加載不同類型的資料而發生改變,所以後文中將它稱為變數 e 的動態類型,並對應地把變數 e 的宣告類型稱為靜態類型。

5.1.2 類型中繼資料

　　在 C 語言中類型資訊主要存在於編譯階段，編譯器從原始程式中得到具體的類型定義，並記錄到對應的記憶體資料結構中，然後根據這些類型資訊進行語法檢查、生成機器指令等。例如 x86 整數加法和浮點數加法採用完全不同的指令集，編譯器根據資料的類型來選擇。這些類型資訊並不會被寫入可執行檔，即使作為符號資料被寫入，也是為了方便偵錯工具，並不會被語言本身所使用。Go 與 C 語言不同的是，在設計之初就支持物件導向程式設計，還有其他一些動態語言特徵，這些都要求執行階段能夠獲得類型資訊，所以語言的設計者就把類型資訊用統一的資料結構來描述，並寫入可執行檔中供執行階段使用，這就是所謂的類型中繼資料。

　　既然已經不止一次遇到 _type 這種類型中繼資料類型，這裡就來簡單看一下它的具體定義。摘錄自 Go 1.15 版本的 runtime 原始程式，程式如下：

```go
type _type struct {
    size        uintptr
    ptrdata     uintptr
    hash        uint32
    tflag       tflag
    align       uint8
    fieldAlign  uint8
    kind        uint8
    equal func(unsafe.Pointer, unsafe.Pointer) bool
    gcdata      * Byte
    str         nameOff
    ptrToThis   typeOff
}
```

各個欄位的含義及主要用途如表 5-1 所示。

▼ 表 5-1 _type 各欄位的含義及主要用途

欄位	含義及主要用途
size	表示此類型的資料需要佔用多少位元組的儲存空間，runtime 中很多地方會用到它，最典型的就是記憶體分配的時候，例如 newobject()、mallocgc()
ptrdata	ptrdata 表示資料的前多少位元組包含指標，用來在應用寫入屏障時最佳化範圍大小。例如某個 struct 類型在 64 位元平台上佔用 32 位元組，但是只有第 1 個欄位是指標類型，這個值就是 8，剩下的 24 位元組就不需要寫入屏障了。GC 進行位元映射標記的時候，也會用到該欄位
hash	當前類型的雜湊值，runtime 基於這個值建構類型映射表，加速類型比較和查詢
tflag	額外的類型標識，目前由 4 個獨立的二進位位元組合而成。tflagUncommon 表明這種類型中繼資料結構後面有個緊鄰的 uncommontype 結構，uncommontype 主要在自訂類型定義方法集時用到。tflagExtraStar 表示類型的名稱串有個首碼的 *，因為對於程式中的大多數類型 T 而言，*T 也同樣存在，重複使用同一個名稱串能夠節省空間。tflagNamed 表示類型有名稱。tflagRegularMemory 表示相等比較和雜湊函式可以把該類型的資料當成記憶體中的單塊區間來處理
align	表示當前類型變數的對齊邊界
fieldAlign	表示當前類型的 struct 欄位的對齊邊界
kind	表示當前類型所屬的分類，目前 Go 語言的 reflect 套件中定義了 26 種有效分類
equal	用來比較兩個當前類型的變數是否相等
gcdata	和垃圾回收相關，GC 掃描和寫入屏障用來追蹤指標
str	偏移，透過 str 可以找到當前類型的名稱等文字資訊
ptrToThis	偏移，假設當前類型為 T，透過它可以找到類型 *T 的類型中繼資料

_type 提供了適用於所有類型的最基本的描述，對於一些更複雜的類型，例如複合類型 slice 和 map 等，runtime 中分別定義了 maptype、slicetype 等對應的結構。例如 slicetype 就是由一個用來描述類型本身的 _type 結構和一個指向元素類型的指標組成，程式如下：

```
type slicetype struct {
    typ  _type
    elem *_type
}
```

Go 語言允許為自訂類型實現方法，這些方法的相關資訊也會被記錄到自訂類型的中繼資料中，一般稱為類型的方法集資訊。在整理 _type 結構的各個欄位時，沒有發現任何跟方法集有關的欄位，那麼 runtime 是如何以 _type 為起點來找到方法集資訊的呢？

考慮到 Go 語言只允許為自訂類型實現方法，所以要找到中繼資料中的方法集資訊，就要從自訂類型出發。自訂類型，也就是程式中使用 type 關鍵字定義的類型，範例程式如下：

```
type Integer int
```

在上述程式中，int 本身是內建類型，不允許為其實現方法，而基於 int 定義的 Integer 是個自訂類型。還記得 _type 結構的 tflag 欄位是幾個標識位元，當 tflagUncommon 這一位元為 1 時，表示類型為自訂類型。從 runtime 的原始程式可以發現，_type 類型有一個 uncommon() 方法，對於自訂類型可以透過此方法得到一個指向 uncommontype 結構的指標，也就是說編譯器會為自訂類型生成一個 uncommontype 結構，例如上述自訂類型 Integer 的類型中繼資料結構如圖 5-2 所示。

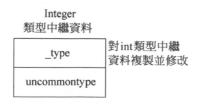

▲ 圖 5-2 自訂類型 Integer 的類型中繼資料結構

uncommontype 結構的定義程式如下：

```
type uncommontype struct
    pkgpath nameOff
    mcount  uint16 number of methods
    xcount  uint16 number of exported methods
```

```
    moff      uint32 offset from this uncommontype to mcount method
    _         uint32 unused
}
```

透過 pkgpath 可以知道定義該類型的套件名稱，mcount 表示該類型共有多少個方法，xcount 表示有多少個方法被匯出，也就是字首大寫使套件外可存取。moff 是個偏移值，那裡就是方法集的中繼資料，也就是一組 method 結構組成的陣列。舉例來說，若為自訂類型 Integer 定義兩個方法，它的類型中繼資料及其 method 陣列的記憶體分配如圖 5-3 所示。

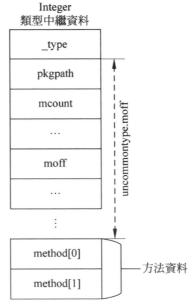

▲ 圖 5-3 Integer 類型中繼資料及其 method 陣列的記憶體分配

method 陣列中每個 method 結構對應一個方法，程式如下：

```
type method struct {
    name nameOff
    mtyp typeOff
    ifn textOff
    tfn textOff
}
```

透過 name 偏移能夠找到方法的名稱串，mtyp 偏移處是方法的類型中繼資料，進一步可以找到參數和傳回值相關的類型中繼資料。若自訂類型有 A()、B()、C()3 個方法（如圖 5-4 所示），則 method 陣列會按照 name 昇冪排列，執行階段可以高效率地進行二分查詢。

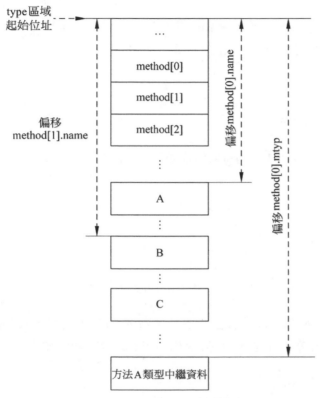

▲ 圖 5-4 method 陣列排序

ifn 是供介面呼叫的方法位址，tfn 是正常的方法位址，這兩個方法位址有什麼不同呢？ ifn 的接收者類型一定是指標，而 tfn 的接收者類型跟原始程式碼中的實現一致，這裡先不進行過多的解釋，在 5.2.3 節中會深入分析這兩者的不同。

以上這些類型中繼資料都是在編譯階段生成的，經過連結器的處理後被寫入可執行檔中，runtime 中的類型斷言、反射和記憶體管理等都依賴於這些中繼資料，本章的後續內容都與這些類型中繼資料有著密切的關係。

5.1.3 逃逸與裝箱

由於 interface{} 的 data 欄位是個指標，儲存的是資料的位址，所以不可避免地也會跟變數逃逸扯上關係。在進行逃逸分析的時候，直接把 interface{} 當作原始資料型態的指標來看待即可，效果是等值的，此處不再贅述。

接下來有一個需要仔細探索的問題：data 欄位是個指標，那麼它是如何接收來自一個數值型態的給予值的呢？範例程式如下：

```
// 第 5 章 /code_5_3.go
n := 10
var e interface{} = n
```

在上述程式中變數 e 的資料結構如圖 5-5 所示。

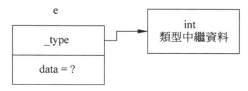

▲ 圖 5-5　interface{} 類型的變數 e 的資料結構

e. data 這裡儲存的是什麼還真不太好猜測，還是直接反編譯一下比較簡單。依舊把第 5 章 /code_5_3.go 放到一個函式中，程式如下：

```
// 第 5 章 /code_5_4.go
func v2e(n int) (e interface{}) {
    e = n
    return
}
```

反編譯後得到組合語言程式碼如下：

```
$ go tool objdump -S -s '^gom.v2e$' eface.o
TEXT gom.v2e(SB) gofile..eface.go
func v2e(n int) (e interface{}) {
    0xb0a      65488b0c2528000000      MOVQ GS:0x28, CX
    0xb13      488b8900000000          MOVQ 0(CX), CX          [3:7]R_TLS_LE
```

```
    0xb1a         483b6110                  CMPQ 0x10(CX), SP
    0xb1e         763c                      JBE 0xb5c
    0xb20         4883ec18                  SUBQ $0x18, SP
    0xb24         48896c2410                MOVQ BP, 0x10(SP)
    0xb29         488d6c2410                LEAQ 0x10(SP), BP
        e = n
    0xb2e         488b442420                MOVQ 0x20(SP), AX
    0xb33         48890424                  MOVQ AX, 0(SP)
    0xb37         e800000000                CALL 0xb3c        [1:5]R_CALL:runtime.convT64
    0xb3c         488b442408                MOVQ 0x8(SP), AX
        return
    0xb41         488d0d00000000            LEAQ 0(IP), CX    [3:7]R_PCREL:type.int
    0xb48         48894c2428                MOVQ CX, 0x28(SP)
    0xb4d         4889442430                MOVQ AX, 0x30(SP)
    0xb52         488b6c2410                MOVQ 0x10(SP), BP
    0xb57         4883c418                  ADDQ $0x18, SP
    0xb5b         c3                        RET
func v2e(n int) (e interface{}) {
    0xb5c         e800000000                CALL 0xb61
[1:5]R_CALL:runtime.morestack_noctxt
    0xb61         eba7                      JMP gom.v2e(SB)
```

雖然程式篇幅不太長，但還是轉換成等值的虛擬程式碼比較容易理解，程式如下：

```
func v2e(n int)(e eface) {
entry:
    gp: = getg()
    if SP <= gp.stackguard0 {
        goto morestack
    }
    e.data = runtime.convT64(n)
    e._type = & type.int
    return
morestack:
    runtime.morestack_noctxt()
    goto entry
}
```

　　忽略與堆疊增長相關的程式，真正感興趣的就是為變數 e 的兩個成員給予值的這兩行程式。先把變數 n 的值作為參數呼叫 runtime.convT64() 函式，並把傳回值賦給了 e.data。又把 type.int 的位址賦給了 e._type。後者倒是比較容易理解，因為變數 e 的動態類型是變數 n 的類型，即 int，但這個 runtime.convT64() 函式的邏輯還需要再看一下，看一看它的傳回值究竟是什麼。runtime.convT64() 函式的原始程式碼如下：

```
func convT64(val uint64)(x unsafe.Pointer) {
    if val < uint64(len(staticuint64s)) {
        x = unsafe.Pointer( & staticuint64s[val])
    } else {
        x = mallocgc(8, uint64Type, false)
        * ( * uint64)(x) = val
    }
    return
}
```

　　當 val 的值小於 staticuint64s 的長度時，直接傳回 staticuint64s 中第 val 項的位址。否則就透過 mallocgc() 函式分配一個 uint64，把 val 的值賦給它並傳回它的位址。這個 staticuint64s 如圖 5-6 所示，是個長度為 256 的 uint64 陣列，每個元素的值都跟下標一致，儲存了 0~255 這 256 個值，主要用來避免常用數字頻繁地進行堆積分配。

下標	0	1	2	3		254	255
值	0	1	2	3	...	254	255

▲ 圖 5-6 staticuint64s 陣列

　　整體來看 convT64() 函式的功能，實際上就是堆積分配一個 uint64，並且將 val 參數作為初值賦給它。由於範例中變數 n 的值為 10，在 staticuint64s 的長度範圍內，所以變數 e 的 data 欄位儲存的就是 staticuint64s 中下標為 10 的儲存空間的位址，如圖 5-7 所示。

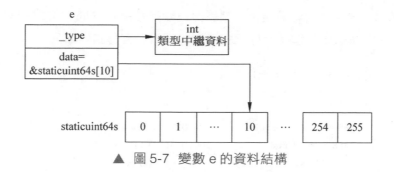

▲ 圖 5-7 變數 e 的資料結構

透過 staticuint64s 這種最佳化方式，能夠反向推斷出：被 convT64 分配的這個 uint64，它的值在語義層面是不可修改的，是個類似 const 的常數，這樣設計主要是為了跟 interface{} 配合來模擬加載值。interface{} 被設計成一個容器，但它本質上是個指標，可以直接加載位址，用來實現加載值，實際的記憶體要分配在別的地方，並把記憶體位址儲存在這裡。convT64() 函式的作用就是分配這個儲存值的記憶體空間，實際上 runtime 中有一系列這類函式，如 convT32()、convTstring() 和 convTslice() 等。

至於為什麼這個值不可修改，因為 interface{} 只是一個容器，它支持把資料載入和取出，但是不支持直接在容器裡修改。這有些類似於 Java 和 C# 中的自動裝箱，只不過 interface{} 是個萬能包裝類別。

那麼數值型態裝箱就一定會進行堆積分配嗎？這個問題也需要驗證。既然已經知道逃逸會造成堆分配，那就建構一個數值型態裝箱但不逃逸的場景，範例程式如下：

```go
// 第 5 章 /code_5_5.go
func fn(n int) bool {
    return notNil(n)
}

func notNil(a interface {}) bool {
    return a != nil
}
```

編譯時需要禁止內聯最佳化，編譯器還能夠透過 notNil() 函式的程式實現判定有沒有發生逃逸，反編譯 fn() 函式得到的組合語言程式碼如下：

```
$ go tool objdump -S -s '^gom.fn$' eface.o
TEXT gom.fn(SB) gofile..eface.go
func fn(n int) bool {
    0xfd6       65488b0c2528000000      MOVQ GS:0x28, CX
    0xfdf       488b8900000000          MOVQ 0(CX), CX[3:7]R_TLS_LE
    0xfe6       483b6110                CMPQ 0x10(CX), SP
    0xfea       764a                    JBE 0x1036
    0xfec       4883ec28                SUBQ $0x28, SP
    0xff0       48896c2420              MOVQ BP, 0x20(SP)
    0xff5       488d6c2420              LEAQ 0x20(SP), BP
        return notNil(n)
    0xffa       488b442430              MOVQ 0x30(SP), AX
    0xfff       4889442418              MOVQ AX, 0x18(SP)
    0x1004      488d0500000000          LEAQ 0(IP), AX[3:7]R_PCREL:type.int
    0x100b      48890424                MOVQ AX, 0(SP)
    0x100f      488d442418              LEAQ 0x18(SP), AX
    0x1014      4889442408              MOVQ AX, 0x8(SP)
    0x1019      e800000000              CALL 0x101e[1:5]R_CALL:gom.notNil
    0x101e      0fb6442410              MOVZX 0x10(SP), AX
    0x1023      88442438                MOVB AL, 0x38(SP)
    0x1027      488b6c2420              MOVQ 0x20(SP), BP
    0x102c      4883c428                ADDQ $0x28, SP
    0x1030      c3                      RET
func fn(n int) bool {
    0x1031      0f1f440000              NOPL 0(AX)(AX*1)
    0x1036      e800000000              CALL 0x103b       [1:5]R_CALL:runtime.morestack_noctxt
    0x103b      eb99                    JMP gom.fn(SB)
```

轉為等值的虛擬程式碼如下：

```
func fn(n int) bool {
entry:
    gp: = getg()
    if SP <= gp.stackguard0 {
        goto morestack
    }
```

```
    v: = n
    return notNil(eface { _type: & type.int,data: & v})
morestack:
    runtime.morestack_noctxt()
    goto entry
}
```

虛擬程式碼中 fn() 函式的呼叫堆疊如圖 5-8 所示，注意區域變數 v，它實際上是被編譯器採用隱式方式分配的，被用作變數 n 的值的副本，卻並沒有分配到堆積上。

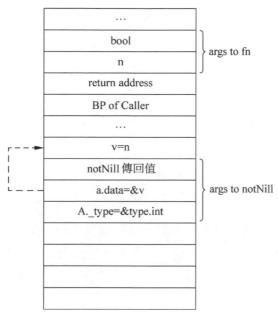

▲ 圖 5-8 fn() 函式的呼叫堆疊

interface{} 在加載值的時候必須單獨複製一份，而不能直接讓 data 儲存原始變數的位址，因為原始變數的值後續可能會發生改變，這就會造成邏輯錯誤。

上面的例子總算證明了裝箱不一定進行堆積分配，是否堆積分配還是要經過逃逸分析。只有數值型態裝箱後又涉及逃逸的情況，才會用到 runtime 中的一系列 convT() 函式。

關於不包含任何方法的空介面就先研究到這裡，下面來看一下包含方法的不可為空介面。

5.2 不可為空介面

與空介面對應，不可為空介面指的是至少包含一種方法的介面，就像 io.Reader 和 io.Writer。不可為空介面透過一組方法對行為進行抽象，從而隔離具體實現達到解耦的目的。Go 的介面比 Java 等語言中的介面更加靈活，自訂類型不需要透過 implements 關鍵字顯性地標明自己實現了某個介面，只要實現了介面中所有的方法就實現了該介面。也只有實現了介面中所有的方法，才算是實現了該介面。

本節探索一下 Go 語言中不可為空介面的底層實現，後文中提到的介面均指不可為空介面，為了能夠加以區分，不再將 interface{} 稱為空介面，而是直接稱為 interface{} 類型。

5.2.1 動態派發

在物件導向程式設計中，介面的核心功能是支持多形，實際上就是方法的動態派發。呼叫介面的某個方法時，呼叫者不需要知道背後物件的具體類型就能呼叫物件的指定方法。例如類型 A 和 B 都實現了 fmt.Stringer 介面，範例程式如下：

```go
// 第 5 章 /code_5_6.go
type A struct {}

type B struct {}

func(A) String() string {
    return "This is A"
}

func(B) String() string {
```

```
        return "This is B"
}

func toString(o fmt.Stringer) string {
        return o.String()
}

func main() {
        println(toString(A {})) //This is A
        println(toString(B {})) //This is B
}
```

其中 toString() 函式的實現者並不需要知道參數 o 背後的具體類型,介面機制會在執行階段自動完成方法呼叫的動態派發,所以 toString(A{}) 會呼叫類型 A 的 String() 方法,進而傳回字串 "This is A",而 toString(B{}) 則傳回字串 "This is B"。下面分析一下動態派發如何實現。

1. 方法位址靜態繫結

要進行方法(函式)呼叫,有兩點需要確定:一是方法的位址,也就是在程式碼部分中的指令序列的起始位址; 二是參數及呼叫約定,也就是要傳遞什麼參數及如何傳遞的問題(透過堆疊或暫存器),傳回值的讀取也包含在呼叫約定範圍內。呼叫約定及編譯器如何根據呼叫約定來生成相關指令,在第 3 章已經探索過了,這裡的重點是如何確定目標方法的位址。

首先來看一個不使用介面而直接透過自訂類型的物件實例呼叫其方法的例子,程式如下:

```
//go:noinline
func ReadFile(f * os.File, b[] byte)(n int, err error) {
        return f.Read(b)
}
```

上述 ReadFile() 函式實際上只呼叫了 *os.File 類型的 Read() 方法,為了方便後續反編譯,禁止編譯器對該函式進行內聯。對 build 得到的可執行檔進行反編譯,得到對應的組合語言程式碼如下:

```
$ go tool objdump -S -s '^main.ReadFile$' gom.exe
TEXT main.ReadFile(SB) C:/gopath/src/fengyoulin.com/gom/main.go
func ReadFile(f *os.File, b []byte) (n int, err error) {
    0x4b4240    65488b0c2528000000          MOVQ GS:0x28, CX
    0x4b4249    488b8900000000              MOVQ 0(CX), CX
    0x4b4250    483b6110                    CMPQ 0x10(CX), SP
    0x4b4254    7662                        JBE 0x4b42b8
    0x4b4256    4883ec40                    SUBQ $0x40, SP
    0x4b425a    48896c2438                  MOVQ BP, 0x38(SP)
    0x4b425f    488d6c2438                  LEAQ 0x38(SP), BP
        return f.Read(b)
    0x4b4264    488b442448                  MOVQ 0x48(SP), AX
    0x4b4269    48890424                    MOVQ AX, 0(SP)
    0x4b426d    488b442450                  MOVQ 0x50(SP), AX
    0x4b4272    4889442408                  MOVQ AX, 0x8(SP)
    0x4b4277    488b442458                  MOVQ 0x58(SP), AX
    0x4b427c    4889442410                  MOVQ AX, 0x10(SP)
    0x4b4281    488b442460                  MOVQ 0x60(SP), AX
    0x4b4286    4889442418                  MOVQ AX, 0x18(SP)
    0x4b428b    e87035ffff                  CALL os.(*File).Read(SB)
    0x4b4290    488b442420                  MOVQ 0x20(SP), AX
    0x4b4295    488b4c2428                  MOVQ 0x28(SP), CX
    0x4b429a    488b542430                  MOVQ 0x30(SP), DX
    0x4b429f    4889442468                  MOVQ AX, 0x68(SP)
    0x4b42a4    48894c2470                  MOVQ CX, 0x70(SP)
    0x4b42a9    4889542478                  MOVQ DX, 0x78(SP)
    0x4b42ae    488b6c2438                  MOVQ 0x38(SP), BP
    0x4b42b3    4883c440                    ADDQ $0x40, SP
    0x4b42b7    c3                          RET
func ReadFile(f *os.File, b []byte) (n int, err error) {
    0x4b42b8    e8a3e8ffff                  CALL runtime.morestack_noctxt(SB)
    0x4b42bd    eb81                        JMP main.ReadFile(SB)
```

可以看到 CALL 指令直接呼叫了 os.(*File).Read() 方法，位址以 Offset 的形式編碼在指令中。實際上這個位址是編譯器在 OBJ 檔案中預留了空間，然後由連結器填寫實際的 Offset，有興趣的讀者可以自己反編譯 OBJ 檔案查看，這裡不再贅述。與組合語言程式碼等值的 Go 風格的虛擬程式碼如下：

```
func ReadFile(f * os.File, b[] byte)(n int, err error) {
entry:
    gp: = getg()
    if SP <= gp.stackguard0 {
        goto morestack
    }
    return os.( * File).Read(f, b)
morestack:
    runtime.morestack_noctxt()
    goto entry
}
```

排除掉這些堆疊增長程式，就剩下一個再普通不過的函式（方法）呼叫了。從組合語言的角度來看，上述方法的呼叫是透過 CALL 指令 + 相對位址實現的，方法位址在可執行檔建構階段就確定了，一般將這種情況稱為方法位址的靜態繫結。

顯而易見，這種位址靜態繫結的方式無法支援方法呼叫的動態派發，因為編譯階段並不知道物件的具體類型，所以無法確定要綁定到何種方法。對於動態派發來講，編譯階段能夠確定的是要呼叫的方法的名字，以及方法的原型（參數與傳回值列表）。以第 5 章 /code_5_6.go 中的 toString() 函式為例，要呼叫的方法名字是 String，沒有導入參數，有一個 string 類型的傳回值。實際上有這些資訊就足夠了，執行階段根據這些資訊就能完成動態派發。

2. 動態查詢類型中繼資料

至於動態派發的程式實現，可以有很多種不同版本。先不去管 Go 語言到底是如何實現的，如果讓我們來設計，可以怎麼做呢？

我們假設不可為空介面的資料結構與 eface 相同，同樣包含一個類型中繼資料指標和一個資料指標。5.1 節已經簡單地分析了與類型中繼資料相關的資料結構，知道自訂類型的類型中繼資料中存有方法集資訊，方法集資訊是一組 method 結構組成的陣列，透過它可以找到對應方法的方法名稱、參數和傳回值的類型，以及程式的位址。method 結構的程式如下：

```
type method struct {
    name nameOff
    mtyp typeOff
    ifn textOff
    tfn textOff
}
```

類型中繼資料中的 method 陣列是按照方法名稱昇冪排列的，可以直接應用二分法查詢。執行階段利用這些資訊就可以根據方法名稱和原型動態繫結方法位址了。假如現在有一個 io.Reader 類型的介面變數 r，其背後動態類型是 *os.File，程式如下：

```
var r io.Reader = f
n, err := r.Read(buf)
```

首先，可以透過變數 r 得到 *os.File 的類型中繼資料，如圖 5-9 所示，然後根據方法名稱 Read 以二分法查詢匹配的 method 結構，找到後再根據 method.mtyp 得到方法本身的類型中繼資料，最後對比方法原型是否一致（參數和傳回值的類型、順序是否一致）。如果原型一致，就找到了目標方法，透過 method.ifn 欄位得到方法的位址，然後就像呼叫普通函式一樣呼叫就可以了。

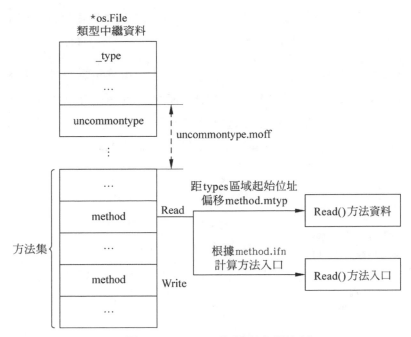

▲ 圖 5-9 *os.File 的類型中繼資料

　　單就動態派發而言，這種方式確實可以實現，但是有一個明顯的問題，那就是效率低，或說性能差。跟位址靜態繫結的方法呼叫比起來，原本一行 CALL 指令完成的事情，這裡又多出了一次二分查詢加方法原型匹配，增加的銷耗不容小覷，可能會造成動態派發的方法比靜態繫結的方法多一倍銷耗甚至更多，所以必須進行最佳化。不能在每次方法呼叫前都到中繼資料中去查詢，儘量做到一次查詢、多次使用，這裡可以一定程度上參考 C++ 的虛擬函式表實現。

3. C++ 虛擬函式機制

　　C++ 中的虛擬函式機制跟介面的思想很相似，程式語言允許父類別指標指向子類別物件，當透過父類別的指標來呼叫虛擬函式時，就能實現動態派發。具體實現原理就是，編譯器為每個包含虛擬函式的類別都生成一張虛擬函式表，實際上是個位址陣列，按照虛擬函式宣告的循序儲存了各個虛擬函式的位址。此外還會在類別物件的頭部安插一個虛指標（GCC 安插在頭部，其他編譯器或有不同），指向類型對應的虛擬函式表。執行階段透過類別物件指標呼叫虛擬函式時，會先取得物件中的虛指標，進一步找到物件類型對應的虛擬函式表，然後基於虛擬函式宣告的順序，以陣列下標的方式從表中取得對應函式的位址，這樣整個動態派發過程就完成了。

人們經常在父類別中只宣告一組純虛擬函式，也就是不實現函式本體，這種只包含一組純虛擬函式的類別就更符合介面的設計思想了。舉例來說，將父類別 Type 用作介面，宣告兩個純虛擬函式，兩個子類別 A 和 B 分別繼承自父類別 Type，並且實現這兩個虛擬函式，相當於實現了介面，範例程式如下：

```cpp
// 第 5 章 /code_5_7.cpp
class Type {
public:
    virtual string Name() = 0;
    virtual size_t Size() = 0;
};

class A: public Type {
public:
    string Name() {
        return "A";
    }
    size_t Size() {
        return sizeof( * this);
    }
};

class B: public Type {
public:
    string Name() {
        return "B";
    }
    size_t Size() {
        return sizeof( * this);
    }
private:
    int somedata;
};
```

可以測試多形的效果，測試程式如下：

```cpp
// 第 5 章 /code_5_8.cpp
Type * pts[2] = {new A, new B};
for (int i = 0; i < 2; ++i) {
    cout << pts[i] - > Name() << "," << pts[i] - > Size() << endl;
}
```

在筆者的 64 位元電腦上，輸出結果如下：

```
A,8
B,16
```

圖 5-10 以在上述程式中的 pts 為起點，展示出 A、B 的物件實例、各自虛指標及虛擬函式表在記憶體中的連結關係，這樣就能一目了然地看懂 C++ 虛擬函式的動態派發原理了。

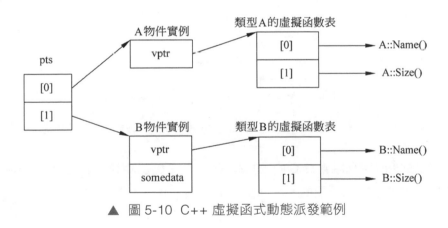

▲ 圖 5-10 C++ 虛擬函式動態派發範例

執行階段透過父類別指標呼叫虛擬函式時，並不需要關心指向的是哪個子類別。陣列 pts 的元素類型是 Type*，執行階段先透過 pts[0] 和 pts[1] 找到子類別物件中的虛指標 vptr，再透過 vptr 最終定位到子類別類型的虛擬函式表，根據函式宣告的順序按下標取得函式的實際位址。兩個指標加一個陣列，就完成了整個動態派發的核心邏輯，效率還是非常高的。

參考 C++ 的虛擬函式表思想，再回過頭來看 Go 語言中介面的設計，如果把這種基於陣列的函式位址表應用在介面的實現中，基本就能消除每次查詢位址造成的性能銷耗。顯然這裡需要對 eface 結構進行擴充，加入函式位址表相關欄位，經過擴充的 eface 姑且稱作 efacex，程式如下：

```
type efacex struct {
    tab * struct {
        _type * _type
        fun[1] uintptr // 方法數
    }
    data unsafe.Pointer
}
```

把原本的類型中繼資料指標 _type 和新增加的方法位址陣列 fun 打包到一個 struct 中，並用這個 struct 的位址替換掉 eface 中原本的 _type 欄位，得到修改後的 efacex，如圖 5-11 所示。

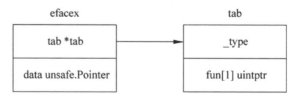

▲ 圖 5-11 參照 C++ 虛擬函式機制修改後的不可為空介面資料結構

增加的 fun 陣列相當於 C++ 的虛擬函式表，這個陣列的長度與介面中方法的個數一致，是動態分配的。在 struct 的最後放置一個動態長度的陣列，這是 C 語言中常用的技巧。什麼時候為 fun 陣列給予值呢？當然是在為整個 efacex 結構給予值的時候最合適，範例程式如下：

```
// 第5章 /code_5_9.go
f, _ := os.Open("gom.go")
var rw io.ReadWriter
rw = f
```

　　從 f 到 rw 這個看似簡單的給予值，至少要展開成以下幾步操作：①根據 rw 介面中方法的個數動態分配 tab 結構，這裡有兩個方法，fun 陣列的長度是 2。②從 *os.File 的方法集中找到 Read() 方法和 Write() 方法，把位址寫入 fun 陣列對應下標。③把 *os.File 的中繼資料位址給予值給 tab._type。④把 f 給予值給 data，也就是資料指標。給予值後 rw 的資料結構如圖 5-12 所示。

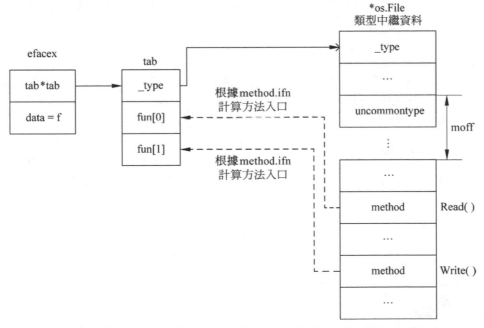

▲ 圖 5-12　基於 efacex 設計的不可為空介面變數 rw 給予值後的資料結構

　　這樣一來，只需要在為介面變數給予值的時候對方法集進行查詢，後續呼叫介面方法的時候，就可以像 C++ 的虛擬函式那樣直接按陣列下標讀取位址了。

　　實際上，fun 陣列也不用每次都重新分配和初始化，從指定具體類型到指定介面類別型變數的給予值，執行階段無論發生多少次，每次生成的 fun 陣列都是相同的。例如從 *os.File 到 io.ReadWriter 的給予值，每次都會生成一個長度為 2 的 fun 陣列，陣列的兩個元素分別用於儲存 (*os.File).Read 和 (*os.File).Write 的位址。也就是說透過一個確定的介面類別型和一個確定的具體類型，就能夠唯一確定一個 fun 陣列，因此可以透過一個全域的 map 將 fun 陣列進行快取，這樣就能進一步減少方法集的查詢，從而最佳化性能。

本節結合 C++ 的虛擬函式機制，簡單地推演了一下動態派發的實現原理，跟 Go 語言的實現已經很接近了，接下來看一下 Go 語言中的具體實現。

5.2.2　具體實現

5.2.1 節中為了加入位址陣列 fun，把原本用於 interface{} 的 eface 結構擴充成了 efacex，實際上在 Go 語言的 runtime 中與不可為空介面對應的結構類型是 iface，程式如下：

```
type iface struct {
    tab  *itab
    data unsafe.Pointer
}
```

因為也是透過資料指標 data 來加載資料的，所以也會有逃逸和裝箱發生。其中的 itab 結構就包含了具體類型的中繼資料位址 _type，以及等值於虛擬函式表的方法位址陣列 fun，除此之外還包含了介面本身的類型中繼資料位址 inter，程式如下：

```
type itab struct {
    inter * interfacetype
    _type * _type
    hash uint32
    _    [4] byte
    fun  [1] uintptr
}
```

根據 5.1 節對類型中繼資料的簡單介紹，從 _type 到 uncommontype，再到 [mcount]method，已經找到了自訂類型的方法集。下面再來看一下執行時期動態生成 itab 的相關邏輯。

1. 介面類別型中繼資料

首先看一下介面類別型的中繼資料資訊對應的資料結構，程式如下：

```
type interfacetype struct {
    typ         _type
    pkgpath name
    mhdr        [] imethod
}
```

除去最基本的 typ 欄位，pkgpath 表示介面類別型被定義在哪個套件中，mhdr 是介面宣告的方法清單。imethod 結構的程式如下：

```
type imethod struct {
    name nameOff
    ityp typeOff
}
```

比自訂類型的 method 結構少了方法位址，只包含方法名稱和類型中繼資料的偏移。這些偏移的實際類型為 int32，與指標的作用一樣，但是 64 位元平台上比使用指標節省一半空間。以 ityp 為起點，可以找到方法的參數（包括傳回值）列表，以及每個參數的類型資訊，也就是說這個 ityp 是方法的原型資訊。

第 5 章 /code_5_9.go 中不可為空介面類別型的變數 rw 的資料結構如圖 5-13 所示。

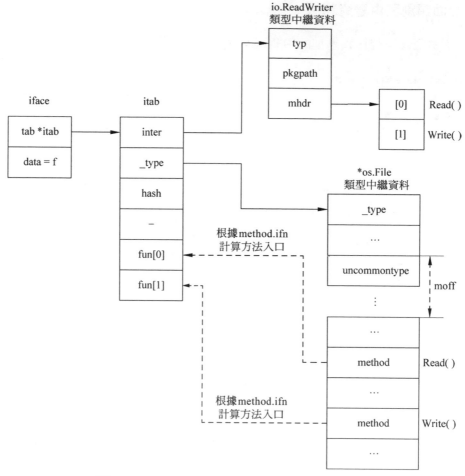

▲ 圖 5-13　io.ReadWriter 類型的變數 rw 的資料結構

2. 如何獲得 itab

執行階段可透過 runtime.getitab 函式來獲得對應的 itab，該函式被定義在 runtime 套件中的 iface.go 檔案中，函式原型的程式如下：

```
func getitab(inter *interfacetype, typ *_type, canfail bool) *itab
```

前兩個參數 inter 和 typ 分別是介面類別型和具體類型的中繼資料，canfail 表示是否允許失敗。如果 typ 沒有實現 inter 要求的所有方法，則 canfail 為 true

時函式傳回 nil，canfail 為 false 時就會造成 panic。對應到具體的語法就是 comma ok 風格的類型斷言和普通的類型斷言，程式如下：

```
r, ok := a.(io.Reader) //comma ok
r := a.(io.Reader) // 有可能造成 panic
```

上述程式第一行就是 comma ok 風格的類型斷言，如果 a 沒有實現 io.Reader 介面，則 ok 為 false。第二行就不同了，如果 a 沒有實現 io.Reader 介面，就會造成 panic。

getitab() 函式的程式摘錄自 Go 語言 runtime 原始程式，程式如下：

```
func getitab(inter * interfacetype, typ * _type, canfail bool) * itab {
    if len(inter.mhdr) == 0 {
        throw ("internal error - misuse of itab")
    }
    if typ.tflag & tflagUncommon == 0 {
        if canfail {
            return nil
        }
        name: = inter.typ.nameOff(inter.mhdr[0].name)
        panic( & TypeAssertionError {nil, typ, & inter.typ, name.name()})
    }
    var m * itab
    t: = ( * itabTableType)(atomic.Loadp(unsafe.Pointer( & itabTable)))
    if m = t.find(inter, typ);m != nil {
        goto finish
    }
    lock( & itabLock)
    if m = itabTable.find(inter, typ);m != nil {
        unlock( & itabLock)
        goto finish
    }
    m = ( * itab)(persistentalloc(unsafe.Sizeof(itab {}) + uintptr(len(inter.mhdr) - 1)*
sys.PtrSize, 0, & memstats.other_sys))
    m.inter = inter
    m._type = typ
    m.hash = 0
    m.init()
```

```
    itabAdd(m)
    unlock( & itabLock)
finish:
    if m.fun[0] != 0 {
        return m
    }
    if canfail {
        return nil
    }
    panic(&TypeAssertionError {concrete: typ,asserted: &inter.typ,missingMethod:m.
init
()})
}
```

函式的主要邏輯如下：①驗證 inter 的方法列表長度不為 0，為沒有方法的介面生成 itab 是沒有意義的。②透過 typ.tflag 標識位元來驗證 typ 為自訂類型，因為只有自訂類型才能有方法集。③在不加鎖的前提下，以 inter 和 typ 作為 key 查詢 itab 快取 itabTable，找到後就跳躍到⑤。④加鎖後再次查詢快取，如果沒有就透過 persistentalloc() 函式進行持久化分配，然後初始化 itab 並呼叫 itabAdd 增加到快取中，最後解鎖。⑤透過 itab 的 fun[0] 是否為 0 來判斷 typ 是否實現了 inter 介面，如果沒實現，則根據 canfail 決定是否造成 panic，若實現了，則傳回 itab 位址。

判斷 itab.fun[0] 是否為零，也就是判斷第一個方法的位址是否有效，因為 Go 語言會把無效的 itab 也快取起來，主要是為了避免快取穿透。基於一個確定的介面類別型和一個確定的具體類型，就能夠唯一確定一個 itab，如圖 5-14 所示。按照一般的想法，只有具體類型實現了該介面，才能得到一個 itab，進而快取起來。這樣會有個問題，假如具體類型沒有實現該介面，但是執行階段有大量這樣的類型斷言，快取中查不到對應的 itab，就會每次都查詢中繼資料的方法清單，從而顯著影響性能，所以 Go 語言會把有效、無效的 itab 都快取起來，透過 fun[0] 加以區分。

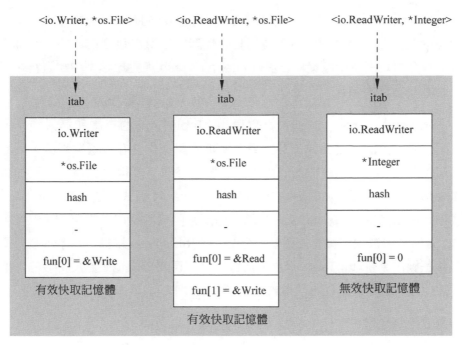

▲ 圖 5-14 interfacetype 和 _type 與 itab 的對應關係

3. itab 快取

itabTable 就是 runtime 中 itab 的全域快取,它本身是個 itabTableType 類型的指標,itabTableType 的程式如下:

```
type itabTableType struct {
    sizeuintptr
    count    uintptr
    entries [itabInitSize]*itab
}
```

其中 entries 是實際的快取空間,size 欄位表示快取的容量,也就是 entries 陣列的大小,count 表示實際已經快取了多少個 itab。entries 的初始大小是透過 itabInitSize 指定的,這個常數的值為 512。當快取存滿以後,runtime 會重新分配整個 struct,entries 陣列是 itabTableType 的最後一個欄位,可以無限增大它的下標來使用超出容量大小的記憶體,只要在 struct 之後分配足夠的空間就夠了,這也是 C 語言裡常用的手法。

itabTableType 被實現成一個雜湊表，如圖 5-15 所示。查詢和插入操作使用的 key 是由介面類別型中繼資料與動態類型中繼資料組合而成的，雜湊值計算方式為介面類別型中繼資料雜湊值 inter.typ.hash 與動態類型中繼資料雜湊值 typ.hash 進行互斥運算。

方法 find() 和 add() 分別負責實現 itabTableType 的查詢和插入操作，方法 add() 操作內部不會擴充儲存空間，重新分配操作是在外層實現的，因此對於 find() 方法而言，已經插入的內容不會再被修改，所以查詢時不需要加鎖。方法 add() 操作需要在加鎖的前提下進行，getitab() 函式是透過呼叫 itabAdd() 函式來完成增加快取的，itabAdd() 函式內部會隨選對快取進行擴充，然後呼叫 add() 方法。因為快取擴充需要重新分配 itabTableType 結構，為了併發安全，使用原子操作更新 itabTable 指標。加鎖後立刻再次查詢也是出於併發的考慮，避免其他程式碼協同已經將同樣的 itab 增加至快取。

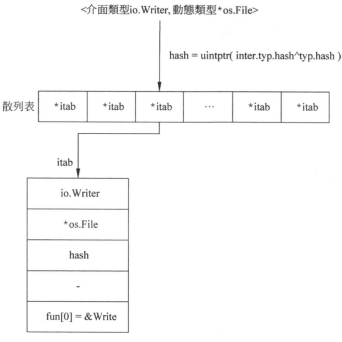

▲ 圖 5-15　itabTableType 雜湊表

透過 persistentalloc() 函式分配的記憶體不會被回收，分配的大小為 itab 結構的大小加上介面方法數減一個指標的大小，因為 itab 中的 fun 陣列宣告的長度為 1，已經包含了一個指標，分配空間時只需補齊剩下的即可。

還有一個值得一提，就是 itab 類型的 init 方法，這裡為了節省篇幅，不再摘錄對應的原始程式。init() 函式內部就是遍歷介面的方法清單和具體類型的方法集，來尋找匹配的方法的位址。雖然遍歷操作使用了兩層巢狀結構迴圈，但是方法列表和方法集都是有序的，兩層迴圈實際上都只需執行一次。匹配方法時還會考慮方法是否匯出，以及介面和具體類型所在的套件。如果是匯出的方法則直接匹配成功，如果方法未匯出，則介面和具體類型需要定義在同一個套件中，方可匹配成功。最後需要再次強調的是，對於匹配成功的方法，位址取的是 method 結構中的 ifn 欄位，具體的細節在 5.2.3 節中會繼續分析，關於方法集的探索就先到這裡。

5.2.3 接收者類型

5.2.1 節和 5.2.2 節中都提到了具體類型方法中繼資料中的 ifn 欄位，該欄位儲存的是專門供介面使用的方法位址。所謂專門供介面使用的方法，實際上就是個接收者類型為指標的方法。還記不記得第 4 章中分析 OBJ 檔案時，發現編譯器總是會為每個值接收者方法包裝一個指標接收者方法？這也就說明，介面是不能直接使用值接收者方法的，這是為什麼呢？

5.2.2 節已經看過了介面的資料結構 iface，它包含一個 itab 指標和一個 data 指標，data 指標儲存的就是資料的位址。對於介面來講，在呼叫指標接收者方法時，傳遞位址是非常方便的，也不用關心資料的具體類型，位址的大小總是一致的。假如透過介面呼叫值接收者方法，就需要透過介面中的 data 指標把資料的值複製到堆疊上，由於編譯階段不能確定介面背後的具體類型，所以編譯器不能生成相關的指令來完成複製，進而無法呼叫值接收者方法。

有些讀者可能還記得 3.4 節講到的 runtime.reflectcall() 函式，它能夠在執行階段動態地複製參數並完成函式呼叫。如果基於 reflectcall() 函式，能不能實現透過介面呼叫值接收者方法呢？

肯定是可以實現的，介面的 itab 中有具體類型的中繼資料，確實能夠應用
reflectcall() 函式，但是有個明顯的問題，那就是性能太差。跟幾筆用於傳遞參
數的 MOV 指令加一行普通的 CALL 指令相比，reflectcall() 函式的銷耗太大了，
所以 Go 語言選擇為值接收者方法生成包裝方法。對於程式中的值接收者方法，
類型中繼資料 method 結構中的 ifn 和 tfn 的值是不一樣的，指標接收者方法的
ifn 和 tfn 是一樣的。

比較有意思的是，從類型中繼資料來看，T 和 *T 是不同的兩種類型。接收
者類型為 T 的所有方法，屬於 T 的方法集。因為編譯器自動包裝指標接收者方
法的關係，*T 的方法集包含所有方法，也就是所有接收者類型為 T 的方法加上
所有接收者類型為 *T 的方法。我們可以用一段程式來實際驗證一下二者的關係，
程式如下：

```go
// 第 5 章 /code_5_10.go
package main
import (
    "fmt"
    "strconv"
    "unsafe"
)
type Integer int
func(i Integer) Value() float64 {
    return float64(i)
}
func(i Integer) String() string {
    return strconv.Itoa(int(i))
}

type Number interface {
    Value() float64
    String() string
}

func main() {
    i: = Integer(0)
    fmt.Println(Methods(i))
    fmt.Println(Methods(&i))
```

```go
    var n Number = i
    p: = ( * [5] unsafe.Pointer)(( * face)(unsafe.Pointer(&n)).t)
    fmt.Println(( * p)[3], ( * p)[4])
}

func Methods(a interface {})(r[] Method) {
    e: = ( * face)(unsafe.Pointer(&a))
    u: = uncommon(e.t)
    if u == nil {
        return nil
    }
    s: = methods(u)
    r = make([] Method, len(s))
    for i: = range s {
        r[i].Name = name(nameOff(e.t, s[i].name))
        r[i].Type = String(typeOff(e.t, s[i].mtyp))
        r[i].IFn = textOff(e.t, s[i].ifn)
        r[i].TFn = textOff(e.t, s[i].tfn)
    }
    return
}

type Method struct {
    Name string
    Type string
    IFn unsafe.Pointer
    TFn unsafe.Pointer
}

type face struct {
    t unsafe.Pointer
    d unsafe.Pointer
}

//go:linkname uncommon reflect.(*rtype).uncommon
func uncommon(t unsafe.Pointer) unsafe.Pointer

//go:linkname methods reflect.(*uncommonType).methods
func methods(u unsafe.Pointer)[] method
```

```
type method struct {
    name int32
    mtyp int32
    ifn int32
    tfn int32
}

//go:linkname nameOff reflect.(*rtype).nameOff
func nameOff(t unsafe.Pointer, off int32) unsafe.Pointer

//go:linkname typeOff reflect.(*rtype).typeOff
func typeOff(t unsafe.Pointer, off int32) unsafe.Pointer

//go:linkname textOff reflect.(*rtype).textOff
func textOff(t unsafe.Pointer, off int32) unsafe.Pointer

//go:linkname String reflect.(*rtype).String
func String(t unsafe.Pointer) string

//go:linkname name reflect.name.name
func name(n unsafe.Pointer) string
```

其中 Number 介面宣告了兩個方法，即 Value() 方法和 String() 方法。自訂 Integer 實現了這兩種方法，並且接收者類型都是數值型態。為了直接解析類型中繼資料以獲得 ifn 和 tfn 的值，範例中使用了 linkname 機制來呼叫 reflect 套件中的私有函式，還用了 unsafe 套件存取記憶體。在 amd64 平台上，用 Go 1.15 可以成功編譯上述程式，執行結果如下：

```
$ ./code_5_10.exe
[{String func() string 0xcf5fe0 0xcf59a0} {Value func() float64 0xcf6080 0xcf5980}]
                              // 第 1 行輸出
[{String func() string 0xcf5fe0 0xcf5fe0} {Value func() float64 0xcf6080 0xcf6080}]
                              // 第 2 行輸出
0xcf5fe0 0xcf6080             // 第 3 行輸出
```

第 1 行輸出列印出了 Integer 類型的方法集，String() 和 Value() 這兩個方法各自的 IFn 和 TFn 都不相等，這是因為 IFn 指向接收者為指標類型的方法程式，而 TFn 指向接收者為數值型態的方法程式。

第 2 行輸出列印出了 *Integer 類型的方法集，這兩個方法各自的 IFn 和
TFn 是相等的，都與第 1 行指令中名稱相同方法的 IFn 的值相等。

第 3 行輸出列印出了 Number 介面 itab 中 fun 陣列中的兩個方法位址，與
第 1 行輸出 Integer 方法集中對應方法的 IFn 的值一致。Integer 和 *Integer 類
型方法集的關係如圖 5-16 所示。

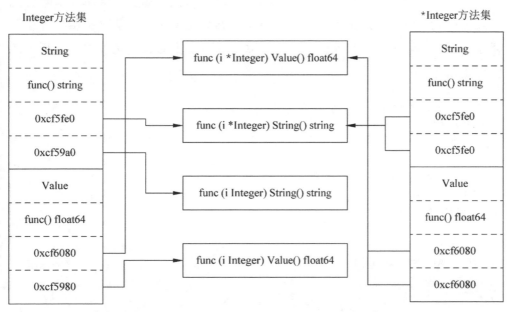

▲ 圖 5-16 Integer 和 *Integer 類型的方法集

有一點需要格外注意，雖然把 i 給予值給 Number 類型的介面 n 後，n 的
itab 最終使用的是這一對接收者為指標類型的方法，但這是透過查詢 Integer 的
方法集查到的，語義角度還是 Integer 類型實現了 Number 介面。如果把 &i 給
予值給 n，編譯器和 runtime 才會從 *Integer 的方法集中查詢。因為編譯器會
為程式中所有的值接收者方法包裝生成對應的指標接收者方法，所以 *Integer
的方法集是 Integer 方法集的超集合，也就是 Integer 類型實現的所有介面，即
*Integer 類型都實現了。反之不然，從語義角度無法為指標接收者方法包裝生成
對應的值接收者方法，因為原始的資料位址在值接收者方法中已經遺失。

透過以上範例，還能夠證明一點，Integer 和 *Integer 的方法集及 Number 介面的 itab 中的方法都是按名稱昇冪排列的，與程式中宣告和實現的順序無關，這和 5.1.2 節講方法集時從 runtime 原始程式中看到的邏輯是一致的。

5.2.4 組合式繼承

在第 4 章講解方法的時候，曾經探索過基於嵌入的組合式繼承，當時發現編譯器會對繼承的方法進行包裝。因為自訂類型繼承來的方法會影響到實現了哪些介面，所以本節再來回顧一下組合式繼承，從方法集的角度進行分析，範例程式如下：

```go
// 第 5 章 /code_5_11.go
package inherit

type A int

func(a A) Value() int {
    return int(a)
}

func(a * A) Set(n int) {
    * a = A(n)
}

type B struct {
    A
    b int
}

type C struct {
    * A
    c int
}
```

類型 A 有一個值接收者方法 Value() 和一個指標接收者方法 Set()，將 A 以值嵌入的方式嵌入類型 B 中，以位址嵌入的方式嵌入類型 C 中，然後看一下 B、C、*B 和 *C 會繼承哪些方法。先用 go tool compile 命令把上述原始程式編譯為 OBJ 檔案，然後就可以透過 go tool nm 工具確認了，命令如下：

```
$ go tool compile -p inherit -trimpath="'pwd'=>" gom.go
$ go tool nm gom.o | grep ' T '
    31ea T inherit.(*A).Set
    3b3f T inherit.(*A).Value
    3b95 T inherit.(*B).Set
    3ba6 T inherit.(*B).Value
    3c7a T inherit.(*C).Set
    3c8c T inherit.(*C).Value
    31df T inherit.A.Value
    3c10 T inherit.B.Value
    3cfd T inherit.C.Set
    3d67 T inherit.C.Value
```

透過這個列表就能知道各個自訂類型的方法集中有哪些方法，將以上結果整理為更加直觀的表格形式，如表 5-2 所示，還是要注意 T 和 *T 是不同的類型。

值接收者方法始終能夠被繼承，但只有在能夠獲得內嵌物件的位址的情況下才能繼承指標接收者方法，所以無論是值嵌入還是位址嵌入，*B 和 *C 都能繼承 Set() 方法。由於嵌入位址的關係，C 也能夠繼承 Set() 方法。

如果一個介面要求實現 Value() 和 Set() 這兩個方法，則上述幾種自訂類型中 *A、*B、*C 和 C 都實現了該介面。A 和 B 沒有實現 Set() 方法，也就是說 A 和 B 的方法集中沒有 Set() 方法。透過介面呼叫 C 的方法時，雖然實際上呼叫的是 *C 的方法，但語義層面還是 C 實現了這兩個方法，只不過介面機制需要指標接收者。

▼ 表 5-2 範例程式中各自訂類型包含的方法的情況

自訂類型	有 Value() 方法	有 Set() 方法
A	√	
*A	√	√
B	√	
*B	√	√
C	√	√
*C	√	√

所以回過頭再來看，Go 語言不允許為 T 和 *T 定義名稱相同方法，實際上並不是因為不支援函式多載，前面已經看到了 A.Value() 方法和 (*A).Value() 方法是可以區分的。其根本原因就是編譯器要為值接收者方法生成指標接收者包裝方法，要保證兩者的邏輯一致，所以不允許使用者同時實現，使用者可能會實現成不同的邏輯。

5.3　類型斷言

所謂類型斷言，就是執行階段根據中繼資料資訊，來判斷資料是否屬於某種具體類型，或是否實現了某個介面。既然要用到類型中繼資料，那麼來源運算元就必須是 interface{} 或某個介面類別型的變數，也就是說底層是 runtime.eface 或 runtime.iface 類型。

類型斷言在語法上有兩種不同的形式，第一種就是直接斷言為目標類型，這也是最正常的寫法，範例程式如下：

```
dest := source.(dest_type)
```

這種形式存在一定風險，如果斷言失敗，就會造成 panic。第二種形式比較安全，這種形式的程式常被稱為 comma ok 風格，因為有個額外的 bool 變數來表明操作是否成功，人們習慣把這個 bool 變數命名為 ok。這種形式的斷言無論成敗都不會造成 panic，範例程式如下：

```
dest, ok := source.(dest_type)
```

本節就根據來源運算元和目標類型的不同，把類型斷言分成 4 種情況，結合反編譯和 runtime 原始程式分析，分別探索幾種情況的實現原理。

5.3.1　E To 具體類型

E 指的是 runtime.eface，也就是 interface{} 類型，而具體類型是相對於抽象類別型來講的，抽象類別型指的是介面，介面透過方法清單對行為進行抽象，所以具體類型指的是除介面以外的內建類型和自訂類型。E To 具體類型的斷言就是從容器中把資料取出來。

先來看一看第一種形式，也就是從 interface{} 直接斷言為某個具體類型，下面把這部分邏輯放到一個單獨的函式中，以便於後續分析，程式如下：

```go
func normal(a interface{}) int {
    return a.(int)
}
```

用 go tool compile 命令編譯包含上述函式的原始程式檔案 e2t.go，會得到一個 OBJ 檔案 e2t.o，再用 go tool objdump 命令反編譯該檔案中的 normal() 函式，得到的組合語言程式碼如下：

```
$ go tool compile -p gom -trimpath="'pwd'=>" e2t.go
$ go tool objdump -S -s '^gom.normal$' e2t.o
TEXT gom.normal(SB) gofile..e2t.go
func normal(a interface{}) int {
    0x7d2      65488b0c2528000000      MOVQ GS:0x28, CX
    0x7db      488b8900000000          MOVQ 0(CX), CX    [3:7]R_TLS_LE
    0x7e2      483b6110                CMPQ 0x10(CX), SP
    0x7e6      7651                    JBE 0x839
    0x7e8      4883ec20                SUBQ $0x20, SP
    0x7ec      48896c2418              MOVQ BP, 0x18(SP)
    0x7f1      488d6c2418              LEAQ 0x18(SP), BP
    return a.(int)
    0x7f6      488d0500000000          LEAQ 0(IP), AX    [3:7]R_PCREL:type.int
    0x7fd      488b4c2428              MOVQ 0x28(SP), CX
    0x802      4839c8                  CMPQ CX, AX
    0x805      7517                    JNE 0x81e
    0x807      488b442430              MOVQ 0x30(SP), AX
    0x80c      488b00                  MOVQ 0(AX), AX
    0x80f      4889442438              MOVQ AX, 0x38(SP)
    0x814      488b6c2418              MOVQ 0x18(SP), BP
    0x819      4883c420                ADDQ $0x20, SP
    0x81d      c3                      RET
    0x81e      48890c24                MOVQ CX, 0(SP)
    0x822      4889442408              MOVQ AX, 0x8(SP)
    0x827      488d0500000000          LEAQ 0(IP), AX    [3:7]R_PCREL:type.interface {}
```

```
    0x82e       4889442410              MOVQ AX, 0x10(SP)
    0x833       e800000000              CALL 0x838      [1:5]R_CALL:runtime.panicdottypeE
    0x838       90                      NOPL
func normal(a interface{}) int {
    0x839       e800000000              CALL 0x83e      [1:5]R_CALL:runtime.morestack_noctxt
    0x83e       eb92                    JMP gom.normal(SB)
```

組合語言程式碼還是不太直觀,轉換成等值的虛擬程式碼如下:

```
func normal(a runtime.eface) int {
entry:
    gp: = getg()
    if SP <= gp.stackguard0 {
        goto morestack
    }
    if a._type != & type.int {
        runtime.panicdottypeE(a._type, & type.int, & type.interface {})
    }
    return *( * int)(a.data)
morestack:
    runtime.morestack_noctxt()
    goto entry
}
```

編譯器插入與堆疊增長相關的程式已經屢見不鮮了,真正與類型斷言相關的程式只有 4 行。邏輯也很簡單,就是判斷 a._type 與 int 類型的中繼資料位址是否相等,如果不相等就呼叫 panicdottypeE() 函式,如果相等就把 a.data 作為 *int 來提取 int 數值。

再來看一下 comma ok 風格的斷言,程式如下:

```
func commaOk(a interface{}) (n int, ok bool) {
    n, ok = a.(int)
    return
}
```

用相同的命令進行編譯和反編譯,得到的組合語言程式碼如下:

```
$ go tool compile -p gom -trimpath="'pwd'=>" e2t2.go
$ go tool objdump -S -s '^gom.commaOk$' e2t2.o
TEXT gom.commaOk(SB) gofile..e2t2.go
        n, ok = a.(int)
    0x810      488d0500000000        LEAQ 0(IP), AX               [3:7]R_PCREL:type.int
    0x817      488b4c2408            MOVQ 0x8(SP), CX
    0x81c      4839c8                CMPQ CX, AX
    0x81f      7515                  JNE 0x836
    0x821      488b442410            MOVQ 0x10(SP), AX
    0x826      488b00                MOVQ 0(AX), AX
        return
    0x829      4889442418            MOVQ AX, 0x18(SP)
        n, ok = a.(int)
    0x82e      0f94c0                SETE AL
        return
    0x831      88442420              MOVB AL, 0x20(SP)
    0x835      c3                    RET
    0x836      b800000000            MOVL $0x0, AX
        n, ok = a.(int)
    0x83b      ebec                  JMP 0x829
```

因為函式堆疊框足夠小，並且沒有呼叫任何外部函式，所以編譯器無須插入存入堆疊增長程式。轉換成等值的虛擬程式碼也比較精簡，程式如下：

```
func commaOk(a runtime.eface) (n int, ok bool) {
    if a._type != &type.int {
        return 0, false
    }
    return *(*int)(a.data), true
}
```

核心邏輯還是判斷 a._type 與 int 類型的中繼資料位址是否相等，如果不相等就傳回 int 類型零值和 false，如果相等就把 a.data 作為 *int 來提取 int 數值，然後和 true 一起傳回。

綜上所述，從 interface{} 到具體類型的斷言如圖 5-17 所示，基本上就是一個指標比較操作加上一個具體類型相關的複製操作，執行時應該還是很高效的。

▲ 圖 5-17 從 interface{} 到具體類型的斷言

5.3.2 E To I

E 指的還是 runtime.eface，I 指的則是 runtime.iface，E To I 也就是從 interface{} 到某個自訂介面類別型的斷言。斷言的目標為介面類別型，E 背後的 具體類型需要實現介面要求的所有方法，所以涉及具體類型的方法集遍歷、動 態分配 itab 等操作。5.2.2 節已經分析過 runtime 中用來完成此工作的 getitab() 函式，本節繼續探索類型斷言是如何使用該函式的。

還是先按照一般的程式風格實現一個包含斷言邏輯的函式，程式如下：

```
func normal(a interface{}) io.ReadWriter {
    return a.(io.ReadWriter)
}
```

用同樣的命令進行編譯和反編譯，得到的組合語言程式碼如下：

```
$ go tool compile -p gom -trimpath="'pwd'=>" e2i.go
$ go tool objdump -S -s '^gom.normal$' e2i.o
TEXT gom.normal(SB) gofile..e2i.go
func normal(a interface{}) io.ReadWriter {
    0x8b5       65488b0c2528000000          MOVQ GS:0x28, CX
    0x8be       488b8900000000              MOVQ 0(CX), CX      [3:7]R_TLS_LE
    0x8c5       483b6110                    CMPQ 0x10(CX), SP
    0x8c9       7650                        JBE 0x91b
    0x8cb       4883ec30                    SUBQ $0x30, SP
    0x8cf       48896c2428                  MOVQ BP, 0x28(SP)
    0x8d4       488d6c2428                  LEAQ 0x28(SP), BP
    return a.(io.ReadWriter)
    0x8d9       488d0500000000              LEAQ 0(IP), AX      [3:7]R_PCREL:type.io.ReadWriter
    0x8e0       48890424                    MOVQ AX, 0(SP)
```

```
0x8e4       488b442438              MOVQ 0x38(SP), AX
0x8e9       4889442408              MOVQ AX, 0x8(SP)
0x8ee       488b442440              MOVQ 0x40(SP), AX
0x8f3       4889442410              MOVQ AX, 0x10(SP)
0x8f8       e800000000              CALL 0x8fd       [1:5]R_CALL:runtime.assertE2I
0x8fd       488b442418              MOVQ 0x18(SP), AX
0x902       488b4c2420              MOVQ 0x20(SP), CX
0x907       4889442448              MOVQ AX, 0x48(SP)
0x90c       48894c2450              MOVQ CX, 0x50(SP)
0x911       488b6c2428              MOVQ 0x28(SP), BP
0x916       4883c430                ADDQ $0x30, SP
0x91a       c3                      RET
func normal(a interface{}) io.ReadWriter {
0x91b       e800000000              CALL 0x920       [1:5]R_CALL:runtime.morestack_noctxt
0x920       eb93                    JMP gom.normal(SB)
```

在保證邏輯不變的前提下，寫出等值的 Go 風格虛擬程式碼如下：

```
func normal(a runtime.eface) io.ReadWriter {
entry:
    gp: = getg()
    if SP <= gp.stackguard0 {
        goto morestack
    }
    return runtime.assertE2I(&type.io.ReadWriter, a)
morestack:
    runtime.morestack_noctxt()
    goto entry
}
```

除去編譯器插入的堆疊增長程式，核心邏輯就是呼叫了 runtime.assertE2I()
函式，摘錄 runtime 套件中的函式程式如下：

```
func assertE2I(inter * interfacetype, e eface)(r iface) {
    t: = e._type
    if t == nil {
        panic(&TypeAssertionError {nil, nil, &inter.typ, ""})
    }
```

```
    r.tab = getitab(inter, t, false)
    r.data = e.data
    return
}
```

　　函式先驗證了 E 的具體類型中繼資料指標不可為空，沒有具體類型的中繼資料是無法進行斷言的，然後透過呼叫 getitab() 函式來得到對應的 itab，data 欄位直接複製。注意呼叫 getitab() 函式時最後一個參數為 false，根據之前的原始程式分析已知這個參數是 canfail。canfail 為 false 時，如果 t 沒有實現 inter 要求的所有方法，getitab() 函式就會造成 panic。

　　接下來再看一下 comma ok 風格的斷言，程式如下：

```
func commaOk(a interface {})(i io.ReadWriter, ok bool) {
    i, ok = a.(io.ReadWriter)
    return
}
```

　　編譯再反編譯之後，得到的組合語言程式碼如下：

```
$ go tool compile -p gom -trimpath="'pwd'=>" e2i2.go
$ go tool objdump -S -s '^gom.commaOk$' e2i2.o
TEXT gom.commaOk(SB) gofile..e2i2.go
func commaOk(a interface{}) (i io.ReadWriter, ok bool) {
    0x979        65488b0c2528000000        MOVQ GS:0x28, CX
    0x982        488b8900000000            MOVQ 0(CX), CX    [3:7]R_TLS_LE
    0x989        483b6110                  CMPQ 0x10(CX), SP
    0x98d        7659                      JBE 0x9e8
    0x98f        4883ec38                  SUBQ $0x38, SP
    0x993        48896c2430                MOVQ BP, 0x30(SP)
    0x998        488d6c2430                LEAQ 0x30(SP), BP
        i, ok = a.(io.ReadWriter)
    0x99d        488d0500000000            LEAQ 0(IP), AX    [3:7]R_PCREL:type.io.ReadWriter
    0x9a4        48890424                  MOVQ AX, 0(SP)
    0x9a8        488b442440                MOVQ 0x40(SP), AX
    0x9ad        4889442408                MOVQ AX, 0x8(SP)
    0x9b2        488b442448                MOVQ 0x48(SP), AX
    0x9b7        4889442410                MOVQ AX, 0x10(SP)
    0x9bc        e800000000                CALL 0x9c1         [1:5]R_CALL:runtime.assertE2I2
```

```
0x9c1       488b442418              MOVQ 0x18(SP), AX
0x9c6       488b4c2420              MOVQ 0x20(SP), CX
0x9cb       0fb6542428              MOVZX 0x28(SP), DX
    return
0x9d0       4889442450              MOVQ AX, 0x50(SP)
0x9d5       48894c2458              MOVQ CX, 0x58(SP)
0x9da       88542460                MOVB DL, 0x60(SP)
0x9de       488b6c2430              MOVQ 0x30(SP), BP
0x9e3       4883c438                ADDQ $0x38, SP
0x9e7       c3                      RET
func commaOk(a interface{}) (i io.ReadWriter, ok bool) {
0x9e8       e800000000              CALL 0x9ed         [1:5]R_CALL:runtime.morestack_noctxt
0x9ed       eb8a                    JMP gom.commaOk(SB)
```

寫成等值的 Go 風格虛擬程式碼如下：

```
func commaOk(a runtime.eface)(i io.ReadWriter, ok bool) {
entry:
    gp: = getg()
    if SP <= gp.stackguard0 {
        goto morestack
    }
    return runtime.assertE2I2( & type.io.ReadWriter, a)
morestack:
    runtime.morestack_noctxt()
    goto entry
}
```

可以看到這次主要透過 runtime.assertE2I2() 函式來完成，從 runtime 套件中找到該函式的原始程式碼如下：

```
func assertE2I2(inter * interfacetype, e eface)(r iface, b bool) {
    t: = e._type
    if t == nil {
        return
    }
    tab: = getitab(inter, t, true)
    if tab == nil {
        return
```

```
    }
    r.tab = tab
    r.data = e.data
    b = true
    return
}
```

　　與之前不同的是，可以透過第 2 個傳回值來表示操作的成功與否，所以不用再造成 panic。如果 E 的具體類型指標為空，則直接傳回 false。呼叫 getitab() 函式時也把 canfail 設定為 true，並且需要檢測傳回的 tab 是否為 nil，以此來判斷是否成功。

　　綜上所述，E To I 形式的類型斷言，主要透過 runtime 中的 assertE2I() 和 assertE2I2() 這兩個函式實現，底層的主要任務如圖 5-18 所示，都是透過 getitab() 函式完成的方法集遍歷及 itab 分配和初始化。因為 getitab() 函式中用到了全域的 itab 快取，所以性能方面應該也是很高效的。

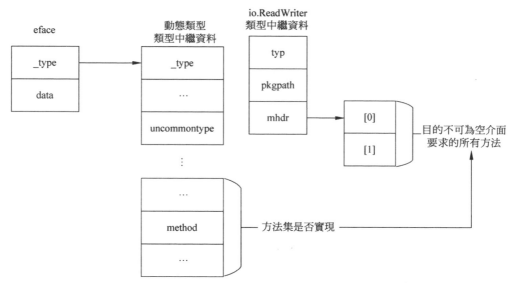

▲ 圖 5-18 從 interface{} 到不可為空介面的類型斷言

5.3.3 I To 具體類型

5.3.1 節和 5.3.2 節主要探索了來源類型為 interface{} 的類型斷言，目標分為具體類型和介面類別型兩種情況。接下來看一下來源類型為介面類別型的類型斷言，本節首先分析目標為具體類型的斷言實現，也就是從 runtime.iface 轉為某種具體類型。

還是先按照一般的寫法把類型斷言邏輯放到一個單獨的函式中，程式如下：

```go
func normal(i io.ReadWriter) * os.File {
    return i.( * os.File)
}
```

然後使用 go tool 命令編譯和反編譯，得到的組合語言程式碼如下：

```
$ go tool compile -p gom -trimpath="'pwd'=>" i2t.go
$ go tool objdump -S -s '^gom.normal$' i2t.o
TEXT gom.normal(SB) gofile..i2t.go
func normal(i io.ReadWriter) *os.File {
    0x10bd     65488b0c2528000000          MOVQ GS:0x28, CX
    0x10c6     488b8900000000              MOVQ 0(CX), CX    [3:7]R_TLS_LE
    0x10cd     483b6110                    CMPQ 0x10(CX), SP
    0x10d1     7655                        JBE 0x1128
    0x10d3     4883ec20                    SUBQ $0x20, SP
    0x10d7     48896c2418                  MOVQ BP, 0x18(SP)
    0x10dc     488d6c2418                  LEAQ 0x18(SP), BP
        return i.(*os.File)
    0x10e1     488d0500000000              LEAQ 0(IP), AX
[3:7]R_PCREL:go.itab.*os.File,io.ReadWriter
    0x10e8     488b4c2428                  MOVQ 0x28(SP), CX
    0x10ed     4839c8                      CMPQ CX, AX
    0x10f0     7514                        JNE 0x1106
    0x10f2     488b442430                  MOVQ 0x30(SP), AX
    0x10f7     4889442438                  MOVQ AX, 0x38(SP)
    0x10fc     488b6c2418                  MOVQ 0x18(SP), BP
    0x1101     4883c420                    ADDQ $0x20, SP
    0x1105     c3                          RET
    0x1106     48890c24                    MOVQ CX, 0(SP)
    0x110a     488d0500000000              LEAQ 0(IP), AX    [3:7]R_PCREL:type.*os.File
```

```
    0x1111      4889442408              MOVQ AX, 0x8(SP)
    0x1116      488d0500000000          LEAQ 0(IP), AX      [3:7]R_PCREL:type.io.ReadWriter
    0x111d      4889442410              MOVQ AX, 0x10(SP)
    0x1122      e800000000              CALL 0x1127         [1:5]R_CALL:runtime.panicdottypeI
    0x1127      90                      NOPL
func normal( i io.ReadWriter) *os.File {
    0x1128e800000000                    CALL 0x112d         [1:5]R_CALL:runtime.morestack_noctxt
    0x112deb8e                          JMP gom.normal(SB)
```

與之前從 interface{} 斷言有些不同，為了更加直觀，寫出等值的 Go 風格虛擬程式碼如下：

```
func normal(i runtime.iface) * os.File {
entry:
    gp: = getg()
    if SP <= gp.stackguard0 {
        goto morestack
    }
    if i.tab != & go.itab.*os.File,io.ReadWriter {
        runtime.panicdottypeI(i.tab, & type.*os.File, & type.io.ReadWriter)
    }
    return ( * os.File)(i.data)
morestack:
    runtime.morestack_noctxt()
    goto entry
}
```

其中的 go.itab.*os.File,io.ReadWriter 指的就是全域 itab 快取中與 *os. File 和 io.ReadWriter 這一對類型對應的 itab。這個 itab 是在編譯階段就被編譯器生成的，所以程式中可以直接連結到它的位址。這個斷言的核心邏輯就是比較 iface 中 tab 欄位的位址是否與目標 itab 位址相等。如果不相等就呼叫 panicdottypeI，如果相等就把 iface 的 data 欄位傳回。注意這裡因為 *os.File 是指標類型，所以不涉及自動拆箱，也就沒有與具體類型相關的複製操作，如果具體類型為數值型態就不然了。

實際反編譯之前，筆者曾經以為會比較 i.tab._type 和 &type.*os.File，但是 Go 語言的實作方式更為直接高效，也省去了對 i.tab 的不可為空驗證。

再來看一下 comma ok 風格的斷言，程式如下：

```go
func commaOk(i io.ReadWriter)(f * os.File, ok bool) {
    f, ok = i.( * os.File)
    return
}
```

先編譯成 OBJ，再反編譯，得到的組合語言程式碼如下：

```
$ go tool compile -p gom -trimpath="'pwd'=>" i2t2.go
$ go tool objdump -S -s '^gom.commaOk$' i2t2.o
TEXT gom.commaOk(SB) gofile..i2t2.go
        f, ok = i.(*os.File)
    0x10a8      488d0500000000    LEAQ 0(IP), AX    [3:7]R_PCREL:go.itab.*os.File,io.ReadWriter
    0x10af      488b4c2408        MOVQ 0x8(SP), CX
    0x10b4      4839c8            CMPQ CX, AX
    0x10b7      7512              JNE 0x10cb
    0x10b9      488b442410        MOVQ 0x10(SP), AX
        return
    0x10be      4889442418        MOVQ AX, 0x18(SP)
        f, ok = i.(*os.File)
    0x10c3      0f94c0            SETE AL
        return
    0x10c6      88442420          MOVB AL, 0x20(SP)
    0x10ca      c3                RET
    0x10cb      b800000000        MOVL $0x0, AX
        f, ok = i.(*os.File)
    0x10d0      ebec              JMP 0x10be
```

因為不需要呼叫 panicdottypeI() 函式的關係，所以編譯器可以省略掉與堆疊增長相關的程式。核心邏輯還是比較 itab 的位址，寫出等值的 Go 風格虛擬程式碼如下：

```
func comma0k(i runtime.iface)(f * os.File, ok bool){
    if i. tab != &go.itab. * os.File, io. ReadWriter {
        return nil, false
    }
    reture ( * os.File)(i.data), true
}
```

與一般風格的類型斷言也沒有太大的不同，不同點就是透過傳回值為 false 表示斷言失敗，代替了呼叫 panicdottypel() 函式。

綜上所述，I To 具體類型的斷言與 E To 具體類型的斷言在實現上極其相似，核心邏輯如圖 5-19 所示，都是一個指標的相等判斷。

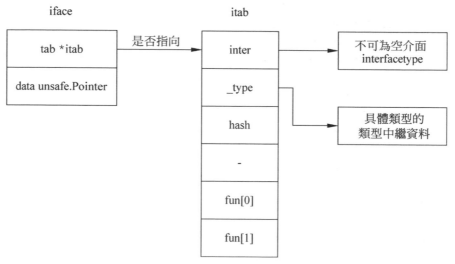

▲ 圖 5-19 從不可為空介面到具體類型的類型斷言

是否涉及自動拆箱，要視具體類型為數值型態還是指標類型而定。數值型態要進行拆箱操作，也就是從 data 位址處把值複製出來，指標類型則無須拆箱，直接傳回 data 即可，無論來源類型為 E 或 I，其實都是一樣的。

5.3.4 I To I

本節探索類型斷言的最後一種場景，從一種介面類別型到另一種介面類別型，因為介面類別型對應著 runtime.iface，所以簡稱為 I To I。斷言的來源介面和目標介面應該有著不同的類型，而實際影響斷言的就是目標介面有著怎樣的方法清單，底層應該還是基於 getitab() 函式。

按照一般的類型斷言風格，準備一個範例函式，程式如下：

```go
func normal(rw io.ReadWriter) io.Reader {
    return rw.(io.Reader)
}
```

還是經過編譯和反編譯，得到的組合語言程式碼如下：

```
$ go tool compile -p gom -trimpath="'pwd'=>" i2i.go
$ go tool objdump -S -s '^gom.normal$' i2i.o
TEXT gom.normal(SB) gofile..i2i.go
func normal(rw io.ReadWriter) io.Reader {
    0x64c        65488b0c2528000000         MOVQ GS:0x28, CX
    0x655        488b8900000000             MOVQ 0(CX), CX    [3:7]R_TLS_LE
    0x65c        483b6110                   CMPQ 0x10(CX), SP
    0x660        7650                       JBE 0x6b2
    0x662        4883ec30                   SUBQ $0x30, SP
    0x666        48896c2428                 MOVQ BP, 0x28(SP)
    0x66b        488d6c2428                 LEAQ 0x28(SP), BP
        return rw.(io.Reader)
    0x670        488d0500000000             LEAQ 0(IP), AX    [3:7]R_PCREL:type.io.Reader
    0x677        48890424                   MOVQ AX, 0(SP)
    0x67b        488b442438                 MOVQ 0x38(SP), AX
    0x680        4889442408                 MOVQ AX, 0x8(SP)
    0x685        488b442440                 MOVQ 0x40(SP), AX
    0x68a        4889442410                 MOVQ AX, 0x10(SP)
    0x68f        e800000000                 CALL 0x694        [1:5]R_CALL:runtime.assertI2I
    0x694        488b442418                 MOVQ 0x18(SP), AX
    0x699        488b4c2420                 MOVQ 0x20(SP), CX
    0x69e        4889442448                 MOVQ AX, 0x48(SP)
    0x6a3        48894c2450                 MOVQ CX, 0x50(SP)
    0x6a8        488b6c2428                 MOVQ 0x28(SP), BP
    0x6ad        4883c430                   ADDQ $0x30, SP
    0x6b1        c3                         RET
func normal(rw io.ReadWriter) io.Reader {
    0x6b2        e800000000                 CALL 0x6b7        [1:5]R_CALL:runtime.morestack_noctxt
    0x6b7        eb93                       JMP gom.normal(SB)
```

寫出邏輯等值的 Go 風格虛擬程式碼如下：

```go
func normal(i runtime.iface) io.Reader {
entry:
    gp := getg()
    if SP <= gp.stackguard0 {
        goto morestack
    }
    return runtime.assertI2I(&type.io.Reader, i)
morestack:
    runtime.morestack_noctxt()
    goto entry
}
```

實際上就是呼叫了 runtime.assertI2I() 函式，該函式的原始程式碼如下：

```go
func assertI2I(inter * interfacetype, i iface)(r iface) {
    tab: = i.tab
    if tab == nil {
        panic( & TypeAssertionError {nil, nil, & inter.typ, ""})
    }
    if tab.inter == inter {
        r.tab = tab
        r.data = i.data
        return
    }
    r.tab = getitab(inter, tab._type, false)
    r.data = i.data
    return
}
```

先驗證 i.tab 不為 nil，否則就表示沒有類型中繼資料，類型斷言也就無從談起，然後檢測 i.tab.inter 是否等於 inter，相等就表示來源介面和目標介面類別型相同，直接複製就可以了。最後才呼叫 getitab() 函式，根據 inter 和 i.tab._type 獲取對應的 itab。canfail 參數為 false，所以如果 getitab() 函式失敗就會造成 panic。

再來看一下 comma ok 風格的斷言，準備的函式程式如下：

```go
func commaOk(rw io.ReadWriter)(r io.Reader, ok bool) {
    r, ok = rw.(io.Reader)
    return
}
```

將上述程式先編譯為 OBJ，再進行反編譯，得到的組合語言程式碼如下：

```
$ go tool compile -p gom -trimpath="'pwd'=>" i2i2.go
$ go tool objdump -S -s '^gom.commaOk$' i2i2.o
TEXT gom.commaOk(SB) gofile..i2i2.go
func commaOk(rw io.ReadWriter) (r io.Reader, ok bool) {
    0x710      65488b0c2528000000      MOVQ GS:0x28, CX
    0x719      488b8900000000          MOVQ 0(CX), CX     [3:7]R_TLS_LE
    0x720      483b6110                CMPQ 0x10(CX), SP
    0x724      7659                    JBE 0x77f
    0x726      4883ec38                SUBQ $0x38, SP
    0x72a      48896c2430              MOVQ BP, 0x30(SP)
    0x72f      488d6c2430              LEAQ 0x30(SP), BP
        r, ok = rw.(io.Reader)
    0x734      488d0500000000          LEAQ 0(IP), AX     [3:7]R_PCREL:type.io.Reader
    0x73b      48890424                MOVQ AX, 0(SP)
    0x73f      488b442440              MOVQ 0x40(SP), AX
    0x744      4889442408              MOVQ AX, 0x8(SP)
    0x749      488b442448              MOVQ 0x48(SP), AX
    0x74e      4889442410              MOVQ AX, 0x10(SP)
    0x753      e800000000              CALL 0x758         [1:5]R_CALL:runtime.
assertI2I2
    0x758      488b442418              MOVQ 0x18(SP), AX
    0x75d      488b4c2420              MOVQ 0x20(SP), CX
    0x762      0fb6542428              MOVZX 0x28(SP), DX
        return
    0x767      4889442450              MOVQ AX, 0x50(SP)
    0x76c      48894c2458              MOVQ CX, 0x58(SP)
    0x771      88542460                MOVB DL, 0x60(SP)
    0x775      488b6c2430              MOVQ 0x30(SP), BP
    0x77a      4883c438                ADDQ $0x38, SP
    0x77e      c3                      RET
func commaOk(rw io.ReadWriter) (r io.Reader, ok bool) {
```

```
0x77f        e800000000                    CALL 0x784        [1:5]R_CALL:runtime.morestack_noctxt
0x784        eb8a                          JMP gom.commaOk(SB)
```

等值的 Go 風格虛擬程式碼如下：

```
func commaOk(rw io.ReadWriter)(r io.Reader, ok bool) {
entry:
    gp: = getg()
    if SP <= gp.stackguard0 {
        goto morestack
    }
    return runtime.assertI2I2( & type.io.Reader, i)
morestack:
    runtime.morestack_noctxt()
    goto entry
}
```

這次是透過 runtime.assertI2I2() 函式實現的，該函式的程式如下：

```
func assertI2I2(inter * interfacetype, i iface)(r iface, b bool) {
    tab: = i.tab
    if tab == nil {
        return
    }
    if tab.inter != inter {
        tab = getitab(inter, tab._type, true)
        if tab == nil {
            return
        }
    }
    r.tab = tab
    r.data = i.data
    b = true
    return
}
```

如果 i.tab 為 nil，則直接傳回 false。只有在 i.tab.inter 與 inter 不相等時才呼叫 getitab() 函式，而且 canfail 為 true，如果 getitab() 函式失敗，則不會造成 panic，而是傳回 nil。

綜上所述，I To I 的類型斷言，如圖 5-20 所示，實際上是透過 runtime. assertI2I() 函式和 runtime.assertI2I2() 函式實現的，底層也都是基於 getitab() 函式實現的。

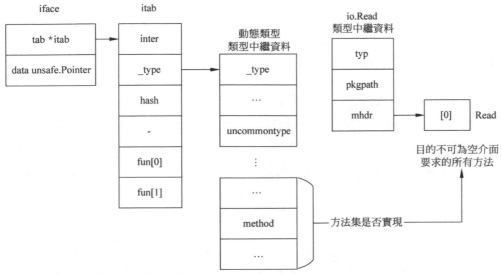

▲ 圖 5-20　從不可為空介面到不可為空介面的類型斷言

5.4 反射

所謂反射，實際上就是圍繞類型中繼資料展開的程式設計。程式的原始程式中包含最全面的類型資訊，在 C/C++ 一類的程式語言中，原始程式中的類型資訊主要供編譯階段使用，這些類型資訊定義了資料物件的記憶體分配、所支持的操作等，編譯器依賴這些資訊來生成對應的機器指令。經過編譯之後，上層語言中那些直觀、抽象的程式都被轉換成了具體的機器指令，指令中操作的都是不同寬度的整數、浮點數這類很底層的資料型態，那些上層語言中的抽象資料型態也不復存在了。

而對於 Go、Java 這類支援反射的程式語言，經過編譯階段以後，程式中定義的各種類型資訊會被保留下來。編譯器會使用特定的資料結構來加載類型資訊，並把它們寫入生成的 OBJ 檔案中，這些資訊最終會被連結器存放到可執行檔對應的節區，供執行階段檢索使用。在 Go 語言中用來加載類型資訊的資料結構就是 5.1.2 節介紹過的 runtime._type，也就是我們俗稱的類型中繼資料。在介紹動態派發和類型斷言時，已經見識過類型中繼資料的重要性，本節就更系統地研究 Go 語言的類型系統，以及在此之上建立的強大的反射機制。

5.4.1　類型系統

Go 語言一共提供了 26 種類型種類：一個布林型，包含 uintptr 在內一共 11 種整數，兩種浮點類型，兩種複數類型，一個字串類型，指標、陣列、切片、map 和 struct 共 5 種常用複合類型，以及 chan、func、interface 和 unsafe. Pointer 這 4 種特殊類型。這 26 種類型是 Go 語言整個類型系統的基礎，任何更複雜的類型都由這些類型組合而來，即讓使用者自訂的類型有著各種各樣的名稱，它們的種類也不會超出這 26 種的範圍。

至此，我們已經知道類型中繼資料是用 runtime._type 結構表示的，那麼這些資料是如何組織起來的，以及執行階段又是如何解析的呢？帶著這個問題，下面就深入 runtime 的原始程式中去找答案。

1. 類型資訊的萃取

提到反射和類型，很自然地就會想起 reflect 套件中用於獲取類型資訊的 TypeOf() 函式，該函式有一個 interface{} 類型的參數，可以接受傳入任意類型。函式的傳回數值型態是 reflect.Type，這是個介面類別型，提供了一系列方法來從類型中繼資料中提取資訊。TypeOf() 函式所做的事情如圖 5-21 所示，就是找到傳導入參數數的類型中繼資料，並以 reflect.Type 形式傳回。

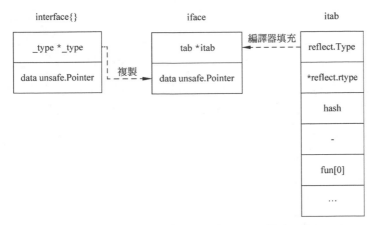

▲ 圖 5-21 由一個 *_type 和一個 *itab 組建一個 iface

TypeOf() 函式的程式如下:

```
func TypeOf(i interface {}) Type {
    eface: = * ( * emptyInterface)(unsafe.Pointer( & i))
    return toType(eface.typ)
}
```

第 2 行程式相當於把傳入的參數 i 強制轉換成了 emptyInterface 類型,
emptyInterface 類型和 5.1 節介紹過的 eface 類型在記憶體分配上等值,
emptyInterface 類型定義的程式如下:

```
type emptyInterface struct {
    typ * rtype
    word unsafe.Pointer
}
```

其中的 rtype 類型與 runtime._type 類型在記憶體分配方面也是等值的,只
不過因為無法使用其他套件中未匯出的類型定義,所以需要在 reflect 套件中重
新定義一下。程式中的 eface.typ 實際上就是從 interface{} 變數中提取出的類
型中繼資料位址,再來看一下 toType() 函式,程式如下:

```
func toType(t * rtype) Type {
    if t == nil {
        return nil
```

```
    }
    return t
}
```

先判斷了一下傳入的 rtype 指標是否為 nil，如果不為 nil 就把它作為 Type 類型傳回，否則傳回 nil。從這裡可以知道 *rtype 類型肯定實現了 Type 介面，之所以要加上這個 nil 判斷，需要考慮到 Go 的介面類別型是個雙指標結構，一個指向 itab，另一個指向實際的資料物件。如圖 5-22 所示，只有在兩個指標都為 nil 的時候，介面變數才等於 nil。

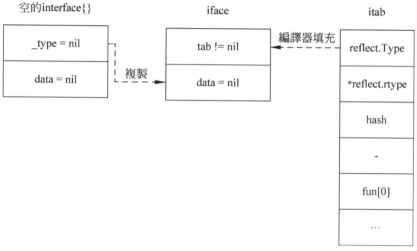

▲ 圖 5-22　萃取前判斷不可為空

用一段更直觀的程式加以說明，程式如下：

```
// 第 5 章 /code_5_12.go
var rw io.ReadWriter
if rw == nil {
    println(1)
}
var f * os.File
rw = f
if rw == nil {
    println(2)
}
```

在上述程式中第 1 個 if 處判斷結果為真，所以會列印出 1。第 2 個 if 處 rw 不再為 nil，所以不會列印 2。這裡需要注意一下，f 本身為 nil，給予值給 rw 之後卻不再為 nil，這是因為介面的雙指標結構，其中資料指標為 nil，itab 指標不為空。也就是說 nil 指標也是有類型的，所以在替予值給 interface{} 和一般的不可為空介面變數時要格外注意。toType() 函式中前置的 nil 檢測就是為了避免傳回一個 itab 指標不為 nil，而資料指標為 nil 的 Type 變數，使上層程式無法透過 nil 檢測區分傳回值是否有效，由此帶來諸多不便和隱憂。

綜上所述，TypeOf() 函式所做的事情就是從 interface{} 中提取出類型中繼資料位址，然後在位址不為 nil 的時候將其作為 Type 類型傳回。並沒有太神奇的邏輯，而 interface{} 中的類型中繼資料位址是從哪裡來的呢？當然是在編譯階段由編譯器給予值的，實際的位址可能是由連結器填寫的，也就是說源頭還是要追溯到最初的原始程式中。

2. 類型系統的初始化

迄今為止，見過的所有基於類型中繼資料的特性都少不了 interface 的影子，透過反射實現類型資訊的萃取也要依賴於 interface 參數，然而對於 interface{} 和不可為空介面，其中用到的類型中繼資料，論及源頭都是在編譯階段由編譯器給予值的。這樣一來，整個類型系統給人的感覺就像是一個 KV 儲存，只能在獲得某個 key 的前提下去查詢對應的 value，有沒有一個地方能夠遍歷所有的 key 呢？下面就帶著這個問題去研究 runtime 的原始程式。

透過 buildmode=plugin 可以把 Go 專案建構成一個動態連結程式庫，後續以外掛程式的形式被程式的主模組隨選載入，這樣一來執行階段就需要載入多個二進位模組。由於每個模組中都有自己的一組類型中繼資料，所以就會出現類型資訊不一致的問題，像類型斷言這樣的特性，底層透過比較中繼資料位址實現，也就無法正常執行了。保證類型系統中的類型唯一性非常重要，因此 Go 語言的 runtime 會在類型系統的初始化階段進行去重操作，如圖 5-23 所示。

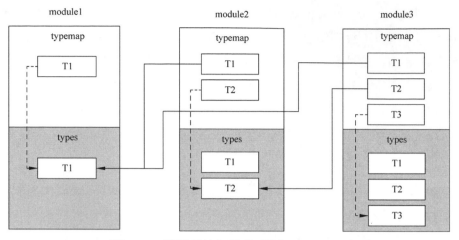

▲ 圖 5-23 類型系統初始化利用 typemap 去重

下面從原始程式層面看一下具體的實現，用來初始化類型系統的就是 runtime.typelinksinit() 函式，程式如下：

```
func typelinksinit() {
    if firstmoduledata.next == nil {
        return
    }
    typehash: = make(map[uint32][] * _type, len(firstmoduledata.typelinks))

    modules: = activeModules()
    prev: = modules[0]
    for _, md: = range modules[1: ] {
        // 把前一個模組中的各種類型收集到 typehash 中
    collect:
        for _, tl: = range prev.typelinks {
            var t * _type
            if prev.typemap == nil {
                t = ( * _type)(unsafe.Pointer(prev.types + uintptr(tl)))
            } else {
                t = prev.typemap[typeOff(tl)]
            }
            // 已經有的就不重複增加了
            tlist: = typehash[t.hash]
            for _, tcur: = range tlist {
```

```
                if tcur == t {
                    continue collect
                }
            }
            typehash[t.hash] = append(tlist, t)
        }
        if md.typemap == nil {
            // 如果當前模組 typelinks 中的某種類型與某個前驅模組中的某類型一致
            // 透過當前模組的 typemap 將其映射到前驅模組中的對應類型
            tm: = make(map[typeOff] * _type, len(md.typelinks))
            pinnedTypemaps = append(pinnedTypemaps, tm)
            md.typemap = tm
            for _, tl: = range md.typelinks {
                t: = ( * _type)(unsafe.Pointer(md.types + uintptr(tl)))
                for _, candidate: = range typehash[t.hash] {
                    seen: = map[_typePair] struct {} {}
                    if typesEqual(t, candidate, seen) {
                        t = candidate
                        break
                    }
                }
                md.typemap[typeOff(tl)] = t
            }
        }

        prev = md
    }
}
```

在類型系統內部，中繼資料間透過 typeOff 互相引用，typeOff 實際上就是個 int32。類型中繼資料在二進位檔案中是存放在一起的，單獨佔據了一段空間，moduledata 結構的 types 欄位和 etypes 欄位就是這段空間的起始位址和結束位址。typeOff 表示的就是目標類型的中繼資料距離起始位址 types 的偏移。整理一下這個函式的大致邏輯：

（1）分配了一個 map[uint32][]*_type 類型的變數 typehash，用來收集所
有模組中的類型資訊，用類型的 hash 作為 map 的 key，收集的是類
型中繼資料 _type 結構的位址，把 hash 相同的類型的位址放到同一
個 slice 中。

（2）透過 activeModules() 函式得到當前活動模組的清單，也就是所有能
夠正常使用的 Go 二進位模組，然後從第 2 個模組開始向後遍歷。

（3）每次迴圈中透過前一個模組的 typelinks 欄位，收集模組內的類型資
訊，將 typehash 中尚未包含的類型增加進去，注意是收集前一個模
組的類型資訊。這樣一來，typehash 中包含的類型資訊都是該類型
在整個模組清單中第一次出現時的那個位址。假如按照 A、B、C 的
順序遍歷模組清單，而類型 T 在 B 和 C 中都出現過，typehash 中只
會包含 B 模組中 T 的位址。

（4）如果當前模組的 typemap 為 nil，就分配一個新的 map 並填充資料。
遍歷當前模組的 typelinks，對於其中所有的類型，先去 typehash
中查詢，優先使用 typehash 中的類型位址，typehash 中沒有的類
型才使用當前模組自身包含的位址，把位址增加到 typemap 中。
pinnedTypemaps 主要是避免 GC 回收掉 typemap，因為模組清單
對於 GC 不可見。

這樣當整個迴圈執行完成後，所有模組中的 typemap 中的任何一種類型
都是該類型在整個模組清單中第一次出現時的位址，也就實現了類型資訊的唯
一化，而每個模組的 typelinks 欄位就相當於遍歷該模組所有類型的入口，雖然
並不能從這裡找到所有類型資訊 (有些閉包的類型資訊就不會包含)。後續透過
typeOff 參考類型中繼資料時，會先從 typemap 中查詢，如果找不到才會把當
前模組的 types 加上 typeOff 作為結果傳回，5.4.2 節會更詳細地分析講解。

經過 typelinksinit 之後，用於反射的類型中繼資料實現了唯一化，跨多個
模組的 reflect 就不會出現不一致現象了，但是回過頭來繼續看一看 5.3.1 節
的類型斷言的實現原理，底層直接比較類型中繼資料的位址，不會用到模組的
typemap 欄位，所以上述唯一化操作應該無法解決這類問題。

　　類型斷言所用到的中繼資料位址是由編譯器直接編碼在指令中的，下面先來研究一下編譯器是如何確定類型中繼資料位址的，程式如下：

```go
func IsBool(a interface {}) bool {
    _, ok: = a.(bool)
    return ok
}
```

　　用 compile 命令將上述程式編譯成 OBJ 檔案，然後進行反編譯，得到的組合語言程式碼如下：

```
$ go tool compile -p gom -o assert.o assert.go
$ go tool objdump -S -s 'IsBool' assert.o
TEXT gom.IsBool(SB) gofile../home/kylin/go/src/fengyoulin.com/gom/assert.go
      _, ok := a.(bool)
    0x422       488 b442408      MOVQ 0x8(SP), AX          // 第1行指令
    0x427       488 d0d00000000  LEAQ 0(IP), CX
                                 [3:7]R_PCREL:type.bool    // 第2行指令
    0x42e       483 9c8          CMPQ CX, AX
        return ok
    0x431       0f9 4442418      SETE 0x18(SP)
    0x436       c3               RET
```

　　第 2 筆組合語言指令 LEAQ 用於獲取 bool 類型中繼資料的位址，第 1 個運算元 0(IP) 中的 0 是個偏移量，編譯階段只預留了 4 位元組的空間，所以在 OBJ 檔案中是 0，等到連結器填寫了實際的偏移量後可執行檔中就會有值了。LEAQ offset(IP), CX 的含義就是把當前指令指標 IP 的值加上 offset，把結果存入 CX 暫存器中。這種計算方式是以當前指令位置為基址，然後加上 32 位元的偏移來得到目標位址。32 位元偏移能夠覆蓋 -2GB~2GB 的偏移範圍，多用於單一二進位檔案內部的定址，因為單一二進位檔案的大小一般不會超過 2GB。

　　對於模組間的位址引用，這種相對位址的計算方式就不能極佳地支援了。因為 64 位元位址空間中兩個模組間的距離可能會超過 2GB，所以需要直接使用 64 位元寬度的位址。還是使用 IsBool() 函式，這次編譯的時候加上一個 dynlink 參數，實際上在以 plugin 方式建構專案時工具鏈會自動增加這個編譯參數。再反編譯得到的 OBJ 檔案，組合語言程式碼如下：

```
$ go tool compile -dynlink -p gom -o assert.o assert.go
$ go tool objdump -S -s 'IsBool' assert.o
TEXT gom.IsBool(SB) gofile../home/kylin/go/src/fengyoulin.com/gom/assert.go
        _, ok := a.(bool)
  0x44d       488 b442408      MOVQ 0x8(SP), AX
  0x452       488 b0d00000000  MOVQ 0(IP), CX[3:7]R_GOTPCREL:type.bool
  0x459       483 9c8          CMPQ CX, AX
      return ok
  0x45c       0f9 4442418      SETE 0x18(SP)
  0x461       c3               RET
```

唯一的不和就是原來的 LEAQ 變成了 MOVQ，含義也發生了很大變化，LEAQ 與 MOVQ 的差別如圖 5-24 所示。LEAQ 直接把當前指令位址加上偏移用作中繼資料位址，而 MOVQ 從當前指令位址加上偏移處取出一個 64 位元整數，用作類型中繼資料的位址。也就是 MOVQ 不直接計算中繼資料位址，而是又多了一層中轉，也就是又多了一層靈活性。

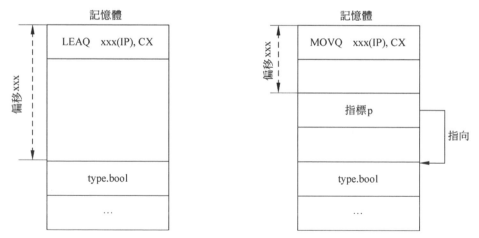

▲ 圖 5-24　LEAQ 與 MOVQ 的區別

進一步分析會發現，MOVQ 讀取位址的地方是 ELF 檔案中一個叫 .got 的節區，.got 節中有一個全域偏移表（Global Offset Table），表中的一系列重定位項會在 ELF 檔案被載入的時候由作業系統的動態連結器完成給予值。像類型斷言這種，程式中直接使用中繼資料位址的場景，其中的類型唯一性問題在二進位模組載入的時候就被動態連結器處理掉了，如圖 5-25 所示。

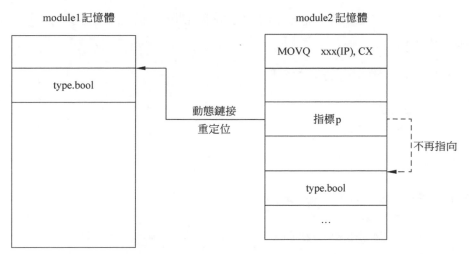

▲ 圖 5-25 位址被動態連結重定位直接使用類型中繼資料

講解了這麼多，都是透過讀原始程式和反編譯的方式來分析的，還是需要有個實例來執行驗證一下。下面就基於 Go 的 plugin 機制來實踐一下，實驗環境是執行在 amd64 架構上的 Linux 系統。

首先建立第 1 個 mod，這個模組只定義了一個 User 類型，下面來看各個檔案的原始程式。

（1）go.mod 檔案的程式如下：

```
// 第 5 章 /mod1/go.mod
module fengyoulin.com/mod1

go 1.14
```

（2）user.go 檔案的程式如下：

```
// 第 5 章 /mod1/user.go
package mod1

type User struct {
ID    int
Nick string
}
```

然後是第 2 個 mod，這個模組按照 plugin 的形式，實現了一個 UserFactory。

（1）go.mod 檔案的程式如下：

```
// 第 5 章 /mod2/go.mod
module fengyoulin.com/mod2

go 1.14

require fengyoulin.com/mod1 v0.0.0

replace fengyoulin.com/mod1 => /home/kylin/go/src/fengyoulin.com/mod1
```

（2）factory.go 檔案的程式如下：

```
// 第 5 章 /mod2/factory.go
package main

import "fengyoulin.com/mod1"

type uf struct {}

func( * uf) NewUser(id int, nick string) interface {} {
    return &mod1.User {
        ID: id,
        Nick: nick,
    }
}

var UserFactory uf
```

接下來是第 3 個 mod，這個模組也是一個 plugin，實現了一個 UserChecker。

（1）go.mod 檔案的程式如下：

```
// 第 5 章 /mod3/go.mod
module fengyoulin.com / mod3
go 1.14
```

```
require fengyoulin.com / mod1 v0.0.0

replace fengyoulin.com / mod1 => /home/kylin / go / src / fengyoulin.com / mod1
```

（2）checker.go 檔案的程式如下：

```
// 第 5 章 /mod3/checker.go
package main

import "fengyoulin.com/mod1"

type uc struct {}

func( * uc) IsUser(a interface {}) bool {
    _, ok: = a.( * mod1.User)
    return ok
}

var UserChecker uc
```

第 4 個模組，也是最後一個模組，此模組是用來載入並呼叫前面兩個 plugin 的主程式。

（1）go.mod 檔案的程式如下：

```
// 第 5 章 /mod4/go.mod
module fengyoulin.com/mod4

go 1.14
```

（2）main.go 檔案的程式如下：

```
// 第 5 章 /mod4/main.go
package main

import (
    "log"
    "plugin"
    "reflect"
```

```
)

type UserFactory interface {
    NewUser(id int, nick string) interface {}
}

type UserChecker interface {
    IsUser(a interface {}) bool
}

func factory() UserFactory {
    p, err: = plugin.Open("./mod2.so")
    if err != nil {
        log.Fatalln(err)
    }
    a, err: = p.Lookup("UserFactory")
    if err != nil {
        log.Fatalln(err)
    }
    uf, ok: = a.(UserFactory)
    if !ok {
        log.Fatalln("not a UserFactory")
    }
    return uf
}

func checker() UserChecker {
    p, err: = plugin.Open("./mod3.so")
    if err != nil {
        log.Fatalln(err)
    }
    a, err: = p.Lookup("UserChecker")
    if err != nil {
        log.Fatalln(err)
    }
    uc, ok: = a.(UserChecker)
    if !ok {
        log.Fatalln("not a UserChecker")
    }
    return uc
```

```
}

func main() {
    uf: = factory()
    uc: = checker()
    u: = uf.NewUser(1, "Jack")
    if !uc.IsUser(u) {
        log.Println("not a User")
    }
    t: = reflect.TypeOf(u)
    println(u, t.String())
    select {}
}
```

最後，以 plugin 模式建構 mod2 和 mod3，會得到兩個 so 函式庫，命令如下：

```
$ go build -buildmode=plugin
```

主程式 mod4 直接使用 go build 命令以預設方式建構就可以了。建構完成後，將 mod2.so 及 mod3.so 複製到 mod4 所在目錄下，然後執行 mod4，命令如下：

```
$ ./mod4
(0x7f3039507ba0,0xc0000a0100) *mod1.User
```

其中第 1 個位址 0x7f3039507ba0 就是 *mod1.User 的類型中繼資料的位址，可以透過查看當前處理程序位址空間中的模組佈局，來確定該位址位於哪個模組中。打開另一個終端，執行命令如下：

```
$ ps aux | grep mod4
kylin  16805  0.0  0.2 751788  5880 pts/0  Sl+  21:18  0:00 ./mod4
...
$ cat /proc/16805/maps
...
7f3038efa000-7f3038fb9000 r-xp 00000000 fd:02 1057567   ./mod3.so
7f3038fb9000-7f30391b9000 ---p 000bf000 fd:02 1057567   ./mod3.so
7f30391b9000-7f3039212000 r--p 000bf000 fd:02 1057567   ./mod3.so
7f3039212000-7f3039216000 rw-p 00118000 fd:02 1057567   ./mod3.so
```

```
7f3039216000-7f3039241000 rw-p 00000000 00:00 0
7f3039241000-7f3039300000 r-xp 00000000 fd:02 1057436   ./mod2.so
7f3039300000-7f3039500000 ---p 000bf000 fd:02 1057436   ./mod2.so
7f3039500000-7f3039559000 r--p 000bf000 fd:02 1057436   ./mod2.so
7f3039559000-7f303955d000 rw-p 00118000 fd:02 1057436   ./mod2.so
7f303955d000-7f3039588000 rw-p 00000000 00:00 0
...
```

可以看到類型中繼資料的位址落在了 mod2.so 的第 3 個區間內，也就是說 mod3.so 的 got 中的位址項被動態連結器修改了。假如對換一下 mod4 的 main() 函式的前兩行程式的順序，也就是先載入 mod3.so，後載入 mod2.so，就會發現程式使用的 *mod1.User 的中繼資料位於 mod3.so 中，也就是以先載入的模組為準，感興趣的讀者可以自己嘗試，這裡不再贅述。

綜上所述，程式中 typelinksinit 建構了各模組的 typemap（首個模組除外），這樣就實現了類型中繼資料間引用關係的唯一化，而在二進位模組載入時動態連結器能夠使程式中引用的類型中繼資料位址唯一化，前者作用於類型系統內部，後者作用於類型系統的入口，從而整體上解決了多個二進位模組的類型資訊不一致問題。

5.4.2 類型中繼資料詳細講解

在 5.1.2 節已經介紹過用來表示類型中繼資料的 runtime._type 類型，以及其中各個欄位的含義，reflect 套件中的 rtype 類型與 runtime._type 類型是等值的。本節深入研究各種類型的中繼資料細節，重點分析 array、slice、map、struct 及指標等幾種複合資料型態的中繼資料結構。再結合反射提供的方法，探索類型系統是如何解析中繼資料的。

下面先看一下布林、整數、浮點、複數、字串和 unsafe.Pointer 這些基本類型，中繼資料中關鍵欄位的設定值如表 5-3 所示。

▼ 表 5-3 基本類型中繼資料中關鍵欄位的設定值

Type	kind	size	ptrdata	tflag	align	fieldAlign	equal
bool	1	1	0	15	1	1	runtime.memequal8
int	2	8	0	15	8	8	runtime.memequal64
int8	3	1	0	15	1	1	runtime.memequal8
int16	4	2	0	15	2	2	runtime.memequal16
int32	5	4	0	15	4	4	runtime.memequal32
int64	6	8	0	15	8	8	runtime.memequal64
uint	7	8	0	15	8	8	runtime.memequal64
uint8	8	1	0	15	1	1	runtime.memequal8
uint16	9	2	0	15	2	2	runtime.memequal16
uint32	10	4	0	15	4	4	runtime.memequal32
uint64	11	8	0	15	8	8	runtime.memequal64
uintptr	12	8	0	15	8	8	runtime.memequal64
float32	13	4	0	7	4	4	runtime.f32equal
float64	14	8	0	7	8	8	runtime.f64equal
complex32	15	8	0	7	4	4	runtime.c64equal
complex64	16	16	0	7	8	8	runtime.c128equal

（續表）

Type	kind	size	ptrdata	tflag	align	fieldAlign	equal
string	24	16	8	7	8	8	runtime.strequal
unsafe.Pointer	58	8	8	15	8	8	runtime.memequal64

其中有幾個地方需要解釋一下：

（1）unsafe.Pointer 類型的 kind 值是 58，實際上 kind 欄位只有低 5 位元用來表示資料型態所屬的種類，第 6 位元在原始程式中定義為 kindDirectIface，其含義是該類別資料可以直接儲存在 interface 中。透過 5.1 節和 5.2 節已經知道 interface 的結構實際上是個雙指標，所以能夠直接儲存在其中的類型，本質上來講應該都是個位址。除了位址之外，其他的數值型態需要經過裝箱操作。unsafe.Pointer 類型可以直接儲存在 interface 中，所以其 kind 值就是原本的類型編號 26 | 32=58。

（2）ptrdata 一列表示資料型態的前多少位元組內包含位址，string 類型本質上是一個指標和一個整數組成的結構，在 amd64 平台上指標大小為 8 位元組。unsafe.Pointer 本身是一個指標。

（3）對於浮點、複數和 string 類型，tflag 中的 tflagRegularMemory 位元沒有被設定。浮點數不能直接像整數那樣直接比較記憶體，string 包含指標，實際上資料儲存在別的地方。這一點透過最後一列的 equal 函式也可以看出來。

對於複合類型而言，單一 rtype 結構就不夠用了，所以會在此基礎之上進行擴充，利用 struct 嵌入可以很方便地實現。用來描述 array 類型的 arrayType 定義的程式如下：

```
type arrayType struct {
    rtype
    elem *rtype // 陣列元素類型
    slice *rtype // 切片類型
```

```
    len uintptr
}
```

其中的 rtype 嵌入 arrayType 結構中，相當於 arrayType 繼承自 rtype。
elem 指向陣列元素的類型中繼資料，len 表示陣列的長度，透過元素類型和長
度就確定了陣列的類型。slice 欄位指向相同元素類型的切片對應的中繼資料，
因為反射提供的與切片相關的函式在運算元組時需要根據 array 的中繼資料找到
slice 的中繼資料，這樣直接持有一個位址更加高效。

切片類型中繼資料的結構比陣列要簡單一些，除了 rtype 和元素類型外，沒
有了長度欄位，也不用指向其他類型，因為切片運算的結果還是切片類型，程
式如下：

```
type sliceType struct {
    rtype
    elem *rtype // 切片元素類型
}
```

指標類型的中繼資料結構和切片類型一樣，除了嵌入的 rtype 之外，還包含
了一個元素類型，也就是指標所指向的資料的類型，程式如下：

```
type ptrType struct {
    rtype
    elem *rtype // 指向的元素類型
}
```

struct 類型的中繼資料結構就稍微複雜一些了，有一個 pkgPath 欄位記錄
著該 struct 被定義在哪個套件裡，還有一個切片記錄著一組 structField，也就
是 struct 的所有欄位，程式如下：

```
type structType struct {
    rtype
    pkgPath name
    fields  []structField // 按照在 struct 內的 offset 排列
}
```

　　每個 structField 用於描述 struct 的欄位，欄位必須有名字，所以 name 欄位不能為空。typ 指向欄位類型對應的中繼資料，offsetEmbed 欄位是由兩個值組合而成的，先把欄位的偏移量的值左移一位，然後最低位元用來表示是否為嵌入欄位，程式如下：

```
type structField struct {
    name        name            // 始終不可為空
    typ         *rtype          // 欄位的類型
    offsetEmbed uintptr         // 欄位偏移量、是否為嵌入欄位
}
```

　　map 的中繼資料結構就更複雜了，需要記錄 key、elem 及 bucket 對應的類型中繼資料位址，還有用來對 key 進行雜湊運算的 hasher() 函式，還要記錄 key slot、value slot 及 bucket 的大小，flags 欄位用來記錄一些標識位元，程式如下：

```
type mapType struct {
    rtype
    key        *rtype                            //key 類型
    elem       *rtype                            // 元素類型
    bucket     *rtype                            // 內部 bucket 的類型
    hasher     func(unsafe.Pointer, uintptr) uintptr
    keysize    uint8                             //key slot 大小
    valuesize  uint8                             //value slot 大小
    bucketsize uint16                            //bucket 大小
    flags      uint32
}
```

　　其中 flags 欄位的幾個標識位元的含義如表 5-4 所示。

▼ 表 5-4　flags 欄位的幾個標識位元的含義

標識位元	含義
最低位元	表示 key 是以間接方式儲存的，因為當 key 的資料型態大小超過 128 後，就會儲存位址而非直接儲存值
第二位元	表示 value 是以間接方式儲存的，與 key 一樣，value 類型大小超過 128 後就會儲存位址

（續表）

標識位元	含義
第三位元	表示 key 的資料型態是 reflexive 的，也就是可以使用 == 運算子來比較相等性
第四位元	表示 map 在覆蓋時 key 是否需要被再複製一次 (覆蓋)，否則在 key 已經存在的情況下不會對 key 進行給予值
第五位元	表示 hash 函式可能會觸發 panic

下面再來看一下 channel 的類型中繼資料結構，elem 欄位指向元素類型，dir 欄位儲存了通道的方向，也就是 send、recv，或既 send 又 recv，程式如下：

```
type chanType struct {
    rtype
    elem *rtype  //channel 元素類型
    dir  uintptr //channel 方向 (send、recv)
}
```

關於 dir 欄位，雖然在結構中的類型是 uintptr，但是 reflect 套件在操作該欄位的時候會把它轉為 reflect.ChanDir 類型。ChanDir 類型本質上是個 int，表示的是 channel 的方向，定義了 3 個常數值：RecvDir 的值是 1，表示可以 recv；SendDir 的值是 2，表示可以 send；BothDir 是前兩者的組合，值是 3，表示既能 recv 又能 send。

接下來是函式類型的中繼資料結構，inCount 表示輸導入參數數的個數，outCount 表示傳回值的個數。這兩個 count 都是 uint16 類型，所以理論上可以有 65535 個導入參數，由於 outCount 的最高位元被用來表示最後一個導入參數是否為變參 (...)，所以理論上的傳回值最多有 32767 個，程式如下：

```
type funcType struct {
    rtype
    inCount  uint16
    outCount uint16 // 最高位元表示是否為變參函式
}
```

最後就是介面類別型的中繼資料結構，與 runtime.interfacetype 是等值的，在 5.2 節已經分析過了，此處不再贅述。在 reflect 套件中的定義程式如下：

```
type interfaceType struct {
    rtype
    pkgPath name
    methods []imethod
}
```

至此，總共 26 種類型都介紹完了，Go 語言中所有的內建類型、標準函式庫類型，以及使用者自訂類型都不會超出這 26 種類型。

下面來看一下，執行階段如何根據 typeOff 定位中繼資料的位址，以及在存在多個模組時是如何利用各模組的 typemap 實現唯一化的，主要邏輯在 runtime.resolveTypeOff() 函式中，程式如下：

```
func resolveTypeOff(ptrInModule unsafe.Pointer, off typeOff) *_type {
    if off == 0 {
        return nil
    }
    base := uintptr(ptrInModule)
    var md *moduledata
    for next := &firstmoduledata; next != nil; next = next.next {
        if base >= next.types && base < next.etypes {
            md = next
            break
        }
    }
    if md == nil {
        reflectOffsLock()
        res := reflectOffs.m[int32(off)]
        reflectOffsUnlock()
        if res == nil {
            // 省略少量程式
            throw("runtime: type offset base pointer out of range")
        }
        return (*_type)(res)
    }
    if t := md.typemap[off]; t != nil {
```

```
        return t
    }
    res := md.types + uintptr(off)
    if res > md.etypes {
        // 省略少量程式
        throw("runtime: type offset out of range")
    }
    return (*_type)(unsafe.Pointer(res))
}
```

因為 typeOff 這個偏移量是相對於模組的 types 起始位址而言的，所以要透過 ptrInModule 來確定是在哪個模組中查詢。該函式的邏輯大致分為以下幾步：

（1）遍歷所有模組，查詢 ptrInModule 這個位址落在哪個模組的 types 區間內，後續就在這個模組中查詢。

（2）如果上一步無法找到對應的模組，就到 reflectOffs 中去查詢，這裡面都是執行階段透過反射機制動態建立的類型，如果找到，則直接傳回。

（3）嘗試在模組的 typemap 中透過 off 查詢對應的類型，如果找到，則直接傳回。因為 typemap 中已經是 typelinksinit 處理好的資料，這一步實現了類型資訊的唯一化。

（4）最後才會嘗試用 types 直接加上 off 作為中繼資料位址，只要該位址沒有超出當前模組的類型態資料區間就行。因為首個模組沒有 typemap，所以這一步是必要的。

最後來看一下反射是如何在執行階段建立類型的。建構對應的類型中繼資料並沒有什麼困難，關鍵是如何與編譯階段生成的大量類型資訊整合起來。因為是執行階段建立的類型，所以不會有重定位之類的問題，只需考慮如何根據 typeOff 來檢索就好了。reflect 套件中 addReflectOff() 函式用來為動態生成的類型分配 typeOff，具體邏輯是在 runtime. reflect_addReflectOff() 函式中實現的，reflect.addReflectOff() 函式又是透過 linkname 機制連結過去的，函式的程式如下：

```
func reflect_addReflectOff(ptr unsafe.Pointer) int32 {
    reflectOffsLock()
    if reflectOffs.m == nil {
    reflectOffs.m = make(map[int32]unsafe.Pointer)
    reflectOffs.minv = make(map[unsafe.Pointer]int32)
    reflectOffs.next = -1
    }
    id, found := reflectOffs.minv[ptr]
    if !found {
        id = reflectOffs.next
        reflectOffs.next--
        reflectOffs.m[id] = ptr
        reflectOffs.minv[ptr] = id
    }
    reflectOffsUnlock()
    return id
}
```

在整理該函式的邏輯之前，有必要先弄清楚 reflectOffs 的類型，程式如下：

```
var reflectOffs struct {
    lock mutex
    next int32
    m map[int32]unsafe.Pointer
    minv map[unsafe.Pointer]int32
}
```

其中，lock 用來保護整個 struct 中的其他欄位，next 表示下一個可分配的 typeOff 值，m 是從 typeOff 值到類型中繼資料位址的映射，minv 是 m 的逆映射，也就是從類型中繼資料位址到 typeOff 的映射。理清這些之後，再來整理上面函式的邏輯：

（1）先加鎖。

（2）透過檢查 m 是否為 nil 來判斷是否已經初始化了，注意 next 的初值是 -1。

（3）先透過中繼資料的位址 ptr 在 minv 裡面查詢，如果已經有了就不再增加了。

（4）把 next 的值作為 typeOff 分配給 ptr，分別增加到 m 和 minv 中，然後遞減 next。

（5）解鎖，傳回查詢到的或新分配的 typeOff。

所以執行階段動態分配的 typeOff 都是負值，只是用作唯一 ID，並不是真正地偏移了，而編譯階段生成的 typeOff 是真正的偏移，是與本模組 types 區間起始位址的差，都是正值。傳回去再看前面的 resolveTypeOff() 函式，只有在透過 ptrInModule 找不到對應的二進位模組時才會查詢 reflectOffs，因為編譯時期生成的那些類型中繼資料是不可能依賴動態生成的類型中繼資料的，只有動態生成的類型中繼資料才有可能依賴動態生成的類型中繼資料，而動態分配的記憶體是不會匹配上任何一個模組的 types 區間的。

關於類型中繼資料的分析就到這裡，筆者只是選了自己認為還算重要的幾部分內容著重分析了一下，感興趣的讀者可以從 reflect 的原始程式中發現更多有趣的細節，這裡就不佔用更多篇幅了。

5.4.3 對資料的操作

至此，對於反射如何解析類型中繼資料已經有了大致的了解，而大多數場景下使用反射的最終目的是操作資料。為了便於對資料操作，reflect 套件提供了 Value 類型，透過該類型的一系列方法來動態操作各種資料型態。Value 類型本身是個 struct，程式如下：

```
type Value struct {
    typ  *rtype
    ptr  unsafe.Pointer
    flag
}
```

Value 的作用就像它的名字那樣，用來加載一個值，其中的 typ 欄位指向值的類型對應的中繼資料。ptr 欄位可能是值本身 (對於本質上是個位址的值，即 kindDirectIface)，也可能是一段記憶體的起始位址，實際的值存放在那裡。flag 欄位儲存了一系列標識位元，各個標識位元的含義如表 5-5 所示。

▼ 表 5-5 flag 欄位各個標識位元的含義

標識位元	含義
flagStickyRO：1<<5	未匯出且非嵌入的欄位，是唯讀的
flagEmbedRO：1<<6	未匯出且嵌入的欄位，是唯讀的
flagIndir：1<<7	ptr 欄位中儲存的是值的位址，而非值本身
flagAddr：1<<8	值是可定址的（addressable）
flagMethod：1<<9	值是個 Method Value

其中前兩個唯讀標識位元主要是針對 struct 的欄位而言的，如果目標欄位也是個 struct，這些唯讀標識會被更內層的欄位繼承。flag 本質上是個 uintptr，所以至少有 32 位元，最低 5 位元一般與 typ.kind 的低 5 位元一致，只有在值是個 Method 時例外，此時 flag 的低 5 位元為 reflect.Func，高 22 位元儲存了 Method 在方法集中的序號，方法的接收者是透過 typ 和 ptr 來描述的，如圖 5-26 所示。

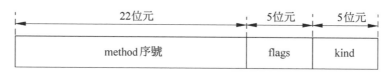

▲ 圖 5-26 flag 欄位的結構

再來看一下 reflect.ValueOf() 函式，該函式會傳回一個 Value 物件。類似於 reflect.TypeOf() 函式，可以認為是反射操作資料的起點，程式如下：

```
func ValueOf(i interface{}) Value {
    if i == nil {
        return Value{}
    }
    escapes(i)
    return unpackEface(i)
}
```

一個導入參數，類型也是 interface{}，如果為 nil，就會傳回一個零值的 Value，零值的 Value 是 Invalid 的。escapes 的作用是確保 i.data 指向的資料會逃逸，因為反射相關的程式涉及較多 unsafe 操作，編譯器的逃逸分析極有可能無法追蹤某些實質上逃逸了的變數，而誤把它們分配到堆疊上，從而造成問題。後續的版本可能會允許 Value 指向堆疊上的值，現階段先忽略此問題。最後的 unpackEface() 函式才是關鍵，程式如下：

```
func unpackEface(i interface {}) Value {
        e: = ( * emptyInterface)(unsafe.Pointer(&i))
        t: = e.typ
        if t == nil {
            return Value {}
        }
        f: = flag(t.Kind())
        if ifaceIndir(t) {
            f |= flagIndir
        }
        return Value {t, e.word, f}
}
```

如果 e.typ 為 nil，也就是得不到類型中繼資料，就傳回一個無效的 Value 物件。用 t.Kind() 的傳回值對 flag 進行初始化，也就是複製了 t.kind 的低 5 位元。如果值本身不是個位址，還要設定 flagIndir 標識位元。ptr 欄位也是直接複製自 e.word，也就是 interface{} 中的資料指標。

用一段實際的程式看一下 typ 和 flag 的設定值，程式如下：

```
// 第 5 章 /code_5_13.go
type Value struct {
    typ unsafe.Pointer
    ptr unsafe.Pointer
    flag uintptr
}

func toType(p unsafe.Pointer)(t reflect.Type) {
    t = reflect.TypeOf(0)
    ( * [2] unsafe.Pointer)(unsafe.Pointer(&t))[1] = p
    return
}

func main() {
    n: = 6789
```

```
    s: = [] interface {} {
        n,
        &n,
    }
    for i,v: = range s {
        r: = reflect.ValueOf(v)
        p: = ( * Value)(unsafe.Pointer(&r))
        println(i, p.typ, p.ptr, p.flag, toType(p.typ).String())
    }
}
```

這 段 程 式 的 作 用 是 分 別 基 於 int 和 *int 兩 種 類 型 的 輸 入，用 reflect.
ValueOf() 函 式 得 到 兩 個 Value，然 後 列 印 出 Value 的 各 個 欄 位。在 筆 者 的 電 腦
上 得 到 的 輸 出 如 下：

```
$ ./code_5_13.exe
0 0x24c060 0xc00000c078 130 int
1 0x2487c0 0xc00000c070 22 *int
```

其 中 int 類 型 對 應 的 flag 是 130=128+2，也 就 是 flagIndir 加 上 kindInt。
*int 類 型 對 應 的 flag 是 22，等 於 kindPtr。事 實 上 unpackEface() 函 式 只 是
簡 單 地 從 interface{} 中 複 製 了 類 型 指 標 和 資 料 指 標，在 把 int 類 型 給 予 值 給
interface{} 時 發 生 了 裝 箱 操 作，所 以 設 定 了 flagIndir。

由 此 看 來，Value 和 interface{} 非 常 相 似，都 有 一 個 類 型 指 標 和 一 個 資 料
指 標，不 同 的 是 Value 多 了 一 個 flag 欄 位，基 於 flag 中 提 供 的 資 訊 可 以 實 現
很 多 很 靈 活 的 操 作，比 較 典 型 的 有 如 Elem() 方 法 和 Addr() 方 法。先 來 看 一 下
Elem() 方 法，程 式 如 下：

```
func(v Value) Elem() Value {
    k: = v.kind()
    switch k {
    case Interface:
        var eface interface {}
        if v.typ.NumMethod() == 0 {
            eface = * ( * interface {})(v.ptr)
        } else {
```

```
            eface = (interface {})( * ( * interface {
                M()
            })(v.ptr))
        }
        x: = unpackEface(eface)
        if x.flag != 0 {
            x.flag |= v.flag.ro()
        }
        return x
    case Ptr:
        ptr: = v.ptr
        if v.flag & flagIndir != 0 {
            ptr = * ( * unsafe.Pointer)(ptr)
        }
        if ptr == nil {
            return Value {}
        }
        tt: = ( * ptrType)(unsafe.Pointer(v.typ))
        typ: = tt.elem
        fl: = v.flag & flagRO | flagIndir | flagAddr
        fl |= flag(typ.Kind())
        return Value {typ, ptr, fl}
    }
    panic(&ValueError {"reflect.Value.Elem", v.kind()})
}
```

Elem() 方法的功能是根據位址返回位址處儲存的物件，要求 v 的 kind 必須是 Interface 或 Ptr，否則就會造成 panic。已經分析過 interface 的雙指標結構，可以把它等值於一個帶有類型的指標。下面先來整理一下處理 Interface 的邏輯：

（1）透過介面方法數判斷是否為 eface，如果方法數為 0 就可以直接把 ptr 強制轉為 *interface{} 類型，然後透過指標解引用操作得到 eface 的值。

（2）對於方法數不為 0 的介面類別型就是 iface，先把 ptr 強制轉為 *interface{M()} 類型，然後透過指標解引用操作得到 iface 的值，再強制轉為 interface{} 類型，也就是 eface。

（3）呼叫 unpackEface() 函式，從 eface 中提取類型指標和資料指標的值，並設定 flag 欄位，傳回一個新的 Value。這一步幾乎等值於 ValueOf() 函式。

（4）透過設定 flag 來繼承 v 的唯讀相關標識位元。

前兩步是從 ptr 位址處提取出 interface{} 類型的值，第二步需要解釋一下，有關不同介面類別型間的強制類型轉換。假如有 A、B 兩個介面類別型，其中 A 的方法列表是 B 方法列表的子集，那麼編譯器允許透過強制類型轉換把 B 類型的實例轉換成 A 類型。例如從 io.ReadWriter 到 io.Reader，也可以從 io.Writer 到 interface{}，因為空集是任意集合的子集，所以第二步介面中的 M 方法沒有實際意義，只是告訴編譯器這是個有方法的介面，雙指標是 itab 指標和資料指標。

對於不同 iface 之間的強制類型轉換，編譯器會呼叫 runtime.convI2I() 函式。從 iface 到 eface 的強制類型轉換，編譯器直接生成程式複製類型中繼資料指標和資料指標。

再來整理一下處理 Ptr 時的邏輯：

（1）檢查 flag 中的 flagIndir 標識，如果是間接儲存的，就進行一次指標解引用操作。

（2）如果 ptr 為 nil，就傳回一個無效的 Value。

（3）將 typ 修改為指標元素類型對應的中繼資料位址。

（4）根據 typ.Kind() 函式設定新的 flag，設定 flagIndir 和 flagAddr 標識，並繼承唯讀標識。

（5）基於新的 typ、ptr 和 flag 建構 Value 並傳回結果。

其中值得注意的是 flagAddr 標識，一般來說該標識位元表示能夠獲得原始變數的位址，而不只是值的副本，Set 系列方法會檢查該標識位元，只有在設定了該標識位元的情況下才允許修改，否則是沒有意義的，會觸發 panic。

Addr() 方法可以認為是 Elem() 方法的逆操作，功能上等值於取位址操作，要求目標必須是可定址的，也就是有 flagAddr 標識，程式如下：

```go
func(v Value) Addr() Value {
    if v.flag&flagAddr == 0 {
        panic("reflect.Value.Addr of unaddressable value")
    }
    fl: = v.flag & flagRO
    return Value {v.typ.ptrTo(), v.ptr, fl | flag(Ptr)}
}
```

typ.ptrTo() 根據當前類型 T 獲得了 *T 的中繼資料位址，新的 flag 就是 kindPtr 加上繼承的唯讀標識位元。ptr 的值沒有改變，這一點很重要，Value 的相關方法會根據 typ 和 flag 來確定如何解釋 ptr。修改一下本節最開始的範例，看一下 Elem() 方法和 Addr() 方法逆操作的效果，程式如下：

```go
// 第5章 /code_5_14.go
func main() {
    n: = 6789
    v: = reflect.ValueOf(&n)
    p: = ( * Value)(unsafe.Pointer(&v))
    println(p.typ, p.ptr, p.flag, toType(p.typ).String())
    e: = v.Elem()
    p = ( * Value)(unsafe.Pointer(&e))
    println(p.typ, p.ptr, p.flag, toType(p.typ).String())
    f: = e.Addr()
    p = ( * Value)(unsafe.Pointer(&f))
    println(p.typ, p.ptr, p.flag, toType(p.typ).String())
}
```

在筆者的電腦上得到的輸出如下：

```
$ ./code_5_14.exe
0xc187c0 0xc00000c070 22 *int
0xc1c060 0xc00000c070 386 int
0xc187c0 0xc00000c070 22 *int
```

第 2 行輸出的 flag 值是 386，也就是 kindInt、flagIndir、flagAddr 組合的結果，再加上 typ 為 int，與 *int 是等值的，可以互相轉換，所以在呼叫 json.Unmarshal() 之類的函式時，需要把 struct 實例的位址傳進去，這樣 struct 才是可定址的，函式內部才能為 struct 的欄位給予值。

透過反射來操作資料，實際上也是圍繞著類型中繼資料展開的，本節主要分析了 Value 各個欄位的作用，以及比較重要的 flagIndir 和 flagAddr 這兩個標識位元。以此為起點，各位有興趣的讀者可以自行閱讀 reflect 原始程式，以此來了解更多底層實現細節，本節就講解到這裡。

5.4.4 對連結器裁剪的影響

第 4 章在講解方法的時候，我們發現了編譯器會為接收者為數值型態的方法生成接收者為指標類型的包裝方法，經過本章的探索，我們知道這些包裝方法主要是為了支援介面，但是如果反編譯或用 nm 命令來分析可執行檔，就會發現不只是這些包裝方法，就連程式中的原始方法也不一定會存在於可執行檔中。這是怎麼回事呢？

道理其實很簡單，連結器在生成可執行檔的時候，會對所有 OBJ 檔案中的函式、方法及類型中繼資料等進行統計分析，對於那些確定沒有用到的資料，連結器會直接將其裁剪掉，以最佳化最終可執行檔的大小。看起來一切順理成章，但是又有一個問題，反射是在執行階段工作的，透過反射還可以呼叫方法，那麼連結器是如何保證不把反射要用的方法給裁剪掉呢？

於是筆者就做了一個小小的實驗，編譯一個範例，程式如下：

```
// 第 5 章 /code_5_15.go
type Number float64

func(n Number) IntValue() int {
    return int(n)
}

func main() {
    n: = Number(9)
```

```
    v: = reflect.ValueOf(n)
    _ = v
}
```

然後用 nm 命令分析得到的可執行檔，命令如下：

```
$ go tool nm code_5_15.exe | grep Number
```

結果發現 IntValue() 方法被裁剪掉了，對 main() 函式稍做修改，程式如下：

```
// 第 5 章 /code_5_16.go
func main() {
    n: = Number(9)
    v: = reflect.ValueOf(n)
    v.MethodByName("")
    _ = v
}
```

再次編譯並用 nm 命令檢查，命令如下：

```
$ go tool nm code_5_16.exe | grep Number
    48f0c0 T main.(*Number).IntValue
    48efa0 T main.Number.IntValue
```

這次 IntValue 的兩個方法都被保留了下來，如果換成 v.Method(0) 也能達到同樣的效果。也就是說連結器裁剪的時候會檢查使用者程式是否會透過反射來呼叫方法，如果會就把該類型的方法保留下來，只有在明確確認這些方法在執行階段不會被用到時，才可以安全地裁剪。

再次修改 main() 函式的程式來進一步嘗試，程式如下：

```
// 第 5 章 /code_5_17.go
func main() {
    n: = Number(9)
    var a interface {} = n
    println(a)
    v: = reflect.ValueOf("")
    v.MethodByName("")
}
```

發現這種情況下 Number 的兩個方法依舊被保留了下來，從程式邏輯來看，執行階段是不可能用到 Number 的方法的。再把 main() 函式修改一下，程式如下：

```
// 第 5 章 /code_5_18.go
func main() {
    n: = Number(9)
    println(n)
    v: = reflect.ValueOf("")
    v.MethodByName("")
}
```

　　這次有所不同，Number 的兩個方法被裁剪掉了。由此可以複習出反射影響方法裁剪的兩個必要條件：一是程式中存在從目標類型到介面類別型的給予值操作，因為執行階段類型資訊萃取始於介面。二是程式中呼叫了 MethodByName() 方法或 Method() 方法。因為程式中有太多靈活的邏輯，編譯階段的分析無法做到盡如人意。

5.5　本章小結

　　本章以空介面 interface{} 為起點，初步介紹了 Go 語言的類型中繼資料，並且分析了資料指標帶來的逃逸和裝箱問題。不可為空介面部分，深入分析了實現方法動態派發的底層原理，還找到了編譯器生成指標接收者包裝方法的原因，即為了讓介面方法呼叫更簡單高效。還分析了組合式繼承對方法集的影響，也是對不可為空介面的支援。類型斷言分為 4 種場景共 8 種情況，分別透過反編譯確認了組合語言程式碼層面的實現原理。最後的反射部分，對類型系統進行了更深入的分析，並對反射如何操作資料進行了簡單的探索。

　　介面，尤其是其背後的類型系統，有很多細節，本章無法全面地介紹。筆者只是把自己認為比較典型的問題拿出來分析一下，鼓勵各位讀者去原始程式中發現更多樂趣。

第 **6** 章

goroutine

　　本章的研究物件是 Go 語言最廣為人知、最亮眼的特性，即 goroutine，也就是我們俗稱的程式碼協同。從本質上來講，程式碼協同更像是一個使用者態的執行緒，主要就是獨立的使用者堆疊加上幾個關鍵暫存器的狀態。事實上，這種技術早在多年以前就已經存在了，例如 Windows NT 的纖程（Fiber），起碼已經存在了二十多年，但是一直不怎麼受關注，幾乎也沒什麼人使用。為什麼到了 Go 語言中，程式碼協同就成了這麼了不起的技術了呢？一方面是乘了網際網路時代高併發場景的東風，另一方面（也是更關鍵的），就是和 IO 多工技術的巧妙結合。

因為在語言層面原生支援程式碼協同，讓開發人員可以很輕鬆地應對高併發場景，使 Go 語言非常適合作為網際網路時代的伺服器端開發語言。那麼程式碼協同到底是一種什麼技術呢？為什麼能夠在目前的伺服器端開發中大放異彩呢？讓我們帶著這些問題，展開本章的探索之旅。

6.1　處理程序、執行緒與程式碼協同

想要了解程式碼協同，還要從最早的處理程序說起，再到執行緒，最後是程式碼協同。對比之下才能更容易地理解這些技術是如何演進的。

6.1.1　處理程序

對於現代作業系統來講，處理程序是一個非常基礎的概念。處理程序包含了一組資源，其中有處理程序的唯一 ID、虛擬位址空間、打開檔案描述符號表（或控制碼表）等，還有至少一個執行緒，也就是主執行緒。最值得一提的就是虛擬位址空間，本書第 1 章在介紹組合語言基礎時，也簡單地介紹了 x86 處理器的分頁表映射機制。現代作業系統利用硬體提供的分頁表機制，透過為不同處理程序分配獨立的分頁表，實現處理程序間位址空間的隔離。如圖 6-1 所示，不同處理程序的位址空間中相同的線性位址 addr1，經過分頁表映射以後，最終會落到不同的物理分頁，對應不同的物理位址。有了處理程序間位址空間的隔離，一些含有 Bug 或惡意的程式就不能非法存取其他處理程序的記憶體了，這樣才有安全性可言。

如果要建立一個新的處理程序，則作業系統需要進行哪些操作呢？以 Linux 為例，Linux 透過 clone 系統呼叫來建立新的處理程序。clone 會為新的處理程序分配對應的核心資料結構和核心堆疊，以及分配新的處理程序 ID，然後複製打開檔案描述符號表、檔案系統資訊、訊號處理器（Signal Handlers）、處理程序位址空間和命名空間。因為複製了父處理程序的打開檔案描述符號表，所以子處理程序可以很方便地繼承父處理程序已經打開的檔案、socket 等資源，使像 nginx、php-fpm 這種多處理程序的工作模式能夠比較方便地實現。

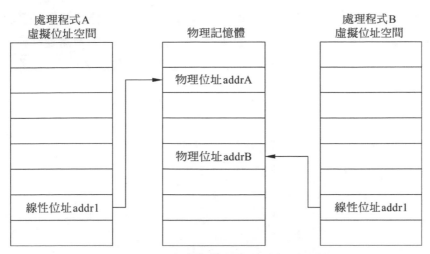

▲ 圖 6-1 處理程序間位址空間的隔離

作業系統在複製處理程序的位址空間時，基於 Copy on Write 技術，避免了不必要的記憶體複製，但是新處理程序還是需要有獨立的分頁表，因此建立大量處理程序時首先會造成記憶體方面的顯著銷耗，而後作業系統在進行排程的時候，切換處理程序需要同步切換分頁表，分頁目錄暫存器一經修改，TLB 快取也隨即故障，造成位址轉換效率降低，進一步影響性能，所以在技術演進迭代的過程中，多處理程序模式很快就遇到了瓶頸，無法充分發揮 CPU 的運算能力，然而多工的大趨勢是不可阻擋的，於是多執行緒技術應運而生。

6.1.2 執行緒

如果理解了處理程序的組成，再來看多執行緒就很容易理解了。原本單執行緒的處理程序中只有一個主執行緒，主執行緒再透過執行緒 API 建立出其他的執行緒，這就是所謂的多執行緒模式了。

在多執行緒模式下，處理程序的打開檔案描述符號表、檔案系統資訊、虛擬位址空間和命名空間是被處理程序內的所有執行緒共用的，但是每個執行緒擁有自己的核心資料結構、核心堆疊和使用者堆疊，以及訊號處理器。

執行緒是處理程序中的執行本體，如圖 6-2 所示，為什麼要有一個使用者堆疊和一個核心堆疊呢？因為我們的執行緒在執行過程中經常需要在使用者態和核心態之間切換，透過系統呼叫進入核心態使用系統資源。

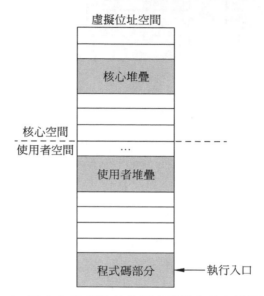

虛擬位址空間

核心堆疊

核心空間
使用者空間 ⋯

使用者堆疊

程式碼部分 ←—— 執行入口

▲ 圖 6-2 執行緒的使用者堆疊和核心堆疊

對於核心來講，任何的使用者程式都被視為不安全的，可能有 Bug 或帶有惡意的程式，所以作業系統不允許使用者態的程式存取核心資料。執行緒進入核心態之後執行的是核心提供的程式，也就是安全的受信任的程式，但是如果跟使用者態程式共用一個堆疊就會留下安全性漏洞，堆疊上的資料可能會被使用者程式非法讀取和篡改，所以要給核心態分配單獨的堆疊，使用者態的程式無法存取核心堆疊。

排程系統切換執行緒時，如果兩個執行緒屬於同一個處理程序，銷耗要比屬於不同處理程序時小得多，如圖 6-3 所示。因為不需要切換分頁表，對應地，TLB 快取也就不會故障。同一個處理程序中的多個執行緒，因為共用同一個虛擬位址空間，所以執行緒間資料共用變得十分簡單高效，只要做好同步就不會有太大問題，因此，與多處理程序模式相比，多執行緒模式大幅最佳化了性能，系統的輸送量也隨之顯著提升。

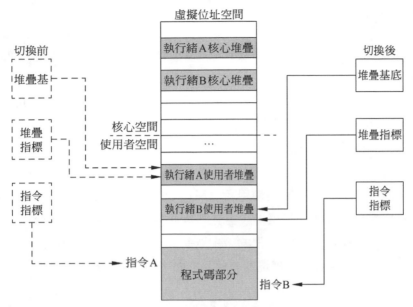

▲ 圖 6-3 同處理程序間執行緒切換

但是隨著併發量的不斷增大，應用程式需要建立越來越多的執行緒，當系統的執行緒數量達到十萬或百萬等級時，系統又將遭遇性能瓶頸。一方面，執行緒的核心資料結構、核心堆疊和使用者堆疊會佔用大量的記憶體，在執行緒數量龐大時尤其顯著。另一方面，作業系統基於時間切片策略來排程所有的執行緒，在如此龐大的執行緒數量下，為了儘量降低延遲，執行緒每次得以執行的時間切片會被壓縮，從而造成執行緒切換頻率增高。如果是 IO 密集型的應用，就會有更多的切換發生，多數時候還沒有用完時間切片，就因為 IO 等待而暫停了。排程系統切換執行緒的上下文，本身是有一定銷耗的，在執行緒數量適中、時間切片足夠大時，切換的頻率相對較低，這部分銷耗可以忽略不計。在執行緒切換頻繁時，排程本身的銷耗會佔用大量 CPU 資源，造成系統輸送量嚴重下降。

問題越來越明顯了，看起來我們需要一種更輕量的執行緒，在設計上需要滿足兩方面的要求：一是節省記憶體空間，讓主流伺服器的記憶體大小能夠輕鬆加載十萬或百萬級這種輕量執行緒。二是排程代價低，也就是切換起來更輕快。因為高併發的場景就擺在那裡，我們就是需要建立大量執行緒，並且要求頻繁地切換。有了如此明確的需求，程式碼協同就被創造出來了。

6.1.3 程式碼協同

筆者最初接觸到的程式碼協同實現是 Windows NT 提供的纖程，從開發者文件中發現了關於 Fiber 的那組 API。Fiber 設計得非常有意思，它是完全在使用者態實現的，所以不需要對系統核心作任何改動，核心層面並不知道有纖程這種東西的存在。就這一點來講，goroutine 也是一樣的，不與系統核心耦合。6.1.2 節簡單介紹了執行緒的組成，對比著來看纖程，可以認為它就是基於執行緒的使用者態部分做了一些改造。原本的執行緒有一個使用者堆疊和一個核心堆疊，一個單線的執行邏輯在使用者態和核心態之間跳躍。對比來看，纖程只有使用者堆疊（沒有核心堆疊），並且排程相關的資料結構也儲存在使用者空間中。執行緒是被作業系統排程的，主要基於時間切片策略進行先佔式排程，而纖程是完全在使用者空間實現的，要靠主動讓出的方式來切換。

從具體實現來看，纖程就是一個由入口函式位址、參數和獨立的使用者堆疊組成的任務，相當於讓執行緒可以有多個使用者堆疊，如圖 6-4 所示，在每個使用者堆疊上執行不同的任務。執行緒能夠修改自己的堆疊指標暫存器，不僅可以上下移動，還可以直接切換到新的堆疊，所以實現起來並不困難。有一點需要注意的是，執行緒的使用者堆疊是由作業系統負責管理的，一般會預留較大的空間，然後按照實際使用情況逐漸分配、映射，而纖程（程式碼協同）的堆疊，需要由使用者程式自己來管理。

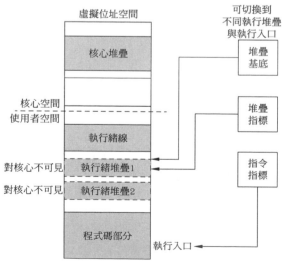

▲ 圖 6-4 纖程概念示意圖

與織程相關的 API 已經存在了二十多年，但是很少見到相關的應用案例。為什麼一直不溫不火呢？可以從兩個方面簡單地思考一下。一是新技術本身的好用性與可用性，二是應用新技術後能帶來的效益提升。

從好用性來看，系統提供的織程 API 實現了建立、銷毀、切換等基本功能，而實際的排程策略需要開發者自己實現，還是有一定的複雜性的。從效益方面來看，也沒有太大誘惑力。我們把電腦執行的任務分成 CPU 密集型和 IO 密集型，CPU 密集型任務一般更看重輸送量，所以要儘量減少上下文切換，每次直接用完時間切片就似乎沒有織程的用武之地，而 IO 密集型任務，可能會更看重回應延遲，例如網際網路應用的閘道，但是當時主要的網路 IO 模型還是阻塞式 IO，動不動直接就讓執行緒暫停了，也沒給織程留下什麼發揮的空間，所以在很長一段時間裡，像織程這種程式碼協同技術，更像是一個實驗性質的模型，沒有得到太廣泛的應用，直到程式碼協同遇到了 IO 多工。

6.2 IO 多工

提到 IO 多工技術，現在已經是老生常談的技術了。從早期的 select、poll，到後來的 epoll、kqueue、event port，這門技術已經發展得非常成熟。應該有很多人是從 nginx 開始了解 IO 多工技術的，當然也可能是 redis、nio 等。本章主要研究 goroutine，為什麼要把 IO 多工拿出來講解呢？因為 Go 語言是集程式碼協同思想和 IO 多工技術之大成者，複雜繁瑣的事情都由 runtime 去處理了，極大地方便了開發者。那麼 IO 多工到底是一種什麼樣的技術呢？它又解決了什麼問題呢？接下來就帶著這兩個疑問，概括地了解 IO 多工技術。

早年的伺服器程式都是以阻塞式 IO 來處理網路請求的，造成的最大問題就是會讓執行緒暫停，直到 IO 完成才會恢復執行。在這種技術背景下，開發者需要為每個請求建立一個執行緒，執行緒數會隨著併發等級直線增加，進而造成系統不堪重負。一個解決想法就是把請求和執行緒解耦，不要讓請求綁定到一個執行緒或佔用一個執行緒，然後用執行緒池之類的技術控制執行緒的數量。阻塞式 IO 顯然不能滿足這種需求，可以考慮使用非阻塞式 IO 或 IO 多工。下面就來對比一下這三者的不同。

6.2.1 3 種網路 IO 模型

參考《UNIX 網路程式設計》一書,我們把一個常見的 TCP socket 的 recv 請求分成兩個階段:一是等待資料階段,等待網路資料就緒;二是資料複製階段,把資料從核心空間複製到使用者空間。對於阻塞式 IO 來講,整個 IO 過程是一直阻塞的,直到這兩個階段都完成。UNIX 系統上的 socket 預設工作在阻塞模式下,經典的阻塞式網路 IO 模型如圖 6-5 所示。

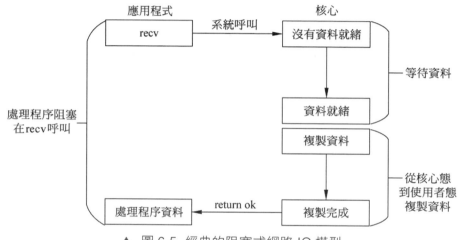

▲ 圖 6-5 經典的阻塞式網路 IO 模型

如果想要啟用非阻塞式 IO,需要在程式中使用 fcntl() 函式將對應 socket 的描述符號設定成 O_NONBLOCK 模式。非阻塞式網路 IO 模型如圖 6-6 所示,與阻塞模式的不同之處主要表現在第一階段,即等待資料階段。在非阻塞模式下,執行緒等待資料的時候不會阻塞,從程式設計角度來看就是 recv() 函式會立即傳回,並傳回錯誤程式 EWOULDBLOCK(某些平台的 SDK 也可能是 EAGAIN),表明此時資料尚未就緒,可以先去執行別的任務。程式一般會以合適的頻率重複呼叫 recv() 函式,也就是進行輪詢操作。在資料就緒之前,recv() 函式會一直傳回錯誤程式 EWOULDBLOCK。等到資料就緒後,再進入複製資料階段,從核心空間到使用者空間。因為非阻塞模式下的資料複製也是同步進行的,所以可以認為第二階段也是阻塞的。總之,與阻塞式 IO 相比,這裡只有第二階段是阻塞的。

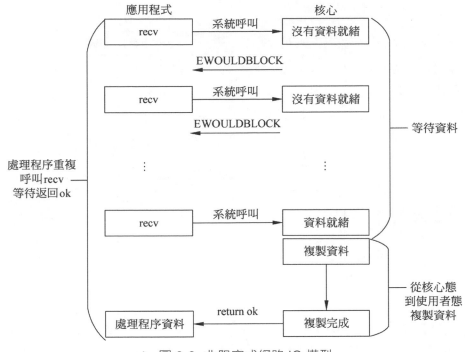

▲ 圖 6-6 非阻塞式網路 IO 模型

　　非阻塞式 IO 看起來比阻塞式要強多了，因為網路的延遲相對比較高，與電腦執行一兩個函式花費的時間根本不在一個數量級，因此在整個 IO 操作過程中，第二階段的耗時跟第一階段相比幾乎是無足輕重的。那麼有了非阻塞式 IO 是不是就萬事大吉了呢？實則不然，從圖 6-6 就可以看出來，雖然第一階段不會阻塞，但是需要頻繁地進行輪詢。一次輪詢就是一次系統呼叫，如果輪詢的頻率過高就會空耗 CPU，造成大量的額外銷耗，如果輪詢頻率過低，就會造成資料處理不即時，進而使任務的整體耗時增加。

　　IO 多工技術就是為解決上述問題而誕生的，如圖 6-7 所示，IO 多工集阻塞式與非阻塞式之所長。與非阻塞式 IO 相似，從 socket 讀寫資料不會造成執行緒暫停。在此基礎之上把針對單一 socket 的輪詢改造成了批次的 poll 操作，可以透過設定逾時時間選擇是否阻塞等待。只要批次 socket 中有一個就緒了，阻塞暫停的執行緒就會被喚醒，進而去執行後續的資料複製操作。

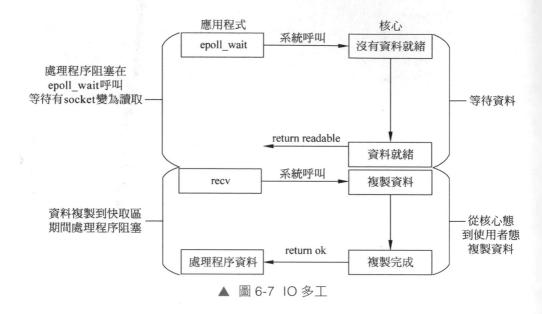

▲ 圖 6-7 IO 多工

　　就拿 Linux 上的 epoll 來講，在實際程式設計時，對指定的 socket 進行讀取或寫入操作之前，會先透過 epoll_ctl() 函式把 socket 的描述符號增加到 epoll 中，然後透過 epoll_wait() 函式進行監聽等待，等到其中的 socket 變成讀取、寫入時，epoll_wait() 函式就會傳回。因為 epoll 是批次監聽的，所以要比阻塞式 IO 單一等待高效很多。至於是監聽 socket 讀取還是寫入，要看 epoll_ctl() 函式增加描述符號時指定的事件參數，範例程式如下：

```
struct epoll_event evt = {0};
evt.events = EPOLLIN;
evt.data.fd = fd;
epoll_ctl(epfd, EPOLL_CTL_ADD, fd, &evt);
```

　　這裡就是把描述符號 fd 增加到 epfd 這個 epoll 實例中，其中的 EPOLLIN 表明要監聽的是讀取事件。把 EPOLLIN 換成 EPOLLOUT 就可以監聽寫入事件了。epoll_event 結構的程式如下：

```
typedef union epoll_data {
    void       * ptr;
    int        fd;
    uint32_t   u32;
```

```
    uint64_t    u64;
}epoll_data_t;

struct epoll_event {
    uint32_t events;    /* Epoll events */
    epoll_data_t data;  /* User data variable */
};
```

其中 epoll_data_t 類型的 data 欄位是給開發者用的，用來存放開發者自訂的資料。等到對應的 socket 有 IO 事件觸發時，這些資料會被 epoll_wait() 函式傳回。epoll_wait() 函式的原型如下：

```
int epoll_wait(int epfd, struct epoll_event *events, int maxevents, int timeout);
```

events 參數指向一段可以容納 maxevents 個 epoll_event 結構的記憶體，這段記憶體是由開發者來分配的，epoll_wait() 函式會利用這段記憶體傳回一組 epoll_event 結構。傳回的 epoll_event 結構的 events 欄位代表具體發生的 IO 事件，data 欄位是由開發者自訂的資料，開發者需要透過它來找到與 IO 事件連結的 socket。更多具體細節可參閱 Linux 開發者手冊 Section 2。

這裡需要注意的是，如何理解一個 socket 的讀取、寫入狀態呢？就 TCP 通訊來講，每個 socket 都有自己配套的收、發緩衝區，發送資料的時候呼叫 send() 函式，實際上先把資料寫到了 socket 的發送緩衝區中，系統會在合適的時機把資料發送給遠端的對端，然後清空 socket 的發送緩衝區。同理，對端發送過來的資料會被系統自動存放到 socket 的接收緩衝區，等待應用程式透過 recv() 函式來讀取。通俗地講，當發送緩衝區被寫滿的時候，自然不能繼續寫入資料，此時的 socket 是不寫入的。等到系統把資料發送出去並在發送緩衝區中騰出空間時，socket 就變成了寫入的了。同理，當接收緩衝區中沒有任何資料時，socket 是不讀取的，等到系統收到了遠端對端發送的資料並把資料存放到 socket 的接收緩衝區後，socket 就變成讀取的了。透過 epoll 高效率地監聽批次 socket 的狀態，避免了非阻塞式 IO 頻繁輪詢地空耗 CPU，又不會像阻塞式 IO 那樣每個 socket 暫停一個執行緒，從而大大提高了伺服器程式的執行效率。

下面就用一個簡單的 HTTP GET 請求，來實際對比阻塞式 IO 和基於 epoll 的 IO 多工有什麼差異。

6.2.2 範例對比

我們站在使用者端的角度，去除掉不太相關的細節，從 TCP 連接的建立開始整理。先來整理阻塞式 IO。

1. 阻塞式 IO 下的 GET 請求

阻塞式網路 IO 的主要流程如下：

（1） 使用者端透過 connect() 函式發起連接，此時執行緒會被暫停等待，直到三次握手完成、連接成功建立（或出現錯誤）以後，connect() 函式才會傳回，執行緒繼續執行。

（2） 使用者端透過 send() 函式發送 HTTP 請求封包，因為 GET 請求封包一般很小，socket 的發送緩衝區足以加載這些資料，所以執行緒一般不會阻塞。

（3） 透過 recv() 函式讀取伺服器端傳回的資料，因為網路通訊的延遲與程式指令執行耗時根本不在一個數量級，所以在這時接收緩衝區內資料尚未就緒，執行緒一般會阻塞。

（4） 等到資料從伺服器端到達使用者端後，recv() 函式完成資料的複製（從核心空間到使用者空間），並傳回，然後上層的 HTTP 協定處理資料，判斷傳輸是否完成，如果未完成，則重複執行第（3）步，直到傳輸完成，然後連接可能會被關閉或重複使用，這個我們就不關心了。

整體流程如圖 6-8 所示，可以發現，阻塞式 IO 的邏輯非常清晰，只有單一的一條線，是延展式的、循序執行的。程式寫起來很簡單，後續也便於維護，只是執行效率不是很高，無法充分發揮伺服器硬體的能力。

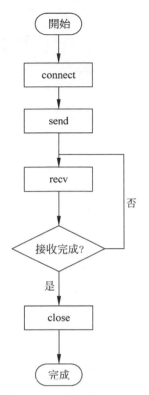

▲ 圖 6-8 阻塞式 IO 下一個 HTTP GET 請求的處理流程

2. 應用 epoll 的 GET 請求

接下來再看一下運用 epoll 時，一個 GET 請求是如何執行的。整體流程如圖 6-9 所示。

（1） 先透過 fcntl() 函式把要用來發起連接的 socket 設定成 O_NONBLOCK 模式，然後使用 connect() 函式發起連接。因為 socket 是非阻塞的，所以 connect() 函式會立即傳回 EINPROGRESS，表示連接正在建立中。

（2） 因為我們接下來要發送請求封包，要保證 socket 是寫入的，所以就用 epoll_ctl() 函式指定 EPOLLOUT 事件把 socket 描述符號增加到 epoll 中，然後呼叫 epoll_wait() 函式等待連接就緒。

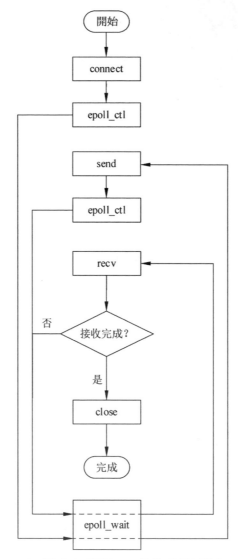

▲ 圖 6-9 應用 epoll 的 GET 請求

（3）連接建立完成後，socket 的發送緩衝區是空的，也就是寫入的，所以
epoll_wait() 函式會成功傳回，上層的 HTTP 協定負責完成請求封包
的發送，假設封包較小，只需一次 send() 函式呼叫。

（4）接下來需要接收伺服器端傳回的結果，要保證 socket 是讀取的，將
epoll 中 socket 對應的描述符號改為監聽 EPOLLIN 事件。

（5） 呼叫 epoll_wait() 函式等待資料就緒，當伺服器端的資料封包到達使用者端後，epoll_wait() 函式會成功傳回，程式透過 recv() 函式讀取接收緩衝區中的資料。HTTP 協定會判斷傳輸是否完成，未完成則重複執行本步驟。

基於 epoll 的處理邏輯就不像阻塞式 IO 那樣簡明了，人們一般稱之為 IO 事件迴圈。整個事件迴圈重複地執行 epoll_wait() 函式，每次 epoll_wait() 函式會傳回一組已觸發的 epoll_event 事件，其中有些是讀取事件，有些是寫入事件（還可能有一些錯誤事件，這裡暫且忽略）。上層協定需要遍歷每個 epoll_event 事件來處理與之連結的 socket，因此還要記錄與 socket 連結的請求的處理狀態，例如有的 socket 處於連接建立狀態，接下來要發送請求封包，還有的 socket 讀取伺服器端傳回的資料讀到一半，等下次讀取時還要繼續讀取。epoll_event 結構中的 data 欄位用來儲存這些資訊，我們在透過 epoll_ctl() 函式向 epoll 中增加 socket 描述符號的時候，會把該 socket 相關的狀態資料都儲存在一個結構中，並把該結構的位址給予值給 data.ptr，然後與 socket 的描述符號一起增加到 epoll 中。於是，程式碼的邏輯就像狀態機，狀態的轉移由 IO 事件與上層協定邏輯共同決定。

綜上所述，IO 多工的出現確實大大提升了應用程式的網路 IO 效率，對於高併發量的伺服器端程式來講，改善尤為明顯。帶來的問題就是顯著提升了程式設計的難度，按照事件迴圈的方式實現複雜的應用邏輯非常繁瑣。雖然後來催生了一些事件庫來方便開發者進行開發，形成了一種基於回呼函式的程式設計風格，但還是不夠直觀和方便。能否有一種技術，讓我們既能夠像阻塞式 IO 那樣平鋪直敘地書寫程式邏輯，又能兼得 IO 多工這樣的高性能呢？

6.3 巧妙結合

6.2 節中不止一次地提到了 IO 事件迴圈，迴圈也就表示每次執行之後都會回到原點，從程式執行的底層來看，也就是指令指標和堆疊指標的還原。因為一個 socket(請求) 的生命週期往往要跨多輪迴圈，所以迴圈內部不能在堆疊上儲存 socket 的狀態資訊。這其實很好理解，因為 IO 事件的觸發是隨機的，因此每次讀取、寫入的一組 socket 也是隨機的，而堆疊框的分配與釋放是有嚴格順序的，所以無法把 socket 的狀態儲存到堆疊框上。

如果為每個 socket（請求）分配一個獨立的堆疊是不是就可以了呢？此時應該已經很自然地想到程式碼協同，把每個網路請求放到一個單獨的程式碼協同中去處理，底層的 IO 事件迴圈在處理不同的 socket 時直接切換到與之連結的程式碼協同堆疊，如圖 6-10 所示。

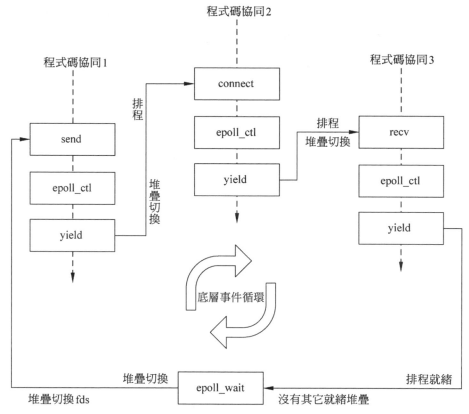

▲ 圖 6-10 程式碼協同與 IO 多工的結合

這樣一來，就把 IO 事件迴圈隱藏到了 runtime 內部，開發者可以像阻塞式 IO 那樣平鋪直敘地書寫程式邏輯，盡情地把資料存放在堆疊框上的區域變數中，程式執行網路 IO 時直接觸發程式碼協同切換，切換到下一個網路資料已經就緒的程式碼協同。當底層的 IO 事件迴圈完成本輪所有程式碼協同的處理後，再次執行 netpoll，如此循環往復，開發者不會有任何感知，程式卻得以高效執行。

關於程式碼協同的分析就到這裡，Go 語言中的程式碼協同排程並不只是基於 IO 事件的，只是筆者認為程式碼協同與 IO 多工這兩種技術的結合確實非常巧妙，對於目前的伺服器端程式語言、程式設計框架來講，應該可以稱得上是最關鍵的技術了。當然，讀者也可以有不同的觀點。本章接下來的內容，我們將圍繞 goroutine 的排程模型進行更加深入的探索。

6.4　GMP 模型

6.4.1　基本概念

說到 Go 語言的排程系統，GMP 排程模型經常被提起。其中的 G 指的就是 goroutine；M 是 Machine 的縮寫，指的是工作執行緒；P 則是指處理器 Processor，代表了一組資源，M 要想執行 G 的程式，必須持有一個 P 才行。

簡單來講 GMP 就是 Task、Worker 和 Resource 的關係，G 和 P 都是 Go 語言實現的抽象度更高的元件，而對於工作執行緒而言，Machine 一詞表明了它與具體的作業系統、平台密切相關，對具體平台的調配、特殊處理等大多在這一層實現。

6.4.2　從 GM 到 GMP

在早期版本的 Go 實現中（1.1 版本之前），是沒有 P 的，只有 G 和 M，GM 模型如圖 6-11 所示。

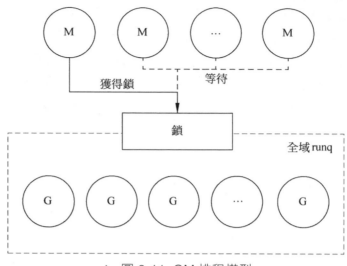

▲ 圖 6-11　GM 排程模型

後來為什麼要引入一個 P 呢？主要因為 GM 排程模型有幾個明顯的問題：

（1）用一個全域的 mutex 保護著一個全域的 runq(就緒佇列)，所有 goroutine 的建立、結束，以及排程等操作都要先獲得鎖，造成對鎖的爭用異常嚴重。根據 Go 官方的測試，在一台 CPU 使用率約為 70% 的 8 核心伺服器上，鎖的消耗佔比約為 14%。

（2）G 的每次執行都會被分發到隨機的 M 上，造成在不同 M 之間頻繁切換，破壞了程式的局部性，主要原因也是因為只有一個全域的 runq。例如在一個 chan 上互相喚醒的兩個 goroutine 就會面臨這種問題。還有一點就是新建立的 G 會被建立它的 M 放入全域 runq 中，但是會被另一個 M 排程執行，也會造成不必要的銷耗。

（3）每個 M 都會連結一個記憶體分配快取 mcache，造成了大量的記憶體銷耗，進一步使資料的局部性變差。實際上只有執行 Go 程式的 M 才真地需要 mcache，那些阻塞在系統呼叫中的 M 根本不需要，而實際執行 Go 程式的 M 可能僅佔 M 總數的 1%。

（4）在存在系統呼叫的情況下，工作執行緒經常被阻塞和解除阻塞，從而增加了很多銷耗。

為了解決上述這些問題，新的排程器被設計出來。整體的最佳化想法就是將處理器 P 的概念引入 runtime，並在 P 之上實現工作竊取排程程式。M 仍舊是工作執行緒，P 表示執行 Go 程式所需的資源。當一個 M 在執行 Go 程式時，它需要有一個連結的 P，當 M 執行系統呼叫或空閒時，則不需要 P。GMP 排程模型如圖 6-12 所示。

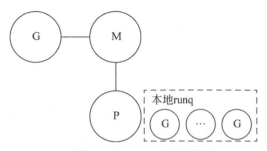

▲ 圖 6-12 GMP 排程模型

透過 GOMAXPROCS 可以精確地控制 P 的個數，為了支援工作竊取機制，所有的 P 被放在同一個陣列中，GOMAXPROCS 的變動需要 Stop/Start The World 來調整 P 陣列的大小。原本在 sched 中的一些變數被移動到了 P 中以實現去中心化，例如 gfree list、runq，這樣可以大幅減少全域鎖爭用。M 中的一些和 Go 程式執行相關的變數也被移動到了 P 中，例如 mcache、stackalloc，如此一來減小了不必要的資源浪費，也最佳化了局部性。

1. 本地 runq 和全域 runq

本地 runq 和全域 runq 的使用如圖 6-13 和圖 6-14 所示，當一個 G 從等候狀態變成就緒狀態後，或新建立了一個 G 的時候，這個 G 會被增加到當前 P 的本地 runq。當 M 執行完一個 G 後，它會先嘗試從連結的 P 的本地 runq 中取下一個，如果本地 runq 為空，則到全域 runq 中去取，如圖 6-13 所示，如果全域 runq 也為空，如圖 6-14 所示，就會去其他的 P 那裡竊取一半的 G 過來。

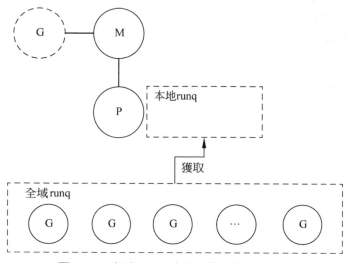

▲ 圖 6-13　本地 runq 為空到全域 runq 獲取 G

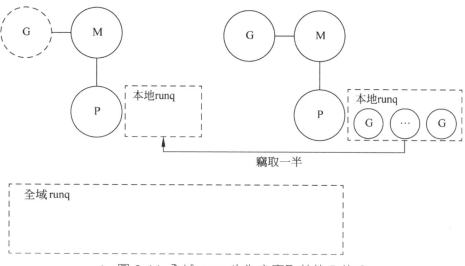

▲ 圖 6-14　全域 runq 也為空竊取其他 P 的 G

2. M 的自旋

　　當一個 M 進入系統呼叫時，它必須確保有其他的 M 來執行 Go 程式。新的排程器設計引入了一定程度的自旋，就不用再像之前那樣過於頻繁地暫停和恢復 M 了，這會多消耗一些 CPU 週期，但是對整體性能的影響是正向的。

自旋分兩種：第一種是一個有連結 P 的 M，自旋尋找可執行的 G； 第二種是一個沒有 P 的 M，自旋尋找可用的 P。這兩種自旋的 M 的個數之和不超過 GOMAXPROCS，當存在第二種自旋的 M 時，第一種自旋的 M 不會被暫停。

當一個新的 G 被建立出來或 M 即將進行系統呼叫，或 M 從空閒狀態變成忙碌狀態時，它會確保至少有一個處於自旋狀態的 M（除非所有的 P 都忙碌），這樣保證了處於可執行狀態的 G 都可以得到排程，同時還不會頻繁地暫停、恢復 M。

這些理論主要節選自 Go 1.1 排程器的設計文件，增加了一些筆者自己的理解。所謂排程，簡單來講就是工作執行緒 M 如何執行 G 的問題，具體的實現則包含很多細節，接下來就基於原始程式碼來整理一下主要邏輯，先從相關的資料結構開始。

6.5 GMP 主要資料結構

6.5.1 runtime.g

基於 Go 1.14 版以後的原始程式，首先來看一下 G，也就是 goroutine 對應的資料結構 runtime.g，完整的結構定義欄位較多，這裡只從中摘選與排程實現較為密切的部分欄位，程式如下：

```
type g struct {
    stack            stack
    stackguard0      uintptr
    stackguard1      uintptr
    m                * m
    sched            gobuf
    atomicstatus     uint32
    goid             int64
    schedlink        guintptr
    preempt          bool
    lockedmm         uintptr
```

```
    waiting           * sudog
    timer             * timer
}
```

部分欄位的用途如表 6-1 所示。

▼ 表 6-1 runtime.g 部分欄位的用途

欄位	用途
stack	描述了 goroutine 的堆疊空間
stackguard0	被正常的 goroutine 使用，編譯器安插在函式頭部的堆疊增長程式，用它來和 SP 比較，隨選進行堆疊增長。它的值一般是 stack.lo+StackGuard，也可能被設定成 StackPreempt，以觸發一次先佔
stackguard1	原理和 stackguard0 差不多，只不過是被 g0 和 gsignal 中的 C 程式使用
m	連結到正在執行當前 G 的工作執行緒 M
sched	被排程器用來儲存 goroutine 的執行上下文
atomicstatus	用來表示當前 G 的狀態
goid	當前 goroutine 的全域唯一 ID
schedlink	被排程器用於實現內部鏈結串列、佇列，對應的 guintptr 類型從邏輯上講等值於 *g，而底層類型卻是個 uintptr，這樣是為了避免寫入障礙
preempt	為 true 時，排程器會在合適的時機觸發一次先佔
lockedm	連結到與當前 G 綁定的 M，可以參考一下 LockOSThread
waiting	主要用於實現 channel 中的等待佇列，這個留到第 7 章再深入了解
timer	runtime 內部實現的計時器類型，主要用來支持 time.Sleep

其中很多欄位被筆者精簡了，例如之前講過的 _defer、_panic 鏈結串列，感興趣的讀者可以去看一看完整的原始程式碼。以上有幾個欄位需要重點解釋一下。

（1）stack 是個結構類型，它的定義程式如下：

```
type stack struct {
    lo uintptr
    hi uintptr
}
```

它是用來描述 goroutine 的堆疊空間的，對應的記憶體區間是一個左閉右開區間 [lo,hi)。

（2）用來儲存 goroutine 執行上下文的 sched 欄位需要格外注意，它與 goroutine 程式碼協同切換的底層實現直接相關，其對應的 gobuf 結構程式如下：

```
type gobuf struct {
    sp uintptr
    pc uintptr
    g guintptr
    ctxt unsafe.Pointer
    ret sys.Uintreg
    lr uintptr
    bp uintptr
}
```

sp 欄位儲存的是堆疊指標，pc 欄位儲存的是指令指標，g 用來反向連結到對應的 G。ctxt 指向閉包物件，也就是說用 go 關鍵字建立程式碼協同的時候傳遞的是一個閉包，這裡會儲存閉包物件的位址。ret 用來儲存傳回值，實際上是利用 AX 暫存器實現類似 C 函式的傳回值，目前只發現 panic-recover 機制用到了該欄位。lr 在 arm 等架構上用來儲存返回位址，x86 沒有用到該欄位。bp 用來儲存堆疊框基址。

（3）atomicstatus 描述了當前 G 的狀態，它主要有如表 6-2 所示幾種設定值（省略部分過時無用的狀態）。

▼ 表 6-2 atomicstatus 的設定值及其含義

設定值	含義
_Gidle	goroutine 剛剛被分配，還沒有被初始化
_Grunnable	goroutine 應該在某個 runq 中，當前並沒有在執行使用者程式，它的堆疊不歸自己所有
_Grunning	goroutine 可能正在執行使用者程式，它的堆疊歸自己所有。執行中的 groutine 不在任何一個 runq 中，並且有連結的 M 和 P

（續表）

設定值	含義
_Gsyscall	goroutine 正在執行一個系統呼叫，而沒有在執行使用者程式。它的堆疊歸自己所有，不在任何一個 runq 中，並且有連結的 M
_Gwaiting	goroutine 阻塞在 runtime 中，沒有在執行使用者程式。它不在任何 runq 中，但是應該被記錄在其他地方，例如一個 channel 的等待佇列中。它的堆疊不歸自己所有，除非 channel 操作將在 channel lock 的保護下讀寫堆疊上的部分資料。不然當一個 goroutine 進入 _Gwaiting 狀態後，再去存取它的堆疊是不安全的
_Gdead	goroutine 當前沒有被用到，它可能剛剛退出執行，在一個空閒鏈結串列中，或剛剛完成初始化。它沒有在執行使用者程式，可能分配了堆疊，也可能沒有。G 和它的堆疊（如果有）由退出 G 或從空閒列表中獲得 G 的 M 所有
_Gcopystack	goroutine 的堆疊正在被移動。它沒有在執行使用者程式，也不在 runq 中。堆疊的所有權歸把當前 goroutine 置為 _Gcopystack 狀態的 goroutine 所有
_Gpreempted	goroutine 因為 suspendG 先佔而停止。該狀態和 _Gwaiting 很像，但是沒有誰負責將 goroutine 置為就緒狀態。一些 suspendG 必須原子性地把該狀態轉為 _Gwaiting 狀態，並且負責重新將該 goroutine 置為就緒狀態

　　標識位元 _Gscan 與上述的一些狀態組合，可以得到 _Gscanrunnable、_Gscanrunning、_Gscansyscall、_Gscanwaiting 和 _Gscanpreempted 這些組合狀態。除 _Gscanrunning 外，其他的組合狀態都表示 GC 正在掃描 goroutine 的堆疊，goroutine 沒有在執行使用者程式，堆疊的所有權歸設定了 _GScan 標識位元的 goroutine 所有。_Gscanrunning 有些特殊，在 GC 通知 G 掃描堆疊的時候，它被用來短暫地阻止狀態變換，其他方面和 _Grunning 一樣。堆疊掃描完成後，goroutine 將切換回原來的狀態，移除 _GScan 標識位元。

　　（4）waiting 對應的 sudog 結構，留到第 7 章講同步時再進行深入分析。

6.5.2　runtime.m

　　接下來講解 GMP 中的 M，也就是工作執行緒 Machine。對應的資料結構是 runtime.m，仍然只摘選部分與排程相關的欄位，程式如下：

```
type m struct {
    g0          *g
    gsignal     *g
    curg        *g
    p           puintptr
    nextp       puintptr
    oldp        puintptr
    id          int64
    preemptoff  string
    locks       int32
    spinning    bool
    park        note
    alllink     *m
    schedlink   muintptr
    lockedg     guintptr
    freelink    *m
}
```

部分欄位的用途如表 6-3 所示。

▼ 表 6-3　runtime.m 部分欄位的用途

欄位	用途
g0	並不是一個真正的 goroutine，它的堆疊是由作業系統分配的，初始大小比普通 goroutine 的堆疊要大，被用作排程器執行的堆疊
gsignal	本質上是用來處理訊號的堆疊，因為一些 UNIX 系統支援為訊號處理器設定獨立的堆疊
curg	指向的是 M 當前正在執行的 G
p	GMP 中的 P，即連結到當前 M 上的處理器
nextp	用來將 P 傳遞給 M，排程器一般是在 M 阻塞時為 m.nextp 給予值，等到 M 開始執行後會嘗試從 nextp 處獲取 P 進行連結
oldp	用來暫存執行系統呼叫之前連結的 P
id	M 的唯一 ID
preemptoff	不為空時表示要關閉對 curg 的先佔，字串內容舉出了相關的原因
locks	記錄了當前 M 持有鎖的數量，不為 0 時能夠阻止先佔發生
spinning	表示當前 M 正處於自旋狀態

（續表）

欄位	用途
park	用來支持 M 的暫停與喚醒，可以很方便地實現每個 M 單獨暫停和喚醒
alllink	把所有的 M 連起來，組成 allm 鏈結串列
schedlink	被排程器用於實現鏈結串列，如空閒 M 鏈結串列
lockedg	連結到與當前 M 綁定的 G，可參考 LockOSThread
freelink	用來把已經退出執行的 M 連起來，組成 sched.freem 鏈結串列，方便下次分配時重複使用

6.5.3 runtime.p

再來看一下 GMP 中的 P，也就是 Processor 對應的資料結構 runtime.p，這裡只摘選我們感興趣的部分欄位，程式如下：

```
type p struct {
    id                  int32
    status              uint32
    link                puintptr
    schedtick           uint32
    syscalltick         uint32
    sysmontick          sysmontick
    m                   muintptr
    goidcache           uint64
    goidcacheend        uint64
    runqhead            uint32
    runqtail            uint32
    runq                [256]guintptr
    runnext             guintptr
    gFree struct {
        gList
        n int32
    }
    preempt             bool
}
```

各個欄位的主要用途如表 6-4 所示。

▼ 表 6-4 runtime.p 各個欄位的主要用途

欄位	主要用途
id	P 的唯一 ID，等於當前 P 在 allp 陣列中的下標
status	表示 P 的狀態，具體的設定值和含義稍後再講解
link	是一個沒有寫入屏障的指標，被排程器用來建構鏈結串列
schedtick	記錄了排程發生的次數，實際上在每發生一次 goroutine 切換且不繼承時間切片的情況下，該欄位會加一
syscalltick	每發生一次系統呼叫就會加一
sysmontick	被監控執行緒用來儲存上一次檢查時的排程器時鐘滴答，用以實現時間切片演算法
m	本質上是個指標，反向連結到當前 P 綁定的 M
goidcache goidcacheend	用來從全域 sched.goidgen 處申請 goid 分配區間，批次申請以減少全域範圍的鎖爭用
runqhead runqtail runq	當前 P 的就緒佇列，用一個陣列和一頭一尾兩個下標實現了一個環狀佇列
runnext	如果不為 nil，則指向一個被當前 G 準備好 (就緒) 的 G，接下來將繼承當前 G 的時間切片開始執行。該欄位存在的意義在於，假如有一組 goroutine 中有生產者和消費者，它們在一個 channel 上頻繁地等待、喚醒，那麼排程器會把它們作為一個單元來排程。每次使用 runnext 比增加到本地 runq 尾部能大幅減少延遲
gFree	用來快取已經退出執行的 G，方便再次分配時進行重複使用
preempt	在 Go 1.14 版本被引入，以支援新的非同步先佔機制

status 欄位有 5 種不同的設定值，分別表示 P 所處的不同狀態，如表 6-5 所示。

▼ 表 6-5 P 的不同狀態

狀態	含義
_Pidle	空閒狀態。此時的 P 沒有被用來執行使用者程式或排程器程式，通常位於空閒鏈結串列中，能夠被排程器獲取，它的狀態可能正在由空閒轉變成其他狀態。P 的所有權歸空閒鏈結串列或某個正在改變它狀態的執行緒所有，本地 runq 為空
_Prunning	執行中狀態。當前 P 正被某個 M 持有，並且用於執行使用者程式或排程器程式。只有持有 P 所有權的 M，才被允許將 P 的狀態從 _Prunning 轉變為其他狀態。在任務都執行完以後，M 會把 P 設定為 _Pidle 狀態。在進入系統呼叫時，M 會把 P 設定為 _Psyscall 狀態。暫停以執行 GC 時，會設定為 _Pgcstop 狀態。某些情況下，M 還可能會直接把 P 的所有權交給另一個 M
_Psyscall	系統呼叫狀態。此時的 P 沒有執行使用者程式，它和一個處於 syscall 中的 M 間存在弱連結關係，可能會被另一個 M 竊取走
_Pgcstop	GC 停止狀態。P 被 STW 暫停以執行 GC，所有權歸執行 STW 的 M 所有，執行 STW 的 M 會繼續使用處於 _Pgcstop 狀態的 P。當 P 的狀態從 _Prunning 轉變成 _Pgcstop 時，會造成連結的 M 釋放 P 的所有權，然後進入阻塞狀態。P 會保留它的本地 runq，然後 Start The World 會重新啟動這些本地 runq 不為空的 P
_Pdead	停用狀態。因為 GOMAXPROCS 收縮，會造成多餘的 P 被停用，當 GOMAXPROCS 再次增大時還會被重複使用。一個停用的 P，大部分資源被剝奪，只有很少量保留

6.5.4 schedt

還有最後一個資料結構需要關注，也就是用來儲存排程器全域資料的 sched 變數對應的 schedt 類型。就像這個結構的類型名字一樣，其中的欄位大多數和排程相關，所以就不再進行刪減了。摘取 Go 1.16 版原始程式碼中的 schedt 結構定義，程式如下：

```
type schedt struct {
    goidgen          uint64
```

```
lastpoll          uint64
pollUntil         uint64
lock mutex
midlem            uintptr
nmidle            int32
nmidlelocked      int32
mnext             int64
maxmcount         int32
nmsys             int32
nmfreed           int64
ngsys             uint32
pidle             puintptr
npidle            uint32
nmspinning        uint32
runq      gQueue
runqsize int32
disable struct {
    user              bool
    runnable          gQueue
    n                 int32
}
gFree struct {
    lock    mutex
    stack   gList
    noStack gList
    n       int32
}

sudoglock    mutex
sudogcache * sudog

deferlock mutex
deferpool[5] * _defer

freem * m

gcwaiting    uint32
stopwait    int32
stopnote    note
```

```
    sysmonwait  uint32
    sysmonnote  note

    sysmonStarting uint32

    safePointFn          func( * p)
    safePointWait        int32
    safePointNote        note

    profilehz int32

    procresizetime       int64
    totaltime            int64
    sysmonlock mutex
}
```

其中部分欄位的主要用途如表 6-6 所示。

▼ 表 6-6　schedt 部分欄位的主要用途

欄位	主要用途
goidgen	用作全域的 goid 分配器，以保證 goid 的唯一性。P 中的 goidcache 就是從這裡批次獲取 goid 的
lastpoll	記錄的是上次執行 netpoll 的時間，如果等於 0, 則表示某個執行緒正在阻塞式地執行 netpoll
pollUntil	表示阻塞式的 netpoll 將在何時被喚醒。Go 1.14 版重構了 Timer，引入該欄位，喚醒 netpoller 以處理 Timer
lock	全域範圍的排程器鎖，存取 sched 中的很多欄位需要提前獲得該鎖
midle	空閒 M 鏈結串列的鏈結串列頭，nmidle 記錄的是空閒 M 的數量，即鏈結串列的長度
nmidlelocked	統計的是與 G 綁定（LockOSThread）且處於空閒狀態的 M，綁定的 G 沒有在執行，對應 M 不能用來執行其他 G，只能暫停，以便進入空閒狀態
mnext	記錄了共建立了多少個 M，同時也被用作下一個 M 的 ID
maxmcount	限制了最多允許的 M 的個數，除去那些已經釋放的
nmsys	統計的是系統 M 的個數，這些 M 不在檢查鎖死的範圍內

（續表）

欄位	主要用途
nmfreed	統計的是累計已經釋放了多少 M
ngsys	記錄的是系統 goroutine 的數量，會被原子性地更新
pidle	空閒 P 鏈結串列的標頭，npidle 記錄了空閒 P 的個數，也就是鏈結串列的長度
nmspinning	記錄的是處於自旋狀態的 M 的數量
runq	全域就緒佇列
runqsize	記錄的是全域就緒佇列的長度
disable	用來禁止排程使用者 goroutine，其中的 user 變數被置為 true 後，排程器將不再排程執行使用者 goroutine，系統 goroutine 不受影響。期間就緒的使用者 goroutine 會被臨時存放到 disable.runnable 佇列中，變數 n 記錄了佇列的長度
gFree	用來快取已退出執行的 G，lock 是本結構單獨的鎖，避免爭用 sched.lock。stack 和 noStack 這兩個列表分別用來儲存有堆疊和沒有堆疊的 G，因為在 G 結束執行被回收的時候，如果堆疊大小超過了標準大小，就會被釋放，所以有一部分 G 是沒有堆疊的。變數 n 是兩個清單長度之和，也就是總共快取了多少個 G
sudoglock sudogcache	組成了 sudog 結構的中央快取，供各個 P 存取
deferlock deferpool	組成了 _defer 結構的中央快取，關於 defer 的詳情可閱讀 3.4 節的相關內容
freem	一組已經結束執行的 M 組成的鏈結串列的標頭，透過 m.freelink 連結到下一項，鏈結串列中的內容在分配新的 M 時會被重複使用
gcwaiting	表示 GC 正在等待執行，和 stopwait、stopnote 一同被用於實現 STW。stopwait 記錄了 STW 需要停止的 P 的數量，發起 STW 的執行緒會先把 GOMAXPROCS 給予值給 stopwait，也就是需要停止所有的 P。再把 gcwaiting 置為 1，然後在 stopnote 上睡眠等待被喚醒。其他正在執行的 M 檢測到 gcwaiting 後會釋放連結 P 的所有權，並把 P 的狀態置為 _Pgcstop，再把 stopwait 的值減 1，然後 M 把自己暫停。M 在自我暫停之前如果檢測到 stopwait=0，也就是所有 P 都已經停止了，就會透過 stopnote 喚醒發起 STW 的執行緒
sysmonwait	不為 0 時表示監控執行緒 sysmon 正在 sysmonnote 上睡眠，其他的 M 會在適當的時機將 sysmonwait 置為 0，並透過 sysmonnote 喚醒監控執行緒

（續表）

欄位	主要用途
sysmonStarting	表示主執行緒已經建立了監控執行緒 sysmon，但是後者尚未開始執行，某些操作需要等到 sysmon 啟動之後才能進行
safePointFn	是個 Function Value，safePointWait 和 safePointNote 的作用有些類似於 stopwait 和 stopnote，被 runtime.forEachP 用來確保每個 P 都在下一個 GC 安全點執行了 safePointFn
profilehz	用來設定性能分析的採樣頻率
procresizetime	
totaltime	統計了改變 GOMAXPROCS 所花費的時間
sysmonlock	監控執行緒 sysmon 存取 runtime 資料時會加上的鎖，其他執行緒可以透過它和監控執行緒進行同步

　　與排程相關的資料結構的介紹就到這裡，從其中一些欄位的用途就能夠大致感受到排程器實現的想法。接下來，嘗試按照不同的階段或不同的功能模組逐步了解整個排程器。

6.6　排程器初始化

6.6.1　排程器初始化過程

　　Go 程式碼經過 build 之後，生成的是系統原生的可執行檔。可執行檔一般會有個執行入口，也就是被載入到記憶體後指令開始執行的位址。如圖 6-15 所示，這個執行入口在不同平台上不盡相同。在 amd64+linux 平台上，使用 -buildmode=exe 模式建構出來的可執行檔，其對外曝露的執行入口是 _rt0_ amd64_linux，對應 runtime 原始程式中的組合語言函式 _rt0_amd64_linux()，該函式只有一行 JMP 指令，用於跳躍到組合語言函式 _rt0_amd64()。組合語言函式 _rt0_amd64() 只有 3 行指令，用於立刻呼叫 runtime.rt0_go() 函式。rt0_ go() 函式也是個組合語言函式，該函式包含了 Go 程式啟動的大致流程。

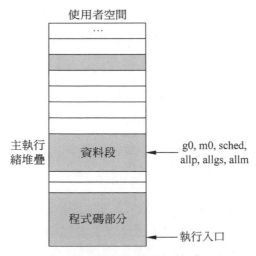

▲ 圖 6-15 可執行檔的記憶體分配

接下來我們就從可執行檔的執行入口開始講解,一直講解到程式中的 main() 函式,看一看 Go 程式是如何開始執行的。以下是 rt0_go() 函式的主要邏輯:

(1) 初始化 g0 的堆疊區域間,檢測 CPU 廠商及型號,隨選呼叫 _cgo_ init() 函式,設定和檢測 TLS,將 m0 和 g0 相互連結,並將 g0 設定到 TLS 中,如圖 6-16 所示。

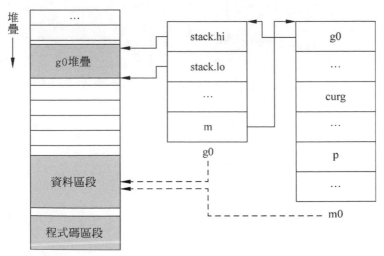

▲ 圖 6-16 初始化 g0 堆疊並連結 m0

（2）呼叫 runtime.args() 函式來暫存命令列參數以待後續解析。部分系統會在這裡獲取與硬體相關的一些參數，例如物理分頁大小。

（3）呼叫 runtime.osinit() 函式，所有的系統都會在這裡獲取 CPU 核心數，如果上一步沒有成功獲取物理分頁大小，則部分系統會再次獲取。Linux 系統會在這裡獲取 Huge 物理分頁的大小。

（4）呼叫 runtime.schedinit() 函式，就像它的名字那樣，這個函式會初始化排程系統，函式的邏輯較為複雜，相關細節稍後再詳細說明。

（5）呼叫 runtime.newproc() 函式，建立主 goroutine，指定的入口函式是 runtime.main() 函式，這是程式啟動後第 1 個真正的 goroutine，如圖 6-17 所示。

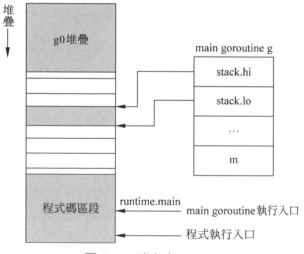

▲ 圖 6-17　建立主 goroutine

（6）呼叫 runtime.mstart() 函式，當前執行緒進入排程迴圈。一般情況下執行緒呼叫 mstart() 函式進入排程迴圈後不會再傳回。進入排程迴圈的執行緒會去執行上一步建立的 goroutine，如圖 6-18 所示。

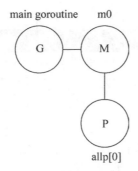

▲ 圖 6-18 主 goroutine 執行

主 goroutine 得到執行後，runtime.main() 函式會設定最大堆疊大小、啟動監控執行緒 sysmon、初始化 runtime 套件、開啟 GC，最後初始化 main 套件並呼叫 main.main() 函式。main.main() 函式是使用者程式的主函式，整個初始化過程至此徹底結束。

6.6.2 runtime.schedinit() 函式

在上述整個流程中，呼叫 runtime.schedinit() 函式實際上做了很多事情，需要把這個函式的邏輯整理一下，該函式也是透過呼叫多個其他函式完成操作的，呼叫的函式及其用途如表 6-7 所示。

▼ 表 6-7 runtime.schedinit() 函式呼叫的函式及其用途

呼叫函式	用途
moduledataverify()	驗證程式的各個模組，因為 golang 支援 shared、plugin 等 build 模式，可能會有多個二進位模組，這裡會驗證各個模組的符號、ABI 等，確保模組間一致
stackinit()	初始化堆疊分配。goroutine 的堆疊是動態分配、動態增長的，這一步會初始化用於堆疊分配的全域緩衝集區，以及相關的鎖
mallocinit()	初始化堆積分配
fastrandinit()	初始化 fastrandseed，後者會被接下來的 mcommoninit() 函式用到
mcommoninit()	為當前工作執行緒 M 分配 ID、初始化 gsignal，並把 M 增加到 allm 鏈結串列中

（續表）

呼叫函式	用途
cpuinit()	進行與 CPU 相關的初始化工作，檢測 CPU 是否支援某些指令集，以及根據 GODEBUG 環境變數來啟用或禁用某些硬體特性
alginit()	根據 CPU 對 AES 相關指令的支援情況，選擇不同的 Hash 演算法
modulesinit()	基於所有的已載入模組，建構一個活躍模組切片 modulesSlice，並初始化 GC 需要的 Mask 資料
typelinksinit()	基於活躍模組清單建構模組層級的 typemap，實現全域範圍內對類型中繼資料進行去重，第 5 章中進行過詳細介紹
itabsinit()	遍歷活躍模組清單，將編譯階段生成的所有 itab 增加到 itabTable 中
goargs()	解析命令列參數，程式中透過 os.Args 得到的參數是在這裡初始化的（Windows 除外）
goenvs()	解析環境變數，程式中透過 os.Getenv 獲取的環境變數是在這裡初始化的（Windows 除外）
parsedebugvars()	解析環境變數 GODEBUG，為 runtime 各個偵錯參數給予值
gcinit()	初始化與 GC 相關的參數，根據環境變數 GOGC 設定 gcpercent
procresize()	根據 CPU 的核心數或環境變數 GOMAXPROCS 確定 P 的數量，呼叫 procresize 進行調整

　　直到 runtime.schedinit() 函式執行完，P 都已經初始化完畢，此時還沒有建立任何 goroutine，所有 P 的 runq 都是空的。根據 procresize() 函式的邏輯，函式傳回後當前執行緒會和第 1 個 P 連結，也就是 allp[0]。接下來的 runtime. newproc() 函式會建立第 1 個 goroutine，並把它放到 P 的本地 runq 中，如圖 6-19 所示。

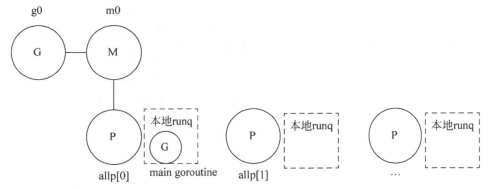

▲ 圖 6-19 第 1 個 goroutine 建立後的 GMP 模型

6.7 G 的建立與退出

跟執行緒類似，goroutine 的建立與退出是兩個比較關鍵的操作。在分析用來建立 goroutine 的 runtime.newproc() 函式之前，需要先了解幾個重要的底層組合語言函式。

6.7.1 相關組合語言函式

1. runtime.systemstack() 函式

首先是 runtime.systemstack() 函式，該函式被設計用來臨時性地切換至當前 M 的 g0 堆疊，完成某些操作後再切換回原來 goroutine 的堆疊。該函式主要用於執行 runtime 中一些會觸發堆疊增長的函式，因為 goroutine 的堆疊是被 runtime 管理的，所以 runtime 中這些邏輯就不能在普通的 goroutine 上執行，以免陷入遞迴。g0 的堆疊是由作業系統分配的，可以認為空間足夠大，被 runtime 用來執行自身邏輯非常安全。runtime.systemstack() 函式的程式如下：

```
//func systemstack(fn func())
TEXT runtime·systemstack(SB), NOSPLIT, $0-8
    MOVQ        fn+0(FP), DI            // 把 fn 存入 DI 暫存器
```

```
        get_tls(CX)
MOVQ        g(CX), AX                 // 從 TLS 獲取當前 g，存入 AX 中
MOVQ        g_m(AX), BX               // 將 g.m 存入 BX 中


CMPQ        AX, m_gsignal(BX)         // 比較當前 g 是否是 m.gsignal
JEQ         noswitch                  //gsignal 也是系統堆疊，不切換


MOVQ        m_g0(BX), DX              // 將 m.g0 存入 DX 中
CMPQ        AX, DX                    // 比較當前 g 是不是 g0
JEQ         noswitch                  // 已經在 g0 上，不需要切換


CMPQ        AX, m_curg(BX)
JNE  bad                              // 當前 g 與 m.curg 不一致

// 將當前 g 的狀態儲存至 g->sched
MOVQ        $runtime·systemstack_switch(SB), SI
MOVQ        SI, (g_sched+gobuf_pc)(AX)
MOVQ        SP, (g_sched+gobuf_sp)(AX)
MOVQ        AX, (g_sched+gobuf_g)(AX)
MOVQ        BP, (g_sched+gobuf_bp)(AX)


// 將 g0 設定到 TLS
MOVQ        DX, g(CX)
MOVQ        (g_sched+gobuf_sp)(DX), BX //g0.sched.sp => BX
// 使 g0 的呼叫堆疊看起來像 mstart 呼叫的 systemstack，以停止 traceback
SUBQ        $8, BX
MOVQ        $runtime·mstart(SB), DX
MOVQ        DX, 0(BX) // 建構一個 mstart 的堆疊幀
MOVQ        BX, SP


// 呼叫目標函式，用 DX 傳遞閉包上下文
MOVQ        DI, DX
MOVQ        0(DI), DI
CALL        DI


// 切換回原來的 g
get_tls(CX)
MOVQ        g(CX), AX
MOVQ        g_m(AX), BX
```

```
        MOVQ        m_curg(BX), AX
        MOVQ        AX, g(CX)
        MOVQ        (g_sched+gobuf_sp)(AX), SP
        MOVQ        $0, (g_sched+gobuf_sp)(AX)
        RET

noswitch:
        // 已經在系統堆疊了，直接跳躍到目標函式，省略掉 systemstack 的堆疊幀
        MOVQ        DI, DX
        MOVQ        0(DI), DI
        JMP         DI

bad:
        // 出錯：g 不是 gsignal，不是 g0，也不是 curg
        MOVQ        $runtime·badsystemstack(SB), AX
        CALL        AX
        INT         $3
```

函式接收一個沒有參數和傳回值的 Function Value 作為參數，靜態的函式和閉包都能支援。如果當前已經處於 gsignal 或 g0 的堆疊上，則 systemstack() 函式沒有任何作用，就像呼叫者不使用 systemstack() 函式而直接呼叫 fn() 函式一樣，所以是可以巢狀結構使用的。需要注意的是，當從 g0 切換回 g 的時候，並沒有將 g0 的狀態儲存到 g0.sched 中，也就是說每次從 g0 切換至其他的 goroutine 後，g0 堆疊上的內容就被拋棄了，下次切換至 g0 還是從頭開始。

2. runtime.mcall() 函式

runtime.mcall() 函式和 systemstack() 函式很像，也是切換到系統堆疊去執行某個 Function Value，但是也有些不同，mcall() 函式不能在 g0 堆疊上呼叫，而且也不會再切換回來，函式的程式如下：

```
//func mcall(fn func(*g))
TEXT runtime·mcall(SB), NOSPLIT, $0-8
    MOVQ        fn+0(FP), DI

    get_tls(CX)
```

```
MOVQ        g(CX), AX                           // 將當前 g 的狀態儲存到 g->sched
MOVQ        0(SP), BX                           // 呼叫者的指令指標位置，PC
MOVQ        BX, (g_sched+gobuf_pc)(AX)
LEAQ        fn+0(FP), BX                        // 呼叫者的堆疊指標，SP
MOVQ        BX, (g_sched+gobuf_sp)(AX)
MOVQ        AX, (g_sched+gobuf_g)(AX)
MOVQ        BP, (g_sched+gobuf_bp)(AX)


// 切換至 m->g0 的堆疊，然後呼叫 fn
MOVQ        g(CX), BX
MOVQ        g_m(BX), BX
MOVQ        m_g0(BX), SI
CMPQ        SI, AX                              // 如果當前 g 就是 m->g0，則呼叫 badmcall
JNE         3(PC)
MOVQ        $runtime·badmcall(SB), AX
JMP         AX
MOVQ        SI, g(CX)                           // 將 m->g0 設定到 TLS
MOVQ        (g_sched+gobuf_sp)(SI), SP          // 切換至 g0 的堆疊
PUSHQ       AX
MOVQ        DI, DX                              // 傳遞閉包上下文
MOVQ        0(DI), DI
CALL        DI
POPQ        AX
MOVQ        $runtime·badmcall2(SB), AX
JMP         AX
RET
```

函式會先把當前 g 的狀態儲存到 g.sched，然後切換至 g0 堆疊，用當前 g 的指標作為參數呼叫 fn() 函式。這個流程非常適合 goroutine 將自己暫停，fn() 函式中執行排程邏輯對 g 進行後續處理。需要注意該函式預期 fn() 函式不會返回，也就是説 fn() 函式中的排程邏輯需要選擇下一個可執行的 g，並完成切換。如何切換到新的 g 去執行呢？這就是接下來要介紹的 runtime.gogo() 函式。

3. runtime.gogo() 函式

runtime.gogo() 函式的程式如下：

```
//func gogo(buf *gobuf)
// 從 gobuf 恢復 goroutine 的狀態，類似 C 語言的 longjmp
```

```
TEXT runtime·gogo(SB), NOSPLIT, $16-8
    MOVQ        buf+0(FP), BX                //gobuf
    MOVQ        gobuf_g(BX), DX
    MOVQ        0(DX), CX                    // 確保 buf.g 不等於 nil
    get_tls(CX)
    MOVQ        DX, g(CX)
    MOVQ        gobuf_sp(BX), SP             // 恢復堆疊指標 SP
    MOVQ        gobuf_ret(BX), AX
    MOVQ        gobuf_ctxt(BX), DX
    MOVQ        gobuf_bp(BX), BP
    MOVQ        $0, gobuf_sp(BX)             // 清零以最佳化 GC
    MOVQ        $0, gobuf_ret(BX)
    MOVQ        $0, gobuf_ctxt(BX)
    MOVQ        $0, gobuf_bp(BX)
    MOVQ        gobuf_pc(BX), BX
    JMP         BX
```

函式有一個 *gobuf 類型的參數，buf.g 是要恢復執行的 goroutine，gogo() 函式利用 gobuf 中儲存的狀態來還原對應的暫存器，再跳躍到 buf.pc 地址處去執行指令。

既然有 longjmp，自然也有與之對應的 setjmp，也就是 runtime.gosave() 函式。

4. runtime.gosave() 函式

runtime.gosave() 函式用來把當前 goroutine 的執行狀態儲存到 gobuf 中，程式如下：

```
//func gosave(buf *gobuf)
// 將執行狀態儲存到 gobuf 中，類似 C 語言的 setjmp
TEXT runtime·gosave(SB), NOSPLIT, $0-8
    MOVQ        buf+0(FP), AX                //gobuf 地址 => AX
    LEAQ        buf+0(FP), BX                // 呼叫者 SP => BX
    MOVQ        BX, gobuf_sp(AX)
    MOVQ        0(SP), BX                    // 呼叫者 PC => BX
    MOVQ        BX, gobuf_pc(AX)
    MOVQ        $0, gobuf_ret(AX)
```

```
MOVQ        BP, gobuf_bp(AX)
// 斷言 ctxt 是 0，只有初創尚未執行時期不為 0
MOVQ        gobuf_ctxt(AX), BX
TESTQ       BX, BX
JZ          2(PC)
CALL        runtime·badctxt(SB)
get_tls(CX)
MOVQ        g(CX), BX
MOVQ        BX, gobuf_g(AX)
RET
```

函式取的 SP 和 PC 的值就像是剛從 gosave() 函式傳回，後續如果使用 gogo() 函式進行 longjmp，程式會從呼叫者呼叫 gosave() 函式的下一行指令繼續執行。關於 gobuf.ctxt，因為建立 goroutine 時 go 關鍵字後面的 Function Value 可能是個閉包，所以要依靠 ctxt 來傳遞閉包物件。一旦使用 gogo() 函式來恢復執行，gobuf.ctxt 就會被清零。

了解了上述幾個底層函式之後，閱讀與排程相關的原始程式就會比較方便了。下面就來看一下負責建立新 goroutine 的 runtime.newproc() 函式。

6.7.2　runtime.newproc() 函式

先來看一個 Hello World 範例，程式如下：

```go
// 第 6 章 /code_6_1.go
package main
func hello(name string){
    println("Hello", name)
}
func main(){
    name := "Goroutine"
    go hello(name)
}
```

透過 6.6 節關於初始化的介紹，我們已經了解了從程式執行入口開始，到 main.main() 函式執行的大致過程。main.main() 函式執行時會透過 go 關鍵字建立一個程式碼協同，我們姑且把它記為 hello goroutine，這裡的 go 關鍵字實際上會被編譯器轉換成對 runtime.newproc() 函式的呼叫。函式的程式如下：

```
//go:nosplit
func newproc(siz int32, fn *funcval) {
    argp := add(unsafe.Pointer(&fn), sys.PtrSize)
    gp := getg()
    pc := getcallerpc()
    systemstack(func() {
        newg := newproc1(fn, argp, siz, gp, pc)
        _p_ := getg().m.p.ptr()
        runqput(_p_, newg, true)

        if mainStarted {
            wakep()
        }
    })
}
```

我們先繪製建立 hello goroutine 的 newproc() 函式呼叫堆疊，如圖 6-20 所示，其中有幾個要點需要分別說明：

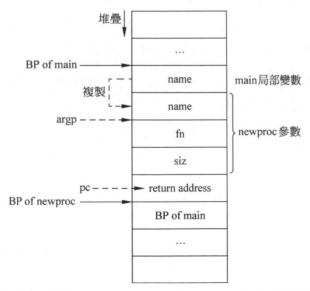

▲ 圖 6-20 建立 hello goroutine 的 newproc() 函式呼叫堆疊

（1）argp 指標所指向的位置在堆疊上位於參數 fn 之後，就像是 newproc() 函式的第 3 個參數。從 argp 開始 siz 位元組的資料實際上是 fn() 函式的參數，被編譯器追加在了堆疊上參數 fn 的後面，這一點與 defer 機制的 runtime.deferproc() 函式一致。從 newproc() 函式的原型來看，這些被追加的參數是不可見的，所以 newproc() 函式必須是 nosplit，以免移動堆疊時遺失這些參數。

（2）透過 getcallerpc() 函式獲取的是建立者的指令指標，主要被新的 goroutine 用於記錄自己是在哪裡被建立的。

（3）實際上真正的建立工作是在 runtime.newproc1() 函式中完成的，該函式有些複雜，可能會造成堆疊增長，同時又有 nosplit 的限制，所以要透過 systemstack() 函式切換至系統堆疊執行。

（4）新建立的 newg 透過 runqput() 函式被放置在當前 P 的本地 runq 中。mainStarted 表示 runtime.main() 函式，即主 goroutine 已經開始執行，此後才會透過 wakep() 函式啟動新的工作執行緒，以保證 main() 函式總會被主執行緒排程執行。

對於新 goroutine 的分配及初始化工作，都是在 runtime.newproc1() 函式中完成的，該函式的程式篇幅較大，此處就不將整段程式貼出來了，只在必要的地方節選一些。函式的主要邏輯包含以下幾部分：

（1）分配新的 g，先嘗試 gfget() 函式從空閒佇列中獲取，如果沒有，再用 malg() 函式分配新的 g。

（2）計算堆疊上所需空間的大小，用參數的大小加額外預留的空間，還要經過對齊。

（3）根據上一步的計算確定 SP 的位置，把參數複製到新 g 的堆疊上，需要用到寫屏障。

（4）初始化執行上下文，這裡用到 gostartcallfn() 函式，稍後會進一步詳細說明。

（5）將 G 的狀態設定為 _Grunnable，並根據當前 P 的 goidcache 為 g 分配 ID。

關於新 goroutine 執行上下文的初始化比較關鍵，因為初始化過的 g 會先
被放入 P 的本地 runq 中，等到接下來的排程迴圈中才會被執行。切換到新的
goroutine 執行會用到 runtime.gogo() 函式，也就是基於 g.sched 的 gobuf 來
恢復執行現場，所以初始化的時候要在 g.sched 中模擬出一個執行現場，關鍵
程式如下：

```
newg.sched.sp = sp
newg.sched.pc = funcPC(goexit) + sys.PCQuantum
newg.sched.g = guintptr(unsafe.Pointer(newg))
gostartcallfn(&newg.sched, fn)
```

建立 hello goroutine 時 newproc1() 函式模擬的執行現場如圖 6-21 所示。
其中的 sp 就是從堆疊底留出參數及額外空間後的位置，pc 的位置比較有意
思，是 runtime.goexit() 函式的起始地址加上 1 位元組（sys.PCQuantum 在
amd64 上是 1 位元組）。這樣初始化 pc 是為了讓呼叫堆疊看起來像是起始於
goexit() 函式，然後 goexit() 函式呼叫了 fn() 函式，也就是 hello() 函式。如此
一來，當 fn() 函式執行完畢後，會傳回 goexit() 函式中，goexit() 函式中實現了
goroutine 結束後退出的標準邏輯。pc 的值之所以需要是 goexit() 函式的地址
加 1，是因為這樣才像是 goexit() 函式呼叫了 fn() 函式，如果指向 goexit() 函式
的起始地址就不合適了，那樣 goexit() 函式看起來還沒有執行。

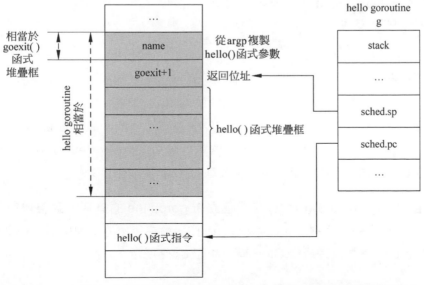

▲ 圖 6-21　建立 hello goroutine 時 newproc1() 函式模擬的執行現場

讀者可能會擔心 goexit() 函式地址加 1 會造成指令錯亂，實際不會有問題，因為 goexit() 函式的程式已經考慮到這一層了，程式如下：

```
TEXT runtime·goexit<ABIInternal>(SB),NOSPLIT,$0-0
    BYTE        $0x90               //NOP
    CALL        runtime·goexit1(SB)
    BYTE        $0x90               //NOP
```

首尾各有一行 NOP 指令佔位元，所以入口地址加 1 後不會有什麼影響，正好對齊到了接下來的 CALL 指令，而且還可以發現 goexit() 函式真正的邏輯是在 goexit1() 函式中實現的，這個暫不詳細説明。接下來繼續看 goroutine 執行上下文的初始化，gostartcallfn() 函式內部呼叫了 gostartcall() 函式實現了主要功能，x86 對應的 gostartcall() 函式的原始程式碼如下：

```
func gostartcall(buf *gobuf, fn, ctxt unsafe.Pointer) {
    sp := buf.sp
    if sys.RegSize > sys.PtrSize {
        sp -= sys.PtrSize
        *(*uintptr)(unsafe.Pointer(sp)) = 0
    }
    sp -= sys.PtrSize
    *(*uintptr)(unsafe.Pointer(sp)) = buf.pc
    buf.sp = sp
    buf.pc = uintptr(fn)
    buf.ctxt = ctxt
}
```

暫存器大小不等於指標大小的情況可直接忽略，函式的主要邏輯是： 先把 SP 向下移動一個指標大小，然後把 PC 的值寫入 SP 指向的記憶體，這相當於在堆疊上存入了一個新的堆疊幀，原 PC 成為傳回地址。最後更新 gobuf 的 sp 和 pc 欄位，新的 pc 是 fn，最終建構的執行現場就像是 goexit() 函式剛剛呼叫了 fn() 函式，剛剛完成跳躍還沒來得及執行 fn() 函式的指令。

至此，runtime.newproc() 函式建立新 goroutine 的流程大致整理完了，新 goroutine 已經被放置到了 P 的本地 runq 中，會在後續的排程迴圈中得到執行，hello goroutine 建立完成後 GMP 模型如圖 6-22 所示。

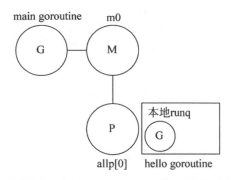

▲ 圖 6-22 hello goroutine 建立後的 GMP

　　main goroutine 在 main.main() 函式傳回後就會呼叫 exit() 函式結束處理程序，所以範例程式中的 hello goroutine 還沒來得及得到排程執行，整個處理程序就結束了。可以透過等待 timer 或 channel 的方式拖延 main.main() 函式的傳回時間，這樣就可以等到 hello goroutine 退出後再結束處理程序了。

　　至於 goroutine 的退出，相對而言就比較簡單了，runtime.goexit1() 函式實際上也不是主要邏輯實現的地方，該函式只不過透過 mcall() 函式呼叫了 goexit0() 函式。為什麼要透過 mcall() 函式呼叫呢？因為當前 goroutine 即將退出了，不能繼續執行，必須切換至系統堆疊來完成收尾處理。goexit0() 函式中才是真正進行收尾的地方，該函式的邏輯比較簡單，主要包括以下幾個步驟：

　　（1） 將 g 的狀態置為 _Gdead。

　　（2） g 的一些欄位需要做清零處理。

　　（3） 透過 dropg() 函式將 g 與當前 M 解綁。

　　（4） 呼叫 gfput() 函式將 g 放入空閒佇列，以便於重複使用。

　　（5） 呼叫 schedule() 函式，排程執行其他已經就緒的 goroutine。

　　其中最後一步調用的 runtime.schedule() 函式就是我們通常所講的排程迴圈，確切地說應該是排程迴圈中的一次迴圈，工作執行緒透過不斷地呼叫 schedule() 函式來排程執行下一個 goroutine。6.8 節將從 schedule() 函式入手，整理一下排程的主要邏輯。

6.8 調度循環

6.8.1 runtime.schedule() 函式

工作執行緒透過呼叫 runtime.schedule() 函式進行一次排程，該函式就是排程邏輯的主要實現。原始程式碼稍微有點多，下面分成幾部分進行整理。

第一部分程式如下：

```
_g_: = getg()
if _g_.m.locks != 0 {
    throw ("schedule: holding locks")
}
if _g_.m.lockedg != 0 {
    stoplockedm()
    execute(_g_.m.lockedg.ptr(), false)
}
if _g_.m.incgo {
    throw ("schedule: in cgo")
}
```

函式開始處先透過 getg() 函式獲得了當前正在執行的 g，執行 schedule() 函式時一般都是系統堆疊 g0。接下來的第 1 個 if 敘述驗證當前執行緒沒持有鎖，不允許在持有鎖的情況下進行排程，以免造成 runtime 內部錯誤，這裡的鎖是 runtime 底層的鎖，與 sync 套件中的 Mutex 等不是一個等級。第 2 個 if 判斷當前 M 有沒有和 G 綁定，如果有，這個 M 就不能用來執行其他的 G 了，只能暫停等待綁定的 G 得到排程。第 3 個 if 判斷執行緒是不是正在進行 cgo 函式呼叫，這種情況下 g0 堆疊正在被 cgo 使用，所以也不允許排程。

第二部分程式如下：

```
top:
    pp: = _g_.m.p.ptr()
    pp.preempt = false
```

```
    if sched.gcwaiting != 0 {
        gcstopm()
        goto top
    }
    if pp.runSafePointFn != 0 {
        runSafePointFn()
    }
    if _g_.m.spinning && (pp.runnext != 0 || pp.runqhead != pp.runqtail) {
        throw ("schedule: spinning with local work")
    }
```

從 top 標籤開始就是真正的排程邏輯了，設定這個標籤的目的，是為了後面某些情況下需要 goto 這裡重來一遍。透過把 preempt 設定為 false，來禁止對 P 的先佔。檢測 sched.gcwaiting，暫停自己，以便即時響應 STW，排程邏輯中多個地方都有對 gcwaiting 的檢測。runSafePointFn() 函式被 GC 用來在安全點執行清空工作佇列之類的操作。最後對 spinning 的判斷屬於一致性驗證，在 P 本地 runq 有任務的情況下，M 不應該處於 spinning 狀態。

第三部分程式如下：

```
checkTimers(pp, 0)

var gp * g
var inheritTime bool

tryWakeP: = false
if trace.enabled || trace.shutdown {
    gp = traceReader()
    if gp != nil {
        casgstatus(gp, _Gwaiting, _Grunnable)
        traceGoUnpark(gp, 0)
        tryWakeP = true
    }
}
if gp == nil && gcBlackenEnabled != 0 {
    gp = gcController.findRunnableGCWorker(_g_.m.p.ptr())
    tryWakeP = tryWakeP || gp != nil
}
```

透過 checkTimers() 函式處理當前 P 上的計時器，關於計時器會在 6.10 節中詳細講解。接下來的兩個 if 敘述區塊嘗試獲得待執行的 Trace Reader 和 GC Worker，一般的 goroutine 切換至就緒狀態時會透過 wakep() 函式隨選啟動新的執行緒，但是這兩者不會，所以透過 tryWakeP 記錄是否需要 wakep() 函式。

第四部分程式如下：

```
if gp == nil {
    if _g_.m.p.ptr().schedtick % 61 == 0 && sched.runqsize > 0 {
        lock(&sched.lock)
        gp = globrunqget(_g_.m.p.ptr(), 1)
        unlock(&sched.lock)
    }
}
if gp == nil {
    gp, inheritTime = runqget(_g_.m.p.ptr())
}
if gp == nil {
    gp, inheritTime = findrunnable()
}
if _g_.m.spinning {
    resetspinning()
}
```

在 schedtick 能夠被 61 整除的時候，優先嘗試從全域 runq 中獲取任務，其他情況則只從本地 runq 中獲取。大致相當於每排程 60 次本地 runq，就會排程一次全域 runq。這樣做是為了在保證效率的基礎上兼顧公平性，否則本地佇列上的兩個持續喚醒的 goroutine 會造成全域佇列一直得不到排程。如果前面所有的步驟都沒有找到一個待執行的 goroutine，就會呼叫 findrunnable() 函式來找任務執行，該函式會一直阻塞，直到找到可執行的 goroutine，而且 findrunnable() 函式是個十足的品質級函式，稍後再介紹。程式執行到這裡，gp 肯定已經不是 nil 了，如果 M 處於 spinning 狀態，就要呼叫 resetspinning() 函式來脫離 spinning 狀態，resetspinning() 函式會呼叫 wakep() 函式隨選啟動新的執行緒。

第五部分程式如下：

```
if sched.disable.user && !schedEnabled(gp) {
    lock(&sched.lock)
    if schedEnabled(gp) {
        unlock(&sched.lock)
    } else {
        sched.disable.runnable.pushBack(gp)
        sched.disable.n++
        unlock(&sched.lock)
        goto top
    }
}
```

至此，雖然已經找到了待執行的 g，還要確定目前是否處於禁止排程使用者程式碼協同的狀態。在禁止排程使用者程式碼協同的狀態下，gp 如果是系統程式碼協同就可以正常執行，使用者程式碼協同需要先透過 disable 佇列暫存起來，排程邏輯跳躍到 top 重新尋找可執行的 g。等到允許排程使用者程式碼協同時，disable 佇列中的 g 會被重新加入 runq 中。

最後一部分程式如下：

```
if tryWakeP {
    wakep()
}
if gp.lockedm != 0 {
    startlockedm(gp)
    goto top
}
execute(gp, inheritTime)
```

第 1 個 if 根據 tryWakeP 來嘗試喚醒新的執行緒，以保證有足夠的執行緒來排程 Trace Reader 和 GC Worker。第 2 個 if 判斷 gp 是否有綁定的執行緒，如果有就必須喚醒綁定的執行緒來執行 gp，而且當前執行緒也要回到 top 再來一遍。若 gp 沒有綁定的 M，就透過 execute() 函式來執行 gp。executre() 函式會連結 gp 和當前的 M，將 gp 的狀態設定為 _Grunning，並透過 gogo() 函式恢復執行上下文，這裡不再詳細説明，感興趣的讀者可自行閱讀原始程式。

至此，schedule() 函式就整理完了，主要邏輯如圖 6-23 所示，整體還算簡單明了。我們並沒有看到傳說中的任務竊取等邏輯，這些邏輯在哪裡呢？那就是接下來要整理的 findrunnable() 函式了。

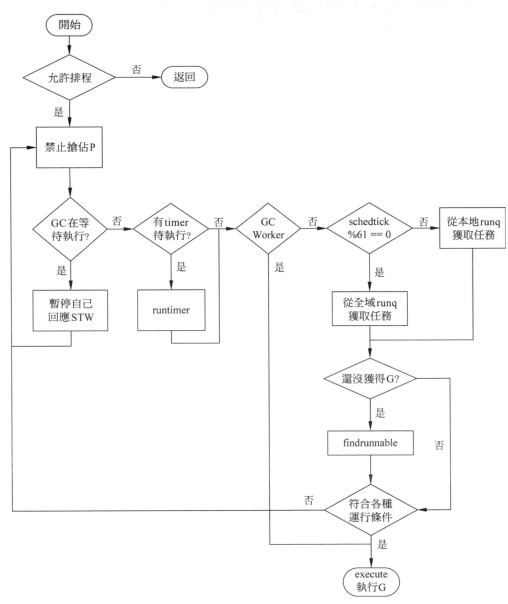

▲ 圖 6-23　schedule 排程迴圈主要邏輯

6.8.2 runtime.findrunnable() 函式

findrunnable() 函式的邏輯可以分成前後兩部分，前半部分完成了 timer 觸發、netpoll 和任務竊取，後半部分針對的是沒有找到任務的情況，會處理 GC 後台標記任務、隨選執行 netpoll，實在沒有任務就會暫停等待。findrunnable() 函式的主要邏輯如圖 6-24 所示。

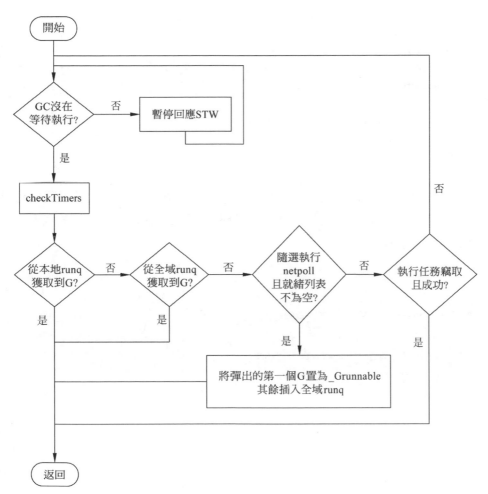

▲ 圖 6-24 findrunnable() 函式的主要邏輯

由於 findrunnable() 函式的整體程式量比較大，在這裡我們就不全部貼出來了，只把前一半的程式分幾部分進行分析。

第一部分程式如下：

```
_g_: = getg()


top:
    _p_: = _g_.m.p.ptr()
    if sched.gcwaiting != 0 {
        gcstopm()
        goto top
    }
    if _p_.runSafePointFn != 0 {
        runSafePointFn()
    }
```

函式的開頭處也是要先檢測 gcwaiting 及 runSafePointFn，後續邏輯有可能會阻塞，為了避免 GC 等待太長時間，檢測邏輯被放在了 top 標籤的內部，每次跳躍回來都會進行檢測。

第二部分程式如下：

```
now, pollUntil, _: = checkTimers(_p_, 0)


if fingwait && fingwake {
    if gp: = wakefing();gp != nil {
        ready(gp, 0, true)
    }
}
if *cgo_yield != nil {
    asmcgocall( * cgo_yield, nil)
}

if gp, inheritTime: = runqget(_p_);gp != nil {
    return gp, inheritTime
}
```

```
if sched.runqsize != 0 {
    lock(&sched.lock)
    gp: = globrunqget(_p_, 0)
    unlock(&sched.lock)
    if gp != nil {
        return gp, false
    }
}
```

呼叫 checkTimers() 函式會執行當前 P 上所有已經達到觸發時間的計時器，這可能會使一些 goroutine 從 _Gwaiting 變成 _Grunnable 狀態。接下來隨選喚醒 finalizer goroutine，然後檢查本地 runq 和全域 runq 中是否有可執行的任務，找到任務就可以直接傳回了。

第三部分程式如下：

```
if netpollinited() && atomic.Load( & netpollWaiters) > 0 &&
    atomic.Load64(&sched.lastpoll) != 0 {
    if list: = netpoll(0);!list.empty() {
            gp: = list.pop()
            injectglist(&list)
            casgstatus(gp, _Gwaiting, _Grunnable)
            if trace.enabled {
                traceGoUnpark(gp, 0)
            }
            return gp,false
        }
    }
```

隨選執行一次非阻塞的 netpoll，如果傳回的串列不可為空，就把第 1 個 g 從串列中 pop 出來，將剩餘的插入全域 runq，把這個 g 的狀態置為 _Grunnable，然後傳回。

第四部分程式如下：

```
procs: = uint32(gomaxprocs)
ranTimer: = false
```

```
if !_g_.m.spinning && 2 * atomic.Load( & sched.nmspinning) >= procs -
        atomic.Load(&sched.npidle) {
        goto stop
}
if !_g_.m.spinning {
        _g_.m.spinning = true
        atomic.Xadd(&sched.nmspinning, 1)
}
const stealTries = 4
for i: = 0;i < stealTries;i++{
        stealTimersOrRunNextG: = i == stealTries - 1

        for enum: = stealOrder.start(fastrand());!enum.done();enum.next() {
            if sched.gcwaiting != 0 {
                goto top
            }
            p2: = allp[enum.position()]
            if _p_ == p2 {
                continue
            }

            if stealTimersOrRunNextG && timerpMask.read(enum.position()) {
                tnow, w, ran: = checkTimers(p2, now)
                now = tnow
            if w != 0 && (pollUntil == 0 || w < pollUntil) {
                pollUntil = w
            }
            if ran {
                if gp, inheritTime: = runqget(_p_);gp != nil {
                    return gp, inheritTime
                }
                ranTimer = true
            }
        }

        if !idlepMask.read(enum.position()) {
            if gp: = runqsteal(_p_, p2, stealTimersOrRunNextG);gp != nil {
                return gp, false
            }
```

```
        }
    }
}
if ranTimer {
    goto top
}
```

這一大段程式實現了核心的任務竊取邏輯，第 1 個 if 判斷的含義是，如果當前處於 spinning 狀態的 M 的數量大於忙碌的 P 的數量的一半，就讓當前 M 阻塞。目的是避免在 GOMAXPROCS 較大而程式實際的併發性很低的情況下，造成不必要的 CPU 消耗。

任務竊取邏輯會迴圈嘗試 4 次，最後一次才會竊取 runnext 和 timer，也就是說前 3 次只會從其他 P 的本地 runq 中竊取。stealOrder 用來實現一個公平的隨機竊取順序，timerpMask 和 idlepMask 用來快速判斷指定位置的 P 是否有 timer 或是否空閒。如果 ran 為 true，表示 checkTimers() 執行了其他 P 的 timer，可能會使某些 goroutine 變成 _Grunnable 狀態，所以先檢查當前 P 的本地 runq，如果沒有找到就跳躍回 top 重來一次。

排程相關的邏輯中會頻繁地對 runq 操作，runtime 為此專門提供了一組函式，常見的函式例如 runqget() 函式、runqput() 函式等，還有上面的 runqsteal() 函式也是其中的。這些函式的邏輯都比較簡明，這裡只把 runqget() 函式的原始程式分析一下，目的是看一看 P 的本地佇列如何支援繼承時間切片，程式如下：

```
func runqget(_p_ * p)(gp * g, inheritTime bool) {
    for {
        next: = _p_.runnext
        if next == 0 {
            break
        }
        if _p_.runnext.cas(next, 0) {
            return next.ptr(), true
        }
    }
```

```
    for {
        h: = atomic.LoadAcq(&_p_.runqhead)
        t: = _p_.runqtail
        if t == h {
            return nil, false
        }
        gp: = _p_.runq[h % uint32(len(_p_.runq))].ptr()
        if atomic.CasRel(&_p_.runqhead, h, h + 1) {
            return gp, false
        }
    }
}
```

原來是透過 runnext 欄位實現的，只有取自 runnext 的 g 對應的 inheritTime 才是 true，其他本地 runq 中的 g 的傳回值都為 false，也就是不會繼承時間切片。對應地，如果某個 g 需要繼承時間切片，runqput() 函式就會把它設定到 runnext，感興趣的讀者可以自行查看原始程式碼。

本節就講解到這裡，主要對 schedule() 函式和 findrunnable() 函式進行了簡要整理，基本了解了每一輪排程迴圈都會做些什麼。應該說 schedule() 函式就是排程迴圈的實現，但是當 goroutine 開始執行使用者程式後，執行流是如何再回到 runtime 中去呼叫 schedule() 函式的呢？這就是 6.9 節中要探索的先佔式排程。

6.9 先佔式排程

就像作業系統要負責執行緒的排程一樣，Go 的 runtime 要負責 goroutine 的排程。現代作業系統排程執行緒都是先佔式的，我們不能依賴使用者程式主動讓出 CPU，或因為 IO、鎖等待而讓出，這樣會造成排程的不公平。基於經典的時間切片演算法，當執行緒的時間切片用完之後，會被時鐘中斷給打斷，排程器會將當前執行緒的執行上下文進行儲存，然後恢復下一個執行緒的上下文，分配新的時間切片，令其開始執行。這種先佔對於執行緒本身是無感知的，由系統底層支援，不需要開發人員特殊處理。

基於時間切片的先佔式排程有個明顯的優點，能夠避免 CPU 資源持續被少數執行緒佔用，從而使其他執行緒長時間處於饑餓狀態。goroutine 的排程器也用到了時間切片演算法，但是和作業系統的執行緒排程還是有些區別的，因為整個 Go 程式都執行在使用者態，所以不能像作業系統那樣利用時鐘中斷來打斷執行中的 goroutine。也得益於完全在使用者態實現，goroutine 的排程切換更加輕量。

本節就來實際研究一下，runtime 到底是如何先佔執行中的 goroutine 的。為了避免過於枯燥乏味，先不直接解讀原始程式，而是先做個實驗，準備的範例程式如下：

```go
// 第 6 章 /code_6_2.go
package main

import "fmt"
func main() {
    go func(n int) {
        for {
            n++
            fmt.Println(n)
        }
    }(0)
    for {}
}
```

6.9.1 Go 1.13 的先佔式排程

筆者使用的是 Go 1.13.15 版，build 完成後執行得到的是可執行檔。程式會如你所料地執行起來，飛快地列印出一行行遞增的數字。不要著急，讓程式多執行一會兒，用不了太長時間你就會發現程式突然停了，不再繼續列印了。在筆者測試的 64 位元 Linux 系統上，最大數字沒有超過 500000，程式似乎就停住了。是真的停住了嗎？如果用 top 命令查看，就會發現 CPU 佔用達到 100%。也就是說程式還在執行中，並且佔滿了一個 CPU 核心。

　　為了弄清楚程式到底在做什麼，我們使用偵錯器 delve 查看一下當前所有
的 goroutine 的狀態，執行的命令如下：

```
(dlv) grs
* Goroutine 1 - User: ./main.go:12 main.main (0x48cf9e) (thread 17835)
  Goroutine 2 - User: /root/go1.13/src/runtime/proc.go:305 runtime.gopark (0x42b4e0)
[force gc (idle)]
  Goroutine 3 - User: /root/go1.13/src/runtime/proc.go:305 runtime.gopark (0x42b4e0)
[GC sweep wait]
  Goroutine 4 - User: /root/go1.13/src/runtime/proc.go:305 runtime.gopark (0x42b4e0)
[GC scavenge wait]
  Goroutine 5 - User: /root/go1.13/src/runtime/proc.go:305 runtime.gopark (0x42b4e0)
[GC worker (idle)]
  Goroutine 6 - User: /root/go1.13/src/runtime/proc.go:305 runtime.gopark (0x42b4e0)
[GC worker (idle)]
  Goroutine 17 - User: /root/go1.13/src/runtime/proc.go:305 runtime.gopark (0x42b4e0)
[finalizer wait]
  Goroutine 18 - User: ./main.go:9 main.main.func1 (0x48cfe7) (thread 17837)
[8 goroutines]
```

　　可以看到一共有 8 個 goroutine，除了 1 號和 18 號是在執行使用者程式外，
其他都與 GC 相關且都處於空閒或等候狀態。1 號 goroutine 正在執行 main()
函式，main.go 的第 12 行就是 main() 函式最後空的 for 迴圈，說明它一直在
這裡迴圈，佔滿一個 CPU 核心的應該就是它。18 號 goroutine 執行的位置在
func1() 函式中，對照原始程式行號來看就是程式碼協同中的 fmt.Println() 函式。
我們透過偵錯器切換到 18 號 goroutine，然後查看它的呼叫堆疊，執行的命令
如下：

```
(dlv) gr 18
Switched from 1 to 18 (thread 17837)
(dlv) bt
0  0x0000000000455553 in runtime.futex
   at /root/go1.13/src/runtime/sys_linux_amd64.s:536
1  0x0000000000451700 in runtime.systemstack_switch
   at /root/go1.13/src/runtime/asm_amd64.s:330
2  0x0000000000417457 in runtime.gcStart
   at /root/go1.13/src/runtime/mgc.go:1287
3  0x000000000040b026 in runtime.mallocgc
```

```
    at /root/go1.13/src/runtime/malloc.go:1115
4   0x0000000000408f8b in runtime.convT64
    at /root/go1.13/src/runtime/iface.go:352
5   0x000000000048cfe7 in main.main.func1
    at ./main.go:9
6   0x0000000000453651 in runtime.goexit
    at /root/go1.13/src/runtime/asm_amd64.s:1357
```

按照這個呼叫堆疊，結合我們看到的現象進行分析：程式碼協同中要呼叫 fmt.Println() 函式，該函式的參數類型是 interface{}，所以要先呼叫 runtime. convT64() 函式 來 把 一 個 int64(amd64 平 台 上 的 int 本 質 上 是 int64) 轉 為 interface{} 類型，而 convT64() 函式內部需要分配記憶體，經過多次迴圈之後 達到了 GC 設定值，要先進行 GC 才能繼續執行，所以 mallocgc() 函式呼叫 gcStart() 函式開始執行 GC。後續能夠看出 gcStart() 函式內部切換至了系統堆 疊，然後發生了等待阻塞。

我們透過原始程式看一下 mgc.go 的 1287 行到底在幹什麼，程式如下：

```
systemstack(stopTheWorldWithSema)
```

原來是透過 systemstack() 函式切換至系統堆疊，然後呼叫 stopTheWorld WithSema() 函式，看來是要 STW，但為什麼會阻塞呢？這就要講講 STW 的實 現原理了。6.5.4 節在解釋 schedt 的 gcwaiting 欄位時有過簡單介紹，這裡摘 選了該函式的核心程式來看一下，程式如下：

```
lock(&sched.lock)
sched.stopwait = gomaxprocs
atomic.Store(&sched.gcwaiting, 1)
preemptall()

_g_.m.p.ptr().status = _Pgcstop
sched.stopwait--

for _, p: = range allp {
    s: = p.status
    if s == _Psyscall && atomic.Cas(&p.status, s, _Pgcstop) {
```

```
            if trace.enabled {
                traceGoSysBlock(p)
                traceProcStop(p)
            }
            p.syscalltick++
            sched.stopwait--
        }
    }

    for {
        p: = pidleget()
        if p == nil {
            break
        }
        p.status = _Pgcstop
        sched.stopwait--
    }
    wait: = sched.stopwait > 0
    unlock(&sched.lock)

    if wait {
        for {
            if notetsleep(&sched.stopnote, 100 * 1000) {
                noteclear(&sched.stopnote)
                break
            }
            preemptall()
        }
    }
}
```

先根據 gomaxprocs 的值設定 stopwait，實際上就是 P 的個數，然後
把 gcwaiting 置為 1，並透過 preemptall() 函式去先佔所有執行中的 P。
preemptall() 函式會遍歷 allp 這個切片，呼叫 preemptone() 函式一個一個先
佔處於 _Prunning 狀態的 P。接下來把當前 M 持有的 P 置為 _Pgcstop 狀態，
並把 stopwait 減去 1，表示當前 P 已經被先佔了，然後遍歷 allp，把所有處於
_Psyscall 狀態的 P 置為 _Pgcstop 狀態，並把 stopwait 減去對應的數量。再迴
圈透過 pidleget() 函式取得所有空閒的 P，都置為 _Pgcstop 狀態，從 stopwait

減去對應的數量。最後透過判斷 stopwait 是否大於 0，也就是是否還有沒被先佔的 P，來確定是否需要等待。如果需要等待，就以 100μm 為逾時時間，在 sched.stopnote 上等待，逾時後再次透過 preemptall() 函式先佔所有 P。因為 preemptall() 函式不能保證一次就成功，所以需要迴圈。最後一個回應 gcwaiting 的工作執行緒在自我暫停之前，會透過 stopnote 喚醒當前執行緒，STW 也就完成了。

實際用來執行先佔的 preemptone() 函式的程式如下：

```
func preemptone(_p_ * p) bool {
    mp: = _p_.m.ptr()
    if mp == nil || mp == getg().m {
        return false
    }
    gp: = mp.curg
    if gp == nil || gp == mp.g0 {
        return false
    }

    gp.preempt = true

    gp.stackguard0 = stackPreempt
    return true
}
```

第 1 個 if 判斷是為了避開當前 M，不能先佔自己。第 2 個 if 用於避開處於系統堆疊的 M，不能打斷排程器自身，而所謂的先佔，就是把 g 的 preempt 欄位設定成 true，並把 stackguard0 這個堆疊增長檢測的下界設定成 stackPreempt。這樣就能實現先佔了嗎？

還記不記得之前反編譯很多函式的時候，都會看到編譯器安插在函式頭部的堆疊增長程式？例如對於一個遞迴式的費氏函式，程式如下：

```
// 第 6 章 /code_6_3.go
func fibonacci(n int) int {
    if n < 2 {
        return 1
    }
```

```
    return fibonacci(n - 1) + fibonacci(n - 2)
}
```

經過反編譯後，可以看到最終生成的組合語言指令如下：

```
TEXT main.fibonacci(SB) /root/work/sched/main.go
func fibonacci(n int) int {
    0x4526e0    64488b0c25f8ffffff        MOVQ FS:0xfffffff8, CX
    0x4526e9    483b6110                  CMPQ 0x10(CX), SP
    0x4526ed    766e                      JBE 0x45275d
    0x4526ef    4883ec20                  SUBQ $0x20, SP
    0x4526f3    48896c2418                MOVQ BP, 0x18(SP)
    0x4526f8    488d6c2418                LEAQ 0x18(SP), BP
        if n < 2 {
    0x4526fd    488b442428                MOVQ 0x28(SP), AX
    0x452702    4883f802                  CMPQ $0x2, AX
    0x452706    7d13                      JGE 0x45271b
        return 1
    0x452708    48c744243001000000        MOVQ $0x1, 0x30(SP)
    0x452711    488b6c2418                MOVQ 0x18(SP), BP
    0x452716    4883c420                  ADDQ $0x20, SP
    0x45271a    c3                        RET
        return fibonacci(n-1) + fibonacci(n-2)
    0x45271b    488d48ff                  LEAQ -0x1(AX), CX
    0x45271f    48890c24                  MOVQ CX, 0(SP)
    0x452723    e8b8ffffff                CALL main.fibonacci(SB)
    0x452728    488b442408                MOVQ 0x8(SP), AX
    0x45272d    4889442410                MOVQ AX, 0x10(SP)
    0x452732    488b4c2428                MOVQ 0x28(SP), CX
    0x452737    4883c1fe                  ADDQ $-0x2, CX
    0x45273b    48890c24                  MOVQ CX, 0(SP)
    0x45273f    e89cffffff                CALL main.fibonacci(SB)
    0x452744    488b442410                MOVQ 0x10(SP), AX
    0x452749    4803442408                ADDQ 0x8(SP), AX
    0x45274e    4889442430                MOVQ AX, 0x30(SP)
    0x452753    488b6c2418                MOVQ 0x18(SP), BP
    0x452758    4883c420                  ADDQ $0x20, SP
    0x45275c    c3                        RET
func fibonacci(n int) int {
```

```
0x45275d      e85e7affff                     CALL runtime.morestack_noctxt(SB)
0x452762      e979ffffff                     JMP main.fibonacci(SB)
```

還是轉換成等值的 Go 風格的虛擬程式碼更容易理解，也更直觀，虛擬程式碼如下：

```
func fibonacci(n int) int {
entry:
    gp: = getg()
    if SP <= gp.stackguard0 {
        goto morestack
    }
    return fibonacci(n - 1) + fibonacci(n - 2)
morestack:
    runtime.morestack_noctxt()
    goto entry
}
```

實際上，編譯器安插在函式開頭的檢測程式會有幾種不同的形式，具體用哪種形式是根據函式堆疊框的大小來定的。不管怎樣檢測，最終目的都是一樣的，就是避免當前函式的堆疊框超過已分配堆疊空間的下界，也就是透過提前分配空間來避免堆疊溢位。

執行先佔的時候，preemptone() 函式設定的那個 stackPreempt 是個常數，將其給予值給 stackguard0 之後，就會得到一個很大的不帶正負號的整數，在 64 位元系統上是 0xfffffffffffffade，在 32 位元系統上是 0xfffffade。實際的堆疊不可能位於這個地方，也就是說 SP 暫存器始終會小於這個值，因此，只要程式執行到這裡，肯定就會去執行 runtime.morestack_noctxt() 函式，而 morestack_noctxt() 函式只是直接跳躍到 runtime.morestack() 函式，而後者又會呼叫 runtime.newstack() 函式。newstack() 函式內部檢測到如果 stackguard0=stackPreempt 這個常數，就不會真正進行堆疊增長操作，而是去呼叫 gopreempt_m，後者又會呼叫 goschedImpl() 函式。最終 goschedImpl() 函式會呼叫 schedule() 函式，還記得 schedule() 函式開頭檢測 gcwaiting 的 if 敘述嗎？工作執行緒就是在那些地方回應 STW 的。執行流能夠一路走到 schedule() 函式，這就是透過堆疊增長檢測程式實現 goroutine 先佔的原理。

現在就比較容易理解我們實驗程式停住的原因了，執行 fmt.Println() 函式的 goroutine 需要執行 GC，進而發起了 STW，而 main() 函式中的空 for 迴圈因為沒有呼叫任何函式，所以沒有機會執行堆疊增長檢測程式，也就不能被先佔了。

如圖 6-25 所示，Go 1.13 版本及之前的先佔依賴於 goroutine 檢測到 stackPreempt 標識而自動讓出，並不算是真正意義上的先佔。一個空的 for 迴圈就讓程式暫停了，這可真是個隱憂。雖然我們不會在生產環境寫出這種程式，但是對於排程器來講，畢竟是個缺陷，所以在 Go 1.14 版本中，這個問題被解決了。

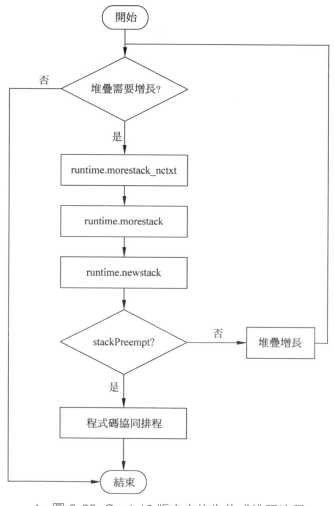

▲ 圖 6-25 Go 1.13 版本中的先佔式排程流程

6.9.2 Go 1.14 的先佔式排程

Go 1.14 實現了真正的先佔式排程,從現象來看,還是採用第 6 章 / code_6_2.go 那個實驗程式,用 Go 1.14 版生成可執行檔,再執行就不會阻塞了。從 Go 1.14 版開始,空的 for 迴圈這類程式也能被先佔了,就像作業系統透過中斷打斷執行中的執行緒一樣。

這種真正的先佔是如何實現的呢?在 UNIX 系作業系統上是基於訊號實現的,所以也稱為非同步先佔。接下來就以 Linux 系統為例,實際研究一下。這次需要先從原始程式開始,對比一下 Go 1.14 版與 Go 1.13 版有哪些不同,了解了具體的細節之後再透過偵錯等手段進行相關實踐。

下面就是 Go 1.14 版 runtime.preemptone() 函式的原始程式,可以看到比之前的 Go 1.13 版多出來了最後的那個 if 敘述區塊,程式如下:

```
func preemptone(_p_ * p) bool {
    mp: = _p_.m.ptr()
    if mp == nil || mp == getg().m {
        return false
    }
    gp: = mp.curg
    if gp == nil || gp == mp.g0 {
        return false
    }
    gp.preempt = true
    gp.stackguard0 = stackPreempt
    if preemptMSupported && debug.asyncpreemptoff == 0 {
        _p_.preempt = true
        preemptM(mp)
    }
    return true
}
```

其中的 preemptMSupported 是個常數,因為受硬體特性的限制,在某些平台上是無法支持這種先佔的。debug.asyncpreemptoff 則是讓使用者可以透過 GODEBUG 環境變數來禁用非同步先佔,預設情況下是被啟用的。在 P 的資料結構中也新增了一個 preempt 欄位，這裡會把它設定為 true。實際的先佔操作是由 preemptM() 函式完成的。

　　preemptM() 函式的主要邏輯就是透過 runtime.signalM() 函式向指定 M 發送 sigPreempt 訊號。至於 signalM() 函式，就是呼叫作業系統的訊號相關系統呼叫，將指定訊號發送給目標執行緒。至此，非同步先佔邏輯的主要工作就算完成了前一半，如圖 6-26 所示，訊號已經發出去了。

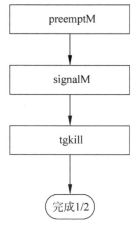

▲ 圖 6-26　Linux 系統中異步先佔的前一半工作

　　非同步先佔工作的後一半就要由接收到訊號的工作執行緒來完成了。還是先定位到對應的原始程式，runtime.sighandler() 函式就是負責處理接收的訊號的，其中有這樣一個 if 敘述，程式如下：

```
if sig == sigPreempt {
    doSigPreempt(gp, c)
}
```

　　如果收到的訊號是 sigPreempt，就呼叫 doSigPreempt() 函式。doSigPreempt() 函式的程式如下：

```
func doSigPreempt(gp * g, ctxt * sigctxt) {
    if wantAsyncPreempt(gp) && isAsyncSafePoint(gp, ctxt.sigpc(), ctxt.sigsp(), ctxt.siglr())
    {
```

```
        ctxt.pushCall(funcPC(asyncPreempt))
    }

    atomic.Xadd(&gp.m.preemptGen, 1)
    atomic.Store(&gp.m.signalPending, 0)

    if GOOS == "darwin" {
        atomic.Xadd(&pendingPreemptSignals, -1)
    }
}
```

　　重點就在於第 1 個 if 敘述區塊，它先透過 wantAsyncPreempt() 函式確認 runtime 確實想要對指定的 G 實施非同步先佔，再透過 isAsyncSafePoint() 函式確認 G 當前執行上下文是能夠安全地進行非同步先佔的。實際看一下 wantAsyncPreempt() 函式的原始程式，程式如下：

```
func wantAsyncPreempt(gp * g) bool {
    return (gp.preempt || gp.m.p != 0 && gp.m.p.ptr().preempt) && readgstatus(gp) &^
_Gscan == _Grunning
}
```

　　它會同時檢查 G 和 P 的 preempt 欄位，並且 G 當前需要處於 _Grunning 狀態。在每輪排程迴圈中，P 和 G 的 preempt 欄位都會被置為 false，所以這個檢測能夠避免剛剛切換至一個新的 G 後馬上又被先佔。isAsyncSafePoint() 函式的程式比較複雜且涉及較多其他細節，這裡就不展示原始程式了。它從以下幾個方面來保證在當前位置進行非同步先佔是安全的：

（1）可以暫停 G 並安全地掃描它的堆疊和暫存器，沒有潛在的隱藏指標，而且當前並沒有打斷一個寫入屏障。

（2）G 還有足夠的堆疊空間來注入一個對 asyncPreempt() 函式的呼叫。

（3）可以安全地和 runtime 進行互動，例如未持有 runtime 相關的鎖，因此在嘗試獲得鎖時不會造成鎖死。

以上兩個函式都確認無誤後，才透過 pushCall 向 G 的執行上下文中注入一個函式呼叫，要呼叫的目標函式是 runtime.asyncPreempt() 函式。這是一個組合語言函式，它會先把各個暫存器的值儲存在堆疊上，也就是先將現場儲存到堆疊上，然後呼叫 runtime.asyncPreempt2() 函式。asyncPreempt2() 函式的程式如下：

```
func asyncPreempt2() {
    gp: = getg()
    gp.asyncSafePoint = true
    if gp.preemptStop {
        mcall(preemptPark)
    } else {
        mcall(gopreempt_m)
    }
    gp.asyncSafePoint = false
}
```

其中 preemptStop 主要在 GC 標記時被用來暫停執行中的 goroutine，preemptPark() 函式會把當前 g 切換至 _Gpreempted 狀態，然後呼叫 schedule() 函式，而透過 preemptone() 函式發起的非同步先佔會呼叫 gopreempt_m() 函式，它最終也會呼叫 schedule() 函式。至此，整個先佔過程就完整地實現了。

關於如何在執行上下文中注入一個函式呼叫，我們在這裡結合 AMD64 架構做一下更細緻的說明。runtime 原始程式中與 AMD64 架構對應的 pushCall() 函式的程式如下：

```
func(c * sigctxt) pushCall(targetPC uintptr) {
    pc: = uintptr(c.rip())
    sp: = uintptr(c.rsp())
    sp -= sys.PtrSize
    * ( * uintptr)(unsafe.Pointer(sp)) = pc
    c.set_rsp(uint64(sp))
    c.set_rip(uint64(targetPC))
}
```

先把 SP 向下移動一個指標大小的位置，把 PC 的值存存入堆疊上 SP 指向的位置，然後將 PC 的值更新為 targetPC。這樣就模擬了一行 CALL 指令的效果，如圖 6-27 所示，堆疊上存入的 PC 的舊值就相當於返回位址。此時整個執行上下文的狀態就像是 goroutine 在被訊號打斷的位置額外執行了一行 CALL targetPC 指令，由於執行流剛剛跳躍到 targetPC 位址處，所以還沒來得及執行目標位址處的指令。

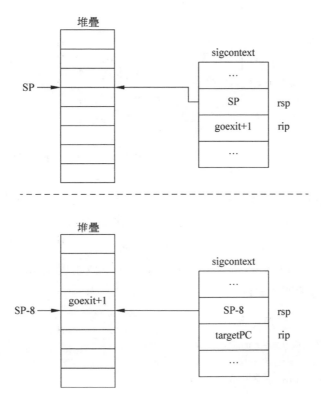

▲ 圖 6-27 AMD64 架構下注入一個函式呼叫

當 sighandler() 函式處理完訊號並傳回之後，被打斷的 goroutine 得以繼續執行，會立即呼叫被注入的 asyncPreempt() 函式。經過一連串的函式呼叫，最終執行到 schedule() 函式。非同步先佔的後一半工作流程如圖 6-28 所示。

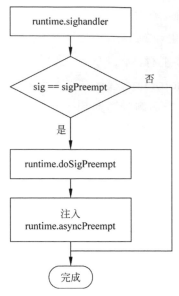

▲　圖 6-28　Linux 系統中非同步先佔的後一半工作

　　了解了整個流程之後，我們再來做一個很簡單的實驗。還是採用第 6 章 / code_6_2.go 檔案中的程式，用 Go 1.14 版編譯之後再執行，可以發現程式會一直輸出，不再阻塞。這時，用 dlv 偵錯器附加到目標處理程序，並且在 runtime.asyncPreempt2() 函式中設定中斷點，然後讓程式繼續執行。等到命中中斷點後，查看呼叫堆疊的回溯，命令如下：

```
(dlv) bt
0   0x00000000004302f0 in runtime.asyncPreempt2
    at /root/go1.14/src/runtime/preempt.go:302
1   0x000000000045d91b in runtime.asyncPreempt
    at /root/go1.14/src/runtime/preempt_amd64.s:50
2   0x0000000000491daf in main.main
    at ./main.go:12
3   0x00000000004318ea in runtime.main
    at /root/go1.14/src/runtime/proc.go:203
4   0x000000000045bff1 in runtime.goexit
    at /root/go1.14/src/runtime/asm_amd64.s:1373
```

從堆疊回溯來看是 main() 函式呼叫了 asyncPreempt() 函式，而 main.go 的 12 行正是那個空的 for 迴圈，它沒有呼叫任何函式，這個呼叫就是被 pushCall() 函式注入的。

還有一種方式，可以透過 GODEBUG 環境變數來禁用非同步先佔，此時會發現 Go 1.14 版編譯的程式執行一段時間後也會阻塞，命令如下：

```
$ GODEBUG='asyncpreemptoff=1' ./code_6_2
```

另外還有一點，如果把程式碼協同中用來列印的 fmt.Println() 函式換成 println() 函式，則會發現執行很久都不會阻塞，即使是 Go 1.13 版編譯的程式也是如此。這是因為 println() 函式不需要額外分配記憶體，感興趣的讀者可以自行嘗試。本節關於先佔式排程的探索就講解到這裡。

6.10 timer

6.10.1 一個範例

在 6.7.2 節介紹程式碼協同建立時我們使用了一個 hello goroutine 的例子，其中 main goroutine 建立的 hello goroutine 還沒執行，main.main() 函式就傳回了，然後 exit() 函式就結束了處理程序。下面我們讓 main goroutine 在 timer 中等待一下，讓 hello goroutine 有時間得以執行，程式如下：

```go
// 第 6 章 /code_6_4.go
package main
import "time"
func hello(name string) {
    println("Hello ", name)
}
func main() {
    name: = "Goroutine"
    go hello(name)
    time.Sleep(time.Second)
}
```

當 main goroutine 執行到 time.Sleep() 函式時，會建立一個 timer 物件，timer 物件會記錄 timer 的觸發時間和時間到達時需要執行的回呼函式，以及是哪個程式碼協同在等待 timer 等資訊。

設定好 timer 物件後，就會呼叫 gopark() 函式，使當前 goroutine 暫停，讓出 CPU。main goroutine 的狀態會從 _Grunning 改為 _Gwaiting，不會進入當前 P 的本地 runq，而是進到剛剛建立的那個 timer 中等待，隨後 hello goroutine 有機會得到排程執行，如圖 6-29 所示。

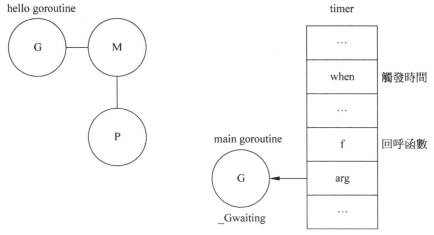

▲ 圖 6-29　main goroutine 等待 timer 時 hello goroutine 得到排程

等到 timer 觸發時間到達後，回呼函式 timer.f() 得以執行，對於 time.Sleep() 函式而言，timer.f 被設定為 goroutineReady() 函式，函式的程式如下：

```
func goroutineReady(arg interface {}, seq uintptr) {
        goready(arg.( * g), 0)
}
```

goroutineReady() 函式直接呼叫 goready() 函式，它會切換到 g0 堆疊，並執行 runtime.ready() 函式。待 ready 的程式碼協同自然是 main goroutine，此時它的狀態是 _Gwaiting，接下來會被修改為 _Grunnable，表示它又可以被排程執行了，然後，它會被放到當前 P 的本地 runq 中，所以，timer 等待的時間到達後，main goroutine 又可以得到排程執行了。接下來，在 main goroutine 恢復執行後，main.main() 函式執行後傳回，處理程序退出。

透過這個修改後的例子，我們初步了解了程式碼協同等待 timer 時讓出與恢復的大致過程，接下來我們展開一些細節。

6.10.2 資料結構

在 runtime 中，每個計時器都用一個 timer 物件表示。在 Go 1.14 版本及後續的版本中，timer 的結構定義程式如下：

```
type timer struct {
    pp          puintptr
    when        int64
    period      int64
    f           func(interface {}, uintptr)
    arg         interface {}
    seq         uintptr
    nextwhen    int64
    status      uint32
}
```

其中各個欄位的用途如表 6-8 所示。

▼ 表 6-8 timer 資料結構各個欄位的用途

欄位	用途
pp	從 Go 1.14 版本開始，runtime 使用堆積結構來管理 timer，而每個 P 中都有一個最小堆積。這個 pp 欄位本質上是個指標，表示當前 timer 被放置在哪個 P 的堆積中
when	時間戳記，精確到毫微秒等級，表示 timer 何時會觸發
period	表示週期性 timer 的觸發週期，單位也是毫微秒
f	回呼函式，當 timer 觸發的時候會呼叫它，它就是要定時完成的任務
arg	呼叫 f 時傳給它的第 1 個參數
seq	造成一個序號的作用，主要被 netpoller 使用
nextwhen	時間戳記，在修改 timer 時用來記錄修改後的觸發時間。修改 timer 時不會直接修改 when 欄位，這樣會打亂堆積的有序狀態，所以先更新 nextwhen 並將 status 設定為已修改狀態，等到後續調整 timer 在堆積中位置時再更新 when 欄位
status	表示 timer 當前的狀態，設定值自 runtime 中一組預先定義的常數

針對 status 欄位，runtime 原始程式中定義了 10 種狀態，如表 6-9 所示。

▼ 表 6-9　status 不同狀態的含義

狀態	含義
timerNoStatus	表示沒有狀態，一般是剛分配還沒增加到堆積中的 timer
timerWaiting	表示處於等候狀態的 timer，已經被增加到某個 P 的堆積中等待觸發
timerRunning	表示執行中的 timer，是一個短暫的狀態，也就是觸發後 timer.f 執行期間
timerDeleted	表示已刪除但還未被移除的 timer，仍位於某個 P 的堆積中，但是不會觸發
timerRemoving	表示正在被從堆積中移除，也是一個短暫的狀態
timerRemoved	表示已經被從堆積中移除了，一般是從 Deleted 到 Removing 最終到 Removed
timerModifying	表示 timer 當前正在被修改，也是一個短暫的狀態
timerModifiedEarlier	表示 timer 被修改到一個更早的時間，新時間存在於 nextwhen 中
timerModifiedLater	表示 timer 被修改到一個更晚的時間，新時間存在於 nextwhen 中
timerMoving	表示一個被修改過的 timer 正在被移動，也是一個短暫的狀態

在 runtime.p 中也有一組專門用來支持 timer 的欄位，節選的相關程式如下：

```
type p struct {
    timer0When           uint64
    timerModifiedEarliest uint64
    timersLock           mutex
    timers               [] * timer
    numTimers            uint32
    adjustTimers         uint32
    deletedTimers        uint32
}
```

其中各個欄位的用途如表 6-10 所示，timerModifiedEarliest 是在 Go 1.16 版本中新增的，其餘欄位都是在 Go 1.14 版本中重構 timer 時引入的。

▼ 表 6-10 runtime.p 中支持 timer 的欄位及其用途

欄位	用途
timer0When	表示位於最小堆積堆積頂的 timer 的觸發時間，也就是複製其 when 欄位
timerModifiedEarliest	表示所有已知的處於 timerModifiedEarlier 狀態的 timer 中，nextwhen 值最小的那個 timer 的 nextwhen 值。和 timer0When 相同，都是透過 atomic 函式來操作的，兩者之間更小的那個被認為是接下來第 1 個要觸發的 timer 的觸發時間
timersLock	主要用來保護 P 中的 timer 堆積，也就是 timers 切片
timers	timers 切片就是用來存放 timer 的最小堆積，這是一個 4 叉堆積，與傳統 2 叉堆積相比有著更少的層數，也能更進一步地利用快取的局部性原理
numTimers	記錄的是堆積中 timer 的總數，應該與 timers 切片的長度一致
adjustTimers	記錄的是堆積中處於 timerModifiedEarlier 狀態的 timer 的總數
deletedTimers	記錄的是堆積中已刪除但還未被移除的 timer 的總數

6.10.3 操作函式

　　runtime 中有一組與 timer 相關的函式，其中有最底層的 siftupTimer() 函式和 siftdownTimer() 函式，它們用來在最小堆積中根據 when 欄位的值上下移動 timer，以維持堆積的有序性。doaddtimer() 函式、dodeltimer() 函式及 dodeltimer0() 函式用來將指定的 timer 增加到堆積中，或將其從堆積中移除，這也是偏底層一些的函式，不會被 runtime 中除 timer 以外的其他模組直接呼叫。像 addtimer()、deltimer()、modtimer() 和 resettimer() 這幾個函式就屬於 timer 模組提供的介面了，runtime 中的其他模組可以直接呼叫這些函式，例如 6.11 節要講解的 netpoller 就會用到這組函式。至於 startTimer()、stopTimer() 和 resetTimer() 這些函式，只是對這組介面函式進行了簡單包裝，並透過 linkname 機制連結到 time 套件，提供給標準函式庫使用。最後，還有被排程器呼叫的 adjusttimers() 函式、runtimer() 函式和 clearDeletedTimers() 函式，它們會對 timer 堆積進行維護，以及執行那些到達觸發時間的 timer。

在上述函式中，像 addtimer()、deltimer() 和 modtimer() 這些函式還是比較簡單的，接下來我們就逐一看一下 Go 1.14 版本中它們的原始程式。

1. 增加

addtimer() 函式的原始程式如下：

```
func addtimer(t * timer) {
    if t.when < 0 {
        t.when = maxWhen
    }
    if t.status != timerNoStatus {
        throw ("addtimer called with initialized timer")
    }
    t.status = timerWaiting

    when: = t.when

    pp: = getg().m.p.ptr()
    lock(&pp.timersLock)
    cleantimers(pp)
    doaddtimer(pp, t)
    unlock(&pp.timersLock)

    wakeNetPoller(when)
}
```

先對 t 的 when 和 status 欄位進行驗證及修正，然後對 pp 的 timersLock 加鎖，在鎖的保護下呼叫 cleantimers() 函式清理堆積頂，可能存在已被刪除的 timer，再呼叫 doaddtimer() 函式把 t 增加到堆積中。增加操作至此就完成了，然後進行解鎖操作。最後呼叫的 wakeNetPoller() 函式會根據 when 的值隨選喚醒阻塞中的 netpoller，目的是讓排程執行緒能夠即時處理 timer。

2. 刪除

deltimer() 函式用來刪除一個 timer，這裡的刪除操作主要是修改 timer 的狀態，並不是從堆積中移除，函式的程式如下：

```
func deltimer(t * timer) bool {
    for {
        switch s: = atomic.Load(&t.status);s {
            case timerWaiting, timerModifiedLater:
                mp: = acquirem()
                if atomic.Cas(&t.status, s, timerModifying) {
                    tpp: = t.pp.ptr()
                    if !atomic.Cas(&t.status, timerModifying, timerDeleted) {
                        badTimer()
                    }
                    releasem(mp)
                    atomic.Xadd(&tpp.deletedTimers, 1)
                    return true
                } else {
                    releasem(mp)
                }
            case timerModifiedEarlier:
                mp: = acquirem()
                if atomic.Cas(&t.status, s, timerModifying) {
                    tpp: = t.pp.ptr()
                    atomic.Xadd(&tpp.adjustTimers, -1)
                    if !atomic.Cas(&t.status, timerModifying, timerDeleted) {
                        badTimer()
                    }
                    releasem(mp)
                    atomic.Xadd(&tpp.deletedTimers, 1)
                    return true
                } else {
                    releasem(mp)
                }
            case timerDeleted, timerRemoving, timerRemoved:
                return false
            case timerRunning, timerMoving:
                osyield()
            case timerNoStatus:
                return false
            case timerModifying:
                osyield()
            default:
                badTimer()
```

```
        }
    }
}
```

　　該函式不會改動 timer 堆積，所以不需要對 timersLock 加鎖。正常的處理流程是對處在 timerWaiting、timerModifiedLater 和 timerModifiedEarlier 這 3 種狀態的 timer 用原子操作函式 Cas() 先把 status 改為 timerModifying，再進一步改為 timerDeleted，同時要原子性地將相關計數減 1。呼叫 acquirem() 函式是為了避免操作過程中被先佔，可能會造成鎖死問題。對於 timerDeleted、timerRemoving、timerRemoved 和 timerNoStatus 這幾種狀態的 timer，不是不會再觸發，就是根本不在堆積中，所以不需要進行處理。至於 timerRunning、timerMoving 和 timerModifying，分別表示 timer 正在執行、正在被移動，以及正在被修改，這種時候不能對 timer 進行刪除操作，必須等到 timer 脫離當前狀態以後再進一步操作，這 3 種狀態都是比較短暫的，所以使用 osyield() 函式暫時讓出 CPU 即可。

3. 修改

　　modtimer() 函式的程式稍微多一些，我們將程式分成上下兩部分來分析。第一部分程式如下：

```
func modtimer(t * timer, when, period int64, f func(interface {}, uintptr), arg
interface {}, seq uintptr) {
        if when < 0 {
            when = maxWhen
        }

        status: = uint32(timerNoStatus)
        wasRemoved: = false
        var mp * m
    loop:
        for {
        switch status = atomic.Load(&t.status);status {
                case timerWaiting, timerModifiedEarlier, timerModifiedLater:
                    mp = acquirem()
                    if atomic.Cas(&t.status, status, timerModifying) {
```

```
                                break loop
                            }
                            releasem(mp)
                    case timerNoStatus, timerRemoved:
                        mp = acquirem()
                        if atomic.Cas(&t.status, status, timerModifying) {
                            wasRemoved = true
                            break loop
                        }
                        releasem(mp)
                    case timerDeleted:
                        mp = acquirem()
                        if atomic.Cas(&t.status, status, timerModifying) {
                            atomic.Xadd(&t.pp.ptr().deletedTimers, -1)
                            break loop
                        }
                        releasem(mp)
                    case timerRunning, timerRemoving, timerMoving:
                        osyield()
                    case timerModifying:
                        osyield()
                    default:
                        badTimer()
                }
            }
```

這個 for 加 switch 敘述結構跟 deltimer() 函式有些類似，凡是以 ing 結尾的狀態都表示需要等待。值得注意的是 wasRemoved 用來表示指定的 timer 已經不在堆積中，後面需要與還在堆積中的 timer 分別進行處理。

第二部分程式如下：

```
t.period = period
t.f = f
t.arg = arg
t.seq = seq

if wasRemoved {
    t.when = when
```

```
    pp: = getg().m.p.ptr()
    lock(&pp.timersLock)
    doaddtimer(pp, t)
    unlock(&pp.timersLock)
    if !atomic.Cas(&t.status, timerModifying, timerWaiting) {
        badTimer()
    }
    releasem(mp)
    wakeNetPoller(when)
} else {
    t.nextwhen = when

    newStatus: = uint32(timerModifiedLater)
    if when < t.when {
        newStatus = timerModifiedEarlier
    }

    adjust: = int32(0)
    if status == timerModifiedEarlier {
        adjust--
    }
    if newStatus == timerModifiedEarlier {
        adjust++
    }
    if adjust != 0 {
        atomic.Xadd(&t.pp.ptr().adjustTimers, adjust)
    }

    if !atomic.Cas(&t.status, timerModifying, newStatus) {
        badTimer()
    }
    releasem(mp)

    if newStatus == timerModifiedEarlier {
        wakeNetPoller(when)
    }
  }
}
```

可以看到，對於 wasRemoved 的 timer，需要被增加到堆積中，所以對應分支的邏輯與 addtimer() 函式很相似，改動 timer 堆積需要對 timersLock 加鎖。對於原本就在堆積中的 timer，需要把新的觸發時間 when 給予值給它的 nextwhen 欄位，而不能直接改動它的 when 欄位，因為在這裡不打算改動它在堆積裡的位置。新的觸發時間如果比原來更早，就把狀態設為 timerModifiedEarlier，否則狀態為 timerModifiedLater。經過這次改動，堆積中處於 timerModifiedEarlier 狀態的 timer 可能增加了一個，也可能減少了一個，還可能不增不減，如果有變化，就把 adjustTimers 對應地增加或減少 1。最後，如果新的觸發時間比原來更早，還要呼叫 wakeNetPoller() 函式，為的是更早地喚醒排程執行緒，以便處理 timer。

在 Go 1.16 版中，modtimer() 函式會傳回一個 bool 值，表示被修改的 timer 是否在執行前完成了修改，並且會更新 p 中的 timerModifiedEarliest 欄位。在 Go 1.14 版中，p 中的 timer0When 用來儲存最小堆積堆積頂的 timer 的 when 欄位，表示最早要觸發的 timer，但是對於修改過的 timer，觸發時間可能會被修改成一個更早的時間，卻沒有對應的欄位來記錄這個修改後的最早時間。直到 Go 1.16 版才新增了這個 timerModifiedEarliest 欄位，用來儲存修改後的最早時間。這樣一來，在排程器處理 timer 時，透過這兩個時間中更小的那個就能直接確定最早的觸發時間，而不需要對堆積進行重排序。

至此，我們已經知道 timer 是儲存在最小堆積中的，以及是如何被增加、刪除和修改的。接下來看一下排程器是如何執行 timer 的。

4. 執行

先來看兩個會被排程器用到的函式，首先是用來調整 timer 堆積的 adjusttimers() 函式，程式如下：

```
func adjusttimers(pp * p) {
    if len(pp.timers) == 0 {
        return
    }
    if atomic.Load(&pp.adjustTimers) == 0 {
        if verifyTimers {
```

```
            verifyTimerHeap(pp)
        }
        return
    }
    var moved[] * timer
loop:
    for i: = 0;i < len(pp.timers);i++{
        t: = pp.timers[i]
        if t.pp.ptr() != pp {
            throw ("adjusttimers: bad p")
        }
        switch s: = atomic.Load(&t.status);s {
        case timerDeleted:
            if atomic.Cas(&t.status, s, timerRemoving) {
                dodeltimer(pp, i)
                if !atomic.Cas(&t.status, timerRemoving, timerRemoved) {
                    badTimer()
                }
                atomic.Xadd(&pp.deletedTimers, -1)
                i--
            }
        case timerModifiedEarlier, timerModifiedLater:
            if atomic.Cas(&t.status, s, timerMoving) {
                t.when = t.nextwhen
                dodeltimer(pp, i)
                moved = append(moved, t)
                if s == timerModifiedEarlier {
                    if n: = atomic.Xadd(&pp.adjustTimers, -1);int32(n) <= 0 {
                        break loop
                    }
                }
                i--
            }
        case timerNoStatus, timerRunning, timerRemoving, timerRemoved, timerMoving:
            badTimer()
        case timerWaiting:
            //nothing to do
        case timerModifying:
            osyield()
            i--
```

```
        default:
            badTimer()
        }
    }
    if len(moved) > 0 {
        addAdjustedTimers(pp, moved)
    }
    if verifyTimers {
        verifyTimerHeap(pp)
    }
}
```

如果 p.adjustTimers 等於 0，也就説明沒有觸發時間比 p.timer0When 更早的 timer，該函式就會直接傳回。因為 p.adjustTimers 記錄的是堆積中狀態為 timerModifiedEarlier 的 timer 的數量，也就是修改後觸發時間被提前的 timer 的數量。

在接下來的 for 迴圈中，會順便清理掉已刪除的 timer，因為最小堆積的結構特點，刪除下標 i 位置的元素不會影響前面元素的順序，所以每次刪除後只需將 i 減 1，再繼續遍歷就不會漏掉內容了。同理，timerModifiedEarlier 和 timerModifiedLater 兩種狀態的 timer 也是先從堆積中移除，然後追加到 moved 切片中，遍歷完成後再由 addAdjustedTimers() 函式統一增加回去，這樣就可避免中途對整個堆積重新排序，所以只需遍歷一次就可以了。addAdjustedTimers() 函式的邏輯很簡單，程式如下：

```
func addAdjustedTimers(pp * p, moved[] * timer) {
    for _, t: = range moved {
        doaddtimer(pp, t)
        if !atomic.Cas(&t.status, timerMoving, timerWaiting) {
            badTimer()
        }
    }
}
```

接下來講解 runtimer() 函式，排程器就是透過它來執行 timer 的，函式的程式如下：

```go
//go:systemstack
func runtimer(pp * p, now int64) int64 {
    for {
        t: = pp.timers[0]
        if t.pp.ptr() != pp {
            throw ("runtimer: bad p")
        }
        switch s: = atomic.Load(&t.status);s {
        case timerWaiting:
            if t.when > now {
                return t.when
            }
            if !atomic.Cas(&t.status, s, timerRunning) {
                continue
            }
            runOneTimer(pp, t, now)
            return 0
        case timerDeleted:
            if !atomic.Cas(&t.status, s, timerRemoving) {
                continue
            }
            dodeltimer0(pp)
            if !atomic.Cas(&t.status, timerRemoving, timerRemoved) {
                badTimer()
            }
            atomic.Xadd(&pp.deletedTimers, -1)
            if len(pp.timers) == 0 {
                return -1
            }
        case timerModifiedEarlier, timerModifiedLater:
            if !atomic.Cas(&t.status, s, timerMoving) {
                continue
            }
            t.when = t.nextwhen
            dodeltimer0(pp)
            doaddtimer(pp, t)
            if s == timerModifiedEarlier {
                atomic.Xadd(&pp.adjustTimers, -1)
            }
            if !atomic.Cas(&t.status, timerMoving, timerWaiting) {
```

```
                badTimer()
        }
    case timerModifying:
        osyield()
    case timerNoStatus, timerRemoved:
        badTimer()
    case timerRunning, timerRemoving, timerMoving:
        badTimer()
    default:
        badTimer()
    }
  }
}
```

　　該函式必須在系統堆疊上執行，for 迴圈中始終取堆積頂的那個 timer。如果 t 處於 timerWaiting 狀態，則進一步比較 t.when 和當前時間，如果時間還沒到就傳回 t.when，否則就透過 runOneTimer() 函式來執行 t，並傳回 0。如果 t 處於 timerDeleted 狀態，就會透過 dodeltimer0() 函式把它從堆積中移除，如果堆積的大小變成 0 就傳回 -1，否則繼續迴圈。如果 t 處於 timerModifiedEarlier 或 timerModifiedLater 狀態，則先把它從堆積中移除，然後重新增加進去。整體來看，只要函式的傳回值不為 0，就表示暫時沒有 timer 可以執行。

　　再來看一下 runOneTimer() 函式的邏輯，簡單起見省略了部分程式，只保留了主要邏輯，程式如下：

```
//go:systemstack
func runOneTimer(pp * p, t * timer, now int64) {
    f: = t.f
    arg: = t.arg
    seq: = t.seq

    if t.period > 0 {
        delta: = t.when - now
        t.when += t.period * (1 + -delta / t.period)
        siftdownTimer(pp.timers, 0)
        if !atomic.Cas(&t.status, timerRunning, timerWaiting) {
            badTimer()
        }
```

```
            updateTimer0When(pp)
    } else {
        dodeltimer0(pp)
        if !atomic.Cas(&t.status, timerRunning, timerNoStatus) {
            badTimer()
        }
    }

    unlock(&pp.timersLock)
    f(arg, seq)
    lock(&pp.timersLock)
}
```

如果 t.period 欄位大於 0，也就說明 t 是個週期性的 timer，此時需要把 t.when 設定為下次觸發的時間，並調整 t 在堆積中的位置，還要隨選更新 p 的 timer0When 欄位。如果是一次性的 timer，就將其從堆積中移除。最後，在解鎖的情況下呼叫回呼函式 f()，完成後重新加鎖，這樣能夠避免因 f() 函式中呼叫 timer 相關函式造成鎖死的情況。

至此，timer 模組的主要函式就整理得差不多了，接下來看一看排程器是如何處理 timer 的。還記得 schedule() 函式和 findrunnable() 函式都會呼叫的那個 checkTimers() 函式嗎？它就是聯接排程迴圈與 timer 模組的樞紐，函式的程式如下：

```
func checkTimers(pp * p, now int64)(rnow, pollUntil int64, ran bool) {
    if atomic.Load(&pp.adjustTimers) == 0 {
        next: = int64(atomic.Load64(&pp.timer0When))
        if next == 0 {
            return now, 0, false
        }
        if now == 0 {
            now = nanotime()
        }
        if now < next {
            if pp != getg().m.p.ptr() || int(atomic.Load(&pp.deletedTimers)) <= int
(atomic.Load(&pp.numTimers) / 4) {
                return now, next, false
```

```
            }
        }
    }
    lock(&pp.timersLock)
    adjusttimers(pp)
    rnow = now
    if len(pp.timers) > 0 {
        if rnow == 0 {
            rnow = nanotime()
        }
        for len(pp.timers) > 0 {
            if tw: = runtimer(pp, rnow);
                tw != 0 {
                    if tw > 0 {
                        pollUntil = tw
                    }
                break
            }
            ran = true
        }
    }
    if pp == getg().m.p.ptr() && int(atomic.Load(&pp.deletedTimers)) >
len(pp.timers) / 4 {
        clearDeletedTimers(pp)
    }
    unlock(&pp.timersLock)
    return rnow, pollUntil, ran
}
```

函式會先處理 p.adjustTimers 為 0 的情況，這表示堆積中不存在觸發時間
被提前的 timer，所以 p.timer0When 就是最早的觸發時間了。p.timer0When=0，
表示堆積是空的，所以不需要進一步處理了。如果 p.timer0When 大於當前時間，
就表示還沒有到達任何 timer 的觸發時間，這時候如果堆積中處於 timerDeleted
狀態的 timer 數量沒有達到總數的 1/4，就直接傳回。

接下來先對 p.timersLock 加鎖，再透過 adjusttimers 調整 timer 堆積，
這樣就能把那些被修改過的 timer 放到正確的位置。後續的 for 迴圈會一直呼
叫 runtimer() 函式，直到 timer 堆積為空或 runtimer() 函式的傳回值不等於 0。

如果 runtimer() 函式的傳回值大於 0，此傳回值就是下個 timer 的觸發時間，作為 pollUntil 傳回，讓阻塞式的 netpoll 能夠在適當的時間逾時傳回。最後的 clearDeletedTimers() 函式保證 timer 堆積能夠得到清理，因為 adjusttimers() 函式在 p.adjustTimers 為 0 時不會進行任何操作，所以這個清理操作是必要的，避免太多已刪除的 timer 影響堆積性能。

6.11　netpoller

在 Go 語言的 runtime 中，netpoller 是負責把 IO 多工和程式碼協同排程結合起來的模組。如果 goroutine 執行網路 IO 時需要等待，則 netpoller 就會自動將其暫停，等到資料就緒以後再將其喚醒，使用者程式對這一切都是無感知的，所以對於開發者來講非常方便。本節還是從原始程式入手，分析並探索 netpoller 實現的原理。Go 語言的原始程式包含對多平台架構的支援，我們主要研究 Linux 系統上的 netpoller 實現，並且假設大家對 epoll 已經有了最基本的了解。

6.11.1　跨平台的 netpoller

為了支持多個平台，Go 的開發者對 netpoller 的原始程式進行了抽象，各個平台共用的邏輯被放置在 netpoll.go 檔案中，分別調配各個平台的程式都有自己單獨的檔案，例如 netpoll_epoll.go 是針對 Linux 系統的，netpoll_kqueue.go 是針對 macOS 和 BSD 系統的。這些調配不同平台的程式被抽象成一組標準函式，這樣一來 netpoller 的絕大部分程式就不用考慮具體的平台了。在 Go 1.14 版本中，這組函式一共有 7 個，函式的原型如下：

```
func netpollinit()
func netpollIsPollDescriptor(fd uintptr) bool
func netpollopen(fd uintptr, pd *pollDesc) int32
func netpollclose(fd uintptr) int32
func netpollarm(pd *pollDesc, mode int)
func netpollBreak()
func netpoll(delay int64) gList
```

接下來就結合 netpoll_epoll.go 中與 Linux 系統對應的一組實現，一個一個整理各個函式的用途，原始程式碼摘選自 Go 1.14 版本的 runtime。

1. netpollinit() 函式

netpollinit() 函式用來初始化 poller，只會被呼叫一次。在 Linux 系統上主要用來建立 epoll 實例，還會建立一個非阻塞式 pipe，用來喚醒阻塞中的 netpoller，程式如下：

```go
func netpollinit() {
    epfd = epollcreate1(_EPOLL_CLOEXEC)
    if epfd < 0 {
        epfd = epollcreate(1024)
        if epfd < 0 {
        println("runtime: epollcreate failed with", -epfd)
            throw ("runtime: netpollinit failed")
        }
        closeonexec(epfd)
    }
    r, w, errno: = nonblockingPipe()
    if errno != 0 {
        println("runtime: pipe failed with", -errno)
        throw ("runtime: pipe failed")
    }
    ev: = epollevent {
        events: _EPOLLIN,
    }
    * ( * * uintptr)(unsafe.Pointer(&ev.data)) = &netpollBreakRd
    errno = epollctl(epfd, _EPOLL_CTL_ADD, r, &ev)
    if errno != 0 {
        println("runtime: epollctl failed with", -errno)
        throw ("runtime: epollctl failed")
    }
    netpollBreakRd = uintptr(r)
    netpollBreakWr = uintptr(w)
}
```

其中，epfd、netpollBreakRd 和 netpollBreakWr 都是套件等級的變數。efpd 是 epoll 實例的檔案描述符號，netpollBreakRd 和 netpollBreakWr 是非阻塞管道兩端的檔案描述符號，分別被用作讀取端和寫入端。讀取端 netpollBreakRd 被增加到 epoll 中監聽 EPOLLIN 事件，後續從寫入端 netpollBreakWr 寫入資料就能喚醒阻塞中的 poller。

2. netpollIsPollDescriptor() 函式

netpollIsPollDescriptor() 函式用來判斷檔案描述符號 fd 是否被 poller 使用，在 Linux 對應的實現中，只有 epfd、netpollBreakRd 和 netpollBreakWr 屬於被 poller 使用的描述符號，函式的程式如下：

```
func netpollIsPollDescriptor(fd uintptr) bool {
    return fd == uintptr(epfd) || fd == netpollBreakRd || fd == netpollBreakWr
}
```

3. netpollopen() 函式

netpollopen() 函式用來把要監聽的檔案描述符號 fd 和與之連結的 pollDesc 結構增加到 poller 實例中，在 Linux 上就是增加到 epoll 中，程式如下：

```
func netpollopen(fd uintptr, pd * pollDesc) int32 {
    var ev epollevent
    ev.events = _EPOLLIN | _EPOLLOUT | _EPOLLRDHUP | _EPOLLET
    * ( * * pollDesc)(unsafe.Pointer(&ev.data)) = pd
    return -epollctl(epfd, _EPOLL_CTL_ADD, int32(fd), &ev)
}
```

檔案描述符號是以 EPOLLET(監聽邊緣觸發模式) 被增加到 epoll 中的，同時監聽讀、寫事件。pollDesc 類型的資料結構 pd 作為與 fd 連結的自訂資料會被一同增加到 epoll 中。

4. netpollclose() 函式

netpollclose() 函式用來把檔案描述符號 fd 從 poller 實例中移除，也就是從 epoll 中刪除，程式如下：

```
func netpollclose(fd uintptr) int32 {
    var ev epollevent
    return -epollctl(epfd, _EPOLL_CTL_DEL, int32(fd), &ev)
}
```

5. netpollarm() 函式

netpollarm() 函式只有在應用水準觸發的系統上才會被用到，Linux 不會用到該函式，只是為了編譯成功而用來湊數的，程式如下：

```
func netpollarm(pd *pollDesc, mode int) {
    throw("runtime: unused")
}
```

6. netpollBreak() 函式

netpollBreak() 函 式 用 來 喚 醒 阻 塞 中 的 netpoll，它 實 際 上 就 是向 netpollBreakWr 描 述 符 號 中 寫 入 資 料，這 樣 一 來 epoll 就 會 監 聽 到netpollBreakRd 的 EPOLLIN 事件，程式如下：

```
func netpollBreak() {
    for {
        var b byte
        n: = write(netpollBreakWr, unsafe.Pointer(&b), 1)
        if n == 1 {
            break
        }
        if n == -_EINTR {
            continue
        }
        if n == -_EAGAIN {
            return
        }
        println("runtime: netpollBreak write failed with", -n)
        throw ("runtime: netpollBreak write failed")
    }
}
```

因為 write 呼叫可能會被打斷，所以在遇到 EINTR 錯誤的時候，netpollBreak() 函式會透過 for 迴圈持續嘗試向 netpollBreakWr 中寫入一位元組資料。

7. netpoll() 函式

還剩最後一個函式，也是最為關鍵的，那就是 netpoll() 函式。在 6.8 節分析排程迴圈的時候，我們知道該函式會傳回一個 gList，裡面是因為 IO 資料就緒而能夠恢復執行的一組 g。我們把函式的原始程式分成 3 部分分別進行整理。

第一部分程式如下：

```
if epfd == -1 {
    return gList {}
}
var waitms int32
if delay < 0 {
    waitms = -1
} else if delay == 0 {
    waitms = 0
} else if delay < 1e6 {
    waitms = 1
} else if delay < 1e15 {
    waitms = int32(delay / 1e6)
} else {
    waitms = 1e9
}
```

epfd 的初值是 -1，而有效的檔案描述符號不會小於 0。epfd 仍舊等於 -1，表明 epoll 尚未初始化，此時 netpoll() 函式就會傳回一個空的 gList。接下來的 if 敘述區塊把毫微秒級的 delay 轉換成了毫秒級的 waitms。

第二部分程式如下：

```
    var events[128] epollevent
retry:
    n: = epollwait(epfd, &events[0], int32(len(events)), waitms)
    if n < 0 {
```

```
        if n != -_EINTR {
            println("runtime: epollwait on fd", epfd, "failed with", -n)
        throw ("runtime: netpoll failed")
    }
    if waitms > 0 {
        return gList {}
    }
    goto retry
}
```

透過 epollwait() 函式等待 IO 事件，緩衝區大小為 128 個 epollevent，逾時時間是 waitms。如果 epollwait() 函式被中斷打斷，就透過 goto 來重試。waitms>0 時不會重試，因為需要傳回呼叫者中去重新計算逾時時間。

第三部分程式如下：

```
var toRun gList
for i: = int32(0);i < n;i++{
    ev: = &events[i]
    if ev.events == 0 {
        continue
    }

    if *( * * uintptr)(unsafe.Pointer( & ev.data)) == &netpollBreakRd {
        if ev.events != _EPOLLIN {
            println("runtime: netpoll: break fd ready for", ev.events)
            throw ("runtime: netpoll: break fd ready for something unexpected")
        }
        if delay != 0 {
            var tmp[16] Byte
            read(int32(netpollBreakRd), noescape(unsafe.Pointer(&tmp[0])),
int32(len(tmp)))
        }
        continue
    }

    var mode int32
    if ev.events&(_EPOLLIN | _EPOLLRDHUP | _EPOLLHUP | _EPOLLERR) != 0 {
        mode += 'r'
```

```
    }
    if ev.events&(_EPOLLOUT | _EPOLLHUP | _EPOLLERR) != 0 {
        mode += 'w'
    }
    if mode != 0 {
        pd: = * ( * * pollDesc)(unsafe.Pointer(&ev.data))
        pd.everr = false
        if ev.events == _EPOLLERR {
            pd.everr = true
        }
        netpollready(&toRun, pd, mode)
    }
}
return toRun
```

透過 for 迴圈遍歷所有 IO 事件。對於檔案描述符號 netpollBreakRd 而言，只有 EPOLLIN 事件是正常的，其他都會被視為異常。只有在 delay 不為 0，也就是阻塞式 netpoll 時，才讀取 netpollBreakRd 中的資料。根據 epoll 傳回的 IO 事件標識位元為 mode 給予值：r 表示讀取，w 表示寫入，r+w 表示既讀取又寫入。mode 不為 0，表示有 IO 事件，需要從 ev.data 欄位得到與 IO 事件連結的 pollDesc，檢測 IO 事件中的錯誤標識位元，並對應地為 pd.everr 給予值，最後呼叫 netpollready() 函式。netpollready() 函式的程式如下：

```
func netpollready(toRun * gList, pd * pollDesc, mode int32) {
    var rg, wg * g
    if mode == 'r' || mode == 'r' + 'w' {
        rg = netpollunblock(pd, 'r', true)
    }
    if mode == 'w' || mode == 'r' + 'w' {
        wg = netpollunblock(pd, 'w', true)
    }
    if rg != nil {
        toRun.push(rg)
    }
    if wg != nil {
        toRun.push(wg)
    }
}
```

　　該函式的作用是，根據 mode 的值從 pollDesc 中取出 IO 需求被滿足的 goroutine，然後增加到 toRun 串列中。例如 mode 的值是讀取或讀取寫入，而 pollDesc 中也有等待讀取事件的 goroutine，那麼這個 goroutine 就該被喚醒繼續執行了，所以就會把這個 goroutine 增加到 toRun 中。從 pollDesc 中獲得對應 G 指標的操作是由 netpollunblock() 函式完成的。

　　在進一步探索之前，需要先弄清楚 pollDesc 結構中各個欄位的含義，每個檔案描述符號被增加到 netpoller 中之後，都由一個 pollDesc 來表示，該結構的定義程式如下：

```go
//go:notinheap
type pollDesc struct {
    link        *pollDesc
    lock        mutex
    fd          uintptr
    closing     bool
    everr       bool
    user        uint32
    rseq        uintptr
    rg          uintptr
    rt          timer
    rd          int64
    wseq        uintptr
    wg          uintptr
    wt          timer
    wd          int64
}
```

　　透過 notinheap 註釋可以知道，該資料結構不允許被分配在堆積上，runtime 會使用持久化分配器來為該結構分配記憶體，並且實現了專用的 pollCache 進行快取。pollDesc 各欄位的用途如表 6-11 所示。

▼ 表 6-11 pollDesc 各欄位的用途

欄位	用途
link	用於實現 pollCache 快取，將空閒的 pollDesc 串成一個鏈結串列
lock	用來保護 pollDesc 結構中 seq 和 tiwer 相關欄位
fd	要監聽的檔案描述符號
closing	表示檔案描述符號 fd 正在被從 poller 中移除
everr	表示 poller 傳回的 IO 事件中包含錯誤標識位元
user	在 Linux 下沒有被用到，aix、solaris 等會利用它儲存一些擴充資訊
rseq	一直自動增加的序號，因為 pollDesc 結構會被重複使用，透過增加 rseq 的值，能夠避免重複使用後的 pollDesc 被舊的讀取逾時 timer 干擾
rg	有 4 種可能的設定值，常數 pdReady、pdWait，一個 G 的指標，以及 nil。pdReady 表示 fd 的資料已經就緒，可供讀取，某個 goroutine 消費掉這些資料後會把 rg 置為 nil。pdWait 表示某個 goroutine 即將暫停並等待 fd 的讀取事件，goroutine 暫停後 rg 會被改成該 g 的指標，或一個併發的讀取事件會把 rg 置為 pdReady，抑或一個併發的讀取逾時或 close 操作會把 rg 置為 nil
rt	用於實現讀取逾時的 timer，它會在逾時時間到達時喚醒等待讀取的 goroutine
rd	設定的讀取逾時時間
wseq	
wg	與 rseq、rg、rt 及 rd 類似，只不過針對的是寫入操作
wt	
wd	

在了解了 pollDesc 的結構後，繼續看 netpollunblock() 函式的程式，程式如下：

```
func netpollunblock(pd * pollDesc, mode int32, ioready bool) * g {
    gpp: = &pd.rg
    if mode == 'w' {
        gpp = &pd.wg
    }

    for {
```

```
old: = * gpp
if old == pdReady {
    return nil
}
if old == 0 && !ioready {
    return nil
}
var new uintptr
if ioready {
    new = pdReady
}
if atomic.Casuintptr(gpp, old, new) {
    if old == pdWait {
        old = 0
    }
    return ( * g)(unsafe.Pointer(old))
}
    }
}
```

首先要講解的是函式的參數，mode 可以是字元 r 或 w，分別表示要取得 pd 中等待讀或等待寫的 g，ioready 表示與 mode 相對應的 IO 事件是否已觸發，也就是 fd 是否讀取或寫入。

變數 gpp，也就是 g 指標的指標，預設獲取的是 pd.rg 的位址。如果 mode 是 w，則是 pd.wg 的位址。在接下來的 for 迴圈中，先處理的是 old 值為 pdReady 的情況，也就是說 IO 已經就緒，卻沒有等待 IO 的程式碼協同，那麼無論本次 ioready 的值如何，都不需要更新 *gpp 的值，於是直接傳回 nil。如果 old 值為 0，並且 ioready 為 false，表示既沒有程式碼協同在等待，也沒有已就緒的 IO 事件，所以不需要做任何處理，直接傳回 nil。接下來宣告了變數 new，其預設值為 0，對應指標類型的 nil。如果 ioready 為真，則 new 會被給予值為 pdReady。接下來的 CAS 函式會把新的狀態 new 賦給 *gpp，並修正 old 的值。因為 old 最終會被強轉為 *g 類型，所以必須是一個有效的指標或 nil。

綜上所述，netpollunblock() 函式不會阻塞，它會根據 mode 和 ioready 的值從 pd 中取出等待 IO 的 g，如果沒有，則傳回 nil。該函式還可能會更新 rg 或 wg 的值，新的值為 0 或 pdReady。

回過頭來看，從 netpoll() 函式到 netpollready() 函式，再到這裡的 netpollunblock() 函式，就是一步步把 epollwait() 函式傳回的 IO 事件儲存到了對應的 pollDesc 中。如果有正在等待該事件的程式碼協同，就會被增加到 gList 中傳回，繼而被增加到 runq 中。

至此，我們已經了解了等待 IO 的程式碼協同是如何被 netpoller 喚醒的，但是程式碼協同又是如何因 IO 等待而暫停的呢？這可以從標準函式庫中與網路 IO 相關的函式和方法入手，接下來就以 TCP 連接的 Read 方法為入口，逐層深入分析原始程式。

6.11.2　TCP 連接的 **Read()** 方法

net.TCPConn 透過嵌入 net.conn 類型而繼承了後者的 Read() 方法，而 net.(*conn).Read() 方法會呼叫 net.(*netFD).Read() 方法，後者又會呼叫 internal/poll.(*FD).Read() 方法，後者又會呼叫 internal/poll.(*pollDesc).waitRead() 方法，waitRead() 方法會呼叫 internal/poll.(*pollDesc).wait() 方法。wait() 方法透過呼叫 internal/poll.runtime_pollWait() 函式實現功能，而後者則是透過 linkname 機制連結到 runtime.poll_runtime_pollWait() 函式，該函式的程式如下：

```
func poll_runtime_pollWait(pd * pollDesc, mode int) int {
    err: = netpollcheckerr(pd, int32(mode))
    if err != 0 {
        return err
    }
    if GOOS == "solaris" || GOOS == "illumos" || GOOS == "aix" {
        netpollarm(pd, mode)
    }
    for !netpollblock(pd, int32(mode), false) {
        err = netpollcheckerr(pd, int32(mode))
        if err != 0 {
            return err
        }
    }
    return 0
}
```

該函式最主要的邏輯就是透過 netpollblock() 函式實現的，與它的名字一樣，netpollblock() 函式可能會造成呼叫它的 goroutine 阻塞而暫停，函式的程式如下：

```
func netpollblock(pd * pollDesc, mode int32, waitio bool) bool {
    gpp: = &pd.rg
    if mode == 'w' {
        gpp = &pd.wg
    }

    for {
        old: = * gpp
        if old == pdReady {
            * gpp = 0
            return true
        }
        if old != 0 {
            throw ("runtime: double wait")
        }
        if atomic.Casuintptr(gpp, 0, pdWait) {
            break
        }
    }

    if waitio || netpollcheckerr(pd, mode) == 0 {
        gopark(netpollblockcommit, unsafe.Pointer(gpp), waitReasonIOWait,
traceEvGoBlockNet, 5)
    }
    old: = atomic.Xchguintptr(gpp, 0)
    if old > pdWait {
        throw ("runtime: corrupted polldesc")
    }
    return old == pdReady
}
```

該函式與 netpollunblock() 函式有些相似，不同的是 waitio 表示是否要暫停以等待 IO 就緒，傳回值為 true，表示 IO 就緒，false 則可能是逾時或 fd 被移除。如果 old 值為 pdReady，就表示當前 IO 已經處於就緒狀態，所以直接傳回 true。如果 old 為 0，就先透過 CAS 把它置為 pdWait，表示當前程式碼協同即將暫停等待 IO 就緒，然後當前程式碼協同會呼叫 gopark() 函式來暫停自己，netpollblockcommit() 函式會把當前 g 的位址給予值給 *gpp。等到暫停的程式碼協同被 netpoller 喚醒後，就會從 gopark 傳回，從 gpp 中取得新的 IO 狀態，繼續執行後續邏輯。

至此，我們就整理完了 goroutine 是如何因為網路 IO 的原因而被暫停，以及又是如何在 IO 就緒之後被 netpoller 喚醒的。本節關於 netpoller 的探索就到這裡，更多有趣的細節各位讀者可自行閱讀、分析原始程式。

6.12 監控執行緒

透過 6.6 節的介紹，我們已經知道監控執行緒是由 main goroutine 建立的。監控執行緒與 GMP 中的工作執行緒不同，並不需要依賴 P，也不由 GMP 模型排程。它會重複執行一系列任務，只不過會視情況調整自己的休眠時間，接下來我們就簡單介紹一下監控執行緒的主要任務。

6.12.1 隨選執行 timer 和 netpoll

在 6.10 節介紹 timer 時已經了解到每個 P 都持有一個最小堆積，儲存在 p.timers 中，用於管理自己的 timer，而堆積頂的 timer 就是接下來要觸發的那一個，而 timer 中持有一個回呼函式 timer.f()，在指定時間到達後就會呼叫這個回呼函式，但是誰負責在時間到達時呼叫回呼函式呢？

在 6.8 節介紹排程程式的主要邏輯時，我們知道每次排程時都會呼叫 checkTimers() 函式，檢查並執行已經到時間的那些 timer。不過這還不夠穩妥，萬一所有 M 都在忙，不能即時觸發排程，可能會導致 timer 執行時間發生較大的偏差，所以還會透過監控執行緒來增加一層保障。

當監控執行緒檢測到接下來有 timer 要執行時，不僅會隨選調整休眠時間，還會在沒有空閒 M 時建立新的工作執行緒，以保障 timer 可以順利執行。

timer 有明確的觸發時間，但是 IO 事件的就緒就沒那麼確定了，所以為了降低 IO 延遲，需要時不時地主動輪詢，以即時獲得就緒的 IO 事件，也就是執行 netpoll。

全域變數 sched 中會記錄上次 netpoll 執行的時間 (sched.lastpoll)，如果監控執行緒檢測到距離上次輪詢已超過了 10ms，就會再執行一次 netpoll。實際上，不只是監控執行緒，第 6 章介紹過的排程器，以及第 8 章要介紹的 GC 在工作過程中都會隨選執行 netpoll。

6.12.2 先佔 G 和 P

本著公平排程的原則，監控執行緒會對執行時間過長的 G 實行先佔操作，也就是告訴那些執行時間超過特定設定值 (10ms) 的 G，該讓出了。

如何確定哪些 G 執行時間過長了呢？runtime.p 中有一個 schedtick 欄位，每當排程執行一個新的 G 並且不繼承上個 G 的時間切片時，都會讓它自動增加一，相關欄位的程式如下：

```
type p struct {
    //...... 略去部分程式
    schedtick           uint32
    sysmontick          sysmontick
}
type sysmontick     struct {
    schedtick           uint32
    schedwhen           int64
    syscalltick         uint32
    syscallwhen         int64
}
```

而 p.sysmontick.schedwhen 記錄的是上一次排程的時間。監控執行緒如果檢測到 p.sysmontick.schedtick 與 p.schedtick 不相等，說明這個 P 又發生了新的排程，就會同步這裡的排程次數，並更新這個排程時間，相關程式如下：

```
pd: = &_p_.sysmontick
//...... 略去部分程式
```

```
t: = int64(_p_.schedtick)
//...... 略去部分程式
pd.schedtick = uint32(t)
pd.schedwhen = now
```

但是若 p.sysmontick.schedtick 與 p.schedtick 相等，就說明自 p.sysmontick.schedwhen 這個時間點之後，這個 P 並未發生新的排程，或即使發生了新的排程，也繼承了之前 G 的時間切片，所以可以透過當前時間與 schedwhen 的差值，來判斷當前 P 上的 G 是否執行時間過長了，程式如下：

```
pd.schedwhen+forcePreemptNS <= now
```

如果 G 真的執行時間過長了，要怎麼通知它讓出呢？這自然要使用 6.9 節介紹過的兩種先佔方式了，透過設定 stackPreempt 標識，或進行非同步先佔。

為了充分利用 CPU，監控執行緒還會先佔處在系統呼叫中的 P。因為一個程式碼協同要執行系統呼叫，就要切換到 g0 堆疊，在系統呼叫沒執行完之前，這個 M 和這個 G 不能被分開，但是用不到 P，所以在陷入系統呼叫之前，當前 M 會讓出 P，解除與當前 P 的強連結，只在 m.oldp 中記錄這個 P。P 的數目畢竟有限，如果有其他程式碼協同在等待執行，則放任 P 如此閒置就著實浪費了。還是把它連結到其他 M，繼續工作比較划算。

等到當前 M 從系統呼叫中恢復後，會先檢測之前的 P 是否被佔用，如果沒有被佔用就繼續使用。否則再去申請一個，如果沒申請到，就把當前 G 放到全域 runq 中去，然後當前執行緒就睡眠了。

6.12.3 強制執行 GC

在 runtime 套件的 proc.go 中有一個 init() 函式，它會以 forcegchelper() 函式為執行入口建立一個程式碼協同，程式如下：

```
func init() {
    go forcegchelper()
}
```

也就是說在程式初始化時就會建立一個輔助執行 GC 的程式碼協同，只不過它在做完必要的初始化工作後便會主動讓出。等到它恢復執行時，就可以透過 gcStart() 函式發起新一輪的 GC 了，程式如下：

```
var forcegc          forcegcstate
type forcegcstate struct {
lock mutex
g * g
idle uint32
}
func forcegchelper() {
    forcegc.g = getg()
    for {
        lock(&forcegc.lock)
        if forcegc.idle != 0 {
            throw ("forcegc: phase error")
        }
        atomic.Store(&forcegc.idle, 1)
        goparkunlock(&forcegc.lock, waitReasonForceGGIdle, traceEvGoBlock, 1)
        //this goroutine is explicitly resumed by sysmon
        1f debug.gctrace > 0 {
            println("GC forced")
        }
        //Time-triggered, fully concurrent.
        gcStart(gcTrigger {kind: gcTriggerTime,now: nanotime()})
    }
}
```

而監控執行緒會建立 gcTriggerTime 類型的 gcTrigger，這種類型的 GC 觸發器會檢測距離上次執行 GC 的時間是否已經超過 runtime.forcegcperiod，預設為兩分鐘，程式如下：

```
var forcegcperiod int64 = 2 * 60 * 1e9
```

如果超過指定時間，同時 forcegc 還沒有被開啟，就需修改 forcegc 的狀態資訊，並把 forcegc.g 記錄的程式碼協同（程式初始化時建立的那個輔助執行 GC 的程式碼協同）增加到全域 runq 中。這樣等到它得到排程執行時，就會開啟新一輪的 GC 工作了。

　　監控執行緒的主要任務就介紹到這裡，保障計時器正常執行，執行網路輪詢，先佔長時間執行的或處在系統呼叫的 P，以及強制執行 GC，監控執行緒的這些工作任務無不是為了確保程式健康高效率地執行。

6.13 本章小結

　　本章內容較多，稍微有些複雜。開篇先簡單分析了處理程序、執行緒和程式碼協同的不同，實際上就是越來越輕量。接下來又對比了傳統的阻塞式 IO、非阻塞式 IO，還有近年來流行的 IO 多工，更重要的是程式碼協同和 IO 多工這兩項技術的巧妙結合。有了這些鋪陳之後，就可以開始深入 Go 語言的程式碼協同排程了。首先就是 GMP 模型，從基本概念到主要的資料結構，然後結合原始程式分析，逐步整理了排程器的初始化、程式碼協同的建立與退出，還有最核心的排程迴圈。之後用一個實例，透過偵錯加原始程式分析的方式，深入對比了 Go 1.13 版本和 Go 1.14 版本中先佔式排程的不同實現，筆者認為 Go 1.14 版本以後才是真正的先佔。最後幾節主要基於原始程式分析，整理了 timer、netpoller 的實現細節，以及監控執行緒的主要工作。雖然整體有些繁雜，但是對於想要深入了解 goroutine 的讀者，還是有一定的參考價值的。

同步

    在一開始接觸多執行緒程式設計的時候，我們就被告知同步有多麼重要，那個經典的銀行取款的例子也已經聽過了很多遍。之所以稱為同步，就是因為存在併發，不過大多數對於併發同步的講解都太上層了。本章透過對編譯、執行及一些硬體特性的探索，進一步加深大家對同步的理解，希望能夠幫助大家寫出更穩固的程式。

7.1 Happens Before

在多執行緒的環境中，多個執行緒或程式碼協同同時操作記憶體中的共用變數，如果不加限制，就會出現出乎意料的結果。想保證結果正確，就需要在時序上讓來自不同執行緒的存取序列化，彼此之間不出現重疊。執行緒對變數的操作一般只有 Load 和 Store 兩種，就是我們俗稱的讀和寫。Happens Before 也可以認為是一種序列化描述或要求，目的是保證某個執行緒對變數的寫入操作，能夠被其他的執行緒正確地讀到。

按照字面含義，你可能會認為，如果事件 e2 在時序上於事件 e1 結束後發生，就可以説事件 e1 happens before e2 了。按照一般常識應該是這樣的，在我們介紹記憶體亂數之前暫時可以這樣理解，事實上這對於多核心環境下的記憶體讀寫入操作來講是不夠的。

如果 e1 happens before e2，則可以説成 e2 happens after e1。若要保證對變數 v 的某個讀取操作 r，能夠讀取到某個寫入操作 w 寫入 v 的值，必須同時滿足以下條件：

（1）w happens before r。

（2）沒有其他針對 v 的寫入操作 happens after w 且 before r。

如果 e1 既不滿足 happens before e2，又不滿足 happens after e2，就認為 e1 與 e2 之間存在併發，如圖 7-1 所示。單一執行緒或程式碼協同內部存取某個變數是不存在併發的，預設能滿足 happens before 條件，因此某個讀取操作總是能讀到之前最近一次寫入操作寫入的值，但是在多個執行緒或程式碼協同之間就不一樣了，因為存在併發的原因，必須透過一些同步機制實現序列化，以確立 happens before 條件。

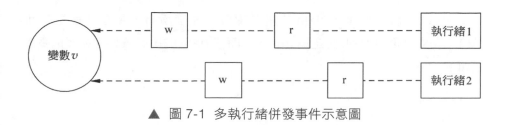

▲ 圖 7-1 多執行緒併發事件示意圖

7.1.1 併發

我們知道現代作業系統是基於時間切片演算法來排程執行緒的，goroutine 也實現了基於時間切片的先佔式排程。當執行緒的時間切片用完時，可能會在任意兩行機器指令間被打斷。假設執行緒 t1 即將執行一個針對變數 v 的寫入操作 w，而執行緒 t2 即將執行一個針對變數 v 的讀取操作 r，我們想要讓 r 讀取 w 寫入的值，也就是要讓 w happens before r。暫定我們的執行環境只有一個 CPU 核心，所以任一時刻 t1 和 t2 只能有一個在執行。即使這樣也依然有問題，t1 可能在執行 w 操作之前就被打斷了，然後 t2 執行了 r 操作。如果不使用一些同步機制，我們無法保證 t2 的 r 操作執行時，t1 的 w 操作已經執行完了。最常用的同步工具就是鎖，但是針對某些特定場景，我們不用鎖也可以讓程式得到正確的結果。

例如經典的生產者、消費者場景，有兩個執行緒分別是生產者和消費者，兩者之間透過共用變數來傳遞資料。為了讓程式能夠像預期那樣執行，消費者執行緒必須在生產者執行緒完成共用變數的寫入操作之後才去讀取，生產者執行緒也必須在消費者執行緒完成讀取之後才能再次將新的值寫入共用變數，兩者需要一直交替地執行。

可以透過引入另外一個變數實現這個目的，接下來就嘗試用 Go 語言實現，例如原本的共用變數是 int 類型的變數 data，我們再引入一個 bool 型變數 ok，用來表示 data 的所有權，程式如下：

```
var data int
var ok int
```

當變數 ok 為 false 時，data 的所有權歸生產者所有，生產者首先為 data 給予值，完成之後再把 ok 設定為 true，從而把 data 的所有權傳遞給了消費者，程式如下：

```go
// 第7章/code_7_1.go
go func() {
    for {
        if !ok {
            data = someValue
            ok = true
        }
    }
}()
```

當變數 ok 為 true 時，data 的所有權歸消費者所有，消費者讀取完 data 的值後，再把 ok 的值設定為 false，也就是把 data 的所有權又回傳給了生產者，程式如下：

```go
// 第7章/code_7_2.go
go func() {
    for {
        if ok {
            sum += data
            ok = false
        }
    }
}()
```

如果編譯器生成的指令與原始程式中敘述的順序嚴格一致，上述生產者程式碼協同和消費者程式碼協同在單核心 CPU 上併發執行是可以保證結果正確的。一旦編譯器對生成指令的順序進行最佳化調整，或程式在多核心 CPU 上執行，就不能保證結果正確了，具體原因接下來會逐步分析。

在單核心 CPU 上分時交替執行的多個執行緒，可以認為是最經典的併發場景。宏觀上看起來同時在執行的多個執行緒，微觀上是以極短時間切片交替執行在同一個 CPU 上的。在多核心 CPU 出現以前，並髮指的就是這種情況，但是在多核心 CPU 出現以後，併發就不像以前那麼簡單了，不僅是微觀上的分時執行，還包含了平行的情況。

7.1.2 平行

抽象地解釋併發，指的是多個事件在宏觀上是同時發生的，但是並不一定要在同一時刻發生，而平行就不一樣了，從微觀角度來看，平行的兩個事件至少有某一時刻是同時發生的，所以在單核心 CPU 上的多執行緒只存在併發，不存在平行。只有在多核心 CPU 上，執行緒才有可能並存執行。

針對 7.1.1 節中的生產消費範例，我們説過，如果編譯器不調整指令順序，並且在單核心 CPU 上執行程式，就可以保證結果的正確性。如果在多核心 CPU 上執行，就不能保證結果正確了，這裡不能簡單地認為是受平行的影響，根本原因是執行在不同 CPU 核心上的執行緒間可能會存在記憶體亂數，從現象來看就像是 CPU 在執行階段調整了某些指令的順序一樣。我們將在 7.2 節中對記憶體亂數展開更深入和全面的探索。

7.2　記憶體亂數

一般來講，我們認為程式會按照撰寫的順序來執行，也就是逐敘述、逐行地按循序執行，然而事實並非如此，編譯器有可能對指令順序進行調整，處理器普遍具有亂數執行的特性，目的都是為了更優的性能。操作記憶體的指令可以分成 Load 和 Store 兩類，也就是按讀和寫劃分。編譯器和 CPU 都會考慮指令間的依賴關係，在不會改變當前執行緒行為的前提下進行順序調整，因此在單一執行緒內依然是邏輯有序的，敘述間原本滿足的 happens before 條件不會被破壞，但這種有序性只是在單一執行緒內，並不會保證執行緒間的有序性。

程式中的共用變數都位於記憶體中，指令順序的變化會讓多個執行緒同時讀寫記憶體中的共用變數時產生意想不到的結果。這種因指令亂數造成的記憶體操作順序與預期不一致的問題，就是所謂的記憶體亂數。

7.2.1 編譯期亂數

所謂的編譯期亂數，指的是編譯器對最終生成的機器指令進行了順序調整，一般是出於性能最佳化的目的。造成的影響就是，機器指令的順序與原始程式碼中敘述的順序並不嚴格一致。這種亂數在 C++ 中比較常見，尤其是在編譯器的最佳化等級比較高的時候。

還是以生產者消費者為例，這次改成用 C++ 實現。原始程式中有個整數共用變數 data，它會被一對生產者、消費者執行緒操作，為了協調這兩個執行緒，我們又加了一個 bool 型變數 ok，程式如下：

```
int data;
bool ok = false;
```

生產者和消費者分別執行在兩個執行緒中，都迴圈執行處理邏輯。生產者每次迴圈開始時會先檢查 ok 的值，一直等到 ok 為 false，也就表示 data 中沒有資料，此時生產者就先為 data 給予值，再把 ok 設為 true，表示 data 中的資料已經就緒了，程式如下：

```
void producer() {
    while (true) {
        if (!ok) {
            data = someValue; //produce
            ok = true;
        }
    }
}
```

消費者每次迴圈開始時也會先檢查 ok 的值，一直等到 ok 為 true 後才去消費 data 中的資料，完成後再把 ok 的值設為 false，這樣生產者就可以生產新的資料了，程式如下：

```
void consumer() {
    while (true) {
        if (ok) {
            sum += data; //consume
            ok = false;
```

```
        }
    }
}
```

按照預期，這個程式應該能夠正常執行，但是有時候結果可能會出乎意料，原因就是剛剛講過的編譯亂數問題。按照之前的設計，用 ok 來表示 data 當前的狀態，生產者和消費者相互傳遞 data 的所有權，這非常依賴 data 和 ok 的記憶體存取順序。生產者和消費者都要先檢查 ok 的值，在條件允許，也就是獲取到所有權的情況下，先操作 data，後為 ok 給予值。這個順序是不能顛倒的，一旦改變了 ok 的值，就把 data 的所有權交給了對方。

編譯器並不知道這些，它只要保證單一執行緒的行為不被改變就可以了。經過編譯最佳化之後，生產者可能變成先把 ok 設定為 true，再為 data 給予值，消費者也可能先把 ok 設定為 false，再讀取 data 的值，所以執行結果就會出現錯誤。

那麼如何解決這種編譯階段的亂數問題呢？最常用的方法就是使用 compiler barrier，俗稱編譯屏障。編譯屏障會阻止編譯器跨屏障移動指令，但是仍然可以在屏障的兩側分別移動。在 GCC 中，常用的編譯屏障就是在兩行敘述之間嵌入一個空的組合語言敘述區塊，程式如下：

```
data = someValue;
asm volatile("":::"memory"); //compiler barrier
ok = true;
```

上面的範例加上編譯屏障後，應該能夠在 x86 平台上正常執行了，但是依然無法保證能夠在其他平台上如預期地執行，原因就是 CPU 在執行期間也可能會對指令的順序進行調整，也就是我們接下來要探索的執行期亂數。

7.2.2 執行期亂數

筆者已經不止一次地提到過，CPU 可能在執行期間對指令順序進行調整，也就是這裡所謂的執行期亂數。在進行枯燥的分析之前，先用一段程式來讓大家親自見證執行期亂數，這樣更有助後續內容的理解。範例程式使用 Go 語言實現，平台是 amd64，程式如下：

```go
// 第 7 章 / code_7_3.go
func main() {
    s: = [2] chan struct {} {
        make(chan struct {}, 1),
        make(chan struct {}, 1),
    }
    f: = make(chan struct {}, 2)
    var x, y, a, b int64
    go func() {
        for i: = 0;i < 1000000;i++{
            < -s[0]
            x = 1
            b = y
            f < -struct {} {}
        }
    }()
    go func() {
        for i: = 0;i < 1000000;i++{
            < -s[1]
            y = 1
            a = x
            f < -struct {} {}
        }
    }()
    for i: = 0;i < 1000000;i++{
        x = 0
        y = 0
        s[i % 2] < -struct {} {}
        s[(i + 1) % 2] < -struct {} {}
        < -f
        < -f
        if a == 0 && b == 0 {
            println(i)
        }
    }
}
```

　　程式中一共有 3 個程式碼協同，4 個 int 類型的共用變數，3 個程式碼協同都會迴圈 100 萬次，3 個 channel 用於同步每次迴圈。迴圈開始時先由主程式碼協同將 x、y 清零，然後透過切片 s 中的兩個 channel 讓其他兩個程式碼協同開始執行。程式碼協同一在每輪迴圈中先把 1 給予值給 x，再把 y 給予值給 b。程式碼協同二在每輪迴圈中先把 1 給予值給 y，再把 x 給予值給 a。f 用來保證在每輪迴圈中都等到兩個程式碼協同完成給予值操作後，主程式碼協同才去檢測 a 和 b 的值，當兩者同時為 0 時會列印出當前迴圈的次數。

　　從原始程式角度來看，無論如何 a 和 b 都不應該同時等於 0。如果程式碼協同一完成給予值後程式碼協同二才開始執行，結果就是 a=1 而 b=0，反過來就是 a 等於 0 而 b 等於 1。如果兩個程式碼協同的設定陳述式並存執行，則結果就是 a 和 b 都等於 1，然而實際執行時期會發現大量列印輸出，根本原因就是出現了執行期亂數。注意，執行期亂數要在平行環境下才能表現出來，單一 CPU 核心自己是不會表現出亂數的。Go 程式可以使用 GOMAXPROCS 環境變數來控制 P 的數量，針對上述範例程式，將 GOMAXPROCS 設定為 1 即使在多核心 CPU 上也不會出現亂數。

　　程式碼協同一和程式碼協同二中的兩筆設定陳述式形式相似，對應到 x86 組合語言就是三行記憶體操作指令，按照順序及分類分別是 Store、Load、Store，如圖 7-2 所示。

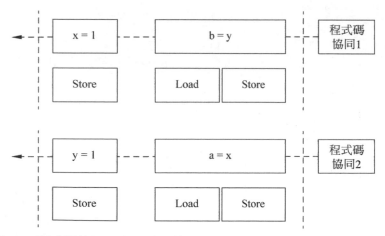

▲ 圖 7-2 程式碼協同一和程式碼協同二的設定陳述式對應的組合語言指令

出現的亂數問題是由前兩行指令造成的，稱為 Store-Load 亂數，這也是當前 x86 架構 CPU 上能夠觀察到的唯一一種亂數。Store 和 Load 分別操作的是不同的記憶體位址，從現象來看就像是先執行了 Load 而後執行了 Store。

為什麼會出現 Store-Load 亂數呢？我們知道現在的 CPU 普遍帶有多級指令和資料快取，指令執行系統也是管線式的，可以讓多行指令同時在管線上執行。一般的記憶體屬於 write-back cacheable 記憶體，簡稱 WB 記憶體。對於 WB 記憶體而言，Store 和 Load 指令並不是直接操作記憶體中的資料的，而是先把指定的記憶體單元填充到快取記憶體中，然後讀寫快取記憶體中的資料。

Load 指令的大致流程是，先嘗試從快取記憶體中讀取，如果快取命中，則讀取操作就完成了，如圖 7-3(a) 所示。如果快取未命中，則先填充對應的 Cache Line，然後從 Cache Line 中讀取，如圖 7-3(b) 所示。

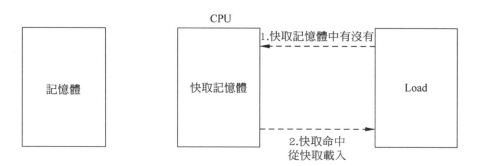

(a)快取命中時Load指令的執行流程

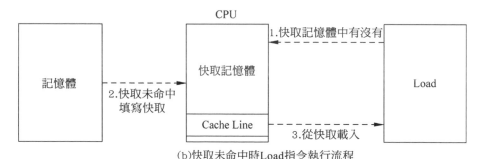

(b)快取未命中時Load指令執行流程

▲ 圖 7-3 Load 指令的執行流程

Store 指令的大致流程類似，先嘗試寫入快取記憶體，如果快取命中，則寫入操作就完成了。如果快取未命中，則先填充對應的 Cache Line，然後寫到 Cache Line 中，如圖 7-4 所示。

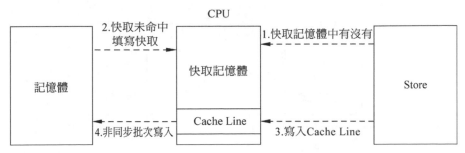

▲ 圖 7-4 Store 指令執行流程

可能有些讀者會對 Store 操作寫入之前要先填充 Cache Line 感到疑惑，這是因為快取記憶體和記憶體之間的資料傳輸不是以位元組為單位的，最小單位就是一個 Cache Line。Cache Line 大小因處理器的架構而異，常見的大小有 32、64 及 128 位元組等。

在多核心的 CPU 上，Store 操作會變得更複雜一些。每個 CPU 核心都擁有自己的快取記憶體，例如 x86 的 L1 Cache。寫入操作會修改當前核心的快取記憶體，被修改的資料可能存在於多個核心的快取記憶體中，CPU 需要保證各個核心間的快取一致性。目前主流的快取一致性協定是 MESI 協定，MESI 這個名字取自暫存單元可能的 4 種狀態，分別是已修改的 Modified，獨佔的 Exclusive，共用的 Shared 和無效的 Invalid。

　　如圖 7-5 所示，當一個 CPU 核心要對自身快取記憶體的某個單元進行修改時，它需要先通知其他 CPU 核心把各自快取記憶體中對應的單元置為 Invalid，再把自己的這個單元置為 Exclusive，然後就可以進行修改了。

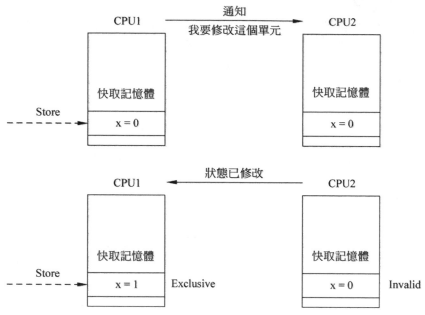

▲ 圖 7-5　一個 CPU 核心修改快取記憶體資料單元的過程

　　這個過程涉及多核心間的內部通訊，是一個相對較慢的過程，為了避免當前核心因為等待而阻塞，CPU 在設計上又引入了 Store Buffer。當前核心向其他核心發出通知以後，可以先把要寫入的值放在 Store Buffer 中，然後繼續執行後面的指令，等到其他核心完成回應以後，當前核心再把 Store Buffer 中的值合併到快取記憶體中，如圖 7-6 所示。

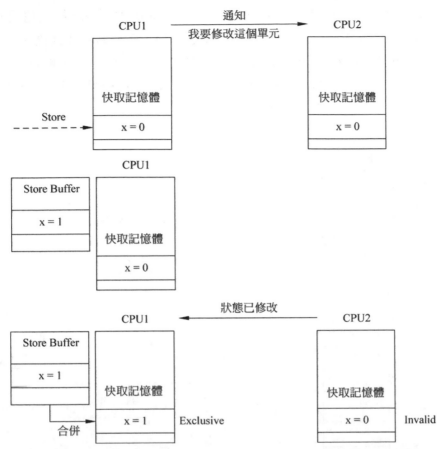

▲ 圖 7-6 引入 Store Buffer 後 CPU 修改快取記憶體資料單元的過程

　　雖然快取記憶體會保證多核心一致性，但是 Store Buffer 卻是各個核心私有的，因此對其他核心不可見。在 Store-Load 亂數中，從微觀時序上，Load 指令可能是在另一個執行緒的 Store 之後執行，但此時多核心間通訊尚未完成，對應的暫存單元還沒有被置為 Invalid，Store Buffer 也沒有被合併到快取記憶體中，所以 Load 讀到的是修改前的值。

　　如圖 7-7 所示，如果程式碼協同一執行了 Store 命令，x 的新值只是寫入 CPU1 的 Store Buffer，尚未合併到快取記憶體，則此時程式碼協同二執行 Load 指令獲得的 x 就是修改前的舊值 0，而非 1。同樣地，程式碼協同二修改 y 的值也可能寫入入了 CPU2 的 Store Buffer，所以程式碼協同一執行 Load 指令載入的 y 的值就是舊值 0。

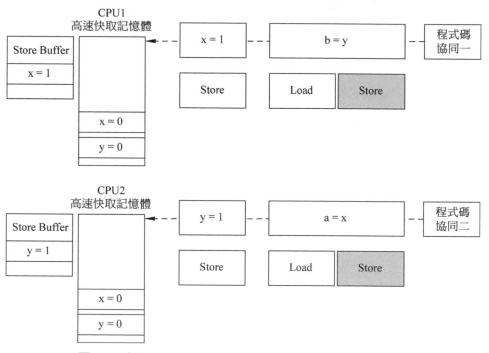

▲ 圖 7-7　寫入 Store Buffer 後合併到快取記憶體前 Load 資料

　　而當程式碼協同一執行最後一行 Store 指令時，b 就被給予值為 0。同樣地，程式碼協同二會將 a 給予值為 0。即使 Store Buffer 合併到快取記憶體，x 和 y 都被修改為新值，也已經晚了，如圖 7-8 所示。

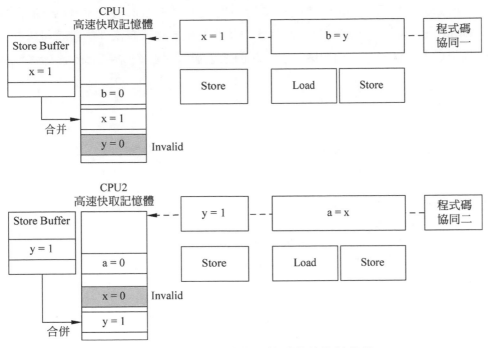

▲ 圖 7-8 合併到快取記憶體後的資料狀態

我們透過程式範例見證了 x86 的 Store-Load 亂數，Intel 開發者手冊上説 x86 只會出現這一種亂數。拋開固定的平台架構，理論上可能出現的亂數有 4 種：

（1）Load-Load，相鄰的兩行 Load 指令，後面的比前面的先讀到資料。

（2）Load-Store，Load 指令在前，Store 指令在後，但是 Store 操作先變成全域可見，Load 指令在此之後才讀到資料。

（3）Store-Load，Store 指令在前，Load 指令在後，但是 Load 指令先讀到了資料，Store 操作在此之後才變成全域可見。這個我們已經在 x86 平台見證過了。

（4）Store-Store，相鄰的兩行 Store 指令，後面的比前面的先變成全域可見。

所謂的全域可見，指的是在多核心 CPU 上對所有核心可見。因為筆者手邊只有 amd64 架構的電腦，暫時無法驗證其他幾種亂數，有條件的讀者可以在其他的架構上嘗試一下。例如透過以下範例應該可以發現 Store-Store 亂數，程式如下：

```go
// 第 7 章 /code_7_4.go
func main() {
        var wg sync.WaitGroup
        var x, y int64
        wg.Add(2)
        go func() {
            defer wg.Done()
            for i: = 0;i < 1000000000;i++{
                if x == 0 {
                    if y != 0 {
                        println("1:", i)
                    }
                    x = 1
                    y = 1
                }
            }
        }()
        go func() {
            defer wg.Done()
            for i: = 0;i < 1000000000;i++{
                if y == 1 {
                    if x != 1 {
                        println("2:", i)
                    }
                    y = 0
                    x = 0
                }
            }
        }()
        wg.Wait()
}
```

7.2.3 記憶體排序指令

執行期亂數會給結果帶來很大的不確定性,這對於應用程式來講是不能接受的,完全按照指令循序執行又會使性能變差。為了解決這一問題,CPU 提供了記憶體排序指令,應用程式在必要的時候能夠透過這些指令來避免發生亂數。以目前的 Intel x86 處理器為例,提供了 LFENCE、SFENCE 和 MFENCE 這 3 行記憶體排序指令,接下來我們就逐一分析它們的作用。

LFENCE 是 Load Fence 的縮寫,Fence 翻譯成中文是柵欄,可以認為造成分隔的作用,它會對當前核心上 LFENCE 之前的所有 Load 類別指令進行序列化操作。具體來講,針對當前 CPU 核心,LFENCE 會在之前的所有指令都執行完後才開始執行,並且在 LFENCE 執行完之前,不會有後續的指令開始執行。特別是 LFENCE 之前的 Load 指令,一定會在 LFENCE 執行完成之前從記憶體接收到資料。LFENCE 不會針對 Store 指令,Store 指令之後的 LFENCE 可能會在 Store 寫入的資料變成全域可見前執行完成。LFENCE 之後的指令可以提前被從記憶體中載入,但是在 LFENCE 執行完之前它們不會被執行,即使是推測性的。

以上主要是 Intel 開發者手冊對 LFENCE 的解釋,它原本被設計用來阻止 Load-Load 亂數。讓所有後續的指令在之前的指令執行完後才開始執行,這是 Intel 對功能的擴充,因此理論上它應該也能阻止 Load-Store 亂數。考慮到目前的 x86 CPU 不會出現這兩種亂數,所以程式語言中暫時沒有用到 LFENCE 指令進行多核心同步,未來也許會用到。Go 的 runtime 中用到了 LFENCE 的擴充功能來對 RDTSC 進行序列化,但是這並不屬於同步的範圍。

SFENCE 是 Store Fence 的縮寫,它能夠分隔兩側的 Store 指令,保證之前的 Store 操作一定會在之後的 Store 操作變成全域可見前先變成全域可見。結合 7.2.2 節的快取記憶體和 Store Buffer,筆者猜測 SFENCE 會影響到 Store Buffer 合併到快取記憶體的順序。

根據上述解釋,SFENCE 應該主要用來應對 Store-Store 亂數,由於現階段的 x86 CPU 也不會出現這種亂數,所以程式語言暫時也未用到它進行多核心同步。

MFENCE 是 Memory Fence 的縮寫，它會對之前所有的 Load 和 Store 指令進行序列化操作，這個序列化會保證 MFENCE 之前的所有 Load 和 Store 操作會在之後的任何 Load 和 Store 操作前先變成全域可見，所以上述 3 行指令中，只有 MFENCE 能夠阻止 Store-Load 亂數。

我們對之前的範例程式稍做修改，嘗試使用 MFENCE 指令來阻止 Store-Load 亂數，新的範例中用到了組合語言，所以需要兩個原始程式檔案。首先是組合語言程式碼檔案 fence_amd64.s，程式如下：

```
// 第 7 章 /fence_amd64.s
#include "textflag.h"

//func mfence()
TEXT· mfence(SB), NOSPLIT, $0 - 0
        MFENCE
        RET
```

接下來是修改過的 Go 程式，被放置在 fence.go 檔案中，跟之前會發生亂數的程式只有一點不同，就是在 Store 和 Load 之間插入了 MFENCE 指令，程式如下：

```
// 第 7 章 /fence.go
package main

func main() {
    s: = [2] chan struct {} {
        make(chan struct {}, 1),
        make(chan struct {}, 1),
    }
    f: = make(chan struct {}, 2)
    var x, y, a, b int64
    go func() {
        for i: = 0;i < 1000000;i++{
            < -s[0]
            x = 1
            mfence()
            b = y
            f < -struct {} {}
```

```
        }
    }()
    go func() {
        for i: = 0;i < 1000000;i++{
            < -s[1]
            y = 1
            mfence()
            a = x
            f < -struct {} {}
        }
    }()
    for i: = 0;i < 1000000;i++{
        x = 0
        y = 0
        s[i % 2] < -struct {} {}
        s[(i + 1) % 2] < -struct {} {}
        < -f
        < -f
        if a == 0 && b == 0 {
            println(i)
        }
    }
}

func mfence()
```

　　編譯執行上述程式，會發現之前的 Store-Load 亂數不見了，程式不會有任何列印輸出。如果將 MFENCE 指令換成 LFENCE 或 SFENCE，就無法達到同樣的目的了，感興趣的讀者可以自己嘗試一下。

　　透過記憶體排序指令解決了執行期亂數造成的問題，但是這並不足以解決併發場景下的同步問題。要想結合程式邏輯輕鬆地實現多執行緒同步，就要用到專門的工具，這就是 7.3 節要介紹的鎖。

7.3 常見的鎖

　　本書的測試程式都比較簡單，實際程式設計時的業務邏輯往往要複雜得多，需要同步保護的臨界區中通常會有數十數百行指令，甚至更多。鎖需要將所有執行緒（或程式碼協同）對臨界區的存取進行序列化處理，需要同時保證兩點要求：

（1）同時只能有一個執行緒獲得鎖，持有鎖才能進入臨界區。

（2）當執行緒離開臨界區釋放鎖後，執行緒在臨界區內做的所有操作都要全域可見。

　　本節會介紹幾種在程式設計中常見的鎖，並簡單分析它們各自的實現原理，在此過程中需留意各種鎖是如何保證以上兩點要求的。

7.3.1 原子指令

　　軟體層面的鎖通常被實現為記憶體中的共用變數，加鎖的過程至少需要 3 個步驟，按順序依次是 Load、Compare 和 Store。Load 操作從記憶體中讀取鎖的最新狀態，Compare 操作用於檢測是否處於未加鎖狀態，如果未加鎖就透過 Store 操作進行修改，以便實現加鎖。如果 Compare 發現已經處於加鎖狀態了，就不能執行後續的 Store 操作了。

　　如果用一般的 x86 組合語言指令實現 Load-Compare-Store 操作，至少需要三行指令，例如 CMP、JNE 和 MOV。CMP 可以接收一個記憶體位址運算元，所以實質上包含了 Load 和 Compare 兩步，JNE 作為 Compare 的一部分用於實現條件跳躍，MOV 指令用來向指定記憶體位址寫入資料，也就是 Store 操作，但是這樣實現會有一個問題，我們知道執行緒用完時間切片之後會被打斷，假如執行緒 a 執行完 CMP 指令後發現未加鎖，但是在執行 MOV 之前被打斷了，然後執行緒 b 開始執行並獲得了鎖，接下來執行緒 b 在臨界區中被打斷，執行緒 a 恢復執行後也獲得了鎖，這樣一來就會出現錯誤，如圖 7-9 所示。

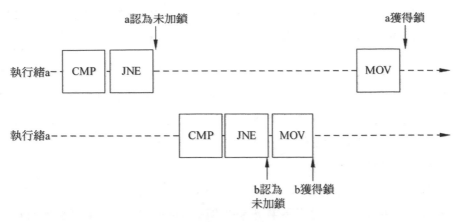

▲ 圖 7-9 同步問題

所以我們需要在一行指令中完成整個 Load-Compare-Store 操作，必須從硬體層面提供支援，例如 x86 就提供了 CMPXCHG 指令。

CMPXCHG 是 Compare and Exchange 的縮寫，該指令有兩個運算元，用於實現鎖的時候，第一運算元通常是個記憶體位址，也稱為目的運算元，第二運算元是個通用暫存器。CMPXCHG 會將 AX 暫存器和第一運算元進行比較，如果相等就把第二運算元複製到目的運算元中，若不相等就把目的運算元複製到 AX 暫存器中。基於這個指令實現鎖，一行指令是不會在中間被打斷的，所以就解決了之前的問題。

在單核心環境下，任何能夠透過一行指令完成的操作都可以稱為原子操作，但是這也只適用於單核心場景，在多核心環境下，執行在不同 CPU 核心上的執行緒可能會平行加鎖，不同核心同時執行 CMPXCHG 又會造成多個執行緒同時獲得鎖。如何解決這個問題呢？一種想法是，在當前核心執行 CMPXCHG 時，阻止其他核心執行 CMPXCHG，x86 組合語言中的 LOCK 首碼用於實現這一目的。

LOCK 首碼能夠應用於部分記憶體操作指令，最簡單的解釋就是 LOCK 首碼會讓當前 CPU 核心在當前指令執行期間獨佔匯流排，這樣其他的 CPU 核心就不能同時操作記憶體了。事實上，只有對於不在快取記憶體中的資料才會這樣，對於快取記憶體中的資料，LOCK 首碼會透過 MESI 協定處理多核心間快取一致性。不管怎麼説，加上 LOCK 首碼的 CMPXCHG 就無懈可擊了。在多核心環境下，這種帶有 LOCK 首碼的指令也被稱為原子指令。

至此，針對鎖的兩點要求，其中第 1 個可以透過原子指令實現了。那麼如何做到第二點要求呢？就是釋放鎖之後，臨界區內所有的操作要全域可見。事實上，鎖本身的狀態變化就必須是全域可見的，而且必須很即時，以保證高性能，因此，在 x86 CPU 上，LOCK 首碼同時具有記憶體排序的作用，相當於在應用 LOCK 首碼的指令之後緊接著執行了一行 MFENCE 指令。綜上所述，原子指令既能保證只允許一個執行緒進入臨界區，又具有記憶體排序的作用，能夠保證在鎖的狀態發生變化時，臨界區中所有的修改隨鎖的狀態一起變成全域可見。

7.3.2 自旋鎖

自旋鎖得以實現的基礎是原子性的 CAS 操作，CAS 即 Compare And Swap，在 x86 平台上對應帶有 LOCK 首碼的 CMPXCHG 指令。之所以稱作自旋鎖，是因為它會繼續迴圈嘗試 CAS 操作直到成功，看起來就像是一直在自旋等待。

接下來我們就嘗試一下用組合語言基於 CMPXCHG 指令實現一把自旋鎖，首先在 Go 語言中基於 int32 建立一個自訂類型 Spin，並為它實現 Lock() 方法和 Unlock() 方法，程式如下：

```go
// 第 7 章 /code_7_5.go
type Spin int32

func(l * Spin) Lock() {
    lock(( * int32)(l), 0, 1)
}

func(l * Spin) Unlock() {
    unlock(( * int32)(l), 0)
}

func lock(ptr * int32, o, n int32)
func unlock(ptr * int32, n int32)
```

　　實際的加鎖和解鎖操作在 lock() 和 unlock() 這兩個函式中實現，Go 程式中只包含了這兩個函式的原型宣告，這兩個函式是用組合語言實現的，具體程式在 spin_amd64.s 檔案中，程式如下：

```
// 第 7 章 /spin_amd64.s
#include "textflag.h"

//func lock(ptr *int32, old, new int32)
TEXT ·lock(SB), NOSPLIT, $0-16
    MOVQ        ptr+0(FP), BX
    MOVL        old+8(FP), DX
    MOVL        new+12(FP), CX
again:
    MOVL DX，AX
    LOCK
    CMPXCHGL    CX, 0(BX)
    JE          ok
    JMP         again
ok:
    RET
//func unlock(ptr *int32, val int32)
TEXT ·unlock(SB), NOSPLIT, $0-12
    MOVQptr+0(FP), BX
    MOVLval+8(FP), AX
    XCHGL AX, 0(BX)
    RET
```

　　lock() 函式把鎖的位址放在了 BX 暫存器中，把用來比較的舊值 old 放到了 DX 暫存器中，把要寫入的新值 new 放到了 CX 暫存器中。從標籤 again 處開始是一個迴圈，每次迴圈開始前，把 DX 暫存器的值複製給 AX 暫存器，因為 CMPXCHG 隱含使用 AX 暫存器中的值作為比較用的舊值，並且可能會修改 AX 暫存器，所以每次迴圈需要重新給予值，這個迴圈不斷嘗試透過 CMPXCHG 進行加鎖，成功後會透過 JE 指令跳出迴圈。因為 Go 的組合語言風格有點類似於 AT&T 組合語言，運算元書寫順序與 Intel 組合語言相反，所以 CMPXCHG 的兩個運算元中 BX 出現在 CX 右邊。能夠透過 JE 跳出迴圈，這是因為 CMP 操作會影響標識暫存器。

unlock() 函式透過 XCHG 指令將鎖清零，實現了解鎖操作。細心的讀者可能會注意到這裡沒有 LOCK 首碼，根據 Intel 開發者手冊所講，XCHG 指令隱含了 LOCK 首碼，所以程式中不用寫，依然能夠造成獨佔匯流排和記憶體排序的作用。

事實上，atomic 套件中的 CompareAndSwapInt32() 函式和 StoreInt32() 函式是基於 CMPXCHG 和 XCHG 這兩行組合語言指令實現的，所以上述的自旋鎖可以改成完全用 Go 實現，程式如下：

```go
// 第 7 章 /code_7_6.go
import "sync/atomic"

type Spin int32

func(l * Spin) Lock() {
    for !atomic.CompareAndSwapInt32(( * int32)(l), 0, 1) {}
}

func(l * Spin) Unlock() {
    atomic.StoreInt32(( * int32)(l), 0)
}
```

這樣一來，我們確實實現了自旋鎖，但是這跟生產環境中實際使用的自旋鎖比起來還是有些差距。在鎖競爭比較激烈的場景下，這種自旋會造成 CPU 使用率很高，所以還要進行最佳化。x86 專門為此提供了 PAUSE 指令，它一方面能夠提示處理器當前正處於自旋迴圈中，從而在退出迴圈的時候避免因檢測到記憶體亂數而造成性能損失。另一方面，PAUSE 能夠大幅度減小自旋造成的 CPU 功率消耗，從而達到節能和減少發熱的效果。

可以把 PAUSE 指令加入我們組合語言版本的 lock() 函式實現中，修改後的程式如下：

```
// 第 7 章 /lock_amd64.s
//func lock(ptr *int32, old, new int32)
TEXT ·lock(SB), NOSPLIT, $0-16
    MOVQptr+0(FP), BX
```

```
    MOVLold+8(FP), DX
    MOVLnew+12(FP), CX
again:
    MOVLDX,AX
    LOCK
    CMPXCHGLCX, 0(BX)
    JE            ok
    PAUSE
    JMP           again
ok:
    RET
```

也可以把 PAUSE 指令單獨放在一個函式中，這樣就能夠跟 atomic 套件中的函式結合使用了，程式如下：

```
// 第 7 章 /pause_amd64.s
#include "textflag.h"

//func pause()
TEXT pause(SB), NOSPLIT, $0-0
    PAUSE
    RET
```

然後就能對 Go 程式實現的自旋鎖進行最佳化了，程式如下：

```
// 第 7 章 /code_7_7.go
func (l *Spin) Lock() {
    for !atomic.CompareAndSwapInt32((*int32)(l), 0, 1) {
        pause()
    }
}
```

自旋鎖的優點是比較輕量，不過它對適用的場景也是有要求的。首先，在單核心的環境下不適合使用自旋鎖，因為單核心系統上任一時刻只能有一個執行緒在執行，當前執行緒一直在自旋等待，而持有鎖的執行緒得不到執行，鎖就不可能被釋放，等也是白等，純屬浪費 CPU 資源。這種情況下即時切換到其他可執行的執行緒會更高效一些，因此在單核心環境下更適合用排程器物件。

其次,即使是在多核心環境下,也要考慮平均持有鎖的時間,以及程式的併發程度等因素。在持有鎖的時間佔比很小,並且活躍執行緒數接近 CPU 核心數量時,自旋鎖比較高效,也就是自旋的代價小於執行緒切換的代價。其他情況就不一定了,要結合實際場景分析再加上充分的測試。

7.3.3 排程器物件

筆者使用排程器物件這個名字,主要是受 Windows NT 核心的影響。更通俗地講,應該說是作業系統提供的執行緒間同步基本操作,一般以一組系統呼叫的形式存在。例如 Win32 的 Event,以及 Linux 的 futex 等。基於這些同步基本操作,可以實現鎖及更複雜的同步工具。

這些排程器物件與自旋鎖的不同主要是有一個等待佇列。當執行緒獲取鎖失敗時不會一直在那裡自旋,而是暫停後進入等待佇列中等待,然後系統排程器會切換到下一個可執行的執行緒。等到持有鎖的執行緒釋放鎖的時候,會按照一定的演算法從等待佇列中取出一個執行緒並喚醒它,被喚醒的執行緒會獲得所有權,然後繼續執行。這些同步基本操作是由核心提供的,直接與系統的排程器互動,能夠暫停和喚醒執行緒,這一點是自旋鎖做不到的。等待佇列可以實現支援 FIFO、FILO,甚至支持某種優先順序策略,但是也正是由於是在核心中實現的,所以應用程式需要以系統呼叫的方式來使用它,這就造成了一定的銷耗。在獲取鎖失敗的情況下還會發生執行緒切換,進一步增大銷耗。排程器物件和自旋鎖各自有適用的場景,具體如何選用還要結合具體場景來分析。

7.3.4 最佳化的鎖

透過 7.3.2 節和 7.3.3 節,我們大致了解了自旋鎖與排程器物件。前者主要適用於多核心環境,並且持有鎖的時間佔比較小的情況。這種情況下,往往在幾次自旋之後就能獲得鎖,比起發生一次執行緒切換的代價要小得多。後者主要適用於加鎖失敗就要暫停執行緒的場景,例如單核心環境,或持有鎖的時間佔比較大的情況,而在實際的業務邏輯中,持有鎖的時間往往不是很確定,有可能較短也有可能較長,我們不好一概用一種策略進行處理,如果將兩者結合,或許會有不錯的效果。

將自旋鎖和排程器物件結合，理論上就可以得到一把最佳化的鎖了。加鎖時首先經過自旋鎖，但是需限制最大自旋次數，如果在有限次數內加鎖成功也就成功了，否則就進一步透過排程器物件將當前執行緒暫停。等到持有鎖的執行緒釋放鎖的時候，會透過排程器物件將暫停的執行緒喚醒。這樣就結合了二者的優點，既避免了加鎖失敗立即暫停執行緒造成過多的上下文切換，又避免了無限制地自旋而空耗 CPU，這也是如今主流的鎖實現想法。

7.4 Go 語言的同步

7.1~7.3 節用了很大的篇幅講解了與同步相關的一些理論基礎，本節就回歸到 Go 語言上來，結合 runtime 原始程式，分析一下與同步相關的元件的實現原理。

7.4.1 runtime.mutex

在 Go 1.14 版本的 runtime 中，mutex 的定義程式如下：

```
type mutex struct {
    key uintptr
}
```

在 Go 1.15 及 以 後 的 版 本 中 為 了 支 援 靜 態 的 Lock Rank 而 增 加 了 lockRankStruct，這裡暫時不需要關心。

runtime.mutex 被 runtime 自身的程式使用，它是針對執行緒而設計的，不適用於程式碼協同。它本質上就是一個結合了自旋鎖和排程器物件的最佳化過的鎖，自旋鎖部分沒有什麼特殊的，排程器物件部分在不同平台上需要使用不同的系統呼叫。在 Linux 上是基於 futex 實現的，該實現中把 mutex.key 作為一個 uint32 來使用，並且為其定義了 3 種狀態，對應的 3 個常數的定義程式如下：

```
mutex_unlocked  = 0
mutex_locked    = 1
mutex_sleeping  = 2
```

unlocked 表示當前處於未加鎖狀態，locked 則表示已加鎖狀態，sleeping
比較特殊一點，表示當前有執行緒因未能獲得鎖而透過 futex 睡眠等待。加鎖函
式的原始程式碼如下：

```
func lock2(l * mutex) {
    gp: = getg()

    if gp.m.locks < 0 {
        throw ("runtime·lock: lock count")
    }
    gp.m.locks++

    v: = atomic.Xchg(key32(&l.key), mutex_locked)
    if v == mutex_unlocked {
        return
    }

    wait: = v

    spin: = 0
    if ncpu > 1 {
        spin = active_spin
    }
    for {
        for i: = 0; i < spin; i++{
            for l.key == mutex_unlocked {
                if atomic.Cas(key32(&l.key), mutex_unlocked, wait) {
                    return
                }
            }
            procyield(active_spin_cnt)
        }

        for i: = 0; i < passive_spin;i++{
```

```
        for l.key == mutex_unlocked {
            if atomic.Cas(key32(&l.key), mutex_unlocked, wait) {
                return
            }
        }
        osyield()
    }

    v = atomic.Xchg(key32(&l.key), mutex_sleeping)
    if v == mutex_unlocked {
        return
    }
    wait = mutex_sleeping
    futexsleep(key32(&l.key), mutex_sleeping, -1)
    }
}
```

　　首先透過 atomic.Xchg() 函式將 l.key 替換成 mutex_locked，然後判斷原始值 v，如果等於 mutex_unlocked，就說明原本處於未加鎖狀態，而我們現在已經透過原子操作加了鎖，這樣就可以傳回了。

　　既然 v 不等於 mutex_unlocked，那就只能是 mutex_locked 和 mutex_sleeping 二者之一了，先把它的值暫存在 wait 中。接下來根據處理器核心數 ncpu 是否大於 1 來決定是否需要自旋，因為在單核心系統上自旋是沒有意義的。active_spin 是個值為 4 的常數，表示主動自旋 4 次。

　　接下來就是嘗試加鎖的大循環了，大迴圈內部先經過兩個小迴圈。第 1 個小迴圈是主動自旋的迴圈，它會迴圈 spin 次，也就是單核心環境下迴圈 0 次，多核心環境下迴圈 4 次。每次嘗試之後都會透過 procyield() 函式來稍微拖延一下時間，procyield() 函式是組合語言實現的函式，程式如下：

```
//func procyield(cycles uint32)
TEXT runtime·procyield(SB),NOSPLIT,$0-0
    MOVL        cycles+0(FP), AX
again:
    PAUSE
```

```
SUBL       $1, AX
JNZ        again
RET
```

實際上就是迴圈執行 PAUSE 指令。active_spin_count 是個值為 30 的常數，所以就是迴圈執行 30 次 PAUSE。

第 2 個小迴圈是個被動自旋迴圈。passive_spin 是個值為 1 的常數，所以只會迴圈一次。之所以稱為被動自旋，是因為它呼叫了 osyield() 函式來等待，這也是它與主動自旋的唯一一點不同。osyield() 函式也是個用組合語言實現的函式，它透過執行系統呼叫來切換至其他執行緒，程式如下：

```
TEXT runtime·osyield(SB),NOSPLIT,$0
    MOVL       $SYS_sched_yield, AX
    SYSCALL
    RET
```

上述兩個迴圈的主要工作都是檢測鎖是否已經被釋放了，假如有一個鎖 l，執行緒 b 嘗試加鎖，進入加鎖的大迴圈，經過主動自旋和被動自旋兩個小迴圈，如果自旋過程中發現鎖被釋放了，並且鎖的原始狀態為 mutex_locked，則表示在 b 加鎖之前有其他執行緒持有鎖，卻沒有執行緒在等待它，所以就將 l 置為 mutex_locked。若是鎖的原始狀態為 mutex_sleeping，則表示已經有其他執行緒在等待這個鎖了，那麼現在即使執行緒 b 獲得了鎖，也應該將鎖置為 mutex_sleeping。

總而言之，只要自旋過程中加鎖成功，就得將鎖置為其原始值，也就是原始程式中儲存到 wait 中的狀態，如圖 7-10 所示。

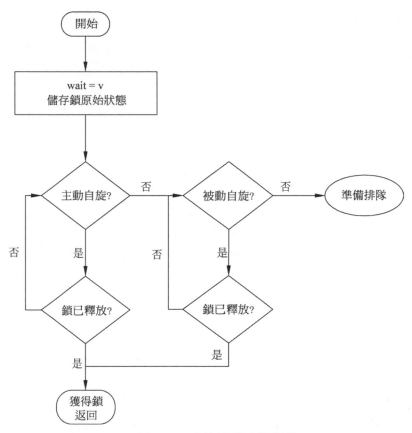

▲ 圖 7-10 自旋過程中獲得鎖

　　這裡需要注意一下，如果持有鎖的執行緒在釋放的時候發現鎖的狀態為 mutex_sleeping，就會透過 futex 喚醒睡眠等待的執行緒。假如執行緒 a 持有鎖 l，執行緒 b 在睡眠等待這個鎖，接下來執行緒 c 嘗試加鎖，它首先透過 atomic.Xchg() 函式把鎖的狀態替換為 mutex_locked，然後進入自旋。恰巧，在執行緒 c 自旋過程中執行緒 a 要釋放鎖，但此時鎖的狀態為 mutex_locked，釋放鎖時不會去喚醒等待的執行緒，而執行緒 c 卻會獲得鎖，不過會將鎖恢復為 mutex_sleeping 狀態。這一過程中鎖 l 的狀態變化如圖 7-11 所示。

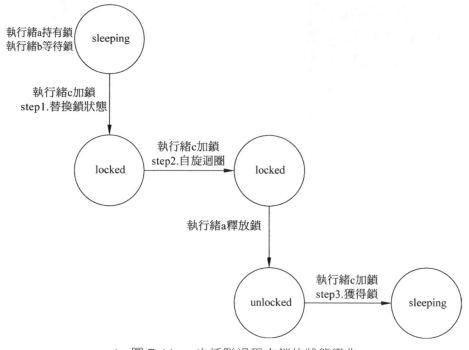

▲ 圖 7-11 一次插隊過程中鎖的狀態變化

整個過程下來，相當於執行緒 c 跳過了 futex 排隊，直接從鎖的上一個持有者執行緒 a 那裡接收了所有權，透過 futex 喚醒睡眠執行緒的操作被推後了，但是並沒有被忘記。這樣相當於發生了一次插隊，但是避免了一次執行緒切換，從整體上來看會提升性能。

然而，若是經過上述兩個自旋迴圈都無法獲得鎖，就可以透過 atomic. Xchg() 函式把 l.key 替換為 mutex_sleeping，因為當前執行緒準備要去睡眠等待了，但是仍要在真正去睡眠之前，檢查一下鎖是否被釋放了，若已經釋放，當前執行緒仍可以加鎖成功，然後就可以直接傳回了。不過直接將 mutex_sleeping 狀態保留在鎖中，可能會有點小問題。

因為，可能鎖的原始狀態為 mutex_locked，並沒有執行緒在 futex 上睡眠等待這個鎖，因而在釋放鎖的時候可能會有多餘的喚醒操作。不過沒有關係，這樣的小問題會被忽略，只要保證不遺失應有的喚醒就可以了。

在大迴圈的最後，如果來到這裡就表示之前所有嘗試都無法獲得鎖，所以就呼叫 futexsleep 讓當前執行緒暫停，逾時時間 -1 表示會一直睡眠直到被喚醒。

解鎖函式的邏輯比較簡單，主要透過 atomic.Xchg() 函式將 l.key 替換成 mutex_unlocked，然後檢查替換前的舊值，如果等於 mutex_sleeping，就透過 futexwakeup 喚醒一個執行緒。感興趣的讀者可自行查看原始程式，這裡不再贅述。

7.4.2 semaphore

runtime 中的 semaphore 是可供程式碼協同使用的訊號量實現，預期用它來提供一組 sleep 和 wakeup 基本操作，目標與 Linux 的 futex 相同。也就是説，不要把它視為訊號量，而是應把它當成實現睡眠和喚醒的一種方式。每個 sleep 都與一次 wakeup 對應，即使因為競爭的關係，wakeup 發生在 sleep 之前。

semaphore 的核心邏輯是透過 semacquire1() 函式和 semrelease1() 函式實現的，semacquire1() 函式用來執行獲取操作，函式的原型如下：

```
func semacquire1(addr *uint32, lifo bool, profile semaProfileFlags, skipframes int)
```

參數 addr 是用作訊號量的 uint32 型變數的位址，lifo 表示是否採用 LIFO 的排隊策略。profile 與性能分析相關，表示要進行哪些種類的採樣，目前有 semaBlockProfile 和 semaMutexProfile 兩種。skipframes 用來指示堆疊回溯跳過 runtime 自身的堆疊框。

semrelease1() 函式用來執行釋放操作，函式的原型如下：

```
func semrelease1(addr *uint32, handoff bool, skipframes int)
```

handoff 參數表示是否立即切換到被喚醒的程式碼協同。被喚醒的程式碼協同會設定到當前 P 的 runnext，如果 handoff 為 true，當前程式碼協同會透過 goyield() 讓出 CPU，被喚醒的程式碼協同會立刻得到排程。

runtime 內部會透過一個大小為 251 的 semtable 來管理所有的 semaphore，semtable 的定義程式如下：

```
const semTabSize = 251


var semtable[semTabSize] struct {
    root semaRoot
    pad[cpu.CacheLinePadSize - unsafe.Sizeof(semaRoot {})] Byte
}
```

如果只是一個大小固定的 table，則肯定無法管理執行階段數量不定的 semaphore。事實上，runtime 會把 semaphore 放到平衡樹中，而 semtable 儲存的是 251 棵平衡樹的根，對應資料結構為 semaRoot。semaRoot 的定義程式如下：

```
type semaRoot struct {
    lock   mutex
    treap *sudog
    nwait uint32
}
```

lock 用來保護這棵平衡樹，treap 欄位是真正的平衡樹資料結構的根，nwait 欄位表明了樹中節點的數量，實際上平衡樹的每個節點都是個 sudog 類型的物件，程式如下：

```
type sudog struct {
    g * g
    is Select bool
    next                * sudog
    prev                * sudog
    elem                unsafe.Pointer //data element (may point to stack)
    acquiretime         int64
    releasetime         int64
    ticket              uint32
    parent              * sudog //semaRoot binary tree
    waitlink            * sudog //g.waiting list or semaRoot
    waittail            * sudog //semaRoot
```

```
    c                       * hchan //channel
}
```

sudog.g 用於記錄當前排隊的程式碼協同，sudog.elem 用於儲存對應訊號量的位址。當要使用一個訊號量時，需要提供一個記錄訊號量數值的變數，根據它的位址 addr 進行計算並映射到 semtable 中的一棵平衡樹上，semroot() 函式專門用來把 addr 映射到對應平衡樹的根，程式如下：

```
func semroot(addr *uint32) *semaRoot {
    return &semtable[(uintptr(unsafe.Pointer(addr))>>3)%semTabSize].root
}
```

它先把 addr 轉換成 uintptr，然後對齊到 8 位元組，再對表的大小取餘，結果用作陣列下標。定位到某棵平衡樹之後，再根據 sudog.elem 儲存的位址與訊號量變量的位址是否相等，進一步定位到某個節點，這樣就能找到該訊號量對應的等待佇列了。

如圖 7-12 所示，semtable 中序號為 0 的平衡樹包括 5 個節點，代表有 5 個不同的訊號量透過位址計算並映射到這棵平衡樹，而 sudog 節點 d、e、f 屬於同一個訊號量的等待佇列，透過 sudog.waitlink 和 sudog.waittail 連接起來。

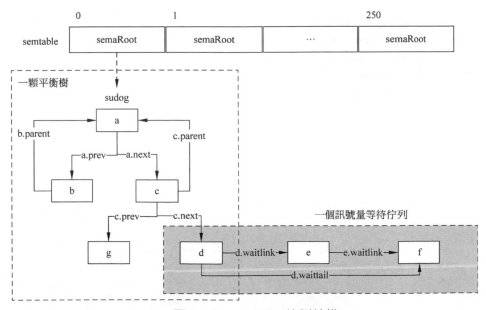

▲ 圖 7-12 semtable 範例結構

semacquire1() 函式會先透過呼叫 cansemacquire() 函式來判斷能否在不等待的情況下獲取訊號量，該函式的原始程式如下：

```
func cansemacquire(addr * uint32) bool {
    for {
        v: = atomic.Load(addr)
        if v == 0 {
            return false
        }
        if atomic.Cas(addr, v, v - 1) {
            return true
        }
    }
}
```

其實很簡單，在訊號量的值大於 0 的前提下，迴圈嘗試將訊號量的值原子性地減 1。如果成功了就傳回值 true，上一層的 semacquire1() 函式也就可以直接傳回了。如果在減 1 之前發現訊號量的值已經是 0 了，就傳回值 false，上一層的 semacquire1() 函式就需要執行後續的排隊邏輯了。排隊邏輯是在一個 for 迴圈中實現的，因為有可能需要多次嘗試，程式如下：

```
for {
    lockWithRank(&root.lock, lockRankRoot)
    atomic.Xadd(&root.nwait, 1)
    if cansemacquire(addr) {
        atomic.Xadd(&root.nwait, -1)
        unlock(&root.lock)
        break
    }
    root.queue(addr, s, lifo)
    goparkunlock(&root.lock, waitReasonSemacquire, traceEvGoBlockSync, 4 +
skipframes)
    if s.ticket != 0 || cansemacquire(addr) {
        break
    }
}
```

首先對 root.lock 加鎖，然後把 root.nwait 加 1，因為當前程式碼協同即將到平衡樹中去等待了。再次嘗試 cansemacquire() 函式，這個嘗試是必要的，因為這期間可能有其他程式碼協同釋放了訊號量，而且要注意操作 nwait 和 addr 的順序，這裡是先把 nwait 加 1，後檢測 addr 中的值，semrelease1 中會先把 addr 中的值加 1，後檢測 nwait，這樣能夠避免漏掉應有的喚醒。繼續回到呼叫 cansemacquire() 函式這裡，如果傳回值為 true，也就表明獲取了訊號量，不需要進入平衡樹等待了，因此再把 nwait 減去 1，釋放鎖，然後跳出迴圈。若 cansemacquire() 函式的傳回值為 false，就要繼續排隊的流程。透過呼叫 root.queue() 方法，把與當前程式碼協同連結的 sudog 節點增加到平衡樹中，然後呼叫 gopark() 函式暫停當前程式碼協同。

semacquire1() 函式的核心邏輯基本上就是這些，再來看一下 semrelease1() 函式，摘選部分關鍵程式如下：

```go
root: = semroot(addr)
atomic.Xadd(addr, 1)

if atomic.Load(&root.nwait) == 0 {
    return
}

lockWithRank(&root.lock, lockRankRoot)
if atomic.Load(&root.nwait) == 0 {
    unlock(&root.lock)
    return
}
s, t0: = root.dequeue(addr)
if s != nil {
    atomic.Xadd( & root.nwait, -1)
}
unlock(&root.lock)
```

它會先把訊號量的值加 1，然後判斷 nwait 是否為 0，如果沒有程式碼協同在等待就直接傳回了。否則就要對 root.lock 加鎖，再次判斷 nwait 是否為 0，若不為 0 就透過 root.dequeue() 方法從佇列中取出一個程式碼協同，然後把

nwait 減去 1 並解鎖。後面的程式透過 goready() 函式喚醒程式碼協同,並隨選呼叫 goyield() 函式,以便讓出 CPU,這裡就不把程式全貼出來了。

關於 semaphore 的探索就講解到這裡,它是為程式碼協同而設計的,也是 7.4.3 節中要介紹的 sync.Mutex 的基礎。

7.4.3 sync.Mutex

Mutex 這個名稱的由來,應該是 Mutual Exclusion 的幾個首字母組合,俗稱互斥體或互斥鎖。它是一把結合了自旋鎖與訊號量的最佳化過的鎖,先來看一下 Go 語言 sync 套件中 Mutex 的資料結構,程式如下:

```
type Mutex struct {
    state int32
    sema  uint32
}
```

因為足夠簡單,所以不需要額外的初始化,此結構的零值就是一個有效的互斥鎖,處於 Unlocked 狀態。state 儲存的是互斥鎖的狀態,加鎖和解鎖方法都是透過 atomic 套件提供的函式原子性地操作該欄位。那麼,加鎖失敗時該如何排隊等待這個 Mutex 呢?答案就是 7.4.2 節介紹的訊號量。這裡的 sema 欄位用作訊號量,為 Mutex 提供等待佇列。

1. Mutex 工作模式

Mutex 有兩種模式:正常模式和饑餓模式。正常模式下,一個嘗試加鎖的 goroutine 會先自旋幾次,嘗試透過原子操作獲得鎖,若幾次自旋之後仍不能獲得鎖,則透過訊號量排隊等待。所有的等待者會按照先入先出(FIFO)的順序排隊,但是當一個等待者被喚醒後並不會直接擁有鎖,而是需要和後來者(處於自旋階段,尚未排隊等待的程式碼協同)競爭。

這種情況下後來者更有優勢,一方面原因是後來者正在 CPU 上執行,自然比剛被喚醒的 goroutine 更有優勢,另一方面處於自旋狀態的 goroutine 可以有很多,而被喚醒的 goroutine 每次只有一個,所以被喚醒的 goroutine 有很大機率獲得不到鎖,這種情況下它會被重新插入佇列的頭部,而非尾部。當一個

goroutine 本次加鎖等待的時間超過了 1ms 後，它會把當前 Mutex 切換至饑餓模式。

在饑餓模式下，Mutex 的所有權從執行 Unlock 的 goroutine 直接傳遞給等待佇列頭部的 goroutine。後來者不會自旋，也不會嘗試獲得鎖，它們會直接從佇列的尾部排隊等待，即使 Mutex 處於 Unlocked 狀態。

當一個等待者獲得了鎖之後，它會在以下兩種情況時將 Mutex 由饑餓模式切換回正常模式：

（1）它是最後一個等待者，即等待佇列空了。

（2）它的等待時間小於 1ms，也就是它剛來不久，後面自然更沒有饑餓的 goroutine 了。

正常模式下 Mutex 有更好的性能，但是饑餓模式對於防止尾端延遲（佇列尾端的 goroutine 遲遲搶不到鎖）來講特別重要。

綜上所述，在正常模式下自旋和排隊是同時存在的，執行 Lock 的 goroutine 會先一邊自旋一邊透過原子操作嘗試獲得鎖，嘗試過幾次後如果還沒獲得鎖，就需要去排隊等待了。這種在排隊之前，先讓大家來搶的模式，能夠有更高的輸送量，因為頻繁地暫停、喚醒 goroutine 會帶來較多的銷耗，但是又不能無限制地自旋，要把自旋的銷耗控制在較小的範圍內，而饑餓模式下不再自旋嘗試，所有 goroutine 都要排隊，嚴格地按先來後到執行。

2. Mutex 的狀態

與 Mutex 的 state 欄位相關的幾個常數定義如下：

```
mutexLocked = 1 << iota //1
mutexWoken              //2
mutexStarving           //4
mutexWaiterShift = iota //3
```

mutexLocked 表示互斥鎖處於 Locked 狀態。mutexWoken 表示已經有 goroutine 被喚醒了，當該標識位元被設定時，Unlock 操作不會喚醒排隊的

goroutine。mutexStarving 表示饑餓模式,該標識位元被設定時 Mutex 工作在饑餓模式,清零時 Mutex 工作在正常模式。mutexWaiterShift 表示除了最低 3 位元以外,state 的其他位元用來記錄有多少個等待者在排隊。Mutex.state 標識位元如圖 7-13 所示。

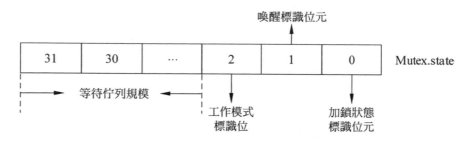

▲ 圖 7-13 Mutex.state 標識位元

3. Lock() 和 Unlock() 方法

精簡了註釋和部分與 race 檢測相關的程式,兩個方法的程式如下:

```go
func(m * Mutex) Lock() {
    if atomic.CompareAndSwapInt32( & m.state, 0, mutexLocked) {
        return
    }
    m.lockSlow()
}

func(m * Mutex) Unlock() {
    new: = atomic.AddInt32( & m.state, -mutexLocked)
    if new != 0 {
        m.unlockSlow(new)
    }
}
```

這兩個方法主要透過 atomic 函式實現了 Fast path,對應的 Slow path 被單獨放在了 lockSlow() 方法和 unlockSlow() 方法中。根據原始程式註釋的說法,這樣是為了便於編譯器對 Fast path 進行內聯最佳化。

1) Fash path

Lock() 方法的 Fast path 期望 Mutex 處於 Unlocked 狀態，沒有 goroutine 在排隊，更不會饑餓。理想狀況下，一個 CAS 操作就可以獲得鎖了。如果 CAS 操作無法獲得鎖，就需要進入 Slow path 了，也就是 lockSlow() 方法。

Unlock() 方法同理，首先透過原子操作從 state 中減去 mutexLocked，也就是釋放鎖，然後根據 state 的新值來判斷是否需要執行 Slow path。如果新值為 0，也就表示沒有其他 goroutine 在排隊，所以不需要執行額外操作； 如果新值不為 0，則可能需要喚醒某個 goroutine。

2) Slow path

lockSlow() 方法的邏輯比較複雜，需要整體上來理解，筆者透過註釋對關鍵程式進行解釋，程式如下：

```go
func(m * Mutex) lockSlow() {
    var waitStartTime int64
    starving: = false
    awoke: = false
    iter: = 0
    old: = m.state
    for {
        // 饑餓模式下不要自旋，因為所有權按順序傳遞，自旋沒有意義
        if old&(mutexLocked | mutexStarving) == mutexLocked
        && runtime_canSpin(iter) {
            // 當前處於 " 主動自旋 "，嘗試設定 mutexWoken 標識
            // 以避免 Unlock 方法喚醒更多 goroutine
            if !awoke && old&mutexWoken == 0
            && old >> mutexWaiterShift != 0
            && atomic.CompareAndSwapInt32(&m.state, old, old | mutexWoken) {
                awoke = true
            }
            runtime_doSpin()
            iter++
            old = m.state
            continue
        }
        new: = old
```

```
// 不要嘗試獲得處於饑餓模式的 mutex，後來者必須排隊
if old&mutexStarving == 0 {
    new |= mutexLocked
}
if old&(mutexLocked | mutexStarving) != 0 {
        new += 1 << mutexWaiterShift
    }
    // 當前 goroutine 將 mutex 切換至饑餓模式
    // 如果 mutex 已經處於 unlocked 狀態，就不要切換了
// 因為 Unlock() 方法認為處於饑餓模式的 mutex 等待佇列不為空
    if starving && old & mutexLocked != 0 {
        new |= mutexStarving
}
if awoke {
        // 當前 goroutine 是被喚醒的，檢查並清除 mutexWoken 標識位元
        if new&mutexWoken == 0 {
            throw ("sync: inconsistent mutex state")
    }
    new &^= mutexWoken
    }
    if atomic.CompareAndSwapInt32(&m.state, old, new) {
        if old&(mutexLocked | mutexStarving) == 0 {
            break // 透過 CAS 操作獲得了鎖
    }
        // 被喚醒之後沒有搶到鎖，需要插入佇列頭部，而非尾部
    queueLifo: = waitStartTime != 0
    if waitStartTime == 0 {
        waitStartTime = runtime_nanotime()
    }
    runtime_SemacquireMutex(&m.sema, queueLifo, 1)
    starving = starving || runtime_nanotime() - waitStartTime > starvationThresholdNs
    old = m.state
    if old&mutexStarving != 0 {
        // 當前程式位置 goroutine 肯定是被喚醒的，而且 mutex 處於饑餓模式
        // 所有權被直接交給當前 goroutine
        // 但是這種情況下 mutex 的 state 會與實際情況不一致
        //mutexLocked 標識位元沒有設定
        // 而且等待者計數中也沒有減去當前 goroutine。需要修復 state
        // 注意，饑餓模式下傳遞 mutex 所有權不會設定 mutexWoken 標識
```

```
                    // 只有正常模式下喚醒才會
                    if old&(mutexLocked | mutexWoken) != 0
                    || old >> mutexWaiterShift == 0 {
                        throw ("sync: inconsistent mutex state")
                }
            delta: = int32(mutexLocked - 1 << mutexWaiterShift)
            if !starving || old >> mutexWaiterShift == 1 {
            // 退出饑餓模式，非常重要
            delta -= mutexStarving
            }
            atomic.AddInt32(&m.state, delta)
            break
        }
        awoke = true
        iter = 0
        } else {
            old = m.state
        }
    }
}
```

然後是與之對應的 unlockSlow() 函式的程式如下：

```
func(m * Mutex) unlockSlow(new int32) {
    if (new + mutexLocked)&mutexLocked == 0 {
        throw ("sync: unlock of unlocked mutex")
    }
    if new&mutexStarving == 0 {
        old: = new
        for {
            // 如果等待佇列為空或已經有一個 goroutine 被喚醒或獲得了鎖
            // 就不需要再去喚醒某個 goroutine 了
            // 在饑餓模式下，所有權是直接從執行 Unlock 的 goroutine
            // 傳遞給佇列中首個等待者的，也不需要再喚醒
            if old >> mutexWaiterShift == 0 || old&(mutexLocked | mutexWoken |
            mutexStarving) != 0 {
                return
            }
            // 嘗試設定 mutexWoken 標識，以獲得喚醒一個 goroutine 的權力
            new = (old - 1 << mutexWaiterShift) | mutexWoken
```

```
    if atomic.CompareAndSwapInt32(&m.state, old, new) {
        runtime_Semrelease(&m.sema, false, 1)
        return
    }
    old = m.state
    }
} else {
    // 饑餓模式：將 mutex 的所有權傳遞給下一個等待者
    // 該等待者會繼承當前 goroutine 的時間切片並立刻開始執行
    // 注意：mutexLocked 標識位元沒有設定，被喚醒的 goroutine 會設定它
    // 因為饑餓模式下的 mutex 會被認為處於 Locked 狀態
// 所以後來者不會嘗試獲取它
    runtime_Semrelease(&m.sema, true, 1)
}
}
```

3) 自旋

再來看一下與自旋相關的函式，首先是判斷能否自旋的 sync.runtime_canSpin() 函式，它實際上是個名字連結，真正呼叫的是 runtime.sync_runtime_canSpin() 函式，程式如下：

```
func sync_runtime_canSpin(i int) bool {
    if i >= active_spin || ncpu <= 1 || gomaxprocs <= int32(sched.npidle + sched.
nmspinning) + 1 {
        return false
    }
    if p: = getg().m.p.ptr(); runqempty(p) {
        return false
    }
    return true
}
```

sync.Mutex 是協作式的，在自旋方面比較保守。自旋的次數比較少，並且需要同時滿足以下條件：在一個多核心機器上執行並且 GOMAXPROCS>1，並且至少有一個其他的 P 正在執行，此外，當前 P 的本地 runq 是空的。

不像 runtime.mutex 那樣，這裡不會進行被動 (消極) 自旋，因為全域 runq 或其他 P 上或許還有可執行的任務。

sync.runtime_doSpin() 函式也是透過 linkname 機制連結到 runtime.sync_runtime_doSpin() 函式的，真正的邏輯是透過 procyield() 函式實現 30 次自旋。

4) 訊號量相關操作

7.4.2 節已經介紹過 semaphore，這裡只簡單看一下呼叫關係。sync.runtime_SemacquireMutex() 函式是個名字連結，實際上呼叫的是 runtime.sync_runtime_SemacquireMutex() 函式，後者又會呼叫 runtime.semacquire1() 函式。semacquire1() 函式在 7.4.2 節已經分析過了，它實現了排隊入列邏輯，透過 lifo 參數可以實現 FIFO 和 LIFO，實際上就是插入佇列尾部還是頭部。

sync.runtime_Semrelease() 函式也是個名字連結，實際上呼叫的是 runtime.sync_runtime_Semrelease() 函式，後者又會呼叫 runtime.semrelease1() 函式。semrelease1() 函式實現了排隊出列邏輯，透過 handoff 參數可以讓被喚醒的 goroutine 繼承當前時間切片並立刻開始執行。

7.4.4 channel

channel 被設計用於實現 goroutine 間的通訊，按照 golang 的設計思想：以通訊的方式共用記憶體。因為 channel 在設計上就已經解決了同步問題，所以程式邏輯只要保證資料的所有權隨通訊傳遞就可以了。本節就來分析一下 channel 實現的原理，先從記憶體分配開始。

1. channel 記憶體分配

make() 函式會在堆積上分配一個 runtime.hchan 類型的資料結構，範例程式如下：

```
ch := make(chan int)
```

　　ch 是存在於函式堆疊框上的指標，指向堆積上的 hchan 資料結構。為什麼是堆積上的結構？首先，要實現 channel 這樣的複雜功能，肯定不是幾位元組可以實現的，所以需要一個 struct 實現； 其次，這種被設計用於實現程式碼協同間通訊的元件，其作用域和生命週期不可能僅限於某個函式內部，所以 golang 直接將其分配在堆積上。

　　接下來就結合在 channel 中的作用，解讀一下 hchan 中都有哪些欄位。程式碼協同間通訊肯定涉及併發存取，所以要有鎖來保護整個資料結構，程式如下：

```
lock mutex
```

　　channel 分為無緩衝和有緩衝兩種，對於有緩衝 channel 來講，需要有對應的記憶體來儲存資料，實際上就是一個陣列，需要知道陣列的位址、容量、元素的大小，以及陣列的長度，也就是已有元素的個數，這幾個欄位的程式如下：

```
qcount          uint              // 陣列長度，即已有元素的個數
dataqsiz        uint              // 陣列容量，即可容納元素的個數
buf             unsafe.Pointer    // 陣列位址
elemsize        uint16            // 元素大小
```

　　因為 runtime 中記憶體複製、垃圾回收等機制依賴資料的類型資訊，所以 hchan 中還要有一個指標，指向元素類型的類型中繼資料，程式如下：

```
elemtype *_type// 元素類型
```

　　channel 支援交替地讀寫 (比起發送和接收，筆者更喜歡稱 send 為寫入，稱 recv 為讀取)，有緩衝 channel 內的緩衝陣列會被作為一個環狀緩衝區使用，當下標超過陣列容量後會回到第 1 個位置，所以需要有兩個欄位記錄當前讀和寫的下標位置，程式如下：

```
sendxu          int               // 下一次寫入下標位置
recvx           uint              // 下一次讀取下標位置
```

當讀取和寫入操作不能立即完成時，需要能夠讓當前程式碼協同在 channel 上等待，當條件滿足時，要能夠立即喚醒等待的程式碼協同，所以要有兩個等待佇列，分別針對讀和寫，程式如下：

```
recvq          waitq          // 讀取等待佇列
sendq          waitq          // 寫入等待佇列
```

channel 是能夠被關閉的，所以要有一個欄位記錄是否已經關閉了，程式如下：

```
closed         uint32
```

最後整合起來，runtime.hchan 結構的程式如下：

```
type hchan struct {
    qcount     uint           // 陣列長度，即已有元素的個數
    dataqsiz   uint           // 陣列容量，即可容納元素的個數
    buf        unsafe.Pointer // 陣列位址
    elemsize   uint16         // 元素大小
    closed     uint32
    elemtype   * _type        // 元素類型
    sendx      uint           // 下一次寫下標位置
    recvx      uint           // 下一次讀取下標位置
    recvq      waitq          // 讀取等待佇列
    sendq      waitq          // 寫入等待佇列
    lock       mutex
}
```

至此，我們已經了解了 channel 的主要資料結構，從各個欄位的作用基本就能了解到 channel 內部大致是如何運作的。接下來還是結合原始程式，分析一下 send、recv 和 select 都是如何實現的。

2. channel 的 send 操作

1) 阻塞式 send 操作

首先來看一下 channel 的常規 send 操作。假如有一個元素類型為 int 的 channel，變數名稱為 ch，常規的 send 操作的程式如下：

```
ch <- 10
```

其中 ch 可能有緩衝，也可能無緩衝，甚至可能為 nil。按照上面的寫法，有兩種情況能使 send 操作不會阻塞：

（1） 通道 ch 的 recvq 裡已有 goroutine 在等待。

（2） 通道 ch 有緩衝，並且緩衝區沒有用盡。

在第一種情況中，只要 ch 的 recvq 中有程式碼協同在排隊，當前程式碼協同就直接把資料交給 recvq 佇列首的那個程式碼協同就然後兩個程式碼協同都可以繼續執行，無關 ch 有沒有緩衝。在第二種情況中，ch 有緩衝，並且緩衝區沒有用盡，也就是底層陣列沒有存滿，此時當前程式碼協同直接把資料追加到緩衝陣列中，就可以繼續執行。

同樣是上面的寫法，有 3 種情況會使 send 操作阻塞：

（1） 通道 ch 為 nil。

（2） 通道 ch 無緩衝且 recvq 為空。

（3） 通道 ch 有緩衝且緩衝區已用盡。

在第一種情況中，參照目前的實現，允許對 nil 通道執行 send 操作，但是會使當前程式碼協同永久性地阻塞在這個 nil 通道上，因鎖死拋出例外的範例程式如下：

```
func main() {
    var ch chan int
    ch <- 10
}
```

在第二種情況中，ch 為無緩衝通道，recvq 中沒有程式碼協同在等待，所以當前程式碼協同需要到通道的 sendq 中排隊。第三種情況中，ch 有緩衝且已用盡，隱含的資訊就是 recvq 為空，不會出現緩衝區不為空且 recvq 也不為空的情況，所以當前程式碼協同只能到 sendq 中排隊。

2) 非阻塞式 send

接下來再看一看 channel 的非阻塞式 send 操作。熟悉併發程式設計的讀者應該知道，有些鎖支持 tryLock 操作，也就是我想獲得這把鎖，但是萬一已經被別人獲得了，我不阻塞等待，可以去做其他事情。對於 channel 的非阻塞 send 就是：我想透過 channel 發送資料，但是如果當前沒有接收者在排隊等待，並且緩衝區沒有剩餘空間（包含無緩衝的情況），我就需要阻塞等待，但是我不想等待，所以立刻傳回並告訴我「現在不能發送」就可以了。

對於單一通道的非阻塞 send 操作可以用以下程式實現，注意是一個 select、一個 case 和一個 default，哪個都不能少，程式如下：

```
select {
case ch <- 10:
    ...
default:
    ...
}
```

如果檢測到 ch 發送資料不會阻塞，就會執行 case 分支，如果會阻塞，就會執行 default 分支。

3) 環狀緩衝區

我們透過一個簡單例子介紹一下 channel 的資料緩衝區是如何使用的，為什麼稱它為環狀緩衝區。

假如有一個元素類型為 int 的 channel，緩衝區大小為 5，目前 sendq 和 recvq 為空，緩衝區還有一個元素的空閒位置，此時，讀取下標 recvx 及寫下標 sendx 的位置如圖 7-14 所示。

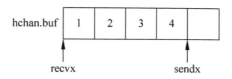

▲ 圖 7-14 範例 channel 讀取、寫下標位置

接下來，有一個 goroutine 接收了一個元素，被讀取的元素就是讀取下標所指向的第 0 個元素 1，此時，channel 緩衝區還有 3 個元素與兩個空閒空間，讀寫下標位置如圖 7-15 所示。

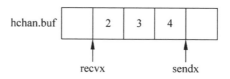

▲ 圖 7-15 讀取一個元素後讀、寫下標位置

接下來，又有一個 goroutine 向這個 channel 發送了一個元素 5，此時緩衝區的讀寫下標位置如圖 7-16 所示。可以看到新的元素 5 被增加到最後一個空位處，但由於這是緩衝區最後一個位置，所以 sendx 回到了緩衝區頭部，指向第 0 個位置。此時緩衝區還有 4 個元素與一個空閒位置。

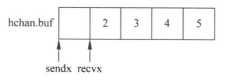

▲ 圖 7-16 發送一個元素後讀、寫下標位置

下面又有兩個元素 6 和 7 發送到這個 channel，元素 6 會佔用此時 sendx 指向的第 0 個位置，此時，讀、寫下標相等，沒有空閒位置了，表明緩衝區已滿，發送元素 7 的 goroutine 只能進到 sendq 中排隊等待，如圖 7-17 所示。

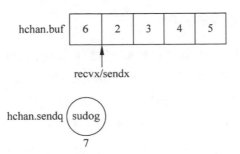

▲ 圖 7-17 又發送兩個元素後緩衝區與 sendq 的狀態

此時排隊等待要發送元素 7 的 goroutine，只有等到有 goroutine 從這個 channel 讀取資料後騰出空閒緩衝區位置，才能完成資料發送。例如接下來讀取一個元素，recvx 向後移動一個位置，元素 7 被存到空出的位置，sendq 再次為空，緩衝區依然是滿的，如圖 7-18 所示。

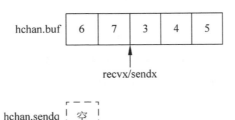

▲ 圖 7-18 讀取一個元素後讀、寫下標和 sendq 的狀態

可以看到，這個 channel 緩衝區的讀寫下標都是從 0 到 4 再到 0 這樣迴圈變化的，這就好像在使用一個環狀緩衝區一樣，例如圖 7-15 所示的緩衝區對應圖 7-19 所示的環狀緩衝區，灰色區域代表已使用緩衝區，空白區域代表未使用緩衝區。

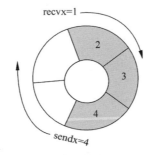

▲ 圖 7-19 環狀緩衝區示意圖

3. send 操作的原始程式分析

　　channel 的常規 send 操作會被編譯器轉為對 runtime.chansend1() 函式的呼叫，後者內部只是呼叫了 runtime.chansend() 函式。非阻塞式的 send 操作會被編譯器轉為對 runtime.selectnbsend() 函式的呼叫，後者也僅呼叫了 runtime.chansend() 函式，所以 send 操作主要透過 chansend() 函式實現，接下來我們就來分析一下這個函式的原始程式。chansend() 函式的原型如下：

```
func chansend(c *hchan, ep unsafe.Pointer, block bool, callerpc uintptr) bool
```

　　其中，c 是一個 hchan 指標，指向要用來 send 資料的 channel。ep 是一個指標，指向要被送入通道 c 的資料，資料型態要和 c 的元素類型一致。block 表示如果 send 操作不能立即完成，是否想要阻塞等待。callerpc 用以進行 race 相關檢測，暫時不需要關心。傳回值為 true 表示資料 send 完成，false 表示目前不能發送，但因為不想阻塞（block 為 false）而傳回。

　　這個函式的邏輯還算比較直觀，接下來就分塊整理一下。以下省略掉了部分不太重要的程式，摘選主要邏輯，第一部分程式如下：

```
if c == nil {
    if !block {
        return false
    }
    gopark(nil, nil, waitReasonChanSendNilChan, traceEvGoStop, 2)
    throw ("unreachable")
}
```

　　如果 c 為 nil，進一步判斷 block：如果 block 為 false，則直接傳回 false，表示未發送資料。如果 block 為 true，就讓當前程式碼協同永久地阻塞在這個 nil 通道上。

　　第二部分程式如下：

```
if !block && c.closed == 0 && full(c) {
    return false
}
```

如果 block 為 false 且 closed 為 0，也就是在不想阻塞且通道未關閉的前提下，如果通道滿了（無緩衝且 recvq 為空，或有緩衝且緩衝已用盡），則直接傳回 false。本步判斷是在不加鎖的情況下進行的，目的是讓非阻塞 send 在無法立即完成時能真正不阻塞（加鎖操作可能阻塞）。

第三部分程式如下：

```
lock(&c.lock)
if c.closed != 0 {
    unlock(&c.lock)
    panic(plainError("send on closed channel"))
}
```

對 hchan 加鎖，如果 closed 不為 0，即通道已經關閉，則先解鎖，然後 panic。因為不允許用已關閉的通道進行 send。

第四部分程式如下：

```
if sg: = c.recvq.dequeue(); sg != nil {
    send(c, sg, ep, func() {unlock(&c.lock)}, 3)
    return true
}
```

如果 recvq 不為空，隱含了緩衝區為空，就從中取出第 1 個排隊的程式碼協同，將資料傳遞給這個程式碼協同，並將該程式碼協同置為 ready 狀態（放入 run queue，進而得到排程），然後解鎖，傳回值為 true。

第五部分程式如下：

```
if c.qcount < c.dataqsiz {
    qp: = chanbuf(c, c.sendx)
    typedmemmove(c.elemtype, qp, ep)
    c.sendx++
    if c.sendx == c.dataqsiz {
        c.sendx = 0
    }
    c.qcount++
```

```
    unlock(&c.lock)
    return true
}
```

透過比較 qcount 和 dataqsiz 判斷緩衝區是否還有剩餘空間，在這裡無緩衝的通道被視為沒有剩餘空間。如果有剩餘空間，就將資料追加到緩衝區中，對應地移動 sendx，增加 qcount，然後解鎖，傳回值為 true。

第六部分程式如下：

```
if !block {
    unlock(&c.lock)
    return false
}
```

執行到這裡表明通道已滿，如果 block 為 false，即不想阻塞，則解鎖，傳回值為 false。

第七部分程式如下：

```
gp: = getg()
mysg: = acquireSudog()
mysg.elem = ep
mysg.g = gp
mysg.isSelect = false
mysg.c = c
gp.waiting = mysg
c.sendq.enqueue(mysg)
atomic.Store8(&gp.parkingOnChan, 1)
gopark(chanparkcommit, unsafe.Pointer(&c.lock), waitReasonChanSend, traceEvGoBlockSend, 2)
```

當前程式碼協同把自己追加到通道的 sendq 中阻塞排隊，gopark() 函式暫停程式碼協同後會呼叫 chanparkcommit() 函式對通道解鎖，等到有接收者接收資料後，阻塞的程式碼協同會被喚醒。chansend() 函式在向 recvq 中的程式碼協同發送資料時，呼叫了 send() 函式，send() 函式的主要程式如下：

```
func send(c * hchan, sg * sudog, ep unsafe.Pointer, unlockf func(), skip int) {
    if sg.elem != nil {
```

```
        sendDirect(c.elemtype, sg, ep)
        sg.elem = nil
    }
    gp: = sg.g
    unlockf()
    gp.param = unsafe.Pointer(sg)
    sg.success = true
    goready(gp, skip + 1)
}
```

其中，資料傳遞工作是透過 sendDirect() 函式完成的，然後呼叫 unlockf() 函式會把 hchan 解鎖，最後透過 goready() 函式喚醒接收者程式碼協同。因為發送資料會存取接收者程式碼協同的堆疊，所以 sendDirect() 函式用到了寫入屏障，函式的程式如下：

```
func sendDirect(t * _type, sg * sudog, src unsafe.Pointer) {
    dst: = sg.elem
    typeBitsBulkBarrier(t, uintptr(dst), uintptr(src), t.size)
    memmove(dst, src, t.size)
}
```

至此，channel 的 send 操作就基本告一段落了，接下來我們再來看一看 recv 操作。

4. channel 的 recv 操作

1) 阻塞式 recv

先來看一下 channel 的常規 recv 操作。假如有一個元素類型為 int 的 channel，變數名稱為 ch，常規的 recv 操作的程式如下：

```
// 將結果捨棄
<-ch
// 將結果值設定給變數 v
v := <-ch
//comma ok style，ok 為 false 表示 ch 已關閉且 v 是零值
v, ok := <-ch
```

其中 ch 可能有緩衝，也可能無緩衝，甚至可能為 nil。按照上面的寫法，有兩種情況能使 recv 操作不會阻塞：

（1）通道 ch 的 sendq 裡已有 goroutine 在等待。

（2）通道 ch 的 sendq 是空的，但是通道有緩衝且緩衝區中有資料。

在第一種情況中，只要 ch 的 sendq 中有程式碼協同在排隊，就需要進一步判斷通道是否有緩衝：如果無緩衝，當前程式碼協同就直接從 sendq 佇列首的那個程式碼協同獲取資料，然後兩者都可以繼續執行。如果有緩衝，隱含資訊就是緩衝區已滿，否則 sendq 中不會有程式碼協同排隊，這時當前程式碼協同從緩衝區取出第 1 個資料（緩衝區有了一個空閒位置），然後從 sendq 中取出第 1 個程式碼協同，把它的資料追加到緩衝區中，並把它置成 ready 狀態，最終兩個程式碼協同都能繼續執行了。

在第二種情況中，ch 的 sendq 中沒有程式碼協同在排隊，所以不需要關心。如果 ch 有緩衝，並且緩衝區有資料，當前程式碼協同直接從緩衝區取出第 1 個資料，然後就可以繼續執行了。

同樣是上面的寫法，有 3 種情況會使 recv 操作阻塞：

（1）通道 ch 為 nil。

（2）通道 ch 無緩衝且 sendq 為空。

（3）通道 ch 有緩衝且緩衝區無數據。

在第一種情況中，參照目前的實現，允許對 nil 通道執行 recv 操作，但是會使當前程式碼協同永久性地阻塞在這個 nil 通道上，因鎖死拋出例外的範例程式如下：

```
func main() {
    var ch chan int
    <-ch
}
```

在第二種情況中，ch 為無緩衝通道，sendq 中沒有程式碼協同在等待，所以當前程式碼協同需要到通道的 recvq 中排隊。在第三種情況中，ch 有緩衝但是沒有資料，隱含的資訊是 sendq 為空，否則緩衝區不可能沒有資料，所以當前程式碼協同只能到 recvq 中排隊。

2) 非阻塞式 recv

再來看一下 channel 的非阻塞 recv 操作。還是類似於 tryLock 操作，我想獲得這把鎖，但是萬一已經被別人獲得了，我不阻塞等待，可以去做其他事情。對於通道的非阻塞 recv 就是：我想從通道接收資料，但是當前沒有發送者在排隊等待，並且緩衝區內無數據（包含無緩衝），我需要阻塞等待，但是我不想等待，所以立刻傳回並告訴我「現在無數據」就可以了。

對於單一通道的非阻塞 recv 操作可以用以下程式實現，注意是一個 select、一個 case 和一個 default，哪個都不能少，程式如下：

```
select {
case <-ch: // 此處可以帶有給予值操作，或 comma ok style
    ...
default:
    ...
}
```

如果檢測到 ch recv 不會阻塞，就會執行 case 分支，如果會阻塞，就會執行 default 分支。

事實上，channel 的常規 recv 操作會被編譯器轉為對 runtime.chanrecv1() 函式的呼叫，後者內部只是呼叫了 runtime.chanrecv() 函式。comma ok 寫法會被編譯器轉為對 runtime.chanrecv2() 函式的呼叫，內部也是呼叫 chanrecv() 函式，只不過比 chanrecv1() 函式多了一個傳回值。非阻塞式的 recv 操作會被編譯器轉為對 runtime.selectnbrecv() 函式或 selectnbrecv2() 函式的呼叫（根據是否 comma ok），後兩者也僅呼叫了 runtime.chanrecv() 函式，所以 recv 操作主要透過 chanrecv() 函式實現，接下來我們就來分析一下這個函式的原始程式。

5. recv 操作的原始程式分析

上面簡單地分析了 channel 的常規 recv 操作和非阻塞 recv 操作，雖然兩者在形式上看起來稍微有些差異，但是主要邏輯都是透過 runtime.chanrecv() 函式實現的，下面簡單地進行一下解讀。chanrecv() 函式的原型如下：

```
func chanrecv(c *hchan, ep unsafe.Pointer, block bool) (selected, received bool)
```

其中，c 是一個 hchan 指標，指向要從中 recv 資料的 channel。ep 是一個指標，指向用來接收資料的記憶體，資料型態要和 c 的元素類型一致。block 表示如果 recv 操作不能立即完成，是否想要阻塞等待。selected 為 true 表示操作完成（可能因為通道已關閉），false 表示目前不能立刻完成 recv，但因為不想阻塞（block 為 false）而傳回。received 為 true 表示資料確實是從通道中接收的，不是因為通道關閉而得到的零值，為 false 的情況需要結合 selected 來解釋，可能是因為通道關閉而得到零值（selected 為 true），或因為不想阻塞而傳回（selected 為 false）。

chanrecv() 函式的大致邏輯與 chansend() 函式的大致邏輯很相似，接下來還是省略不太重要的程式，對函式的主要邏輯分段進行整理。

第一部分程式如下：

```
if c == nil {
    if !block {
        return
    }
    gopark(nil, nil, waitReasonChanReceiveNilChan, traceEvGoStop, 2)
    throw ("unreachable")
}
```

如果 c 為 nil，進一步判斷 block：如果 block 為 false，就直接傳回兩個 false，表示未 recv 資料。如果 block 為 true，就讓當前程式碼協同永久地阻塞在這個 nil 通道上。

第二部分程式如下：

```
if !block && empty(c) {
    if atomic.Load( & c.closed) == 0 {
        return
    }
    if empty(c) {
        if ep != nil {
            typedmemclr(c.elemtype, ep)
        }
        return true, false
    }
}
```

如果 block 為 false，也就是在不想阻塞的前提下，並且通道是空的（無緩衝且 sendq 為空，或通道有緩衝且緩衝區為空），就再判斷通道是否已關閉。如果未關閉，則直接傳回兩個 false，表示因不想阻塞而傳回。已關閉就先把 ep 清空，然後傳回 true 和 false，表明因通道關閉而得到零值。本步判斷是在不加鎖的情況下進行的，目的是讓非阻塞 recv 在無法立即完成時能真正不阻塞（加鎖可能阻塞）。是否為空和是否已關閉這兩個判斷順序不能打亂，要在後面判斷通道是否關閉。因為關閉後的通道不能再被打開，這樣保證了併發條件下的一致性。如果把判斷 closed 前置，則在檢查緩衝區和 sendq 時通道可能已關閉，這樣會出現錯誤。

第三部分程式如下：

```
// 加鎖
lock(&c.lock)

if c.closed != 0 && c.qcount == 0 {
    unlock(&c.lock)
    if ep != nil {
        typedmemclr(c.elemtype, ep)
    }
    return true, false
}
```

如果 closed 不為 0，即通道已經關閉，則解鎖，然後給 ep 賦零值，傳回值為 true 和 false。

第四部分程式如下：

```
if sg: = c.sendq.dequeue(); sg != nil {
    recv(c, sg, ep, func() {unlock(&c.lock)}, 3)
    return true, true
}
```

如果 sendq 不為空，就從中取出第 1 個排隊的程式碼協同 sg。如果有緩衝，則還需要捲動緩衝區，完成資料讀取，並將程式碼協同 sg 置為 ready 狀態（放入 run queue，進而得到排程），然後解鎖，這些工作都由 recv() 函式完成。最後傳回兩個 true。

第五部分程式如下：

```
if c.qcount > 0 {
    qp: = chanbuf(c, c.recvx)
    if ep != nil {
        typedmemmove(c.elemtype, ep, qp)
    }
    typedmemclr(c.elemtype, qp)
    c.recvx++
    if c.recvx == c.dataqsiz {
        c.recvx = 0
    }
    c.qcount--
    unlock(&c.lock)
    return true,true
}
```

透過 qcount 判斷緩衝區是否有資料，在這裡無緩衝的通道被視為沒有資料，因為到達這一步 sendq 一定為空。如果緩衝區有資料，將第 1 個資料取出並賦給 ep，移動 recvx，遞減 qcount，解鎖，傳回兩個 true。

第六部分程式如下：

```
if !block {
    unlock(&c.lock)
    return false, false
}
```

執行到這裡就說明 sendq 和緩衝區都為空，如果 block 為 false，也就是不想阻塞，則解鎖，傳回兩個 false。

第七部分程式如下：

```
gp: = getg()
mysg: = acquireSudog()
mysg.elem = ep
gp.waiting = mysg
mysg.g = gp
mysg.isSelect = false
mysg.c = c
c.recvq.enqueue(mysg)
atomic.Store8(&gp.parkingOnChan, 1)
gopark(chanparkcommit, unsafe.Pointer(&c.lock), waitReasonChanReceive,
traceEvGoBlockRecv, 2)
```

最後，執行到這裡就要阻塞了，當前程式碼協同把自己追加到通道的 recvq 中阻塞排隊，gopark() 函式會在暫停當前程式碼協同後呼叫 chanparkcommit() 函式解鎖，等到後續 recv 操作完成時程式碼協同會被喚醒。

第八部分程式如下：

```
success := mysg.success
releaseSudog(mysg)
return true, success
```

被喚醒有可能是因為通道被關閉，所以最後的傳回值 received 需要根據被喚醒的原因來判斷，若是因為等到真實資料，則為 true，若是因為通道關閉，則為 false。chanrecv() 函式在從 sendq 中的程式碼協同接收資料時，呼叫了 recv() 函式，recv() 函式的主要程式如下：

```
func recv(c * hchan, sg * sudog, ep unsafe.Pointer, unlockf func(), skip int) {
    if c.dataqsiz == 0 {
        if ep != nil {
            recvDirect(c.elemtype, sg, ep)
        }
    } else {
        qp: = chanbuf(c, c.recvx)
        if ep != nil {
            typedmemmove(c.elemtype, ep, qp)
        }
        typedmemmove(c.elemtype, qp, sg.elem)
        c.recvx++
    if c.recvx == c.dataqsiz {
        c.recvx = 0
        }
        c.sendx = c.recvx //c.sendx = (c.sendx+1) % c.dataqsiz
    }
    sg.elem = nil
    gp: = sg.g
    unlockf()
    gp.param = unsafe.Pointer(sg)
    sg.success = true
    goready(gp, skip + 1)
}
```

　　如果是無緩衝通道，則直接透過 recvDirect() 函式進行資料複製。若有緩衝，則同時隱含了緩衝區已滿，這樣 sendq 才會不為空。此時需要對緩衝區進行捲動，把緩衝區頭部的資料取出來並接收，然後把 sendq 標頭部程式碼協同要發送的資料追加到緩衝區尾部。最後，透過 goready() 函式喚醒發送者程式碼協同就可以了。

　　recvDirect() 函式和 sendDirect() 函式類似，因為要存取其他程式碼協同的堆疊，所以在應用寫入屏障後進行資料複製，程式如下：

```
func recvDirect(t * _type, sg * sudog, dst unsafe.Pointer) {
    src: = sg.elem
    typeBitsBulkBarrier(t, uintptr(dst), uintptr(src), t.size)
    memmove(dst, src, t.size)
}
```

關於 channel 的 recv 操作就先探索到這裡，建議有興趣的讀者好好閱讀一下原始程式。

6. channel 之多路 select

本節第 2 部分和第 4 部分在介紹 channel 的非阻塞式 send 和非阻塞式 recv 時提到過 select，但是那只是針對單一通道的操作。不同的寫法對應著不同的底層實現，接下來我們就簡單地介紹一下多路 select 的用法，以及其底層的實現原理。

多路 select 指的是存在兩個及以上的 case 分支，每個分支可以是一個 channel 的 send 或 recv 操作。例如 ch1 和 ch2 是兩個元素類型為 int 的 channel，範例程式如下：

```
// 第 7 章 /code_7_8.go
select {
case v: = < -ch1:
        println(v)
case ch2 < -10:
default:
}
```

其中 default 分支是可選的，上述程式會被編譯器轉換成對 runtime. selectgo() 函式的呼叫，該函式的原型如下：

```
func selectgo(cas0 *scase, order0 *uint16, pc0 *uintptr, nsends, nrecvs int, block bool) (int, bool)
```

cas0 指向一個陣列，陣列裡裝的是 select 中所有的 case 分支，按照 send 在前 recv 在後的順序。

order0 指向一個大小等於 case 分支數量兩倍的 uint16 陣列，實際上是作為兩個大小相等的陣列來用的。前一個用來對所有 case 中 channel 的輪詢操作進行亂數，後一個用來對所有 case 中 channel 的加鎖操作進行排序。輪詢操作需要是亂數的，避免每次 select 都按照 case 的順序響應，對後面的 case

來講是不公平的，而加鎖順序需要按照固定演算法排序，按順序加鎖才能避免鎖死。

　　pc0 和 race 檢測相關，這裡暫時不用關心。nsends 和 nrecvs 分別表示在 cas0 陣列中執行 send 操作和 recv 操作的 case 分支的個數。

　　block 表示是否想要阻塞等待，對應到程式中就是，有 default 分支的不阻塞，反之則會阻塞。

　　下面來看兩個傳回值，int 型的第 1 個傳回值表示最終哪個 case 分支被執行了，對應 cas0 陣列的下標。如果因為不想阻塞而傳回，則這個值是 -1。bool 類型的第 2 個傳回值在對應的 case 分支執行的是 recv 操作時，用來表示實際接收到了一個值，而非因為通道關閉得到的零值。

　　selectgo() 函式的邏輯比之 chansend() 函式和 chanrecv() 函式的邏輯要複雜一些，但是原理上是相通的。例如第 7 章 /code_7_8.go 中，一個程式碼協同透過多路 select 等待 ch1 和 ch2，我們暫且把這個程式碼協同記為 g1。

　　g1 執行這個多路 select 時，會先按照有序的加鎖順序對所有 channel 加鎖，然後按照亂數的輪詢順序檢查所有 channel 的 sendq 或 recvq，以及緩衝區。當檢查到 ch1 或 ch2 時，如果發現它的等待佇列或緩衝區不為空，就直接複製資料，進入對應分支。

　　假如所有 channel 的操作都不能立即完成，就把當前程式碼協同 g1 增加到所有 channel 的 sendq 或 recvq 中，所以 g1 被增加到 ch1 的 recvq，也被增加到 ch2 的 sendq 中，如圖 7-20 所示，然後就會呼叫 gopark() 函式把自己暫停，工作執行緒暫停當前程式碼協同後會呼叫 selparkcommit() 函式解鎖所有 channel。

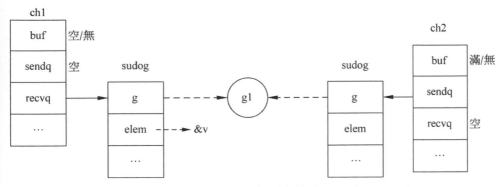

▲ 圖 7-20 g1 在等待佇列中等待 ch1 和 ch2

假如接下來 ch1 有資料讀取了，g1 被喚醒，完成從 ch1 中 recv 資料後，會再次按照加鎖順序對所有 channel 加鎖，然後從所有 sendq 或 recvq 中將自己移除，最後全部解鎖後傳回。

selectgo() 函式的程式佔用篇幅較大，但主要邏輯還算比較清晰，這裡不再逐段進行分析，感興趣的讀者可自行閱讀原始程式。

7.5 本章小結

本章中，我們從單核心環境的併發到多核心環境的平行，以及編譯階段與執行時的記憶體亂數，一個一個講解了同步面臨的問題。後面又介紹了編譯屏障、記憶體排序指令等解決方案。重點講解了原子指令及自旋鎖的實現，因為它們是其他各種鎖的基礎。最後一節中，從原始程式層面分析了 Go 語言中幾個關鍵的同步元件：runtime.mutex、semaphore、sync.Mutex 及 channel，希望各位讀者有所收穫。

堆積

　　處理程序的堆積記憶體通常指的是位址空間中區別於程式區和全域資料區的另一個記憶體區，允許程式在執行階段動態地申請所需的記憶體空間。很多程式語言的 runtime 實現了自己的堆積，例如 C 語言中為大家所熟知的 malloc() 函式和 free() 函式，一方面包攬了向作業系統申請記憶體分頁及記憶體空間的管理等工作，另一方面為開發者提供了簡單好用的 API，使開發者不需要關心底層的細節，只是隨選呼叫 API 分配和釋放記憶體就可以了。Go 語言的堆積記憶體管理和 C 語言有一點明顯的不同，就是當一段記憶體不再使用的時候，不需要開發者手動進行釋放，而是由垃圾回收器 GC 來自動完成。本章從記憶體分配和垃圾回收兩方面來看一下 Go 語言的堆積記憶體管理。

8.1 記憶體分配

在使用其他程式語言的時候，堆積記憶體分配通常是顯性的，例如 C 語言中的 malloc() 函式，以及 C++ 中的 new 關鍵字等，基本上在它們出現的地方就表示堆積分配。在 Go 語言中，我們通常可能會認為出現 new() 函式和 make() 函式這兩個內建函式的地方就是堆積分配，實則不然。編譯器會基於逃逸分析對記憶體的分配進行最佳化，有些沒有逃逸的變數，即使原始程式碼層面是透過 new() 函式或 make() 函式分配的，也不會在堆積上分配，那些被認為逃逸的變數，即使沒有用到 new() 函式和 make() 函式，也會在堆積上分配。

在 Go 的 runtime 中，有一系列函式被用來分配記憶體。例如與 new 語義相對應的有 newobject() 函式和 newarray() 函式，分別負責單一物件的分配和陣列的分配。與 make 語義相對應的有 makeslice() 函式、makemap() 函式及 makechan() 函式及一些變種，分別負責分配和初始化切片、map 和 channel。無論是 new 系列還是 make 系列，這些函式的內部無一例外都會呼叫 runtime.mallocgc() 函式，它就是 Go 語言堆積分配的關鍵函式。在開始分析 mallocgc() 函式之前，我們需要先了解一些鋪陳知識，例如一些關鍵的常數、資料結構和底層函式之類的。下面我們就先來了解這些基礎內容，本節的最後再回過頭來分析 mallocgc() 函式。

8.1.1 sizeclasses

Go 的堆積分配採用了與 tcmalloc 記憶體分配器類似的演算法，tcmalloc 是 Google 公司開發的一款針對 C/C++ 的記憶體分配器，在對抗記憶體碎片化和多核心性能方面非常優秀，因此有著很廣泛的應用。其他一些程式語言中也有類似 tcmalloc 的實現，例如 PHP 7 參考了 tcmalloc 的思想對堆積分配進行了最佳化，獲得了顯著的性能提升。

　　參考 tcmalloc 實現的記憶體分配器，內部針對小塊記憶體的分配進行了最佳化。這類分配器會按照一組預置的大小規格把記憶體分頁劃分成塊，然後把不同規格的區塊放入對應的空閒鏈結串列中，如圖 8-1 所示。這些區塊通常有 8 位元組、16 位元組、24 位元組、32 位元組、48 位元組，直到數十或數百 KB，總共幾十種大小規格。為了提高記憶體的使用率，這些規格大小並不都是 2 的整數次冪。程式申請記憶體的時候分配器會先根據要申請的空間大小找到最匹配的規格，然後從對應的空閒鏈結串列中分配一個區塊。

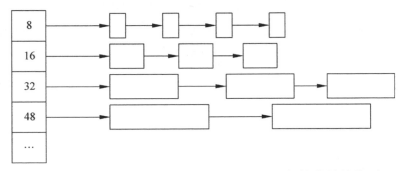

▲ 圖 8-1　tcmalloc 記憶體分配器預置不同規格的鏈結串列

　　假如想要分配一段 20 位元組大小的記憶體，分配器會認為所有預置的規格中 24 位元組這個大小最為匹配，因此最終會實際分配一個大小為 24 位元組的區塊。雖然不可避免地存在一定的空間浪費，但是解決了記憶體碎片化問題，還帶來了一定程度上的性能提升。這些預置規格大小的選擇，結合程式語言自身的特點，能夠進一步提高記憶體空間的使用率。

　　在 Go 原始程式碼 runtime 套件的 sizeclasses.go 檔案中，舉出了一組預置的大小規格。在 runtime 版本 1.8~1.15 期間，一直是 66 種規格，其中最小的是 8 位元組，最大的是 32KB。Go 1.16 版本新增了 24 位元組大小這個規格，總共達到 67 種，如表 8-1 所示。

▼ 表 8-1 sizeclasses 預置的大小規格

class	Bytes/obj	B/span	objects	tail waste	max waste/%
1	8	8192	1024	0	87.50
2	16	8192	512	0	43.75
3	24	8192	341	8	29.24
4	32	8192	256	0	21.88
5	48	8192	170	32	31.52
6	64	8192	128	0	23.44
7	80	8192	102	32	19.07
8	96	8192	85	32	15.95
9	112	8192	73	16	13.56
10	128	8192	64	0	11.72
11	144	8192	56	128	11.82
12	160	8192	51	32	9.73
13	176	8192	46	96	9.59
14	192	8192	42	128	9.25
15	208	8192	39	80	8.12
16	224	8192	36	128	8.15
17	240	8192	34	32	6.62
18	256	8192	32	0	5.86
19	288	8192	28	128	12.16
20	320	8192	25	192	11.80
21	352	8192	23	96	9.88
22	384	8192	21	128	9.51
23	416	8192	19	288	10.71
24	448	8192	18	128	8.37
25	480	8192	17	32	6.82
26	512	8192	16	0	6.05
27	576	8192	14	128	12.33
28	640	8192	12	512	15.48

（續表）

class	Bytes/obj	B/span	objects	tail waste	max waste/%
29	704	8192	11	448	13.93
30	768	8192	10	512	13.94
31	896	8192	9	128	15.52
32	1024	8192	8	0	12.40
33	1152	8192	7	128	12.41
34	1280	8192	6	512	15.55
35	1408	16384	11	896	14.00
36	1536	8192	5	512	14.00
37	1792	16384	9	256	15.57
38	2048	8192	4	0	12.45
39	2304	16384	7	256	12.46
40	2688	8192	3	128	15.59
41	3072	24576	8	0	12.47
42	3200	16384	5	384	6.22
43	3456	24576	7	384	8.83
44	4096	8192	2	0	15.60
45	4864	24576	5	256	16.65
46	5376	16384	3	256	10.92
47	6144	24576	4	0	12.48
48	6528	32768	5	128	6.23
49	6784	40960	6	256	4.36
50	6912	49152	7	768	3.37
51	8192	8192	1	0	15.61
52	9472	57344	6	512	14.28
53	9728	49152	5	512	3.64
54	10240	40960	4	0	4.99
55	10880	32768	3	128	6.24
56	12288	24576	2	0	11.45

（續表）

class	Bytes/obj	B/span	objects	tail waste	max waste/%
57	13568	40960	3	256	9.99
58	14336	57344	4	0	5.35
59	16384	16384	1	0	12.49
60	18432	73728	4	0	11.11
61	19072	57344	3	128	3.57
62	20480	40960	2	0	6.87
63	21760	65536	3	256	6.25
64	24576	24576	1	0	11.45
65	27264	81920	3	128	10.00
66	28672	57344	2	0	4.91
67	32768	32768	1	0	12.50

　　第一列是所謂的 sizeclass，實際上就是所有規格按空間大小昇冪排列的序號。第二列是規格的空間大小，單位是位元組。第三列表示需要申請多少位元組的連續記憶體，目的是保證劃分成目標大小的區塊以後，尾端因不能整除而剩餘的空間要小於 12.5%。Go 使用 8192 位元組作為分頁大小，底層記憶體分配的時候都是以整個分頁為單位的，所以第三列都是 8192 的整數倍。第四列是第三列與第二列做整數除法得到的商，第五列則是餘數，分別表示申請的連續記憶體能劃分成多少個目標大小的區塊，以及尾端因不能整除而剩餘的空間，也就是在區塊劃分的過程中浪費掉的空間。最後一列就有點意思了，表示的是最大浪費百分比，結合了區塊劃分時造成的尾端浪費和記憶體分配時向上對齊到最接近的區塊大小造成的區塊內浪費。

　　對於最大浪費百分比這一列，我們舉兩個例子計算並驗證一下。先以大小為 8 位元組的區塊為例，申請一個分頁也就是 8192 位元組記憶體，可以劃分成 1024 個區塊，因為沒有餘數，所以不存在尾端浪費。等到分配記憶體時，浪費最嚴重的情況是想要分配 1 位元組時，向上對齊到 8 位元組會浪費掉 7/8，也就是 87.5%。再來看一個區塊劃分時不能整除的情況，例如大小為 1408 的區塊，申請兩個分頁也就是 16384 位元組的記憶體，劃分成 11 個區塊後剩餘 896 位元組。分配某個大小的記憶體時，1281~1408 位元組這個範圍會被向上對齊到 1408 位元組這個區塊大小，其中 1281 位元組是浪費最嚴重的情況。假如劃分的 11 個區塊實際上都用作 1281 位元組大小的分配，加上尾端的 896 位元組，最大浪費百分比 =((1408-1281)×11+896)/16384，約等於 14%。

關於 sizeclasses 就先介紹到這裡，事實上，Go 語言 runtime 中的 sizeclasses.go 檔案是被程式生成出來的，原始程式就在 mksizeclasses.go 檔案中，感興趣的讀者可以從原始程式中了解更多細節。

8.1.2 heapArena

Go 語言的 runtime 將堆積位址空間劃分成多個 arena，在 amd64 架構的 Linux 環境下，每個 arena 的大小是 64MB，起始位址也是對齊到 64MB 的。每個 arena 都有一個與之對應的 heapArena 結構，用來儲存 arena 的中繼資料，如圖 8-2 所示。

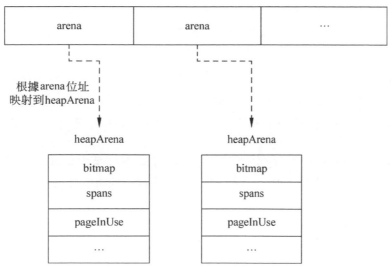

▲ 圖 8-2　area 與 heapArena 的關係

heapArena 是在 Go 的堆積之外分配和管理的，其結構定義的程式如下：

```
type heapArena struct {
    bitmap              [heapArenaBitmapBytes] byte
    spans               [pagesPerArena] * mspan
    pageInUse           [pagesPerArena / 8] uint8
    pageMarks           [pagesPerArena / 8] uint8
    pageSpecials        [pagesPerArena / 8] uint8
    checkmarks          * checkmarksMap
    zeroedBase          uintptr
}
```

bitmap 欄位是個位元映射，它用兩個二進位位元來對應 arena 中一個指標大小的記憶體單元，所以對於 64MB 大小的 arena 來講，heapArenaBitmapBytes 的值是 64MB/8/8×2=2MB，這個位元映射在 GC 掃描階段會被用到。bitmap 第一位元組中的 8 個二進位位元，對應的就是 arena 起始位址往後 32 位元組的記憶體空間。用來描述一個記憶體單元的兩個二進位位元當中，低位元用來區分記憶體單元中儲存的是指標還是純量，1 表示指標，0 表示純量，所以也被稱為指標 / 純量位元。高位元用來表示當前分配的這塊記憶體空間的後續單元中是否包含指標，例如在堆積上分配了一個結構，可以知道後續欄位中是否包含指標，如果沒有指標就不需要繼續掃描了，所以也被稱為掃描 / 終止位元。為了便於操作，一個位元映射位元組中的指標 / 純量位元和掃描 / 終止位元被分開儲存，高 4 位元儲存 4 個掃描 / 終止位元，低 4 位元儲存 4 個指標 / 純量位元。

例如在 arena 起始處分配一個 slice，slice 結構包括一個元素指標、一個長度及一個容量，對應的 bitmap 標記如圖 8-3 所示。bitmap 位元映射第一位元組第 0~2 位元標記 slice 3 個欄位是指標還是純量，第 4~6 位元標記 3 個欄位是否需要繼續掃描。

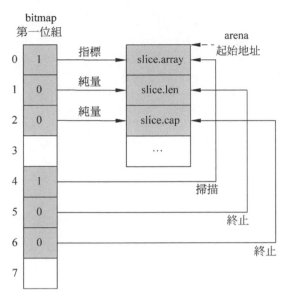

▲ 圖 8-3　arena 起始處分配一個 slice 對應的 bitmap 標記

　　spans 陣列用來把當前 arena 中的分頁映射到對應的 mspan，暫時先認為一個 mspan 管理一組連續的記憶體分頁，8.1.3 節中會詳細介紹 mspan。pagesPerArena 表示 arena 中共有多少個分頁，用 arena 大小（64MB）除以分頁大小（8KB）得到的結果是 8192，也就是每個 arena 中有 8192 個分頁。如圖 8-4 所示，用給定位址相對 arena 起始位址的偏移除以分頁大小，就可以得到對應分頁在 arena 中的序號，將該序號用作 spans 陣列的下標，就可以得到對應的 mspan 了。

　　pageInUse 是個長度為 1024 的 uint8 陣列，實際上被用作一個 8192 位元的位元映射，透過它和 spans 可以快速地找到那些處於 mSpanInUse 狀態的 mspan。雖然 pageInUse 位元映射為 arena 中的每個分頁都提供了一個二進位位元，但是對於那些包含多個分頁的 mspan，只有第 1 個分頁對應的二進位位元會被用到，標記的是整個 span。如圖 8-5 所示，arena 起始第一頁對應的 mspan 只包含了一個分頁，對應 pageInUse 位元映射第 0 位元為 1。第二頁對應的 mspan 包含了連續的兩個分頁，對應 pageInUse 第 1 位元被使用，記為 1。接下來第四頁至第六頁對應一個 mspan，在 pageInUse 位元映射中只有第四頁對應的位元被標記為 1。

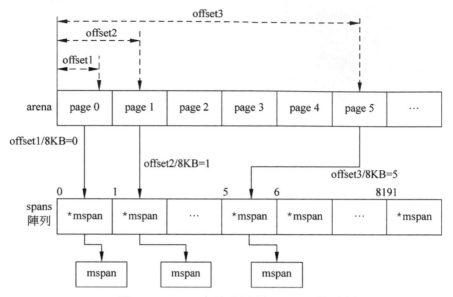

▲ 圖 8-4 arena 中的分頁到 mspan 的映射

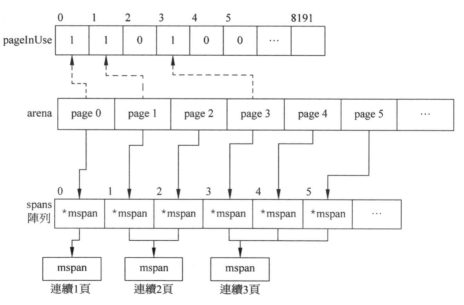

▲ 圖 8-5 pageInUse 位元映射標記使用中的 span

pageMarks 表示哪些 span 中存在被標記的物件，與 pageInUse 一樣用與起始分頁對應的二進位位元來標記整個 span。在 GC 的標記階段會原子性地修改這個位元映射，標記結束之後就不會再進行改動了。清掃階段如果發現某個 span 中不存在任何被標記的物件，就可以釋放整個 span 了。

pageSpecials 又是一個與 pageInUse 類似的位元映射，只不過標記的是哪些 span 包含特殊設定，目前主要指的是包含 finalizers，或 runtime 內部用來儲存 heap profile 資料的 bucket。

checkmarks 是一個大小為 1MB 的位元映射，其中每個二進位位元對應 arena 中一個指標大小的記憶體單元。當開啟偵錯 debug.gccheckmark 的時候，checkmarks 位元映射用來儲存 GC 標記的資料。該偵錯模式會在 STW 的狀態下遍歷物件圖，用來驗證併發回收器能夠正確地標記所有存活的物件。

zeroedBase 記錄的是當前 arena 中下個還未被使用的分頁的位置，相對於 arena 起始位址的偏移量。分頁分配器會按照位址順序分配分頁，所以 zeroedBase 之後的分頁都還沒有被用到，因此還都保持著清零的狀態。透過它可以快速判斷分配的記憶體是否還需要進行清零。

1. arenaHint

Go 的堆積是動態隨選增長的，初始化的時候並不會向作業系統預先申請一些記憶體備用，而是等到實際用到的時候才去分配。為避免隨機地申請記憶體造成處理程序的虛擬位址空間混亂不堪，我們要讓堆積區域從一個起始位址連續地增長，而 arenaHint 結構就是用來做這件事情的，它提示分配器從哪裡分配記憶體來擴充堆積，儘量使堆積按照預期的方式增長，該結構的定義程式如下：

```
type arenaHint struct {
    addr uintptr
    down bool
    next *arenaHint
}
```

addr 是可用區間的起始位址，down 表示向下增長。當 down 為 false 時，addr 表示可用區間的低位址，類似數學上的左閉區間。當 down 為 true 時，addr 表示可用區間的高位址，類似數學上的右開區間。arenaHint 只舉出了起始位址和增長方向，但沒有舉出可用空間的結束位址。next 用來指向鏈結串列中的下一個 arenaHint，sysAlloc() 函式根據當前 arenaHint 的指示來擴充堆積空間，當申請記憶體遇到錯誤時會自動切換至下一個 arenaHint。圖 8-6 舉出了兩個向不同方向增長的 arenaHint 組成的鏈結串列。

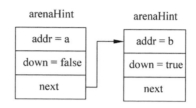

▲ 圖 8-6　兩段可用區間透過 arenaHint 鏈結串列表示

2. arenaIdx

在 amd64 架構的 Linux 環境下，arena 的大小和對齊邊界都是 64MB，所以整個虛擬位址空間都可以看作由一系列 arena 組成的。如圖 8-7 所示，arena 區域的起始位址被定義為常數 arenaBaseOffset。用一個給定的位址 p 減去 arenaBaseOffset，然後除以 arena 的大小 heapArenaBytes，就可以得到 p 所在 arena 的編號。反之，給定 arena 的編號，也能由此計算出 arena 的位址。相關計算的程式如下：

```go
func arenaIndex(p uintptr) arenaIdx {
    return arenaIdx((p - arenaBaseOffset) / heapArenaBytes)
}

func arenaBase(i arenaIdx) uintptr {
    return uintptr(i) * heapArenaBytes + arenaBaseOffset
}
```

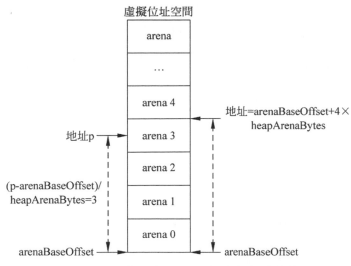

▲ 圖 8-7 位址與 arena 編號之間的換算

　　其中，arenaIdx 類型底層是個 uint，它的主要作用是用來定址對應的 heapArena。在 amd64 架構上虛擬位址的有效位元數是 48 位元，arena 的大小是 64MB，即 26 位元，兩者相差 22 位元，也就是說整個位址空間對應 4MB 個 arena。我們已經知道每個 arena 都有一個對應的 heapArena 結構，如果用 arena 的編號作為下標，把所有 heapArena 的位址放到一個陣列中，則這個陣列將佔用 32MB 空間。32MB 還可以接受，但是在某些系統上就不止 32MB 了，在 amd64 架構的 Windows 上，受系統原因影響，arena 的大小是 4MB，縮小了 16 倍，用來定址 heapArena 的陣列就會對應地變大 16 倍，那就無法接受了，所以 Go 的開發者把 arenaIdx 分成了兩段，把用來定址 heapArena 的陣列也做成了兩級，有點類似於兩級分頁表，程式如下：

```
type arenaIdx uint

func(i arenaIdx) l1() uint {
    if arenaL1Bits == 0 {
        return 0
    } else {
        return uint(i) >> arenaL1Shift
    }
}
```

```
func(i arenaIdx) l2() uint {
    if arenaL1Bits == 0 {
        return uint(i)
    } else {
        return uint(i) & (1 << arenaL2 位元 s - 1)
    }
}
```

在 Linux 系統上，arenaL1Bits 被定義為 0，而在 amd64 架構的 Windows 系統上被定義為 6。第二級的位元數等於虛擬位址有效位元數 48 減去 arena 大小對應的位數和第一級的位數，在 amd64 架構下，arenaL2Bits 在 Linux 系統上是 22，在 Windows 系統上是 20。再來看一下用來定址 heapArena 的陣列，它就是 mheap 結構的 arenas 欄位，程式如下：

```
arenas [1 << arenaL1Bits]*[1 << arenaL2Bits]*heapArena
```

在 Linux 系統上，第一維陣列的大小為 1，相當於沒有用到，只用到了第二維這個大小為 4M 的陣列，arenaIdx 全部的 22 位元都用作第二維下標來定址，如圖 8-8 所示。

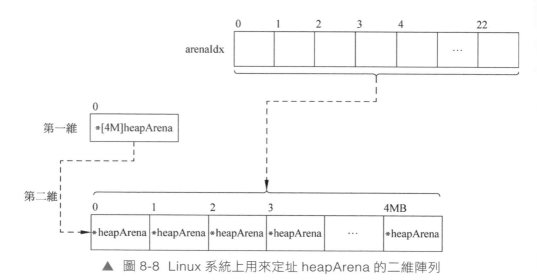

▲ 圖 8-8　Linux 系統上用來定址 heapArena 的二維陣列

在 Windows 系統上,第一維陣列的大小為 64M,第二維大小為 1M,因為兩級都儲存了指標,利用稀疏陣列按需分配的特性,可以大幅節省記憶體。arenaIdx 被分成兩段,高 6 位元用作第一維下標,低 20 位元用作第二維下標,如圖 8-9 所示。

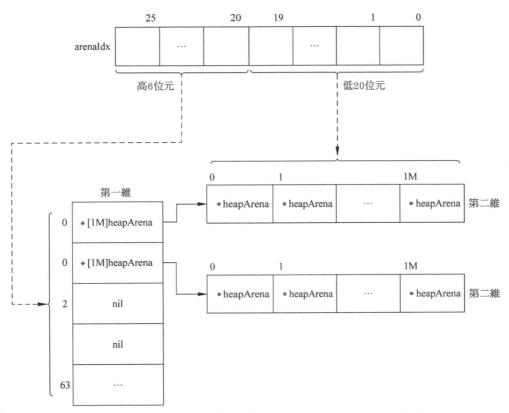

▲ 圖 8-9　Windows 系統上用來定址 heapArena 的二維陣列

3. spanOf

至此,我們知道了如何根據一個給定的位址找到它所在的 mspan。假設給定位址 p,先用 p 減去堆積區域的起始位址,再除以 arena 的大小,就可以得到對應的 arenaIdx,如圖 8-7 所示。進一步如圖 8-8 與圖 8-9 所示,透過二維陣列 arenas 得到 heapArena 的位址。再用 p 對 arena 的大小取餘得到 p 在 arena 中的偏移量,然後除以分頁大小,就可以得到對應分頁的序號,將該序號用作 spans 陣列的下標,就可以得到 mspan 的位址了,如圖 8-4 所示。

在 runtime 中提供了一些函式，專門用來根據給定的位址查詢對應的 mspan，其中最常用的就是 spanOf() 函式。該函式在進行映射的同時，還會驗證給定的位址是不是一個有效的堆積位址，如果有效就會傳回對應的 mspan 指標，如果無效則傳回 nil，函式的程式如下：

```
func spanOf(p uintptr) * mspan {
    ri: = arenaIndex(p)
    if arenaL1Bits == 0 {
        if ri.l2() >= uint(len(mheap_.arenas[0])) {
            return nil
        }
    } else {
        if ri.l1() >= uint(len(mheap_.arenas)) {
            return nil
        }
    }
    l2: = mheap_.arenas[ri.l1()]
    if arenaL1Bits != 0 && l2 == nil {
        return nil
    }
    ha: = l2[ri.l2()]
    if ha == nil {
        return nil
    }
    return ha.spans[(p / pageSize) % pagesPerArena]
}
```

第 1 個最外層的 if 負責驗證 arenaIdx 有沒有越界，例如在 amd64 架構上，arenas 陣列是按照 48 位元有效位元址位來分配的，而程式碼中的位址被擴充到了 64 位元，所以要經過驗證才能保證安全。第 2 個最外層的 if 用來判斷稀疏陣列第二維的某個陣列是否被分配，避免遇到空指標。最後一個 if 檢測的是對應的 arena 是否已經分配，對於未分配的 arena，與之對應的 heapArena 也不會被分配，所以指標為空。runtime 中還有一個 spanOfUnchecked() 函式，與 spanOf() 函式功能類似，只不過移除了與安全驗證相關的程式，需要呼叫者來保證提供的是一個有效的堆積位址，函式的程式如下：

```
func spanOfUnchecked(p uintptr) *mspan {
    ai := arenaIndex(p)
    return mheap_.arenas[ai.l1()][ai.l2()].spans[(p/pageSize)%pagesPerArena]
}
```

本節關於 arena 相關的分析就到這裡，期間我們多次提到了 mspan，8.1.3
節中將圍繞 mspan 進行一些分析探索。

8.1.3 mspan

mspan 用來記錄和管理一組連續的記憶體分頁，這段連續的記憶體通常會
被按照某個 sizeclass 劃分成等大的區塊，區塊的分配及 GC 的標記和清掃都是
在 mspan 層面完成的。除了自動管理模式之外，mspan 也支援手動管理模式。
和 heapArena 一樣，mspan 也是在堆積之外單獨分配的。在進一步分析探索之
前，我們還是先來看一下 mspan 的資料結構，程式如下：

```
type mspan struct {
    next                * mspan
    prev                * mspan
    list                * mSpanList
    startAddr           uintptr
    npages              uintptr
    manualFreeList      gclinkptr
    freeindex           uintptr
    nelems              uintptr
    allocCache          uint64
    allocBits           * gcBits
    gcmarkBits          * gcBits
    sweepgen            uint32
    divMul              uint16
    baseMask            uint16
    allocCount          uint16
    spanclass           spanClass
    state               mSpanStateBox
    needzero            uint8
    divShift            uint8
    divShift2           uint8
    elemsize            uintptr
```

```
    limit              uintptr
    speciallock        mutex
    specials           * special
}
```

next 和 prev 用來建構 mspan 雙鏈結串列，list 指向雙鏈結串列的鏈結串列頭。startAddr 指向當前 span 的起始位址，因為 span 都是按整個分頁分配的，所以指向的是首個分頁的位址。npages 記錄的是當前 span 中有幾個分頁，乘以分頁大小就可以得到 span 空間的大小。manualFreeList 是個單鏈結串列，在 mSpanManual 類型的 span 中，用來串聯所有空閒的物件。類型 gclinkptr 底層是個 uintptr，它把每個空閒物件頭部的 uintptr 用作指向下一個物件的指標，如圖 8-10 所示。

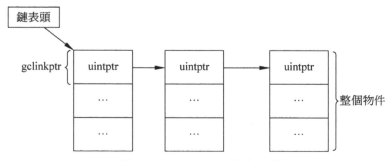

▲ 圖 8-10 gclinkptr 串聯的物件

nelems 記錄的是當前 span 被劃分成了多少個區塊。freeindex 是預期的下個空閒物件的索引，設定值範圍在 0 和 nelems 之間，下次分配時會從這個索引開始向後掃描，假如發現第 N 個物件是空閒的，就將其用於分配，並會把 freeindex 更新成 N+1。allocBits 和 gcmarkBits 分別指向當前 span 的分配位元映射和標記位元映射，其中每個二進位位元對應 span 中的區塊，如圖 8-11 所示。給定當前 span 中一個區塊的索引 n，如果 n>=freeindex 並且 allocBits[n/8] & (1<<(n%8))=0，則該區塊就是空閒的。

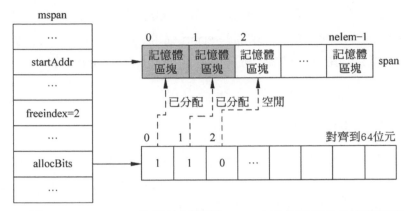

▲ 圖 8-11 allocBits 位元映射對應 span 中已分配和未分配的區塊

　　清掃階段會釋放舊的 allocBits，然後把 gcmarkBits 用作 allocBits，並為 gcmarkBits 重新分配一段清零的記憶體。allocCache 快取了 allocBits 中從 freeindex 開始的 64 個二進位位元，這樣一來在實際分配時更高效。sweepgen 與 mheap.sweepgen 相比較，能夠得知當前 span 處於待清掃、清掃中、已清掃等哪種狀態。divMul、baseMask、divShift、divShift2 都是用來最佳化整數除法運算的，轉換成乘法運算和位元運算後更高效。allocCount 用於記錄當前 span 中有多少區塊被分配了。spanclass 類似於 sizeclass，實際上它把 sizeclass 左移了一位，用最低位元記錄是否不需要掃描，稱為 noscan，如圖 8-12 所示。Go 為同一種 sizeclass 提供了兩種 span，一種用來分配包含指標的物件，另一種用來分配不包含指標的物件。這樣一來不包含指標的 span 就不用進一步掃描了，noscan 位元就是這個意思。

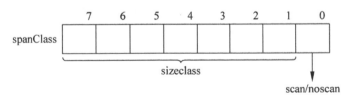

▲ 圖 8-12 spanclass 中 sizeclass 和 noscan 位元的位置

　　state 記錄的是當前 span 的狀態，有 mSpanDead、mSpanInUse 和 mSpanManual 這 3 種設定值，分別表示無效的 mspan、被 GC 自動管理的 span 和手動管理的 span。goroutine 的堆疊分配用的就是 mSpanManual 狀態的 span。needzero

表明分配之前需要對區塊進行清零。elemsize 是區塊的大小，可以透過
spanclass 計算得到。limit 記錄的是 span 區間的結束位址，為右開區間。
specials 是個鏈結串列，用來記錄增加的 finalizer 等，speciallock 用來保護這
個鏈結串列。

1. nextFreeIndex() 方法

在了解了 mspan 各個欄位的大致作用之後，我們再來分析一個重要的方法
nextFreeIndex()，這個方法的作用是尋找下一個空閒的索引，在實際分配記憶
體的時候會用到它，該方法的原始程式碼如下：

```
func(s * mspan) nextFreeIndex() uintptr {
    sfreeindex: = s.freeindex
    snelems: = s.nelems
    if sfreeindex == snelems {
        return sfreeindex
    }
    if sfreeindex > snelems {
        throw ("s.freeindex > s.nelems")
    }

    aCache: = s.allocCache
    bitIndex: = sys.Ctz64(aCache)
    for bitIndex == 64 {
        sfreeindex = (sfreeindex + 64) & ^ (64 - 1)
        if sfreeindex >= snelems {
            s.freeindex = snelems
            return snelems
        }
        whichByte: = sfreeindex / 8
        s.refillAllocCache(whichByte)
        aCache = s.allocCache
        bitIndex = sys.Ctz64(aCache)
    }
    result: = sfreeindex + uintptr(bitIndex)
    if result >= snelems {
        s.freeindex = snelems
        return snelems
```

```
    }

    s.allocCache >>= uint(bitIndex + 1)
    sfreeindex = result + 1
    if sfreeindex % 64 == 0 && sfreeindex != snelems {
        whichByte: = sfreeindex / 8
        s.refillAllocCache(whichByte)
    }
    s.freeindex = sfreeindex
    return result
}
```

按照程式中的空行，可以把整個函式的邏輯分成三部分。第一部分只是做了些簡單的驗證，當 freeindex 等於 nelems 時，表明當前 span 中已經沒有空閒的空間了。freeindex 是不能大於 nelems 的，如果 free index 大於 nelems，就表示堆積已經被破壞了，遇到這種不可恢復的錯誤，程式需要儘快崩潰。

第二部分的邏輯是尋找下個空閒索引，利用 allocCache 批次快取 allocBits 能夠提升效率。需要注意，allocCache 中用 0 表示已分配，用 1 表示未分配，這點與 allocBits 是相反的，主要是為了方便透過 Ctz64() 函式統計尾端為 0 的二進位位數量。如果 Ctz64() 函式的傳回值是 64，説明 allocCache 中快取的索引都被分配了，那就向後移動 freeindex，並透過 refillAllocCache() 方法重新填充 allocCache，這個填充是按照 64 位元對齊的。透過 freeindex 和對應的二進位位元在 allocCache 中的偏移相加，就可以得到下個空閒索引，但是一定要判斷有沒有越界。allocBits 因為要和 allocCache 配合，所以是按照 64 位元的整倍數來分配的，但是 nelems 並不一定能被 64 整除，allocBits 的位數是在 nelems 的基礎上基於 64 做的向上對齊，所以尾部可能有一部分二進位位元是無效的。

第三部分是分配後的調整工作，需要把 freeindex 指向分配後的下一個位置，allocCache 也要對應地進行移位處理。如果此時 freeindex 能夠被 64 整除，就説明 allocCache 快取的二進位位元都已經用完了，如果 freeindex 不等於 nelems，也就是説當前 span 還有剩餘空間，此時需要重新填充 allocCache。最後，傳回找到的空閒索引，函式傳回後該索引也就被分配了。

現在回過頭來看 arena 和 span，heapArena 層面實現了從堆積位址到 mspan 的快速映射，並且為每個指標大小的記憶體單元提供了位元映射，這個位元映射能夠用來區分指標和純量，以及確定要繼續掃描還是應該終止，便於 GC 標記的時候高效率地讀取。span 層面實現了細細微性記憶體單元的管理，與 arena 層面提供的位元映射不同，mspan 中的分配位元映射和 GC 標記位元映射都是針對記憶體單元的，記憶體單元依據 sizeclass 指定的大小劃分而成，而非按照指標大小來提供的。heapArena 和 mspan 中的位元映射，因為用處不一樣，所以分別適合放在不同的地方。

2. setSpans

具體的 span 分配邏輯在 mheap 的 allocSpan() 方法中，只不過程式篇幅有些長，就不進行詳細分析了，這裡只簡單分析一下主要邏輯。allocSpan() 方法最主要的工作可以分成 3 步，第一步分配一組記憶體分頁，第二步分配 mspan 結構，第三步設定 heapArena 中的 spans 映射。記憶體分頁和 mspan 都有特定的分配器，這裡不再進一步展開，特別注意一下第三步。mheap 有個 setSpans() 方法，專門用來把一個給定的 span 映射到相關的 heapArena 中，該方法的原始程式碼如下：

```
func(h * mheap) setSpans(base, npage uintptr, s * mspan) {
    p: = base / pageSize
    ai: = arenaIndex(base)
    ha: = h.arenas[ai.l1()][ai.l2()]
    for n: = uintptr(0);n < npage;n++{
        i: = (p + n) % pagesPerArena
        if i == 0 {
            ai = arenaIndex(base + n * pageSize)
            ha = h.arenas[ai.l1()][ai.l2()]
        }
        ha.spans[i] = s
    }
}
```

參數 base 舉出了 span 這段記憶體的起始位址，npage 舉出了分頁跨度，s 是用來管理這個 span 的 mspan 結構。setSpans 先根據 base 位址找到第 1 個 heapArena，然後以分頁為單位迴圈設定 spans 映射。當檢測到達 arena 邊界時，就會切換到下一個 arena，説明 span 可以跨 arena，如圖 8-13 所示。

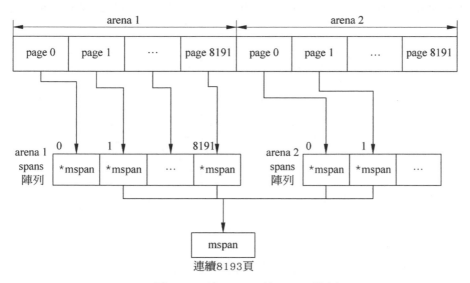

▲ 圖 8-13 跨 arena 的 span 範例

8.1.4 mcentral

在 8.1.2 節和 8.1.3 節中，我們了解了 arena 和 span，arena 中可以有多個不同 sizeclass 的 span，將給定的位址經過 heapArena.spans 的映射，可以得到所屬的 mspan，這在 GC 標記的時候非常有用。只不過我們在分配記憶體的時候，需要根據 sizeclass 來找到對應的 mspan，由於 arena 做不到這一點，因此，堆積中引入了 mcentral，可以先簡單地把它理解成對應各種 sizeclass 的一組 mspan 空閒鏈結串列。在 mheap 中定義了一個 mcentral 的陣列，程式如下：

```
central[numSpanClasses] struct {
      mcentral mcentral
      pad      [cpu.CacheLinePadSize - unsafe.Sizeof(mcentral {})
% cpu.CacheLinePadSize]byte
}
```

其中 numSpanClasses 是個值為 136 的常數，它是由 (67+1)×2 得來的。67 種 sizeclass 再加上一個大小為 0 的 sizeclass，然後乘以二是因為一份包含指標，另一份不包含指標，也就是 noscan 位元，如圖 8-14 所示。之所以不是直接基於 mcentral 的陣列，而要再包一層 struct，是為了使用 pad 來對齊到 cache line 大小，這樣一來每個 mcentral 中的鎖都在自己的 cache line 中。

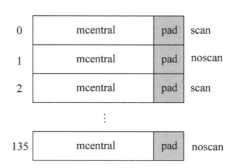

▲ 圖 8-14　mheap 中的 mcentral 陣列結構示意圖

一個 mcentral 類型的物件，對應一種 spanClass，管理著一組屬於該 spanClass 的 mspan。mcentral 的結構定義程式如下：

```
type mcentral   struct {
    spanclass   spanClass
    partial     [2] spanSet
    full        [2] spanSet
}
```

spanclass 欄位記錄了當前 mcentral 管理著哪種類型的 mspan。partial 和 full 是兩個 spanSet 陣列，spanSet 有自己的鎖，是個併發安全地支援 push 和 pop 的 *mspan 集合。partial 中都是還沒有分配完的 span，每個 span 至少包含一個空閒單元，full 中都是沒有空閒空間的 span。這兩個欄位為什麼都是陣列呢？陣列中的兩個 spanSet，有一個包含的是已清掃的 span，另一個包含的是未清掃的 span，並且它們在每輪 GC 中會互換角色。

mheap 中的 mcentral 陣列實現了全域範圍的、基於 spanClass 的 mspan 管理。因為是全域的，所以需要加鎖。為了進一步減少鎖競爭，Go 把 mspan 快取到了每個 P 中，這就是 8.1.5 節中我們要了解的 mcache。mcentral 提供

了兩個方法用來支援 mcache，一個是 cacheSpan() 方法，它會分配一個 span
供 mcache 使用，另一個是 uncacheSpan() 方法，mcache 可以透過它把一個
span 歸還給 mcentral。這裡不再分析這兩個方法的程式，感興趣的讀者可自行
查看。

8.1.5 mcache

在 Go 的 GMP 模型中，mcache 是一個 per-P 的小物件快取。因為每個 P
都有自己的本地 mcache，所以不需要再加鎖。mcache 結構也是在堆積之外由
專門的分配器分配的，所以不會被 GC 掃描。mcache 的結構定義程式如下：

```
type mcache struct {
    nextSample          uintptr
    scanAlloc           uintptr
    tiny                uintptr
    tinyoffset          uintptr
    tinyAllocs          uintptr
    alloc               [numSpanClasses] * mspan
    stackcache          [_NumStackOrders] stackfreelist
    flushGen            uint32
}
```

nextSample 是配合 memory profile 來使用的，當開啟 memory profile
的時候，每分配 nextSample 這麼多記憶體後，就會觸發一次堆積採樣。
scanAlloc 記錄的是總共分配了多少位元組 scannable 類型的記憶體，也就
是 noscan 位元為 0、可以包含指標的 span。tiny 和 tinyoffset 用來實現針對
noscan 型小物件的 tiny allocator，tiny 用來指向一個 16 位元組大小的記憶體
單元，tinyoffset 記錄的是這個記憶體單元中空閒空間的偏移量。tiny allocator
能夠將一些小物件合併分配，極大地提高了空間使用率。tinyAllocs 記錄的是
共進行了多少次 tiny 分配。alloc 是根據 spanClass 快取的一組 mspan，因
為不需要加鎖，所以不用像 mcentral 那樣對齊到 cache line。stackcache 是
用來為 goroutine 分配堆疊的快取，我們在第 9 章中將具體介紹堆疊記憶體的
管理。flushGen 記錄的是上次執行 flush 時的 sweepgen，如果不等於當前的
sweepgen，就說明需要再次 flush 以進行清掃。

8.1.6　mallocgc

　　我們在 8.1.1~8.1.5 節中了解了與堆積記憶體管理相關的一系列資料結構，還有幾個比較關鍵的底層函式，了解這些都是為了能夠更進一步地理解本節要介紹的 mallocgc() 函式。本節之初已經講過，mallocgc() 函式是堆積分配的關鍵函式，runtime 中的 new 系列函式和 make 系列函式都依賴於它。該函式的程式稍微有點長，完全貼出來既佔用篇幅又不好分析，但是要完全不看程式又有種脫離實際的感覺，所以我們先大致講一下函式的主要邏輯，再把關鍵程式分段進行細化分解。

　　mallocgc() 函式的主要邏輯按照程式的先後順序可以分成以下幾部分：

（1）檢查當前 goroutine 的 gcAssistBytes 值，如果減去本次要分配的記憶體大小後結果為負值，就需要先呼叫 gcAssistAlloc() 函式輔助 GC 完成一些標記任務。

（2）根據此次要分配的空間大小，以及是否要分配 noscan 類型空間，選用不同的分配策略。目前有 3 種分配策略，即 tiny、sizeclass 和 large。

（3）如果分配的不是 noscan 類型空間，就需要呼叫 heapBitsSetType() 函式，該函式會根據傳入的類型中繼資料對 heapArena 中的位元映射進行標記。

（4）呼叫 publicationBarrier、GC 標記新分配的物件、memory profile 採樣、更新 gcAssistBytes 的值，隨選發起 GC 等一系列收尾操作。

1. 輔助 GC

　　輔助 GC 也就是 mallocgc() 函式的第一部分，對應的原始程式碼如下：

```
var assistG * g
if gcBlackenEnabled != 0 {
    assistG = getg()
    if assistG.m.curg != nil {
        assistG = assistG.m.curg
```

```
    }
    assistG.gcAssistBytes -= int64(size)
    if assistG.gcAssistBytes < 0 {
        gcAssistAlloc(assistG)
    }
}
```

其中 gcBlackenEnabled 就像是一個開關，它在 GC 標記開始的時候被設定為 1，在標記結束的時候被清零，也就是只有在 GC 標記階段才能執行輔助 GC。每個 goroutine 都有自己的 gcAssistBytes，在這個值用光之前不用執行輔助 GC。輔助 GC 機制能夠有效地避免程式過快地分配記憶體，從而造成 GC 工作執行緒來不及標記的問題。

2. 空間分配

空間分配指的是上述 mallocgc() 函式的 4 個階段中的第二階段，這裡會根據要分配的目標大小及是否為 noscan 型空間，來選用不同的分配策略。這裡先來看一下是如何選擇策略的，然後針對每種策略展開分析。選擇分配策略的程式如下：

```
if size <= maxSmallSize {
    if noscan && size < maxTinySize {
        // 使用 tiny allocator 分配
    } else {
        // 使用 mcache.alloc 中對應的 mspan 分配
    }
} else {
    // 直接根據需要的分頁數，分配大的 mspan
}
```

maxSmallSize 是個值為 32768 的常數，也就是說對於 32KB 以上的記憶體分配會直接根據需要的分頁數分配一個新的 span。maxTinySize 是個值為 16 的常數，對於小於 16 位元組且是 noscan 類型的記憶體分配請求會使用 tiny 分配器。對於 [16,32768] 這個範圍內的 noscan 分配請求，以及不超過 32768 的所有 scannable 型分配請求都會使用預置的各種 sizeclass 來分配。

接下來我們先來看一下 tiny allocator 是如何分配空間的，相關程式如下：

```
off: = c.tinyoffset
if size&7 == 0 {
    off = alignUp(off, 8)
} else if sys.PtrSize == 4 && size == 12 {
    off = alignUp(off, 8)
} else if size&3 == 0 {
    off = alignUp(off, 4)
} else if size&1 == 0 {
    off = alignUp(off, 2)
}
if off + size <= maxTinySize && c.tiny != 0 {
    x = unsafe.Pointer(c.tiny + off)
    c.tinyoffset = off + size
    c.tinyAllocs++
    mp.mallocing = 0
    releasem(mp)
    return x
}
span = c.alloc[tinySpanClass]
v: = nextFreeFast(span)
if v == 0 {
    v, span, shouldhelpgc = c.nextFree(tinySpanClass)
}
x = unsafe.Pointer(v)
( * [2] uint64)(x)[0] = 0
( * [2] uint64)(x)[1] = 0
if size < c.tinyoffset || c.tiny == 0 {
    c.tiny = uintptr(x)
    c.tinyoffset = size
}
size = maxTinySize
```

先取出 mcache 中的 tinyoffset，然後根據分配目標大小 size 進行對齊，如果對齊後的 off 加上 size 沒有超過 maxTinySize，就可以使用現有的 tiny 區塊直接分配。maxTinySize 是常數 16，也就是 tiny allocator 內部區塊的大小。如果當前區塊中剩餘的空間不足以滿足本次分配，就從 mcache 的 alloc 陣列中找到對應 tinySpanClass 的 mspan，並透過 nextFreeFast() 函式重新分配一個 16 位元組的區塊。如果對應的 mspan 中也沒有空間了，nextFree() 方法會從 mcentral 中取一個新的 mspan 過來，並且傳回值 shouldhelpgc 是 true。最後，把新分配的區塊清零，如果本次分配之後新區塊的剩餘空間大於舊區塊的剩餘空間，就用新的把舊的替換掉。

tiny 分配器被設計成能夠將幾個小塊的記憶體分配請求合併到一個 16 位元組的區塊中，這樣能夠提高記憶體空間的使用率。舉例來說，透過 tiny 分配器分配 16 個 1 位元組的記憶體，合併分配後使用率為 100%，如圖 8-15 所示。

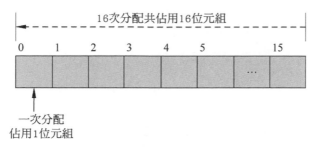

▲ 圖 8-15 使用 tiny 分配器連續分配 16 次 1 位元組記憶體

如果沒有 tiny 分配器，則每次分配 1 位元組就需要調配 sizeClass 中最小的規格，即 8 位元組，而且每次都會浪費 7 位元組，記憶體實際使用率僅為 12.5%，如圖 8-16 所示。

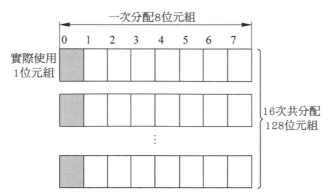

▲ 圖 8-16 調配 sizeClass 連續分配 16 次 1 位元組記憶體

再來看一下使用預置的 sizeclass 來分配記憶體的情況，相關原始程式碼如下：

```
var sizeclass uint8
if size <= smallSizeMax - 8 {
    sizeclass = size_to_class8[divRoundUp(size, smallSizeDiv)]
} else {
    sizeclass = size_to_class128[divRoundUp(size - smallSizeMax, largeSizeDiv)]
}
size = uintptr(class_to_size[sizeclass])
spc: = makeSpanClass(sizeclass, noscan)
span = c.alloc[spc]
v: = nextFreeFast(span)
if v == 0 {
    v, span, shouldhelpgc = c.nextFree(spc)
}
x = unsafe.Pointer(v)
if needzero && span.needzero != 0 {
    memclrNoHeapPointers(unsafe.Pointer(v), size)
}
```

smallSizeMax 是個常數，值是 1024。1024 減去 8 是 1016，也就是當 size 不超過 1016 時使用 size_to_class8，否則使用 size_to_class128 將 size 映射到對應的 sizeclass，然後結合 noscan 合成 spc，並透過 spc 找到 alloc 陣列中對應的 mspan，再透過 nextFreeFast() 函式分配區塊。如果 mspan 中也沒有剩餘空間，就呼叫 nextFree() 方法去 mcentral 中取一個新的 mspan。最後隨選清空區塊。

當要分配的記憶體空間超過 32KB 時，就要直接分配記憶體分頁了，具體程式如下：

```
shouldhelpgc = true
span = c.allocLarge(size, needzero, noscan)
span.freeindex = 1
span.allocCount = 1
x = unsafe.Pointer(span.base())
size = span.elemsize
```

allocLarge() 方法會把 size 向上對齊到整個分頁大小，然後分配一個大的 span。最後，整個 span 被用作一個區塊傳回給請求者。至此，空間分配邏輯也就整理完了。

3. 位元映射標記

分配完空間之後，需要對 heapArena 中的位元映射進行標記，這個工作是由 heapBitsSetType() 函式完成的。除此之外，還會把分配了多少需要掃描的空間累加到 scanAlloc 欄位，具體程式如下：

```
var scanSize uintptr
if !noscan {
    if typ == deferType {
        dataSize = unsafe.Sizeof(_defer {})
    }
    heapBitsSetType(uintptr(x), size, dataSize, typ)
    if dataSize > typ.size {
        if typ.ptrdata != 0 {
            scanSize = dataSize - typ.size + typ.ptrdata
        }
    } else {
        scanSize = typ.ptrdata
    }
    c.scanAlloc += scanSize
}
```

如果分配的是 noscan 類型的空間，就可以跳過這一步了。計算 scanSize 的時候，用到了類型中繼資料中的 ptrdata 欄位，它表示該類型的資料前多少位元組中包含指標，後續還有資料也屬於純量資料，只掃描前 ptrdata 位元組就可以了。

4. 收尾工作

最後的收尾工作也包含多個操作，首先呼叫 publicationBarrier() 函式，該函式相當於一個 Store-Store 屏障，在 x86 上根本用不著，所以被實現成一個空的函式，但在其他一些平台上有實際效果。在此之後要讓 GC 標記新分配的物件，具體程式如下：

```
if gcphase != _GCoff {
    gcmarknewobject(span, uintptr(x), size, scanSize)
}
```

上述程式先進行了判斷，只有在 GC 的標記階段才能標記新分配的物件。
在此之後 Memory Profile 的採樣程式如下：

```
if rate: = MemProfileRate; rate > 0 {
    if rate != 1 && size < c.nextSample {
        c.nextSample -= size
    } else {
        mp: = acquirem()
        profilealloc(mp, x, size)
        releasem(mp)
    }
}
```

在 Memory Profile 開啟的情況下，每分配 nextSample 位元組記憶體以後，
就進行一次採樣。之後還剩最後一步 GC 相關操作，程式如下：

```
if assistG != nil {
    assistG.gcAssistBytes -= int64(size - dataSize)
}
if shouldhelpgc {
    if t: = (gcTrigger {kind: gcTriggerHeap});t.test() {
        gcStart(t)
    }
}
```

在分配的過程中，size 可能已向上對齊過，所以可能會變大，而 dataSize
儲存了原來真實的 size 值，最後要從分配記憶體的 goroutine 的 gcAssistBytes
中減去因 size 對齊而額外多分配的大小。最後執行檢測操作，如果達到了 GC
的觸發條件，就發起 GC。

至此，關於堆積記憶體分配的探索就先告一段落。本節中，我們了解了內
建的 sizeclasses 和用來管理堆積空間的 arena，以及負責小塊記憶體管理的
span，分析了將堆積位址映射到對應 mspan 的過程，以及 mspan 如何尋找下

一個空閒的區塊。還有集中管理 mspan 的 mcentral，和 per-P 快取 mspan 的 mcache。在本節的最後，分析了 mallocgc() 函式的主要邏輯，了解了 tiny、sizeclasses 和 large 這 3 種記憶體分配策略，應該可以讓各位讀者理解堆積記憶體分配的大致框架。

8.2 垃圾回收

　　垃圾回收器也就是我們通常所講的 GC，Go 語言的垃圾收集器是基於精確類型的，並且被設計成可以與普通的執行緒併發執行，同時允許多個 GC 執行緒平行執行。它是一個使用寫入屏障的併發標記清除演算法，是不分代的、不壓縮的。一輪垃圾回收包含以下幾個步驟：

（1）Sweep Termination，清掃終止，在本輪標記開始之前，先把上一輪剩餘的清掃工作完成。具體來講，首先 Stop the World，從而使所有的 P 都達到一個 GC 安全點，然後清掃所有還未清掃的 span，大部分的情況下不會存在還未清掃的 span，除非 GC 提前觸發。

（2）Concurrent Mark，併發標記，可以認為是本輪 GC 的主要工作。具體來講，將 gcphase 從 _GCoff 改成 _GCmark，啟用寫入屏障和輔助 GC，把 GC root 送入工作佇列中。

　　直到所有的 P 都開啟了寫入屏障後，GC 才會開始標記物件，寫入屏障的開啟也是在 STW 期間完成的，然後 Start the World，GC 工作執行緒和輔助 GC 會一起完成標記工作，寫入屏障會將指標給予值過程中被覆蓋掉的舊指標和新指標同時著色，新分配的物件會被立即標為黑色。GC root 包含所有程式碼協同的堆疊、可執行檔資料段和 BSS 段等全域資料區，以及來自 runtime 中一些堆積外資料結構裡的堆積指標。掃描一個 goroutine 時會先將其暫停，對其堆疊上發現的指標進行著色，最後恢復它的執行。GC 標記時，從工作佇列中取出灰色物件，掃描該物件使其變成黑色，並對發現的指標進行著色，這可能又會向工作佇列中增加更多指標。因為 GC 涉及多處本地快取，所以它使用一種分散式演算法來判斷所有的 GC root 和灰色物件都已經處理完，之後會切換至 Mark Termination，即標記終止狀態。

（3） Mark Termination，標記終止。Stop the World，將 gcphase 設定成 _GCmarktermination，關閉 GC 工作執行緒和輔助 GC。沖刷所有的 mcache，以將 mspan 還回 mcentral 中。

（4） Concurrent Sweep，併發清掃。將 gcphase 設定成 _GCoff，重置清掃相關狀態並關閉寫入屏障。Start the World，此後分配的物件就都是白色的了，必要時，分配之前會先對 span 進行清掃。除了分配時清掃之外，GC 還會進行後台清掃。等到分配的記憶體達到一定的設定值後，又會觸發下一輪 GC。

如圖 8-17 所示，在整個 GC 的過程中一共需要兩次 Stop the World，分別是在清掃終止和標記終止這兩個階段，程式需要 STW 來達到一致狀態，好在這兩個階段都比較短暫。在併發標記和併發清掃階段都允許普通 goroutine 和 GC worker 併發執行，整體上 STW 的佔比是非常小的。

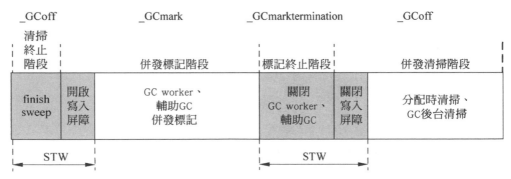

▲ 圖 8-17　一輪 GC 的幾個階段

8.2.1　GC root

所謂 GC root，其實就是標記的起點。程式執行階段記憶體中所有的變數、物件之間是有連結性的，例如透過一個 struct 的位址可以找到這個物件，它的所有欄位中如果包含指標，又可以進一步定址其他的變數或物件。透過指標，所有的變數和物件組成了一張大圖，而 GC root 就是這張圖的一組起點，從這組起點出發能夠遍歷整張圖。沒錯，是一組起點而非一個，因為這張圖的結構非常複雜，有多個起點，只透過其中一兩個起點不足以遍歷整張圖。下面我們就來看一看 Go 的幾種 GC root，以及 GC 是如何掃描的。

1. 全域資料區

　　全域資料區這種叫法是針對處理程序的記憶體分配來講的。一般情況下，變數的分配位置就是全域資料區、堆疊區域和堆積區域這 3 處。堆積區域主要用於執行階段的動態分配，而堆疊區域以堆疊框為單位來分配，加載的是函式的參數、傳回值和區域變數，全域資料區主要用於全域變數的分配。對應到 Go 語言，就是套件等級的變數，此處全域的含義應該理解為與處理程序生命週期相同，而非語法層面的作用域。在可執行檔中有兩個節區可以被認為是全域資料區，一個是 data 段，裡面都是有初值的變數，另一個是 bss 段，裡面是未初始化的變數。事實上，bss 段在可執行檔中不會被實際分配空間，只是有個對應的 header 來描述它。在可執行檔載入的時候，載入器會為 bss 段分配空間，如圖 8-18 所示。

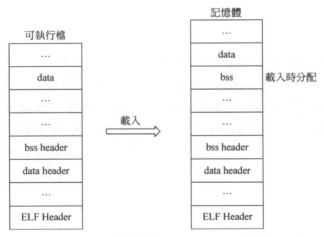

▲ 圖 8-18　可執行檔載入時為 bss 段分配空間

　　全域資料區中的變數分配在建構階段就已經確定了，在執行階段有可能包含指向堆積區域的指標，所以需要把它作為 GC root 進行掃描。如何進行掃描呢？如果再一個一個分析每個變數的類型中繼資料，效率就太低了，畢竟我們只關心其中是否包含指標而已。好在建構工具已經把供 GC 使用的位元映射寫入了可執行檔中，透過 moduledata 的 gcdatamask 和 gcbssmask 欄位就可以直接使用了，其中每一位元對應全域資料區中的指標大小的區塊，實際上就是個指標位元映射，如圖 8-19 所示。

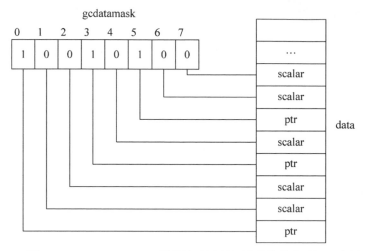

▲ 圖 8-19　gcdatamask 是標記全域資料區的指標位元映射

2. 堆疊

這裡指的是所有 goroutine 的堆疊，以及與堆疊密切相關的 _defer、_panic 這些物件。因為 goroutine 是活動的，會分配記憶體、進行指標給予值等操作，所以堆疊上往往會有大量指向堆積記憶體的指標，_defer 和 _panic 物件裡也有一些指標欄位，GC 在對堆疊進行掃描時會一併處理。與全域資料區類似，堆疊掃描時也需要知道哪些是指標，所以需要獲得與每個堆疊框對應的指標位元映射，如圖 8-20 所示，runtime.getStackMap() 函式能夠傳回目標堆疊框的區域變數和參數的指標位元映射，以及堆疊框上的物件列表。

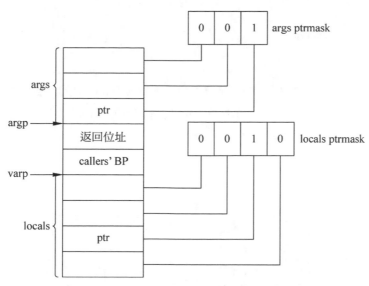

▲ 圖 8-20　每個堆疊框都有對應的指標位元映射

3. Finalizer

透過 runtime.SetFinalizer() 函式能夠為堆積上分配的物件連結一個 finalizer() 函式，當 GC 發現了一個連結了 finalizer() 函式的不可達物件時，它就會取消它們之間的連結，並在一個特有的程式碼協同中用該物件的位址作為參數來呼叫 finalizer() 函式。這樣一來就會使該物件再次變成可達的，只是不再有與之連結的 finalizer() 函式了，這樣下一輪 GC 就會發現它不可達，進而把它清理掉。

Finalizer 為什麼也屬於 GC root 呢？事實上，從該物件可到達的所有內容都必須被標記，物件自身卻不需要。因為我們需要保證，在把物件的位址作為參數呼叫與它連結的 finalizer() 函式時，透過該物件可到達的所有內容都被保留了下來，否則就會發生意料之外的錯誤。與物件連結的 finalizer() 函式使用一個 specialfinalizer 結構來儲存，該結構的定義程式如下：

```
//go:notinheap
type specialfinalizer struct {
    special special
    fn       * funcval
    nret     uintptr
```

```
    fint        * _type
    ot          * ptrtype
}
```

specialfinalizer 物件不是在堆積上分配的，因此其中的一些指標欄位也需要掃描，主要是指向 funcval 的指標，因為這個 Function Value 本身可能是一個在堆積上分配的閉包物件，如圖 8-21 所示。

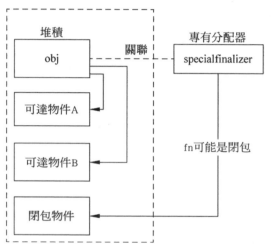

▲ 圖 8-21 標記連結有 finalizer 的物件

8.2.2 三色抽象

Go 語言的 GC 使用了三色抽象標記堆積中的物件，使用的 3 種不同顏色及其含義如表 8-2 所示。

▼ 表 8-2 三色抽象的顏色及其含義

顏色	含義
白色	表示未被標記也未掃描的物件
灰色	表示已經被標記但還未進行掃描的物件
黑色	表示已經被標記並且已經掃描完成的物件

每輪 GC 標記開始時，所有物件都是白色的，標記過程中 3 種顏色的物件都會存在，標記結束時只剩下黑色和白色的物件。在併發清理階段會清理掉那些白色物件，因為新分配的物件也是白色的，所以要先將整個 span 清理後才能用於新的分配。

GC 的工作佇列實現了灰色物件指標的生產者 -- 消費者模型，灰色物件實際上是一個被標記並且被增加到工作佇列中等待掃描的物件，黑色物件同樣也被標記過，但是不在工作佇列中。如圖 8-22 所示，寫入屏障、GC root 掃描、堆疊掃描和物件掃描都會向工作佇列中增加更多指標，掃描工作會消費工作佇列中的灰色指標，使它們變成黑色並掃描它們，可能又會產生更多灰色指標。

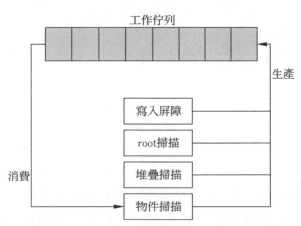

▲ 圖 8-22　工作佇列的生產者 -- 消費者模型

在 runtime 中 GC 工作佇列的具體實現就是 gcWork 這個結構類型，結構的定義程式如下：

```
type gcWork struct {
    wbuf1, wbuf2        * workbuf
    bytesMarked         uint64
    scanWork            int64
    flushedWork         bool
}
```

其中 wbuf1 和 wbuf2 分別是主要和次要工作緩衝區。bytesMarked 記錄了透過當前工作佇列標記了多少記憶體空間，最終會被聚合到全域的 work.

bytesMarked 中。scanWork 記錄了當前工作佇列執行了多少掃描工作，也是以位元組為單位的。flushedWork 表示從上次 gcMarkDone 檢測之後，有不可為空的工作緩衝區被沖刷到了全域的工作清單中，與標記終止的判定有關。

工作緩衝區對應的 workbuf 結構，以及 workbuf 內嵌的 workbufhdr 結構的定義程式如下：

```
//go:notinheap
type workbuf struct {
    workbufhdr
    obj[(_WorkbufSize - unsafe.Sizeof(workbufhdr {})) / sys.PtrSize] uintptr
}

type workbufhdr struct {
    node lfnode //must be first
    nobj int
}
```

其中的 obj 是個 uintptr 陣列，用來儲存掃描過程中發現的指標。nobj 用於記錄 obj 陣列使用了多少，實際上是個遞增的下標，為 0 時表示緩衝區是空的，等於 obj 的長度時表示緩衝區已滿。lfnode 的類型是個結構類型，包含一個 int64 和一個 uintptr，可以簡單地認為它用來建構鏈結串列，包含指向下一個節點的指標。_WorkbufSize 的值是 2048，所以陣列 obj 的容量應該是 253。

實際為堆積物件著色的工作是 runtime 中的 greyobject() 函式實現的，以下就是筆者精簡過的函式原始程式，去掉了與偵錯相關的部分程式，保留了最主要的邏輯，程式如下：

```
//go:nowritebarrierrec
func greyobject(obj, base, off uintptr, span * mspan, gcw * gcWork, objIndex uintptr) {
    if obj&(sys.PtrSize - 1) != 0 {
        throw ("greyobject: obj not pointer-aligned")
    }

    mbits: = span.markBitsForIndex(objIndex)
    if mbits.isMarked() {
        return
    }
```

```
    mbits.setMarked()

    arena, pageIdx, pageMask: = pageIndexOf(span.base())
    if arena.pageMarks[pageIdx]&pageMask == 0 {
        atomic.Or8(&arena.pageMarks[pageIdx], pageMask)
    }

    if span.spanclass.noscan() {
        gcw.BytesMarked += uint64(span.elemsize)
        return
    }

    if !gcw.putFast(obj) {
        gcw.put(obj)
    }
}
```

　　第 1 個 if 敘述用於驗證物件位址是不是按照指標對齊的，8.1 節講
記憶體分配的時候已經知道各種 sizeclass 都是 8 的整數倍。接下來呼叫
markBitsForIndex() 方法，可以透過物件區塊在 span 中的索引 objIndex 定位
到 gcmarkBits 對應的二進位位元，如果已經標記過了就直接傳回，如果未標記
就進行標記。heapArena 結構中的 pageMarks 記錄的是哪些 span 中存在被
標記過的物件，所以要透過它把物件所在的 span 也標記一下。圖 8-23 展示了
greyobject() 方法標記物件的效果。

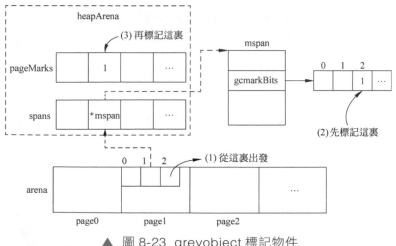

▲ 圖 8-23　greyobject 標記物件

接下來的 if 敘述用於判斷物件所在的 span 是否為 noscan 型,也就是不包含指標,那樣就不用進一步對物件進行掃描了,記錄 bytesMarked 後直接傳回,物件 obj 就是黑色的了。如果 span 不是 noscan 型的,就把物件指標增加到工作佇列中,等待後續進一步對物件展開掃描。

8.2.3 寫入屏障

GC 使用寫入屏障來追蹤指標的給予值操作,Go 使用的是一種組合了刪除寫入屏障和插入寫入屏障的混合寫入屏障。刪除寫入屏障負責對位址被覆蓋掉的物件進行著色,插入寫入屏障負責對新位址指向的物件進行著色。在 goroutine 的堆疊是灰色的時候,才有必要執行插入寫入屏障。按照這種設計思想,混合寫入屏障的虛擬程式碼如下:

```
writePointer(slot, ptr):
    shade( * slot)
    if current stack is grey:
        shade(ptr)
    * slot = ptr
```

其中 slot 是個指向指標的指標,也就是指標給予值運算中目的運算元的位址,ptr 是用來給予值的新值。shade() 函式會根據傳入的位址標記堆積上的物件,還會把該位址增加到 GC 工作佇列中,前提是傳入的是一個堆積位址。混合寫入屏障能夠防止 goroutine 對 GC 隱藏某個物件:

(1) shade(*slot) 能夠防止 goroutine 把指向物件的唯一指標從堆積或全域資料段移動到堆疊上,從而造成物件被隱藏,當 goroutine 嘗試刪除一個堆積上的指標時,刪除寫入屏障負責為該指標指向的物件著色。

舉例來說,當前程式碼協同 G 的堆疊已經完成掃描,A 和 B 是堆疊上的兩個指標,如圖 8-24 所示。

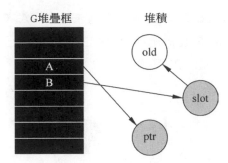

▲ 圖 8-24 範例初始狀態 G 堆疊框已完成掃描

接下來 G 會執行以下操作：

① 把 old 的位址寫入存入堆疊上的本地變數 A。

② 把 ptr 的位址寫入 slot。

上述第一步操作因堆疊上沒有插入寫入屏障，不會標記 old 指標，如果堆積上沒有刪除寫入屏障，指向 old 的唯一路徑被切斷，old 就不能被 GC 發現了，如圖 8-25 所示。

所以在刪除堆積上的指標時應用刪除寫入屏障對 old 進行標記，如圖 8-26 所示。

（2）shade(ptr) 能夠防止 goroutine 把指向物件的唯一指標從它的堆疊上移動到堆積或全域資料段的某個黑色物件裡而造成的隱藏問題，當 goroutine 嘗試向一個黑色物件裡寫入指標時，插入寫入屏障負責為該指標指向的物件著色。

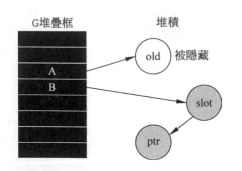

▲ 圖 8-25 堆積上沒應用刪除寫入屏障
時 old 被隱藏

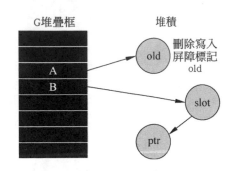

▲ 圖 8-26 堆積上應用刪除寫入屏障對
old 進行標記

舉例來説,當前程式碼協同 G 的堆疊還未掃描,A 和 B 是堆疊上的兩個指標,堆積上的 slot 和 old 是在標記期間分配的,所以都已被標記為黑色,之前分配的 ptr 還是白色,如圖 8-27 所示。

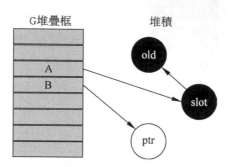

▲ 圖 8-27　範例初始狀態 G 堆疊框還未掃描

接下來 G 會執行以下操作:

① 把 ptr 的位址寫入 slot。

② 把 old 的位址寫入 B。

上面第二步操作在堆疊上沒有刪除寫入屏障,不會標記 ptr。如果沒有插入寫入屏障,就會將白色物件 ptr 寫入堆積上的黑色物件 slot,此時 ptr 就不能被 GC 發現了,如圖 8-28 所示。

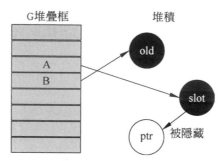

▲ 圖 8-28　沒應用插入寫入屏障時 ptr 被隱藏

為了避免將白色物件寫入堆積上的黑色物件，就要靠插入寫入屏障，在寫入 slot 時標記新指標 ptr，如圖 8-29 所示。

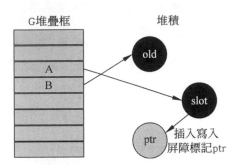

▲ 圖 8-29 堆積上應用插入寫入屏障對 ptr 進行標記

（3）如果 goroutine 的堆疊是黑色的，則 shade(ptr) 就沒有必要了。因為把物件指標從堆疊上移動到堆積或全域資料段進而造成其隱藏的前提是，該指標在堆疊上時是未被標記的。堆疊剛剛被掃描完時，它指向的物件都是被標記過的，所以不會有隱藏的物件指標。shade(*slot) 會防止後續有指標在堆疊上被隱藏。

還是直白點講更好理解，當進入併發標記階段以後，程式會從所有 GC root 開始掃描遍歷整個物件圖。併發標記在設計上允許普通 goroutine 和 GC 一起執行，只是在掃描 goroutine 堆疊的時候會暫時將其暫停，掃描完成後又會恢復執行。goroutine 恢復執行之後可能又會對整個物件圖進行一系列修改，主要是新分配記憶體和移動現有指標（指標給予值），標記階段分配的記憶體都會被 mallocgc() 函式直接標黑，所以不會有遺漏，但是指標給予值會有較多變數。我們不能重新掃描整個物件圖，只想處理後來的增量變動，而寫入屏障就能極佳地追蹤到 goroutine 恢復執行後造成的增量變動。

因為變數一般就是存在於全域資料段、堆積區域和堆疊區域，所以 goroutine 造成的增量變動也就脫離不了這幾處位置。如果對全域資料段、堆積和堆疊都應用插入寫入屏障，則可以追蹤到所有增量修改，但是這就要求 goroutine 在向全域資料段、堆積及堆疊上寫指標時，都要經過插入寫入屏障。全域資料段和堆積還可以接受，如果操作當前函式堆疊框中的指標都要經過插入寫入屏障，無論是對程式的性能還是可執行檔的體積，都會造成很大的影響，因為編譯器需要額外生成大量程式，所以我們還要尋求一種新的方案，能夠使 goroutine 不必對當前函式堆疊框上的指標應用寫入屏障，這也就是 Go 為什麼要引入混合寫入屏障的原因。

首先，當為堆疊上的指標給予值時，新的位址值大致有 4 種來源，即全新分配、堆疊上的指標、堆積上的指標，以及全域資料段的指標。標記階段全新分配的物件會被 mallocgc() 函式自動標黑，所以不需要額外處理。函式堆疊框裡兩個指標間的給予值不必應用寫入屏障，因為已掃描過的堆疊不存在隱藏指標，未掃描過的堆疊不需要追蹤增量變動，後續掃描時會完整處理。至於堆積和全域資料段，如果光從它們那裡把指標複製到堆疊上，也不會有問題，我們雖然不再重新掃描堆疊，但是物件可以透過堆積或全域資料段裡舊有的指標來保證其可達性。怕的就是我們把指標複製到堆疊上以後，堆積或全域資料段裡舊有的指標被抹除了，而且不再有其他的指標指向該物件。堆疊上複製過來的指標就變成了唯一指標，然而我們不再重新掃描堆疊，所以物件就被隱藏了。

至此，關鍵的問題就變成了，當堆積或全域資料段中的指標被抹除之前，需要灰化它指向的物件。這樣一來，把堆積和全域資料段裡的指標複製到堆疊上也不用經過插入寫入屏障了，舊有指標不被抹除，由舊有指標來保證可達性，舊有指標被抹除前，刪除寫入屏障負責灰化其指向的物件。這就是 Go 引入刪除寫入屏障的原因，緣於我們不希望對堆疊應用插入寫入屏障。

插入寫入屏障就比較好理解了，前提還是因為我們不會重新掃描堆積和全域資料段。如果當前的堆疊還未被掃描，堆疊上就有可能存在白色的指標。如果 goroutine 把一個白色指標給予值給堆積或全域資料段裡一個黑色物件的某個欄位，並且堆疊上的舊有指標在堆疊掃描之前被覆蓋，則該物件就被成功地隱藏了。插入寫入屏障就是用來追蹤寫入堆積和全域資料段的指標，從而防止物件隱藏。

刪除寫入屏障應對就像是一種極端條件，只有在即將被抹除的指標本身位於堆積或全域資料段上，並且是指向某個位於堆積上的物件的唯一指標，並且該指標曾經被複製到某個黑色的程式碼協同堆疊上時，刪除寫入屏障才會真正發揮作用。實作方式的時候不必去追蹤或檢測這些條件，只是寬泛地對堆積和全域資料段裡的指標抹除進行追蹤就行了。插入寫入屏障也不必真地去檢測 goroutine 的堆疊是否為黑色，這樣會造成一定程度的性能損失，寬泛地追蹤寫入堆積和全域資料段的所有指標就行了。

下面我們就用一段簡單的範例程式，透過反編譯的方法，來看一看寫入屏障是如何被應用的，範例程式如下：

```go
// 第 8 章 /code_8_1.go
package main

var p * int

func main() {
    toStack(&p)
    toGlobal(&p)
    toUnknown(&p,&p)
}

//go:noinline
func toStack(i * * int)(o * int) {
    o = * i
    return
}

//go:noinline
func toGlobal(i * * int) {
    p = * i
}

//go:noinline
func toUnknown(a * * int, i * * int) {
    * a = * i
}
```

程式中的 3 個函式對應 3 種不同的場景，toStack() 函式把一個未知來源的指標複製到堆疊上，函式的參數 i 是個 int 類型的指標，未知來源指的是它所指向的 int 類型的指標可以在堆疊、堆積及全域資料段等任何位置。對應地，

toGlobal() 函式會把一個未知來源的指標給予值給全域資料段裡的變數 p，而 toUnknown() 函式則是把一個未知來源的指標複製到未知的目的地。

　　我們先來反編譯一下 toStack() 函式，按照之前的分析，它應該不會應用寫入屏障。反編譯得到的組合語言程式碼如下：

```
$ go tool objdump -S -s '^main.toStack$' barrier.exe
TEXT main.toStack(SB) C:/gopath/src/fengyoulin.com/barrier/main.go
      o = *i
  0x493f20    488b442408        MOVQ 0x8(SP), AX
  0x493f25 4  88b00             MOVQ 0(AX), AX
      return
  0x493f28    4889442410        MOVQ AX, 0x10(SP)
  0x493f2d    c3                RET
```

　　只有簡單的 4 行組合語言指令，完成指標複製後就傳回了，確實沒有應用寫入屏障的痕跡。別著急，接下來反編譯 toGlobal() 函式，按道理它應該用到寫入屏障，反編譯得到的組合語言程式碼如下：

```
$ go tool objdump -S -s '^main.toGlobal$' barrier.exe
TEXT main.toGlobal(SB) C:/gopath/src/fengyoulin.com/barrier/main.go
func toGlobal(i **int) {
  0x493f40    65488b0c2528000000    MOVQ GS:0x28, CX
  0x493f49    488b8900000000        MOVQ 0(CX), CX
  0x493f50    483b6110              CMPQ 0x10(CX), SP
  0x493f54    763b                  JBE 0x493f91
  0x493f56    4883ec08              SUBQ $0x8, SP
  0x493f5a    48892c24              MOVQ BP, 0(SP)
  0x493f5e    488d2c24              LEAQ 0(SP), BP
      p = *i
  0x493f62    488b442410            MOVQ 0x10(SP), AX
  0x493f67    488b00                MOVQ 0(AX), AX
  0x493f6a    833d0f690f0000        CMPL $0x0, runtime.writeBarrier(SB)
  0x493f71    7510                  JNE 0x493f83
  0x493f73    4889059e300b00        MOVQ AX, main.p(SB)
}
  0x493f7a    488b2c24              MOVQ 0(SP), BP
  0x493f7e    4883c408              ADDQ $0x8, SP
```

```
0x493f82     c3                        RET
     p = *i
0x493f83     488d3d8e300b00            LEAQ main.p(SB), DI
0x493f8a     e85118fdff                CALL runtime.gcWriteBarrier(SB)
0x493f8f     ebe9                      JMP 0x493f7a
func toGlobal(i **int) {
0x493f91     e82afbfcff                CALL runtime.morestack_noctxt(SB)
0x493f96     eba8                      JMP main.toGlobal(SB)
```

組合語言程式碼的開頭和結尾是我們熟悉的堆疊增長程式，CMPL $0x0,
runtime.writeBarrier(SB) 這行指令是在檢測寫入屏障有沒有開啟，後面的 CALL
runtime.gcWriteBarrier(SB) 指令是在呼叫寫入屏障的處理函式。我們稍後會整
理寫入屏障處理函式的邏輯，toUnknown() 函式反編譯後得到的組合語言程式
碼如下：

```
$ go tool objdump -S -s '^main.toUnknown$' barrier.exe
TEXT main.toUnknown(SB) C:/gopath/src/fengyoulin.com/barrier/main.go
func toUnknown(a **int, i **int) {
0x493fa0     65488b0c2528000000        MOVQ GS:0x28, CX
0x493fa9     488b8900000000            MOVQ 0(CX), CX
0x493fb0     483b6110                  CMPQ 0x10(CX), SP
0x493fb4     7637                      JBE 0x493fed
0x493fb6     4883ec08                  SUBQ $0x8, SP
0x493fba     48892c24                  MOVQ BP, 0(SP)
0x493fbe     488d2c24                  LEAQ 0(SP), BP
     *a = *i
0x493fc2     488b7c2410                MOVQ 0x10(SP), DI
0x493fc7     8407                      TESTB AL, 0(DI)
0x493fc9     488b442418                MOVQ 0x18(SP), AX
0x493fce     488b00                    MOVQ 0(AX), AX
0x493fd1     833da8680f0000            CMPL $0x0, runtime.writeBarrier(SB)
0x493fd8     750c                      JNE 0x493fe6
0x493fda     488907                    MOVQ AX, 0(DI)
}
0x493fdd     488b2c24                  MOVQ 0(SP), BP
0x493fe1     4883c408                  ADDQ $0x8, SP
0x493fe5     c3                        RET
     *a = *i
0x493fe6     e8f517fdff                CALL runtime.gcWriteBarrier(SB)
```

```
    0x493feb    ebf0                      JMP 0x493fdd
func toUnknown(a **int, i **int) {
    0x493fed    e8cefafcff                CALL runtime.morestack_noctxt(SB)
    0x493ff2    ebac                      JMP main.toUnknown(SB)
```

與 toGlobal() 函式的程式結構大致相同，我們又看到了 CALL runtime. gcWriteBarrier(SB) 指令。複習一下反編譯這 3 個函式得到的結論：把指標複製到堆疊上不需要寫入屏障，把指標給予值給全域資料段中的變數需要寫入屏障。把指標複製到一個未知的位置 (可能是堆疊、堆積或全域資料段)，也需要寫入屏障，因為對堆疊上的指標應用寫入屏障並不會出錯，不應用是為了提高性能，而堆積和全域資料段則必須用寫入屏障才行，否則可能造成物件隱藏而被錯誤地釋放。

最後，我們來看一下 runtime.gcWriteBarrier() 函式的邏輯，這個函式是用組合語言實現的。在整理組合語言程式碼之前，先來看一個資料結構，也就是被寫入屏障用作緩衝區的 wbBuf 結構，程式如下：

```
type wbBuf struct {
    next uintptr
    enduintptr
    buf[wbBufEntryPointers * wbBufEntries]uintptr
}
```

其中 buf 是個指標陣列，wbBufEntryPointers 和 wbBufEntries 這兩個常數的值分別是 2 和 256。因為是刪除加插入的混合寫入屏障，所以每次會向緩衝區中寫入兩個指標，而緩衝區總共可供這樣寫入 256 次，寫入 256 次後便會寫滿。next 指向緩衝區可用的位置，每次寫入時向後移動兩個指標大小。end 剛好指向緩衝區之後，可以視為右開區間的座標值，當 next 等於 end 時表示緩衝區滿了。

接下來可以整理 gcWriteBarrier() 函式的組合語言原始程式了，筆者在程式中增加了註釋以便於理解，程式如下：

```
TEXT runtime·gcWriteBarrier<ABIInternal>(SB),NOSPLIT,$120
    // 函式裡會用到 R14 和 R13 這兩個暫存器，先在堆疊上備份一下
    MOVQ                    R14, 104(SP)
    MOVQ                    R13, 112(SP)
    get_tls(R13)
    MOVQ                    g(R13), R13
    MOVQ                    g_m(R13), R13
    MOVQ                    m_p(R13), R13
    MOVQ                    (p_wbBuf+wbBuf_next)(R13), R14
    //R14 裡儲存的是 wbBuf.next 的值，將其增加 16 位元組分配空間
    LEAQ                    16(R14), R14
    MOVQ                    R14, (p_wbBuf+wbBuf_next)(R13)
    CMPQ                    R14, (p_wbBuf+wbBuf_end)(R13)
    //AX 裡儲存的是指標給予值等號右邊的新值，寫入 wbBuf.buf 中
    MOVQ                    AX, -16(R14)
    //DI 裡是給予值等號左邊變數的位址，取出舊值並存入 R13 中
    MOVQ                    (DI), R13
    // 將 R13 裡的舊值寫入 wbBuf.buf
    MOVQ                    R13, -8(R14)
    // 前面的 CMPQ 指令用於判斷 wbBuf.buf 是否已滿，隨選 flush
    JEQ                     flush
ret:
    MOVQ                    104(SP), R14
    MOVQ                    112(SP), R13
    // 把 AX 中的新值寫入 DI 指向的位置，完成了指標給予值操作
    MOVQ                    AX, (DI)
    RET


flush:
    // 備份除 R14 和 R13 外的其他暫存器，wbBufFlush 函式可能會用到它們
    MOVQ                    DI, 0(SP)
    MOVQ                    AX, 8(SP)
    MOVQ                    BX, 16(SP)
    MOVQ                    CX, 24(SP)
    MOVQ                    DX, 32(SP)
    MOVQ                    SI, 40(SP)
    MOVQ                    BP, 48(SP)
    MOVQ                    R8, 56(SP)
    MOVQ                    R9, 64(SP)
    MOVQ                    R10, 72(SP)
```

```
MOVQ                    R11, 80(SP)
MOVQ                    R12, 88(SP)
MOVQ                    R15, 96(SP)

// 將 wbBuf.buf 中的指標沖刷到 GC 的工作佇列中
CALLruntime·wbBufFlush(SB)
// 還原 CALL 之前備份的這些暫存器
MOVQ                    0(SP), DI
MOVQ                    8(SP), AX
MOVQ                    16(SP), BX
MOVQ                    24(SP), CX
MOVQ                    32(SP), DX
MOVQ                    40(SP), SI
MOVQ                    48(SP), BP
MOVQ                    56(SP), R8
MOVQ                    64(SP), R9
MOVQ                    72(SP), R10
MOVQ                    80(SP), R11
MOVQ                    88(SP), R12
MOVQ                    96(SP), R15
JMP                     ret
```

　　有興趣的讀者可以傳回前面反編譯 3 個函式的地方，看一看編譯器是如何透過 DI 和 AX 這兩個暫存器向 gcWriteBarrier() 函式傳遞參數的，關於寫入屏障的探索就先到這裡。

8.2.4　觸發方式

　　Go 的 GC 共有 3 種觸發方式，第 1 種是被 runtime 初始化階段建立的 sysmon 執行緒和 forcegchelper 程式碼協同發起，屬於基於時間的週期性觸發。第 2 種是被我們剛剛分析過的 mallocgc() 函式發起的，觸發條件是堆積大小達到或超過了臨界值。第 3 種是被開發者透過 runtime.GC() 函式強制觸發。透過查看這三處原始程式，發現內部會呼叫同一個 GC 啟動函式，這就是 runtime. gcStart() 函式，函式的原型如下：

```
func gcStart(trigger gcTrigger)
```

　　我們不打算展開分析這個函式的原始程式，而是來研究一下它的參數，也就是這個 gcTrigger 類型，它是一個結構，具體的定義程式如下：

```
type gcTrigger struct {
    kind       gcTriggerKind
    now        int64
    n          uint32
}
```

　　其中 gcTriggerKind 底層是個 int 類型，runtime 定義了 3 個 gcTriggerKind 類型的常數，該常數的設定值及其含義如表 8-3 所示。

▼ 表 8-3 gcTriggerKind 的設定值及其含義

設定值	含義
gcTriggerHeap	表示觸發原因是因為堆積的大小達到或超過了臨界值，這個臨界值是由 GC 控制器計算出來的
gcTriggerTime	表示觸發原因是因為距上次 GC 執行已經超過了 forcegcperiod 這麼多毫微秒的時間，目前這個時間週期被定義為兩分鐘
gcTriggerCycle	主要用於強制執行 GC

　　gcTrigger 類型提供了一個 test() 方法，用於檢測當前有沒有達到 GC 觸發條件，原始程式碼如下：

```
func(t gcTrigger) test() bool {
    if !memstats.enablegc || panicking != 0 || gcphase != _GCoff {
        return false
    }
    switch t.kind {
    case gcTriggerHeap:
        return memstats.heap_live >= memstats.gc_trigger
    case gcTriggerTime:
        if gcpercent < 0 {
            return false
        }
        lastgc: = int64(atomic.Load64( & memstats.last_gc_nanotime))
        return lastgc != 0 && t.now - lastgc > forcegcperiod
    case gcTriggerCycle:
```

```
        return int32(t.n - work.cycles) > 0
    }
    return true
}
```

1. gcTriggerHeap

在處理 gcTriggerHeap 這種類型時，memstats.heap_live 是當前的堆積大小，memstats.gc_trigger 是控制器計算得到的臨界值。臨界值來自上次標記的堆積大小和 gcpercent 的值，後者可以透過環境變數 GOGC 進行設定，表示當堆積增長超過百分之多少後觸發 GC，參考的堆積起始大小就是上次標記終止時標記的大小，控制器會在每次標記終止時更新臨界值。那麼第一次觸發參考哪個值呢？因為沒有上一次可供參考，所以第一次觸發的臨界值被預置為 4MB，在 gcinit() 函式裡進行初始化。

mallocgc() 函式中會發起 GC 的相關程式在 8.1.6 節已經講解過了，如果 mallocgc() 函式分配了較大空間，則 shouldhelpgc 的值就是 true，然後就會建立一個 gcTriggerHeap 類型的 gcTrigger，透過 test 檢測當前堆積大小是否達到或超過臨界值，隨選呼叫 gcStart() 函式發起 GC。

2. gcTriggerTime

當處理 gcTriggerTime 類型時，memstats.last_gc_nanotime 以毫微秒為單位記錄了上次 GC 執行的時刻，gcTrigger 的 now 欄位儲存的是想要發起 GC 時的時間戳記，兩者之差如果超過 forcegcperiod 就會觸發 GC。至於 gcTriggerCycle 這種類型，首先要説明一下 work.cycles，它會隨著每輪 GC 自動增加，也就等於記錄了當前執行到第幾輪。runtime.GC() 函式會先讀取 work.cycles 的值，然後把這個值加一作為 n 來建構一個 gcTriggerCycle 類型的 gcTrigger，把它作為參數來呼叫 gcStart() 函式。如果在這個過程中，下一輪 GC 已經在別處被觸發，則 work.cycles 的值就會等於甚至大於 t.n 的值，t.test() 函式就會傳回 false，gcStart() 函式也就隨之傳回，不會再重複執行了。

實際發起週期性 GC 的是 forcegchelper 程式碼協同，它是在 runtime 的 init() 函式中被建立的，入口函式的程式如下：

```
func forcegchelper() {
    forcegc.g = getg()
    lockInit(&forcegc.lock, lockRankForcegc)
    for {
        lock(&forcegc.lock)
        if forcegc.idle != 0 {
            throw ("forcegc: phase error")
        }
        atomic.Store(&forcegc.idle, 1)
        goparkunlock(&forcegc.lock, waitReasonForceGCIdle, traceEvGoBlock, 1)
        if debug.gctrace > 0 {
            println("GC forced")
        }
        gcStart(gcTrigger {kind: gcTriggerTime,now: nanotime()})
    }
}
```

它開始執行之後做的第一件事就是獲取自身的 g 指標並給予值給 forcegc. g，這樣一來 sysmon 執行緒就可以透過 forcegc.g 來排程當前 goroutine 了。接下來它初始化了互斥鎖 forcegc.lock，然後就進入了一個無限迴圈。

每輪迴圈中先獲得 forcegc.lock 鎖，然後將 forcegc.idle 置為 1，這樣 sysmon 就能知道 forcegchelper 程式碼協同當前並沒有在執行。設定完 idle 之後，透過 goparkunlock() 函式來暫停自己，同時解鎖 forcegc.lock，此後便等待 sysmon 排程。得到排程執行後，呼叫 gcStart() 函式發起一輪 GC，觸發類型為 gcTriggerTime。

對應地，sysmon 執行緒中排程 forcegchelper 的程式如下：

```
if t: = (gcTrigger {kind: gcTriggerTime, now: now});t.test() && atomic.Load(&
forcegc.idle) != 0 {
    lock(&forcegc.lock)
    forcegc.idle = 0
    var list gList
    list.push(forcegc.g)
    injectglist(&list)
    unlock(&forcegc.lock)
}
```

先用當前時間建立一個類型為 gcTriggerTime 的 gcTrigger，然後呼叫 test 方法來判斷當前時間是否已經滿足 GC 觸發條件。如果達到 GC 觸發條件且 forcegchelper 處於 idle 狀態，就把 forcegc.g 增加到 runq 中。

3. gcTriggerCycle

至於使用者可以強制執行 GC 的 runtime.GC() 函式，關鍵程式如下：

```
n: = atomic.Load(&work.cycles)
gcWaitOnMark(n)
gcStart(gcTrigger {kind: gcTriggerCycle,n: n + 1})
gcWaitOnMark(n + 1)
for atomic.Load(&work.cycles) == n + 1 && sweepone() != ^ uintptr(0) {
    sweep.nbgsweep++
    Gosched()
}
```

筆者略去了少量不太重要的邏輯，首先從 work.cycles 獲取當前 GC 的週期數並存於區域變數 n 中，然後透過 gcWaitOnMark 等待第 n 輪標記結束，然後呼叫 gcStart() 函式發起第 n+1 輪 GC，並等待其標記結束，最後用一個 for 迴圈來完成第 n+1 輪的清掃工作。

關於 GC 觸發方式的分析就到這裡，感興趣的讀者可以深入研究一下 gcStart() 等函式的原始程式。

8.2.5 GC Worker

GC 的標記階段會建立一組後台工作程式碼協同，還會啟用 assist 機制讓一般的程式碼協同在分配記憶體時輔助完成一部分標記工作。GC 與一般的業務程式碼協同是併發執行的，為了避免 GC 過多地佔用 CPU，runtime 中的常數 gcGoalUtilization 將最大使用率限制為 30%，常數 gcBackgroundUtilization 將後台工作程式碼協同的最大 CPU 使用率限制為 25%，兩者之差（5%）是留給輔助 GC 的。

我們先來看一看後台工作程式碼協同的這個 25% 是如何實現的。這組程式碼協同是在哪裡被建立的呢？是由 gcBgMarkStartWorkers() 函式建立的，該函式的程式如下：

```
func gcBgMarkStartWorkers() {
    for gcBgMarkWorkerCount < gomaxprocs {
        go gcBgMarkWorker()
        notetsleepg(&work.bgMarkReady, -1)
        noteclear(&work.bgMarkReady)
        gcBgMarkWorkerCount++
    }
}
```

該函式透過一個 for 迴圈，建立 gomaxprocs 個工作程式碼協同，也就是保證每個 P 都能分配到一個。因為 gomaxprocs 可能會變化，所以用變數 gcBgMarkWorkerCount 記錄了工作程式碼協同的數量，後續如果 gomaxprocs 被增大，下次呼叫該函式時就能把工作程式碼協同補齊。gomaxprocs 減小，不需要銷毀對應的工作程式碼協同，可以留待後續 gomaxprocs 再次被增大時重複使用。gcStart() 函式每次都會呼叫該函式，也就是每輪 GC 開始時都會檢測後台程式碼協同數量，並隨選補齊到 gomaxprocs 個。

感興趣的讀者可以閱讀一下 gcBgMarkWorker 的原始程式，主要邏輯就是在一個 for 迴圈中執行標記邏輯並檢測分散式標記是否已完成。在每輪迴圈的最開始，它會先透過 gopark 暫停自己，並且把自己 push 到 gcBgMarkWorkerPool 中，我們感興趣的是這些後台程式碼協同是如何得到排程的。進一步追蹤 gcBgMarkWorkerPool 的 pop 操作，發現有兩個地方會呼叫 pop，一個是在 gcControllerState 類型的 findRunnableGCWorker() 方法中，另一個是在排程迴圈的 findrunnable() 函式中。到這裡有必要介紹一下後台工作程式碼協同的幾種不同工作模式。

1. GC Worker 的工作模式

在 runtime 中為 GC 工作程式碼協同定義了 3 種工作模式，分別有與之對應的常數，如表 8-4 所示。

▼ 表 8-4　GC 工作程式碼協同的 3 種工作模式及其含義

工作模式	含義
gcMarkWorkerDedicatedMode	表示該工作程式碼協同所在的 P 專門用來執行這個 GC 工作程式碼協同，並且應該在不被先佔的情況下執行。實作方式的時候，dedicated 模式的 worker 先以可被先佔的模式執行，第一次檢測到先佔標識時，把本地 runq 中的所有 g 都放入全域 runq，後續以不被先佔的模式執行，這樣可以使本地 runq 中原有的任務儘量減少延遲
gcMarkWorkerFractionalMode	這種模式的 worker 主要因為 gomaxprocs 乘以 gcBackgroundUtilizition 的結果可能不是整數，不能用整數個 dedicated 模式的 worker 實現，剩餘的小數部分就由 fractional 模式的 worker 來負責
gcMarkWorkerIdleMode	表示當前 P 沒有其他任務可做，處於空閒狀態，順便來執行 GC

在以上 3 種模式中，idle 模式的 worker 由 findrunnable() 函式負責排程，當 findrunnable() 函式找不到其他可執行的 g 時，就會從 gcBgMarkWorkerPool 中 pop 出一個後台工作程式碼協同的 g，然後把當前 P 的 gcMarkWorkerMode 設定成 gcMarkWorkerIdleMode，並傳回工作程式碼協同的 g。

我們更關心的是 dedicated 和 fractional 這兩種模式是如何排程的，追蹤 findRunnableGCWorker() 方法，發現整個 runtime 中只有 schedule() 函式會呼叫它。第 6 章我們分析過 schedule() 函式的原始程式，它就是排程迴圈的具體實現，它會先呼叫 findRunnableGCWorker() 方法來嘗試執行 GC 幕後工作，然後才是從 runq 中取常規 g 來執行，所以關鍵點就在於 findRunnableGCWorker() 方法了，程式如下：

```
func(c * gcControllerState) findRunnableGCWorker(_p_ * p) * g {
    if gcBlackenEnabled == 0 {
        throw ("gcControllerState.findRunnable: blackening not enabled")
    }

    if !gcMarkWorkAvailable(_p_) {
        return nil
```

```
    }

    node: = ( * gcBgMarkWorkerNode)(gcBgMarkWorkerPool.pop())
    if node == nil {
        return nil
    }

    decIfPositive: = func(ptr * int64) bool {
        for {
            v: = atomic.Loadint64(ptr)
            if v <= 0 {
                return false
            }

            if atomic.Cas64(( * uint64)(unsafe.Pointer(ptr)), uint64(v), uint64(v - 1)) {
                return true
            }
        }
    }
    if decIfPositive(&c.dedicatedMarkWorkersNeeded) {
        _p_.gcMarkWorkerMode = gcMarkWorkerDedicatedMode
    } else if c.fractionalUtilizationGoal == 0 {
        gcBgMarkWorkerPool.push(&node.node)
        return nil
    } else {
        delta: = nanotime() - gcController.markStartTime
        if delta > 0 && float64(_p_.gcFractionalMarkTime) / float64(delta) >
c.fractionalUtilizationGoal {
            gcBgMarkWorkerPool.push( & node.node)
            return nil
        }
        _p_.gcMarkWorkerMode = gcMarkWorkerFractionalMode
    }

    gp: = node.gp.ptr()
    casgstatus(gp, _Gwaiting, _Grunnable)
    if trace.enabled {
        traceGoUnpark(gp, 0)
    }
```

```
    return gp
}
```

其中 gcMarkWorkAvailable() 函式會檢查 P 本地的 GC 工作佇列和全域工作佇列，如果已經沒有任務需要處理，就直接傳回 nil。否則就從 gcBgMarkWorkerPool 中 pop 出一個工作程式碼協同，如果為 nil，則直接傳回 nil。decIfPositive() 函式基於原子指令 CAS 實現對一個正整數減一的操作，被用於分配 dedicated 模式的 worker，優先傳回 dedicated 模式的 worker。之後再根據 c.fractionalUtilizationGoal 來排程 fractional 模式的 worker。c.dedicatedMarkWorkersNeeded 和 c.fractionalUtilizationGoal 都是在本輪 GC 開始時計算出來的，分別表示 dedicated、fractional 模式的 worker 會佔用多少個 P。delta 是從本輪開始標記已經過去的時間，用當前 P 的 gcFractionalMarkTime 除以 delta 得到的是當前 P 執行 fractional worker 所花時間佔總時間的百分比，這樣可以把 fractional worker 分攤到所有 P 上去執行，儘量使每個 P 都均衡地分擔任務。如果當前 P 的執行時間已經超過目標值，就傳回 nil。

最後，我們再來看一下輔助 GC，輔助 GC 雖然不屬於 GC Worker，但是做的工作也是併發標記工作，所以也需要了解一下。

2. 輔助 GC

輔助 GC 是透過 gcAssistAlloc() 函式完成的，整個 runtime 中只有一個地方會呼叫該函式，也就是在 mallocgc() 函式中。8.1.6 節我們已經知道，g 的 gcAssistBytes 欄位記錄了當前程式碼協同透過輔助 GC 累積了多少位元組的信用值，就像信用卡的額度一樣，如果 mallocgc() 函式要分配的記憶體大小在這個信用值的範圍內，就不用執行輔助 GC，否則就要呼叫 gcAssistAlloc() 函式來執行一部分輔助工作。信用值的存取模型如圖 8-30 所示。

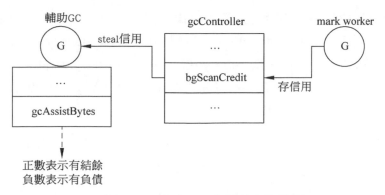

▲ 圖 8-30 輔助 GC 信用值存取模型

gcAssistAlloc() 函式裡有兩段程式比較有價值，我們來分析一下。用來計算負債額度和掃描工作量的程式如下：

```
assistWorkPerByte: = float64frombits(atomic.Load64(&gcController.assistWorkPerByte))
assistBytesPerWork: = float64frombits(atomic.Load64(&gcController.
assistBytesPerWork))
debtBytes: = -gp.gcAssistBytes
scanWork: = int64(assistWorkPerByte * float64(debtBytes))
if scanWork < gcOverAssistWork {
    scanWork = gcOverAssistWork
    debtBytes = int64(assistBytesPerWork * float64(scanWork))
}
```

assistWorkPerByte 實際上是個 float64，表示每分配一位元組記憶體空間應該對應地做多少掃描工作，gcController 把它當成 uint64 進行原子性存取。assistBytesPerWork 可以認為是前者的倒數，理解成完成一位元組的掃描工作後可以分配多大的記憶體空間。這兩者表示的都是比率，實際的記憶體分配和掃描不可能都是一位元組一位元組的。它們都是在每輪 GC 開始時被計算好，並且會隨著堆積掃描的進度一起更新。在 mallocgc() 函式中，因為 gp.gcAssistBytes<0，所以才呼叫了 gcAssistAlloc，由此負債額度就是 gp.gcAssistBytes 的絕對值。預期需要掃描的大小等於 debtBytes 乘以 assistWorkPerByte，如果得到的結果小於 gcOverAssistWork，就取 gcOverAssistWork 的值，該值目前被定義為 64KB。也就是至少掃描 64KB 空

間，這樣可以避免多次執行而實際的產出過少，就像執行緒切換頻繁造成整體的輸送量低下。如果把 scanWork 對齊到 gcOverAssistWork，就需要乘以 assistBytesPerWork 重新計算 debtBytes。得到的 debtBytes 會比本次分配的實際需要大一些，但是沒有關係，後面它會被累加到 gp.gcAssistBytes 中，多出來的部分可供下次分配使用。

還有一段程式用來從 gcController 竊取掃描信用額度，後台工作程式碼協同執行掃描任務累積的信用值會被累加到 gcController 的 bgScanCredit 欄位，如果該值的大小足夠抵消本次的 scanWork，當前程式碼協同就不用實際去執行掃描任務了。信用竊取的主要程式如下：

```
bgScanCredit: = atomic.Loadint64(&gcController.bgScanCredit)
stolen: = int64(0)
if bgScanCredit > 0 {
    if bgScanCredit < scanWork {
        stolen = bgScanCredit
        gp.gcAssistBytes += 1 + int64(assistBytesPerWork * float64(stolen))
    } else {
        stolen = scanWork
        gp.gcAssistBytes += debtBytes
    }
    atomic.Xaddint64(&gcController.bgScanCredit, -stolen)

    scanWork -= stolen

    if scanWork == 0 {
        return
    }
}
```

根據 bgScanCredit 與 scanWork 的大小比較，決定是竊取全部還是竊取部分，並且根據實際竊取的大小更新 gp.gcAssistBytes，然後從 bgScanCredit 和 scanWork 中分別減去竊取的大小。最後，如果 scanWork 等於 0，就不用執行後續的掃描工作了。實現輔助 GC 主要是為了避免程式過於頻繁地分配記憶體，造成後台工作程式碼協同忙不過來，如果程式的記憶體分配動作不是很頻繁，實際上可能根本不會真正去執行輔助掃描。

本節關於 GC Worker 的分析就到這裡，感興趣的讀者可閱讀原始程式了解更多細節。

8.2.6　gctrace

講了較多乾巴巴的理論和程式，本節就來點相關實踐，驗證一下前面的分析探索。Go 的 runtime 對追蹤和偵錯支援得比較好，例如最常用的 pprof，在查詢記憶體洩漏及性能瓶頸時非常方便。垃圾回收方面可以透過 GODEBUG 環境變數開啟 gctrace，程式執行時期就會輸出每輪 GC 的開始時間、耗時，以及標記終止時的堆積大小和標記大小等資訊。

接下來我們就用幾段實際的程式來演示一下，首先來個簡單一點的，程式如下：

```go
// 第 8 章 /code_8_2.go
var p * int64

func main() {
    for i: = 0; i < 1000000;i++{
        p = new(int64)
    }
    time.Sleep(time.Second)
}
```

用 go build 命令建構上述程式，然後透過 GODEBUG 環境變數指定 gctrace=1 來執行可執行檔，得到輸出如下：

```
$ GODEBUG='gctrace=1' ./gc_trace.exe
gc 1 @0.022s 0%: 0+0.92+0 ms clock, 0+0/0.92/0+0 ms cpu, 4->4->0 MB, 5 MB goal, 8 P
gc 2 @0.035s 0%: 0+0.99+0 ms clock, 0+0.64/0.64/1.6+0 ms cpu, 4->4->0 MB, 5 MB goal, 8 P
```

輸出的這兩行記錄檔包含較多資訊，我們一項一項來整理。拿第一筆記錄檔來分析，開頭處 gc 1 中的數字 1 是序號，表示這是當前處理程序第一次 GC。接下來的 @0.022s 表示 GC 開始的時刻，也就是程式開始執行的 22ms 後。後面的 0% 表示 GC 佔用 CPU 的比例，0+0.92+0 分別是清掃終止、併發標記和標記終止這 3 個階段耗費的時間，以毫秒為單位。後面的 0+0/0.92/0+0 進一步細化地舉出了清掃終止、輔助 GC、dedicated 加 fractional 標記、idle 標記，以及標記終止這 5 項所耗費的 CPU 時間。4->4->0 MB 對應標記開始時堆積的大小、標記結束時堆積的大小和標記結束時實際標記的空間大小。5 MB goal 表示預期標記結束時的堆積大小。8 P 是本輪 GC 時 runtime 中 P 的數量。

初次觸發 GC 的堆積大小的臨界值是 4MB，這與之前的程式分析一致。因為第一次標記後存活的堆積大小是 0MB，所以臨界值保持在 4MB 沒有升高。我們的程式分配了 100 萬個 int64，總計消耗 8MB 的堆積空間，所以總共發生了兩次 GC。

我們稍微改動一下測試程式，把迴圈次數由 100 萬次改成 1000 萬次，這樣一來 GC 次數就變多了，在筆者的電腦上發生了 19 次。雖然次數變多了，但是標記前後的堆積大小和實際標記的大小一直是 4->4->0MB，goal 也一直保持在 5MB。我們可以試著透過 GOGC 環境變數把 gcpercent 改得大一些。gcpercent 的預設值是 100，表示堆積大小比上次標記大小增長了一倍時觸發下次 GC。我們把它改成 300，也就是增長三倍時觸發下次 GC。得到的輸出如下：

```
$ GODEBUG='gctrace=1' GOGC=300 ./gc_trace.exe
gc 1 @0.049s 0%: 0+0.99+0 ms clock, 0+0/0/0+0 ms cpu, 12->12->0 MB, 13 MB goal, 8 P
gc 2 @0.091s 0%: 0+1.9+0 ms clock, 0+0.99/0.99/1.9+0 ms cpu, 12->12->0 MB, 13 MB goal,
8 P
gc 3 @0.144s 0%: 0+0.54+0 ms clock, 0+0/1.0/0+0 ms cpu, 12->12->0 MB, 13 MB goal, 8 P
gc 4 @0.195s 0%: 0+1.2+0 ms clock, 0+1.0/0.27/0.27+0 ms cpu, 12->12->0 MB, 13 MB goal,
8 P
gc 5 @0.254s 0%: 0+0.57+0.40 ms clock, 0+0/0.57/0.57+3.2 ms cpu, 12->12->0 MB, 13 MB
goal, 8 P
gc 6 @0.310s 0%: 0+0.70+0 ms clock, 0+0/0/0+0 ms cpu, 12->12->0 MB, 13 MB goal, 8 P
```

原來的 4MB 變成了 12MB，也就是把第一次觸發的臨界值調高了三倍。每次標記之後實際標記的大小都是 0MB，因為我們的程式把每次迴圈分配的 int64 的位址都賦給了同一個套件等級指標，這樣後面的指標就會覆蓋前面的指標，最後一次之前的指標都會變成不可達。我們再稍微修改一下程式邏輯，用一個套件等級的指標陣列使分配的 int64 全都可達，程式如下：

```go
// 第8章 /code_8_3.go
var pa[10000000] * int64

func main() {
    for i: = 0;i < 10000000;i++{
        pa[i] = new(int64)
    }
    time.Sleep(time.Second)
}
```

套件等級變數 pa 是個大小為 1000 萬的 int64 指標陣列，我們迴圈分配 1000 萬個 int64，透過 pa 陣列保證它們都可達。執行得到的輸出如下：

```
$ GODEBUG='gctrace=1' ./gc_trace.exe
gc 1 @0.026s 17%: 0+23+0 ms clock, 0+22/46/113+0 ms cpu, 4->4->3 MB, 5 MB goal, 8 P
gc 2 @0.062s 15%: 0+10+0 ms clock, 0+9.4/10/56+0 ms cpu, 7->7->7 MB, 8 MB goal, 8 P
gc 3 @0.095s 12%: 0+15+0 ms clock, 0+5.0/17/77+0 ms cpu, 14->14->14 MB, 15 MB goal, 8 P
gc 4 @0.158s 12%: 0+25+0 ms clock, 0+16/48/120+0 ms cpu, 29->29->29 MB, 30 MB goal, 8 P
gc 5 @0.288s 11%: 0+51+0 ms clock, 0+34/93/263+0 ms cpu, 58->59->59 MB, 59 MB goal, 8 P
```

這次共發生了 5 次 GC，可以看到每次標記開始時的堆積大小相對於上次實際標記的大小基本上成二倍關係，並且 GC 佔用 CPU 的百分比顯著增加。不過由於所有分配均可達，造成每次標記終止時的堆積大小和實際標記大小基本相等。我們再修改一下程式，讓一半分配可達，另一半不可達，具體的程式如下：

```go
// 第8章 /code_8_4.go
var pa[10000000] * int64

func main() {
    for i: = 0;i < 10000000;i++{
        pa[i] = new(int64)
        pa[i] = new(int64)
    }
    time.Sleep(time.Second)
}
```

我們在每輪迴圈中連續分配兩個 int64，位址都賦給 pa[i]，這樣後面的指標就會覆蓋掉前面的指標，從而實現我們想要的一半可達的效果。這次執行得到的輸出如下：

```
$ GODEBUG='gctrace=1' ./gc_trace.exe
gc 1 @0.049s 21%: 0+72+0 ms clock, 0+70/141/348+0 ms cpu, 4->4->3 MB, 5 MB goal, 8 P
gc 2 @0.154s 18%: 0.99+18+0 ms clock, 7.9+17/18/100+0 ms cpu, 7->7->7 MB, 8 MB goal, 8 P
gc 3 @0.238s 14%: 0.99+23+0 ms clock, 7.9+22/23/139+0 ms cpu, 14->14->14 MB, 15 MB goal, 8 P
gc 4 @0.369s 11%: 0+27+0 ms clock, 0+9.8/52/131+0 ms cpu, 27->28->28 MB, 28 MB goal, 8 P
gc 5 @0.581s 9%: 0+65+0 ms clock, 0+18/113/336+0 ms cpu, 55->56->56 MB, 57 MB goal, 8 P
gc 6 @0.985s 7%: 0+52+0 ms clock, 0+16/89/281+0 ms cpu, 110->113->113 MB, 113 MB goal, 8 P
```

堆積的大小確實增加了，但是實際標記的大小還是和堆積大小基本一致，這是怎麼回事呢？對了，我們忘了 tiny allocator，小於 16 位元組且 noscan 的區塊會用 tiny 分配器進行組合分配。這裡相鄰的兩次 int64 分配肯定被 tiny allocator 組合分配了，所以只要其中一個還是可達的，整個區塊就會被標記。我們可以再修改一下程式來繞過 tiny 分配器，可選分配 scan 型記憶體，或分配不小於 16 位元組的區塊，我們選擇前者，改成分配 *int64，程式如下：

```go
// 第 8 章 /code_8_5.go
var pa[10000000] * * int64

func main() {
    for i: = 0;i < 10000000;i++{
        pa[i] = new( * int64)
        pa[i] = new( * int64)
    }
    time.Sleep(time.Second)
}
```

這次不是 noscan 分配了，所以不能使用 tiny allocator。實際執行後的輸出如下：

```
$ GODEBUG='gctrace=1' ./gc_trace.exe
gc 1 @0.030s 19%: 0.21+72+0 ms clock, 1.6+20/142/347+0 ms cpu, 4->5->2 MB, 5 MB goal, 8 P
gc 2 @0.132s 17%: 0+25+0 ms clock, 0+10/48/122+0 ms cpu, 5->5->4 MB, 6 MB goal, 8 P
gc 3 @0.198s 15%: 0+36+0.13 ms clock, 0+9.9/68/176+1.1 ms cpu, 8->8->6 MB, 9 MB goal, 8 P
```

```
gc 4 @0.300s 15%: 0.99+48+0 ms clock, 7.9+23/94/245+0 ms cpu, 12->12->9 MB, 13 MB goal, 8 P
gc 5 @0.443s 14%: 0+64+0 ms clock, 0+34/128/321+0 ms cpu, 18->19->14 MB, 19 MB goal, 8 P
gc 6 @0.643s 13%: 0+87+0 ms clock, 0+52/173/431+0 ms cpu, 28->29->21 MB, 29 MB goal, 8 P
gc 7 @0.911s 13%: 0+112+0 ms clock, 0+59/223/559+0 ms cpu, 42->44->33 MB, 43 MB goal, 8 P
gc 8 @1.234s 12%: 0+76+0 ms clock, 0+40/151/388+0 ms cpu, 64->65->49 MB, 66 MB goal, 8 P
gc 9 @1.500s 12%: 0+119+0 ms clock, 0+66/238/593+0 ms cpu, 96->99->75 MB, 98 MB goal, 8 P
```

這次標記終止時的堆積大小和實際標記大小終於不相等了,也就是有可回收的空間了。關於 gctrace 的探索就到這裡,大家可以設計更有意思的測試程式進行實驗。

使用 Go 提供的 trace 套件結合 trace 工具,還能以圖形化的形式更直觀地展示各種追蹤資料,其中就包含與堆積和 GC 相關的資訊。我們再來簡單地看一下,準備的範例程式如下:

```go
// 第 8 章 /code_8_6.go
var pa[10000000] * int64

func main() {
    if err: = trace.Start(os.Stdout); err != nil {
        log.Fatalln(err)
    }
    defer trace.Stop()
    for i: = 0;i < 10000000;i++{
        pa[i] = new(int64)
        pa[i] = new(int64)
    }
}
```

程式會把 trace 資料輸出到標準輸出,我們需要收集這些資料以備進一步分析,所以執行可執行檔時要把標準輸出重新導向到一個檔案,命令如下:

```
$ ./gc_trace.exe >out.dat
```

然後使用 trace 工具來分析 out.dat 檔案,命令如下:

```
$ go tool trace out.dat
```

該命令會自動打開一個瀏覽器視窗，在打開的分頁中點擊 View trace 連結，然後就能看到如圖 8-31 所示的圖形介面了。

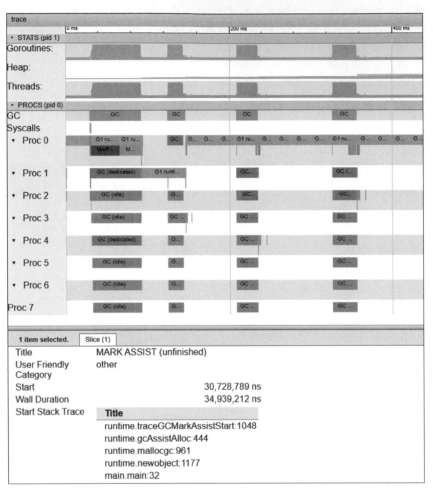

▲ 圖 8-31 trace 命令圖形介面

可以看到在程式執行的整個生命週期中堆積的大小變化和 GC 執行的時段，以及各個 P 在不同時段分別在執行什麼。筆者的電腦是 8 核心 CPU，所以可以看到 8 個 P 中有兩個在執行 dedicated 工作程式碼協同，還可以看到有的 P 在某個時段執行了輔助 GC 等。

8.3 本章小結

　　本章主要探索了 Go 的堆積記憶體管理，寫作時主要參考了 Go 1.16 版及之前幾個版本的 runtime。前半部分以記憶體分配為主線，首先了解了參考自 tcmalloc 的基於 sizeclasses 的空閒鏈結串列，然後重點分析了最關鍵的基於 arena 和 span 的記憶體空間管理，以及用於管理和本地快取 mspan 的 mcentral 和 mcache 結構，最後整理了 mallocgc() 函式的主要流程和 3 種記憶體分配策略。後半部分探索了垃圾回收，在了解了 GC 的大致流程之後，重點分析了 GC root、三色抽象、寫入屏障等幾個關鍵概念。最後介紹了 gctrace 的用法，為大家進一步探索 GC 提供了一個想法，更多精彩發現期待大家動手探索。

堆疊

　　現代的計算機組成基本上是基於堆疊的，從微控制器到伺服器多核心處理器，都是按照堆疊的思想來設計的，各種常用的程式語言也是如此。從 Go 語言的角度來看，goroutine 的堆疊以堆疊框的形式提供了函式區域變數的儲存空間，又為函式呼叫時參數和傳回值的傳遞提供了載體。考慮到函式呼叫與傳回本身類似於存入堆疊移出堆疊的操作，因此堆疊是最適合的資料結構。下面，我們就來看一看 runtime 是如何管理 goroutine 的堆疊的。

9.1　堆疊分配

堆疊分配要研究的是 goroutine 的堆疊是何時被分配的，以及是怎樣進行分配的。首先，要説何時被分配，當然是在 goroutine 被建立的時候。在第 6 章分析 goroutine 建立過程的時候，我們知道 newproc1() 函式會先嘗試透過呼叫 gfget() 函式獲取一個空閒的 g，如果無法獲取，就呼叫 malg 來分配一個全新的 g。

gfget() 函式從空閒鏈結串列中獲取的 g 可能帶有堆疊，也可能不帶堆疊，因為 goroutine 退出執行的時候，如果堆疊的大小不等於初始大小（增長過），就會被釋放，因此，gfget() 函式需要檢測得到的 g 有沒有堆疊，並為不帶堆疊的 g 分配一個初始的堆疊。至於 malg() 函式，因為是全新分配的 g，所以肯定需要為它分配一個堆疊。

透過 runtime 原始程式可以得知，gfget() 函式和 malg() 函式中分配的堆疊大小都是 2KB。至於具體的堆疊空間分配工作，是由 stackalloc() 函式來完成的。分配細節還得從 runtime 的初始化説起。

9.1.1　堆疊分配初始化

經過第 6 章的分析，我們已經知道整個初始化過程由 schedinit() 函式負責，其中與堆疊相關的初始化是透過 stackinit() 函式完成的。stackinit() 函式會初始化兩個用於堆疊分配的全域物件，一個是堆疊緩衝集區 stackpool，另一個是專門用來分配大堆疊的 stackLarge。其中 stackpool 的定義程式如下：

```
var stackpool [_NumStackOrders]struct {
    item stackpoolItem
    // 省略掉用於記憶體對齊的填充空間
}
```

在 Linux 環境下，_NumStackOrders 的值為 4，也就是説 stackpool 實際上是一個長度為 4 的陣列。陣列元素類型是一個結構，結構中包含一個

stackpoolItem 類型的 item 欄位和用於記憶體對齊的填充空間。填充空間的作用是把整個結構的大小對齊到平台 Cache Line 的大小，以便最大限度地最佳化存取速度，因為與邏輯不相關，這裡就省略掉了。stackpoolItem 結構的定義程式如下：

```go
//go:notinheap
type stackpoolItem struct {
    mu mutex
    span mSpanList
}
```

其中 mSpanList 是一個由 mspan 組成的雙向鏈結串列，mutex 用來保護這個鏈結串列，真正的堆疊記憶體由鏈結串列中的 mspan 來提供。stackpool 的結構如圖 9-1 所示。

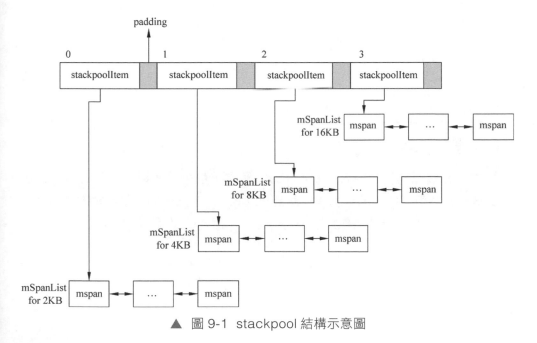

▲ 圖 9-1 stackpool 結構示意圖

stackpool 陣列的 4 個鏈結串列分別用來分配大小為 2KB、4KB、8KB 和 16KB 的堆疊，更大的堆疊空間由 stackLarge 來分配。stackLarge 的定義程式如下：

```
var stackLarge struct {
    lock mutex
    free [heapAddrBits - pageShift]mSpanList
}
```

在 amd64 架構的 Linux 環境下，heapAddrBits 的值是 48，pageShift 的值是 13，所以 free 欄位就是個長度為 25 的 mSpanList 陣列。下標為 0 的鏈結串列對應 _PageSize，用來分配 8KB 的空間，後續依次加倍，如圖 9-2 所示。

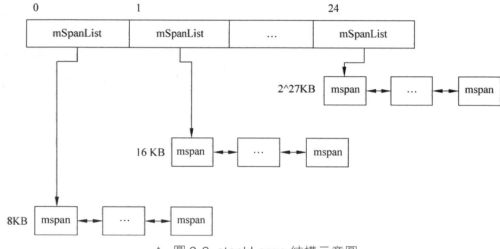

▲ 圖 9-2　stackLarge 結構示意圖

由於在實際執行中對大於 16KB 的堆疊需求較少，所以這些針對不同大小的鏈結串列共用一把鎖就可以了。像 stackpool 則不然，因為使用頻率較高，所以要為每個鏈結串列配一把鎖。

stackinit() 函式只是驗證了 _StackCacheSize 必須被定義為 _PageSize 的整倍數，並把 stackpool 和 stackLarge 中的鏈結串列都初始化為空鏈結串列，函式的程式如下：

```
func stackinit() {
    if _StackCacheSize&_PageMask != 0 {
        throw ("cache size must be a multiple of page size")
    }
    for i: = range stackpool {
```

```
        stackpool[i].item.span.init()
        lockInit(&stackpool[i].item.mu, lockRankStackpool)
    }
    for i: = range stackLarge.free {
        stackLarge.free[i].init()
        lockInit(&stackLarge.lock, lockRankStackLarge)
    }
}
```

目前 _StackCacheSize 被定義為 32768，而 _PageSize 則是 8192。接下來可以看一看 stackalloc() 函式是如何分配空間的。

9.1.2 堆疊分配邏輯

負責分配堆疊空間的 stackalloc() 函式的原型如下：

```
func stackalloc(n uint32) stack
```

參數 n 表示要分配的堆疊空間的大小，它必須是 2 的冪。傳回的 stack 結構用來表示分配的堆疊空間，hi 欄位是高位址，也就是堆疊空間的上界，lo 表示空間下界，程式如下：

```
type stack struct {
    lo uintptr
    hi uintptr
}
```

stackalloc() 函式內部會對小於 32KB 的分配和 32KB 及以上的分配區分處理，我們先來看一下小於 32KB 時的處理邏輯。

1. 小於 32KB 的堆疊分配

由於參數 n 必須是 2 的冪，所以也就是針對 16KB 及以下的分配。主要的處理邏輯的程式如下：

```
order: = uint8(0)
n2: = n
```

```
for n2 > _FixedStack {
    order++
    n2 >>= 1
}
var x gclinkptr
if stackNoCache != 0 || thisg.m.p == 0 || thisg.m.preemptoff != "" {
    lock(&stackpool[order].item.mu)
    x = stackpoolalloc(order)
    unlock(&stackpool[order].item.mu)
} else {
    c: = thisg.m.p.ptr().mcache
    x = c.stackcache[order].list
    if x.ptr() == nil {
        stackcacherefill(c, order)
        x = c.stackcache[order].list
    }
    c.stackcache[order].list = x.ptr().next
    c.stackcache[order].size -= uintptr(n)
}
v = unsafe.Pointer(x)
```

開始的 for 迴圈讓 order=log2(n/_FixedStack)，在 Linux 上，_FixedStack 被定義為 2KB，所以參數 n=2KB 時 order 為 0，n=4KB 時 order 為 1，依此類推，8KB 對應 2，16KB 對應 3。在後續的分配過程中，order 對應 stackcache 和 stackpool 陣列的下標。

接下來的 if 敘述會優先使用當前 P 的 mcache 中的 stackcache 進行分配，它是個陣列，大小與 stackpool 相同，也是 _NumStackOrders。實際上就是 stackpool 的本地快取，不用加鎖，效率更高。

不過，有幾種情況不能使用 stackcache，stackNoCache 不為 0 時，表示 runtime 建構的時候關閉了 stackcache，當前 M 沒有綁定的 P 時自然無法使用，還有就是 GC 正在執行的時候，即 m.preemptoff 不為空時，會存在併發問題。stackcache 陣列元素的類型是結構，具體的定義程式如下：

```
type stackfreelist struct {
    list gclinkptr
```

```
    size uintptr
}
```

gclinkptr 專門用來建構區塊鏈結串列，它會把每個節點最初的指標大小的記憶體用作指向下一個節點的指標。因為最小的堆疊也有 2KB，所以 list 欄位可以很安全地基於 gclinkptr 把它們連成一個鏈結串列，size 欄位記錄的是鏈結串列的長度。當本地 stackcache 中某個鏈結串列空了的時候，stackcacherefill() 函式會迴圈呼叫 stackpoolalloc() 函式從 stackpool 中對應的鏈結串列中取一些節點過來，不是按個數，而是按照空間大小為 _StackCacheSize 的一半，也就是每次 16KB。

在不能使用 stackcache 來分配的時候，stackalloc() 函式會直接呼叫 stackpoolalloc() 函式在 stackpool 中分配。stackpoolalloc() 函式的主要程式如下：

```
func stackpoolalloc(order uint8) gclinkptr {
    list: =&stackpool[order].item.span
    s: = list.first
    lockWithRankMayAcquire(&mheap_.lock, lockRankMheap)
    if s == nil {
        s = mheap_.allocManual(_StackCacheSize >> _PageShift, spanAllocStack)
        //...
        s.elemsize = _FixedStack << order
        for i: = uintptr(0); i < _StackCacheSize; i += s.elemsize {
            x: = gclinkptr(s.base() + i)
            x.ptr().next = s.manualFreeList
            s.manualFreeList = x
        }
        list.insert(s)
    }
    x: = s.manualFreeList
    //...
    s.manualFreeList = x.ptr().next
    s.allocCount++
    if s.manualFreeList.ptr() == nil {
        list.remove(s)
```

```
    }
    return x
}
```

　　先嘗試從 stackpool 中取得與目標大小對應的鏈結串列，如果鏈結串列為空，就從堆積上分配一個大小等於 _StackCacheSize 的 mspan，手動將其劃分成目標大小的區塊，增加到 manualFreeList 中，然後把新的 mspan 增加到 stackpool 對應的鏈結串列中。最終的堆疊是從 mspan 中分配的，實際上就是從 manualFreeList 中取出一個區塊，並增加 allocCount 計數，如果 mspan 已經沒有剩餘空間了，就把它從 stackpool 中移除。

　　上述是 16KB 及以下大小的堆疊分配，主要邏輯如圖 9-3 所示。

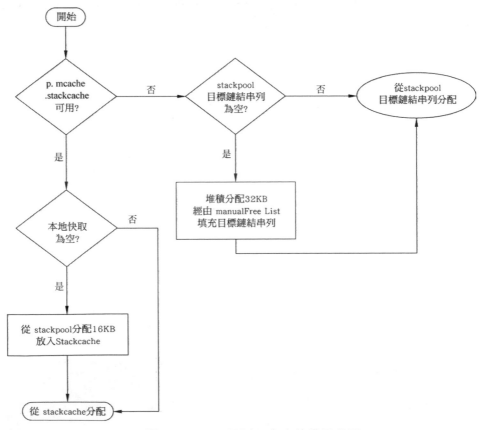

▲ 圖 9-3　16KB 及以下大小的堆疊分配

2. 大於或等於 32KB 的堆疊分配

32KB 及以上大小的堆疊分配的主要程式如下：

```
var s * mspan
npage: = uintptr(n) >> _PageShift
log2npage: = stacklog2(npage)

lock(&stackLarge.lock)
if !stackLarge.free[log2npage].isEmpty() {
    s = stackLarge.free[log2npage].first
    stackLarge.free[log2npage].remove(s)
}
unlock(&stackLarge.lock)

lockWithRankMayAcquire(&mheap_.lock, lockRankMheap)

if s == nil {
    s = mheap_.allocManual(npage, spanAllocStack)
    if s == nil {
        throw ("out of memory")
    }
    osStackAlloc(s)
    s.elemsize = uintptr(n)
}
v = unsafe.Pointer(s.base())
```

透過把參數 n 右移 _PageShift 位元，計算出整個分頁數 npage。再透過 stacklog2 用 npage 對 2 做對數運算，得到 log2npage 用作 stackLarge.free 陣列的下標，從對應的鏈結串列中取出一個 mspan。如果鏈結串列為空，就從堆積上分配一個大小為 npage 個分頁的 mpan。最後，把 mspan 中的所有記憶體用作堆疊，分配工作就完成了。

3. 堆疊分配邏輯複習

我們複習一下整個分配邏輯，如果堆疊大小小於 32KB，就從 stackpool 中分配。首先嘗試本地快取 p.mcache.stackcache，快取若為空就呼叫 stackcacherefill() 函式從 stackpool 中分配 16KB 空間放入本地快取。如果不能使用本地快取，就呼叫 stackpoolalloc() 函式直接從 stackpool 中分配。stackpoolalloc() 函式會隨選從堆積中分配 32KB 的記憶體，並劃分成目標大小的區塊，增加到 stackpool 對應的鏈結串列中。如果堆疊大小大於或等於 32KB，先檢查一下 stackLarge 對應的鏈結串列中有沒有，如果沒有就直接堆積分配。

goroutine 堆疊的初始分配都發生在建立階段，由 gfget() 函式或 malg() 函式呼叫 stackalloc() 函式分配一個最小的堆疊，但是 stackalloc() 函式並不只是在這裡被呼叫，在執行階段堆疊空間需要增長的時候，會呼叫該函式重新分配更大的堆疊空間，這也是 9.2 節中要研究的內容。

9.2 堆疊增長

在複雜的業務邏輯中，函式呼叫層級往往也會很深，堆疊空間會隨著函式呼叫層級的加深而不斷消耗。初始的 2KB 堆疊空間很可能會不夠用，所以需要實現一種執行階段動態增長的機制。goroutine 的堆疊增長是編譯成功器和 runtime 合作實現的，編譯器會在函式的頭部安插檢測程式，檢查當前剩餘的堆疊空間是否夠用，在不夠用的時候呼叫 runtime 中的相關函式來增長堆疊空間。

9.2.1 堆疊增長檢測程式

本書至此，我們已不止一次見到過堆疊增長檢測程式，筆者多次舉出對應的虛擬程式碼如下：

```
func fibonacci(n int) int {
entry:
    gp: = getg()
    if SP <= gp.stackguard0 {
        goto morestack
    }
    return fibonacci(n - 1) + fibonacci(n - 2)
morestack:
```

```
    runtime.morestack_noctxt()
    goto entry
}
```

其實這只是幾種檢測程式中的一種，根據 runtime 原始程式可以得知，編譯器安插在函式頭部的堆疊增長檢測程式一共有 3 種形式，根據當前函式堆疊框的大小來確定選用哪一種，接下來我們就一個一個來看一下。

1. 第一種形式的堆疊增長檢測

第一種堆疊增長檢測形式針對函式堆疊框大小不超過 _StackSmall（128 位元組）時，屬於較小堆疊框的情況。只要堆疊指標 SP 的位置沒有超過 stackguard0 的界限，就不用進行堆疊增長。也就是說，在 stackguard0 以下有 128 位元組空間可供安全使用。檢測程式直接比較堆疊指標 SP 和 stackguard0，程式如下：

```
if SP <= gp.stackguard0 {
    goto morestack
}
```

我們可以透過反編譯一個堆疊框為 128 位元組的函式來實際驗證一下，在 amd64+Linux 環境下編譯一個範例，程式如下：

```
// 第 9 章 /code_9_1.go
//go:noinline
func test(i int) byte {
    var b[104] byte
    for x: = range b {
        b[x] = byte(x)
    }
    return b[i % len(b)]
}
```

函式的邏輯並不重要，有兩點需要簡單說明一下：

（1）noinline 註釋用來避免函式被編譯器內聯最佳化掉，那樣就不能反編譯了。

（2）宣告一個 104 位元組的陣列 b，使上述函式的堆疊框正好湊足 128 位
元組，函式堆疊框的分配如圖 9-4 所示。

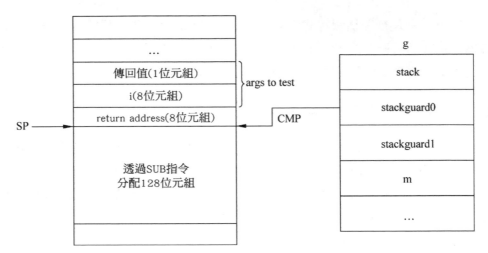

▲ 圖 9-4　範例函式堆疊框佈局

反編譯之後，組合語言程式碼的一頭一尾就是堆疊增長檢測程式，組合語
言程式碼如下：

```
$ go tool objdump -S -s '^main.test$' stack
TEXT main.test(SB) C:/go/current/gopath/src/fengyoulin.com/stack/main.go
func test(i int) byte {
    0x45ede0   64488b0c25f8ffffff   MOVQ FS:0xfffffff8, CX       // 第 1 行指令
    0x45ede9   483b6110             CMPQ 0x10(CX), SP            // 第 2 行指令
    0x45eded   0f86a7000000         JBE 0x45ee9a                 // 第 3 行指令
    0x45edf3   4883c480             ADDQ $-0x80, SP              // 第 4 行指令
    0x45edf7   48896c2478           MOVQ BP, 0x78(SP)
    0x45edfc   488d6c2478           LEAQ 0x78(SP), BP
    ...
    0x45ee9a   e8c1aeffff           CALL runtime.morestack_noctxt(SB)
    0x45ee9f   90                   NOPL
    0x45eea0   e93bffffff           JMP main.test(SB)
```

第一行指令 MOVQ 把當前程式碼協同 g 的位址放到 CX 暫存器中，加上
16 位元組偏移就是 stackguard0 欄位的位址，第二行指令 CMPQ 直接比較
stackguard0 和堆疊指標暫存器 SP。第四行指令 ADDQ 把堆疊指標向下移動了

0x80 位元組，對應 128 位元組的堆疊框大小。用虛擬程式碼來描述上述的堆疊增長檢測邏輯就是我們之前多次見過的這種形式，虛擬程式碼如下：

```
func test(i int) byte {
entry:
    gp: = getg()
    if SP <= gp.stackguard0 {
        goto morestack
    }
    //... 這裡是函式邏輯
morestack:
    runtime.morestack_noctxt()
    goto entry
}
```

2. 第二種形式的檢測程式

接下來再看一看第二種形式的檢測程式，原始程式註釋中說，當函式堆疊框大小大於 _StackSmall 並且小於 _StackBig 的時候，會採用第二種形式的檢測程式。根據筆者的測試，在堆疊框大小等於 _StackBig 的時候也會採用這種形式，所以正確的範圍應該是在堆疊框大於 128 位元組，並且不超過 4096 位元組的時候。我們把上述 test() 函式中陣列 b 的大小改成 4072，這樣就能夠建構一個 4096 位元組的堆疊框，再次反編譯之後得到的檢測程式如下：

```
$ go tool objdump -S -s '^main.test$' stack
TEXT main.test(SB) C:/go/current/gopath/src/fengyoulin.com/stack/main.go
func test(i int) byte {
    0x45ede0    64488b0c25f8ffffff    MOVQ FS:0xfffffff8, CX      // 第 1 行指令
    0x45ede9    488d842480f0ffff      LEAQ 0xffff080(SP), AX      // 第 2 行指令
    0x45edf1    483b4110              CMPQ 0x10(CX), AX           // 第 3 行指令
    0x45edf5    0f86a5000000          JBE 0x45eea0
    0x45edfb    4881ec00100000        SUBQ $0x1000, SP
    0x45ee02    4889ac24f80f0000      MOVQ BP, 0xff8(SP)
    0x45ee0a    488dac24f80f0000      LEAQ 0xff8(SP), BP
    ...
    0x45ee9c    0f1f4000              NOPL 0(AX)
    0x45eea0    e8bbaeffff            CALL runtime.morestack_noctxt(SB)
    0x45eea5    e936ffffff            JMP main.test(SB)
```

　　第二行指令 LEAQ 用 SP 減去 3968，把結果放到了 AX 暫存器中。第三行指令 CMPQ 把 AX 暫存器的值和 stackguard0 進行比較。這裡的 3968 是由堆疊框大小減去 _StackSmall 得到的，如圖 9-5 所示。

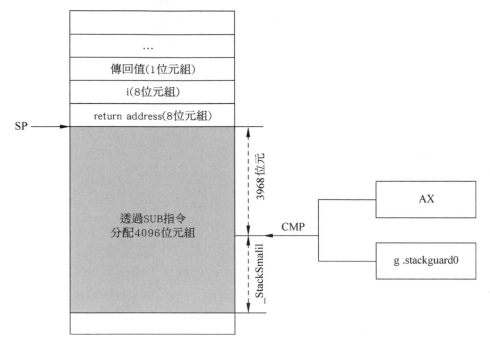

▲ 圖 9-5　第二種形式範例函式堆疊框佈局

　　整個檢測邏輯對應的虛擬程式碼如下：

```
func test(i int) byte {
entry:
    gp: = getg()
    if SP - (framesize - _StackSmall) <= gp.stackguard0 {
        goto morestack
    }
    //... 這裡是函式邏輯
morestack:
    runtime.morestack_noctxt()
    goto entry
}
```

減去 _StackSmall 是因為 stackguard0 以下 128 位元組是可以安全使用的，此範圍以內不用進行堆疊增長。在 framesize 小於或等於 _StackSmall 的時候，括號內部是 0 或一個負數，SP 減去它相當於加上一個非負數。只要 SP 大於 stackguard0，加上一個小於 128 的非負數肯定也會大於 stackguard0，所以第一種形式的檢測程式可以看作第二種的簡化版本。

3. 第三種形式的檢測程式

第三種形式的檢測程式，也是最後一種，在函式堆疊框大小超過 4096 位元組時，會使用這種形式。還是基於 test() 函式，我們把陣列 b 的大小改成 4080，這樣堆疊框大小就變成了 4104。反編譯之後得到的組合語言程式碼如下：

```
$ go tool objdump -S -s '^main.test$' stack
TEXT main.test(SB) C:/go/current/gopath/src/fengyoulin.com/stack/main.go
func test(i int) byte {
    0x45ede0    64488b0c25f8ffffff    MOVQ FS:0xfffffff8, CX    // 第 1 行指令
    0x45ede9    488b7110              MOVQ 0x10(CX), SI         // 第 2 行指令
    0x45eded    4881fedefaffff        CMPQ $-0x522, SI          // 第 3 行指令
    0x45edf4    0f84b5000000          JE 0x45eeaf               // 第 4 行指令
    0x45edfa    488d84244a0030000     LEAQ 0x3a0(SP), AX        // 第 5 行指令
    0x45ee02    4829f0                SUBQ SI, AX               // 第 6 行指令
    0x45ee05    483d28130000          CMPQ $0x1328, AX          // 第 7 行指令
    0x45ee0b    0f869e000000          JBE 0x45eeaf
    0x45ee11    4881ec08100000        SUBQ $0x1008, SP
    0x45ee18    4889ac2400100000      MOVQ BP, 0x1000(SP)
    0x45ee20    488dac2400100000      LEAQ 0x1000(SP), BP
    ...
    0x45eeaf    e8acaeffff            CALL runtime.morestack_noctxt(SB)
    0x45eeb4    e927ffffff            JMP main.test(SB)
```

此處省略掉了函式邏輯，只保留了堆疊增長程式。第三行指令中的 -0x522 對應常數 stackPreempt，第五行指令中的 0x3a0 對應常數 _StackGuard，而第七行指令中的 0x1328 是由堆疊框大小 0x1008 加上 _StackGuard 再減去 _StackSmall 後得到的。這次的檢測邏輯比之前的兩種要複雜一點，轉換成虛擬程式碼如下：

```
func test(i int) byte {
entry:
    gp: = getg()
    if SP == stackPreempt {
        goto morestack
    }
    if SP + _StackGuard - gp.stackguard0 <= framesize + _StackGuard - _StackSmall {
        goto morestack
    }
    //... 這裡是函式邏輯
morestack:
    runtime.morestack_noctxt()
    goto entry
}
```

　　SP 和 stackguard0 都是無號整數，因為記憶體位址不存在負數，對應的大小比較也是針對無號整數的，JBE 是無號比較對應的跳躍指令。無號整數運算需要格外注意 Wrap Around 問題（環回問題），也就是一個數減去比自己大一些的數，會得到一個極大的正數，因此，要在兩側都加上 _StackGuard，避免因為 SP 小於 stackguard0 造成減法結果環回。_StackGuard 表示 stackguard0 到堆疊底的距離，在 Linux 下是 928 位元組，SP 加 _StackGuard 肯定大於 stackguard0。

　　如圖 9-6 所示，如果將兩側的變數進行移動，並且消除 _StackGuard，就會發現和第二種形式是等值的，只不過這種變形後的比較不相容 stackPreempt，所以要前置單獨判斷。

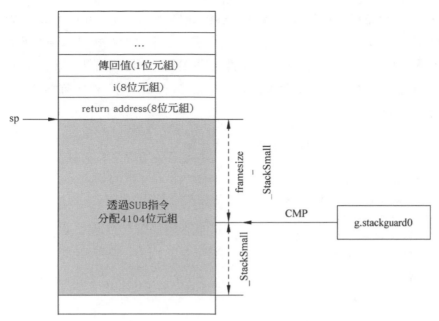

▲ 圖 9-6 第 3 種形式範例函式堆疊框佈局

至此，編譯器安插的三種形式的堆疊增長檢測程式都講解過了，本質上都是判斷堆疊指標 SP 向下移動堆疊框大小 framesize 位元組以後，不會超過 stackguard0 以下 _StackSmall 的位置。第三種形式最為接近，其他兩種形式分別是在此基礎上的簡化和變形。

看完了編譯器安插的程式，接下來研究一下 runtime 中用來執行堆疊增長的函式。

9.2.2 堆疊增長函式

透過 9.2.1 節 的 反 組 譯 可 以 發 現， 負 責 進 行 堆 疊 增 長 的 是 runtime.morestack_noctxt() 函式，該函式是用組合語言實現的，程式如下：

```
TEXT runtime·morestack_noctxt(SB),NOSPLIT,$0
    MOVL        $0, DX
    JMP         runtime·morestack(SB)
```

它只不過是把 DX 暫存器清零，然後跳躍到 runtime.morestack() 函式。
noctxt 是 no context 的縮寫，指的是沒有閉包上下文。在第 3 章講解 Function
Value 的時候我們已經知道，背後可能是個閉包，也可能是個普通的函式，Go
統一支援它們，而堆疊增長會區分閉包和普通的函式，它們各自會呼叫不同的
函式進行堆疊增長。

首先，我們準備一個閉包函式，程式如下：

```go
// 第 9 章 /code_9_2.go
func mc(l int) func(i int) byte {
    return func(i int) byte {
        b: = make([] byte, l)
        for x: = range b {
            b[x] = byte(x)
        }
        return b[i % len(b)]
    }
}
```

反編譯的時候需要指定內部閉包函式，對於這種匿名的函式，Go 的反編
譯工具會對它們進行編號。例如這裡是 mc() 函式裡的第 1 個匿名函式，名字是
mc.func1。反編譯之後在得到的堆疊增長程式中呼叫的是 runtime.morestack()
函式，程式如下：

```
$ go tool objdump -S -s '^main.mc.func1$' stack
TEXT main.mc.func1(SB) C:/go/current/gopath/src/fengyoulin.com/stack/main.go
        return func(i int) byte {
    0x45ef60    64488b0c25f8ffffff    MOVQ FS:0xfffffff8, CX
    0x45ef69    483b6110              CMPQ 0x10(CX), SP
    0x45ef6d    0f8687000000          JBE 0x45effa
    0x45ef73    4883ec30              SUBQ $0x30, SP
    0x45ef77    48896c2428            MOVQ BP, 0x28(SP)
    0x45ef7c    488d6c2428            LEAQ 0x28(SP), BP
    ...
    0x45effa    e8c1acffff            CALL runtime.morestack(SB)
    0x45efff    90                    NOPL
    0x45f000    e95bffffff            JMP main.mc.func1(SB)
```

階段性複習一下，閉包函式內部如果需要堆疊增長，會直接呼叫 runtime. morestack() 函式，而一般的函式會呼叫 runtime.morestack_noctxt() 函式，它會先顯性地將 DX 暫存器清零，然後呼叫 morestack() 函式。

morestack() 函式也是一個用組合語言實現的函式，它會先進行一些檢查工作，因為不能增長 g0 和 gsignal 的堆疊，所以它會先把呼叫者的 PC、SP 等存入 g.sched 中，然後呼叫 newstack() 函式來增長堆疊。後半部分的程式如下：

```
//Set g->sched to context in f.
MOVQ    0(SP), AX //f's PC
MOVQ    AX, (g_sched+gobuf_pc)(SI)
MOVQ    SI, (g_sched+gobuf_g)(SI)
LEAQ    8(SP), AX //f's SP
MOVQ    AX, (g_sched+gobuf_sp)(SI)
MOVQ    BP, (g_sched+gobuf_bp)(SI)
MOVQ    DX, (g_sched+gobuf_ctxt)(SI)

//Call newstack on m->g0's stack.
MOVQ    m_g0(BX), BX
MOVQ    BX, g(CX)
MOVQ    (g_sched+gobuf_sp)(BX), SP
CALL    runtime·newstack(SB)
CALL    runtime·abort(SB)
```

需要注意的是 newstack() 函式是不會傳回的，它的執行流程如圖 9-7 所示。newstack() 函式並不一定會執行堆疊增長，在 stackguard0 等於常數 stackPreempt 時會呼叫 gopreempt_m() 函式讓出 CPU。至於正常的堆疊增長邏輯，newstack() 函式先把當前的堆疊空間大小乘以 2，並把程式碼協同狀態置為 _Gcopystack，接下來呼叫 copystack() 函式完成新空間分配及舊堆疊上資料的複製，最後將程式碼協同狀態恢復為 _Grunning 並透過 gogo(&g.sched) 來恢復程式碼協同執行。

copystack() 函式真正完成了新空間分配和舊資料複製，其中有很多比較重要的細節，接下來就把最主要的邏輯摘選出來，分段進行分析。

第一部分程式如下：

```
old := gp.stack
used := old.hi - gp.sched.sp
new := stackalloc(uint32(newsize))
var adjinfo adjustinfo
adjinfo.old = old
adjinfo.delta = new.hi - old.hi
```

把當前程式碼協同的舊有堆疊空間範圍記錄在 old 中，計算出實際已使用的空間大小並儲存在變數 used 中，分配新的堆疊空間 new，根據新舊堆疊空間的堆疊底做減法得出要調整的偏移量。

第二部分程式如下：

```
ncopy: = used
if !gp.activeStackChans {
    if newsize < old.hi - old.lo && atomic.Load8(&gp.parkingOnChan) != 0 {
        throw ("racy sudog adjustment due to parking on channel")
    }
    adjustsudogs(gp, &adjinfo)
} else {
    adjinfo.sghi = findsghi(gp, old)
    ncopy -= syncadjustsudogs(gp, used, &adjinfo)
}
memmove(unsafe.Pointer(new.hi - ncopy), unsafe.Pointer(old.hi - ncopy), ncopy)
```

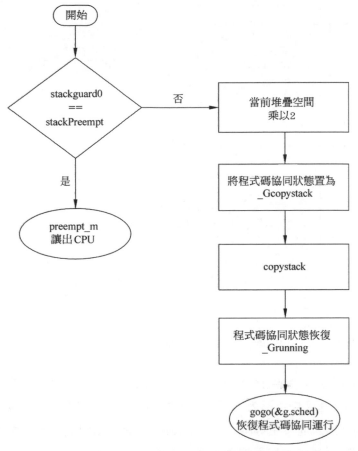

▲ 圖 9-7 newstack() 函式執行流程

　　ncopy 是接下來要複製的堆疊區域間大小，預設等於已經使用的區間大小 used。activeStackChans 表明存在未加鎖的 channel 指向正在被移動的堆疊，需要先對這些 channel 加鎖，然後才能安全地對堆疊操作。當 newsize 小於舊有堆疊空間大小時，表明在進行堆疊收縮操作，而 parkingOnChan 表示當前程式碼協同正在等待 channel 通訊，此時不允許進行堆疊收縮，但是可以進行增長。adjustsudogs() 函式用來調整當前程式碼協同的 waiting 鏈結串列，它會把每個 sudog 節點的 elem 指標都加上 delta 偏移量，使它們都指向新的堆疊空間，如圖 9-8 所示。

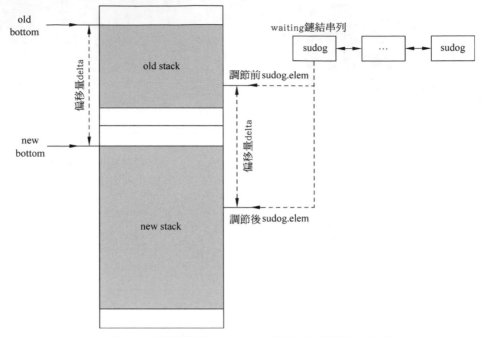

▲ 圖 9-8 堆疊增長時 waiting 鏈結串列調整示意圖

findsghi() 函式會遍歷當前程式碼協同的 waiting 鏈結串列，找出所有
sudog 的 elem 指標中值最大的那個。因為堆疊是向下增長的，如果程式碼協同
因為 channel 通訊而發生等待，則 channel 一般會指向最近的堆疊框，所以對
於從堆疊頂到 sghi 的這段區間必須謹慎操作。

syncadjustsudogs() 函 式 會 對 所 有 的 channel 加 鎖， 然 後 呼 叫
adjustsudogs() 函式對 waiting 鏈結串列中的 sudog 進行調整，並透過
memmove() 函式複製堆疊頂到 sghi 這段區間的堆疊記憶體，最後釋放
所有 channel 的鎖，並傳回複製的堆疊區域間的大小。ncopy 中要減去
syncadjustsudogs 已經複製的區間大小，剩下的堆疊記憶體就可以不用加鎖
了，可直接透過 memmove() 函式進行複製。

第三部分程式如下：

```
adjustctxt(gp, &adjinfo)
adjustdefers(gp, &adjinfo)
adjustpanics(gp, &adjinfo)
```

```
if adjinfo.sghi != 0 {
    adjinfo.sghi += adjinfo.delta
}
```

adjustctxt() 函式負責對閉包上下文進行調整，實際上是把 gp.sched.ctxt 加上偏移量 delta，如果啟用了 frame pointer，則該函式也會調整 gp.sched.bp。adjustdefers() 函式負責調整 gp._defer 鏈結串列中每個 _defer 結構的各個欄位，以及後面追加的函式參數。adjustpanics() 函式主要用於調整 gp._panic，使它指向新的堆疊。

第四部分程式如下：

```
gp.stack = new
gp.stackguard0 = new.lo + _StackGuard
gp.sched.sp = new.hi - used
gp.stktopsp += adjinfo.delta
gentraceback(^uintptr(0), ^uintptr(0), 0, gp, 0, nil, 0x7fffff, adjustframe,
noescape(unsafe.Pointer(&adjinfo)), 0)
stackfree(old)
```

使用新的堆疊空間 new 替換掉舊的堆疊空間，並更新 stackguard0、sched.sp 和 stktopsp，讓它們指向新的堆疊空間。透過 gentraceback() 函式回呼 adjustframe() 函式，對新堆疊上的網址類別變數進行修正。adjustframe() 函式會呼叫 adjustpointers() 函式，後者在修改堆疊上的指標時對於堆疊頂到 sghi 這段區間內的指標會使用 CAS 操作以保證安全。最後透過 stackfree() 函式釋放舊的堆疊，這樣 copystack() 函式就完成任務了。

9.3 堆疊收縮

在 9.2 節中分析 copystack() 函式原始程式的時候，我們發現它不僅支援堆疊增長，也可以執行堆疊收縮。就像它的名字一樣，copystack() 函式只是複製並移動堆疊，當 newsize 比原來的堆疊空間更小時，實際上執行的是一次堆疊收縮。

在 runtime 中有個專門負責堆疊收縮的函式，即 shrinkstack() 函式。它會進行一些驗證，然後用當前堆疊大小的一半作為 newsize 呼叫 copystack() 函式。在 runtime 中有兩個地方會呼叫 shrinkstack() 函式，一個是在 scanstack() 函式中，另一個是在 newstack() 函式中。GC 的 markroot() 函式會呼叫 scanstack() 函式，scanstack() 函式又會呼叫 shrinkstack() 函式，程式如下：

```
if isShrinkStackSafe(gp) {
    shrinkstack(gp)
} else {
    gp.preemptShrink = true
}
```

如果當前能夠安全地執行堆疊收縮，則 scanstack() 函式就會直接呼叫 shrinkstack() 函式，否則就設定 preemptShrink 標識。在 newstack() 函式中檢測到 stackPreempt 之後，在讓出 CPU 之前還會檢查 preemptShrink，如果值為 true 就會先進行堆疊收縮，程式如下：

```
if preempt {
    if gp.preemptShrink {
            gp.preemptShrink = false
            shrinkstack(gp)
        }

        // 省略部分程式
    gopreempt_m(gp) // 讓出 CPU
}
```

也就是説，唯一發起堆疊收縮的地方是 GC 的 scanstack() 函式。如果安全就會立即進行堆疊收縮，否則就設定 preemptShrink 標識，等到 newstack() 函式檢測到該標識再呼叫 shrinkstack() 函式收縮堆疊。整體來看，newstack() 函式的名字也是很有道理的，因為它既可以執行堆疊增長，也可以執行堆疊收縮。

最後還有一點比較重要，需要分析一下，也就是在什麼情況下能夠安全地執行堆疊收縮，這就要看一看 isShrinkStackSafe() 的原始程式，程式如下：

```
func isShrinkStackSafe(gp * g) bool {
    return gp.syscallsp == 0 &&
        !gp.asyncSafePoint &&
        atomic.Load8(&gp.parkingOnChan) == 0
}
```

首先判斷 gp.syscallsp 是否等於 0，如果 gp.syscallsp 等於 0，則説明當前沒有在執行系統呼叫，系統呼叫可能會有一些指標指向程式碼協同的堆疊，並且很多參數經過強制類型轉換，無法得到最內層堆疊框精確的指標位元映射。其次要判斷 asyncSafePoint 是否等於 false，如果 asyncSafePoint 等於 true，則表明當前程式碼協同處在非同步先佔中，這種情況下也無法得到最內層堆疊框精確的指標位元映射。最後透過原子性的 Load 操作判斷 parkingOnChan 是否等於 0，在 parkingOnChan 不等於 0 的時候，表示程式碼協同正在呼叫 gopark() 函式在某個 channel 上暫停等待，但是還沒設定 activeStackChans 的值，在這個時間視窗內也不能執行堆疊收縮，因為 copystack() 函式依賴 activeStackChans 的值來決定是否需要加鎖，在這個時間視窗內會出現錯誤。

9.4 堆疊釋放

本節我們來關注一下堆疊空間的釋放，主要指的是 goroutine 的堆疊，在什麼時候及是如何被回收的。透過原始程式來分析比較容易找到用來釋放堆疊空間的函式。與分配堆疊空間的 stackalloc() 函式對應，stackfree() 函式用來釋放堆疊空間。透過 stackfree() 函式的原始程式，我們基本上能了解堆疊空間是如何被釋放的,再透過分析對 stackfree() 函式的引用,就能知道堆疊空間是何時被釋放的。

stackfree() 函式的處理邏輯和 stackalloc() 函式是對應的,也是把 16KB 及以下和 32KB 及以上的堆疊空間分開處理的。

9.4.1 小於或等於 16KB 的堆疊空間

我們先來看一看不超過 16KB 的堆疊是如何被回收的,主要邏輯程式如下:

```
v: = unsafe.Pointer(stk.lo)
n: = stk.hi - stk.lo
order: = uint8(0)
n2: = n
for n2 > _FixedStack {
    order++
    n2 >>= 1
}
x: = gclinkptr(v)
if stackNoCache != 0 || gp.m.p == 0 || gp.m.preemptoff != "" {
    lock(&stackpool[order].item.mu)
    stackpoolfree(x, order)
    unlock(&stackpool[order].item.mu)
} else {
    c: = gp.m.p.ptr().mcache
    if c.stackcache[order].size >= _StackCacheSize {
    stackcacherelease(c, order)
    }
    x.ptr().next = c.stackcache[order].list
    c.stackcache[order].list = x
    c.stackcache[order].size += n
}
```

同樣先計算出 log2(n/_FixedStack) 並給予值給 order,如果當前可以操作 stackcache,就把要釋放的堆疊內存放到 stackcache 對應的鏈結串列中,提前檢測對應鏈結串列中空間總大小是否達到或超過了 32KB,透過 stackcacherelease() 函式把多餘的內存放回到 stackpool 中,只保留 _StackCacheSize 的一半,也就是 16KB。如果當前不能操作 stackcache,就

直接呼叫 stackpoolfree() 函式，把要釋放的記憶體直接放到 stackpool 對應的
鏈結串列中。stackpoolfree() 函式釋放後會檢查對應的 mspan 是否完全空閒，
並呼叫堆積釋放函式把完全空閒的 mspan 釋放。

9.4.2 大於或等於 32KB 的堆疊空間

針對 32KB 及以上大小的堆疊空間釋放的相關程式如下：

```
s: = spanOfUnchecked(uintptr(v))
if s.state.get() != mSpanManual {
    println(hex(s.base()), v)
    throw ("bad span state")
}
if gcphase == _GCoff {
    osStackFree(s)
    mheap_.freeManual(s, spanAllocStack)
} else {
    log2npage: = stacklog2(s.npages)
    lock(&stackLarge.lock)
    stackLarge.free[log2npage].insert(s)
    unlock(&stackLarge.lock)
}
```

先透過堆疊空間的起始位址（低位址）找到對應的 mspan，如果當前處於
GC 的清理階段，就直接呼叫堆積釋放函式釋放該 mspan。若 GC 正在執行，
為了避免堆疊空間被重用發生衝突，就先把它放入 stackLarge 的 free 鏈結串
列中。

stackfree() 函式的邏輯到這裡就整理完了，那麼該函式何時會被呼叫呢？

9.4.3 堆疊釋放時機

透過分析原始程式中的呼叫關係，筆者發現會有兩個地方呼叫該函式來釋
放常規 goroutine 的堆疊。常規 goroutine，指的是除了 g0、gsignal 這類特
殊程式碼協同之外，那些透過 newproc() 函式建立的 goroutine。這兩處呼叫
stackfree() 函式的地方，一處是在 gfput() 函式中，程式如下：

```
if stksize != _FixedStack {
    stackfree(gp.stack)
    gp.stack.lo = 0
    gp.stack.hi = 0
    gp.stackguard0 = 0
}
```

　　如圖 9-9 所示，該邏輯把大小不等於 _FixedStack 的堆疊都釋放，這個大小也正是初始分配時的堆疊大小，因為 shrinkstack() 函式不會把堆疊收縮到比這更小，所以該邏輯是把所有增長過的堆疊都釋放，其目的是節省記憶體空間。

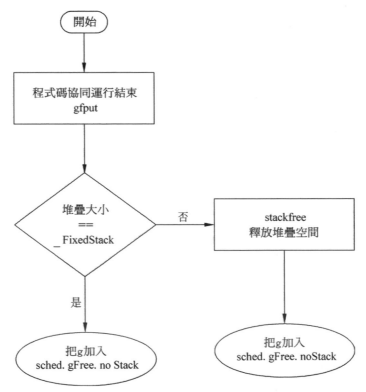

▲ 圖 9-9　常規堆疊釋放的第 1 個時機 gfput

另一處呼叫 stackfree() 來釋放常規 goroutine 堆疊空間的地方在 markroot
FreeGStacks() 函式中，這個函式整體不算複雜，具體程式如下：

```
func markrootFreeGStacks() {
    lock(&sched.gFree.lock)
    list: = sched.gFree.stack
    sched.gFree.stack = gList {}
    unlock(&sched.gFree.lock)
    if list.empty() {
        return
    }

    q: = gQueue {list.head, list.head}
    for gp: = list.head.ptr();gp != nil;gp = gp.schedlink.ptr() {
        stackfree(gp.stack)
        gp.stack.lo = 0
        gp.stack.hi = 0
        q.tail.set(gp)
    }

    lock(&sched.gFree.lock)
    sched.gFree.noStack.pushAll(q)
    unlock(&sched.gFree.lock)
}
```

在鎖的保護下，首先獲取 sched.gFree.stack 鏈結串列並存到本地變數 list
中，sched.gFree.stack 就是有堆疊的那個全域空閒 g 鏈結串列。獲取鏈結串列
後把原鏈結串列清空，遍歷獲取的鏈結串列 list，呼叫 stackfree() 函式一個一
個釋放堆疊，然後將 gp.stack 清零並把 gp 放入佇列 q 中。最後把佇列 q 全部
push 到 sched.gFree.noStack 中，也就是沒有堆疊的那個全域空閒 g 鏈結串列，
主要邏輯如圖 9-10 所示。

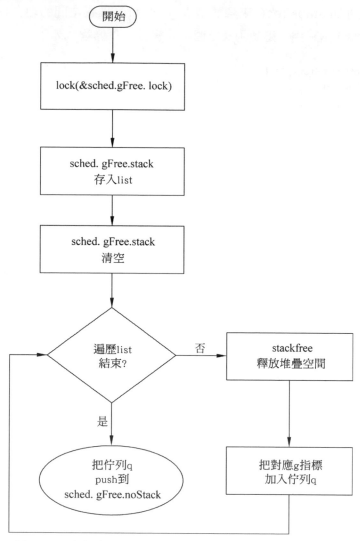

▲ 圖 9-10 常規堆疊釋放的第 2 個時機 markrootFreeGStacks

進一步追蹤 markrootFreeGStacks() 函式的呼叫者，發現只有一個地方
會呼叫它，即 markroot() 函式，也就是說源頭是 GC，所以常規 goroutine 堆
疊的釋放，一是發生在程式碼協同執行結束時，gfput 會把增長過的堆疊釋
放，堆疊沒有增長過的 g 會被放入 sched.gFree.stack 中； 二是 GC 會處理
sched.gFree.stack 鏈結串列，把這裡面所有 g 的堆疊都釋放，然後把它們放入
sched.gFree.noStack 鏈結串列中。

9.5 本章小結

　　至此，關於 goroutine 堆疊記憶體管理的探索就告一段落了。我們了解了堆疊空間是如何分配與釋放的，幾個關鍵字是 stackcache、stackpool 和 stackLarge。還知道了 newstack() 函式既能進行堆疊增長，又能進行堆疊收縮，shrinkstack() 函式只負責堆疊收縮，這兩者都是基於 copystack() 函式實現的。copystack() 函式會分配新的堆疊空間，複製舊的堆疊資料並透過一系列 adjustxxx() 函式進行指標修正，最後釋放舊的堆疊空間。GC 會發起堆疊收縮，以及釋放 sched.gFree.stack 中所有 g 的堆疊空間。

　　考慮到堆疊增長的複雜性，應該還是有一定銷耗的，因此，對於堆疊深度較大的邏輯，應該避免頻繁地建立和銷毀程式碼協同，可以嘗試結合有緩衝 channel 實現一個簡單的程式碼協同池。

MEMO

MEMO

MEMO

MEMO

MEMO

MEMO

MEMO

深智數位
deepwisdom.com.tw